RECHERCHE

DES

COEFFICIENTS DE DILATATION

ET ÉTALONNAGE

DE L'APPAREIL A MESURER LES BASES GÉODÉSIQUES

APPARTENANT AU GOUVERNEMENT ÉGYPTIEN

OUVRAGE PUBLIÉ PAR ORDRE ET SOUS LES AUSPICES DE

Son Altesse Ismaïl-Pacha

VICE-ROI D'ÉGYPTE

PAR

ISMAÏL-EFFENDI-MOUSTAPHA

ASTRONOME DE L'OBSERVATOIRE DE BOULAK, EX-ASSISTANT DE L'OBSERVATOIRE DE PARIS,
MEMBRE DE PLUSIEURS SOCIÉTÉS SAVANTES.

PARIS

IMPRIMERIE DE V. GOUPY ET Cⁱᵉ

RUE GARANCIÈRE, 5.

APPAREIL

A MESURER LES BASES

RECHERCHE

DES

COEFFICIENTS DE DILATATION

ET ÉTALONNAGE

DE L'APPAREIL A MESURER LES BASES GÉODÉSIQUES

APPARTENANT AU GOUVERNEMENT ÉGYPTIEN

OUVRAGE PUBLIÉ PAR ORDRE ET SOUS LES AUSPICES DE

Son Altesse Ismaïl-Pacha

VICE-ROI D'ÉGYPTE

PAR

ISMAÏL-EFFENDI-MOUSTAPHA

ASTRONOME DE L'OBSERVATOIRE DE BOULAK, EX-ASSISTANT DE L'OBSERVATOIRE DE PARIS,
MEMBRE DE PLUSIEURS SOCIÉTÉS SAVANTES.

PARIS

IMPRIMERIE DE V. GOUPY ET Cie

RUE GARANCIÈRE, 5.

1864

A SON ALTESSE ISMAÏL-PACHA

VICE-ROI D'ÉGYPTE.

ALTESSE,

Lorsque, par un décret de la Providence, le génie de votre illustre aïeul, Méhémet-Aly, ralluma en Égypte le flambeau de la civilisation, éteint depuis des siècles, le monde entier admira comment ce grand prince, ami des lumières, sut inscrire son nom dans l'histoire, et le rendre impérissable comme la science dont il s'était proclamé le protecteur.

Votre Altesse n'a point failli à cet héritage de gloire, et elle a continué sa protection aux institutions qui seront l'un des plus solides monuments de son règne, et qui, de l'Occident où elles avaient cherché une patrie, ramèneront les sciences vers leur berceau.

L'astronomie, qui florissait jadis sur les rives du Nil, a reçu de Votre Altesse les plus précieux encouragements, et votre royale munificence l'a dotée de magnifiques in-struments qui permettront à l'Observatoire du Caire de reprendre, dans le monde, la place qu'occupait, dans l'an-tiquité, l'Observatoire d'Alexandrie.

Assez privilégié pour m'être trouvé du nombre des jeunes gens que la haute faveur de Votre Altesse envoie en France puiser l'instruction aux meilleures sources, je viens déposer à vos pieds, comme un premier hommage de mon profond respect, le travail scientifique qui m'a été confié et dont Votre Altesse a bien voulu ordonner la publication.

Ma vie entière sera consacrée au service de mon auguste souverain, heureux si, par mon faible travail, je peux lui payer le tribut de reconnaissance que je dois à sa haute libéralité.

ISMAÏL-MOUSTAPHA.

*Je saisis avec empressement l'occasion que m'offre la pu-
blication de ce travail pour prier M. le sénateur Le Verrier,
directeur de l'Observatoire de Paris, d'agréer l'hommage
de ma vive reconnaissance pour la bienveillante hospitalité
qu'il a daigné m'accorder dans l'établissement scientifique
qu'il dirige avec tant d'éclat. En m'ouvrant les portes de
l'Observatoire impérial et en me faisant l'honneur de m'admettre à prendre une part active aux importants travaux
qui s'y accomplissent, M. le Directeur m'a accordé la plus
haute faveur qui puisse être ambitionnée par un étranger.*

*Je prierai également M. Yvon Villarceau, membre et
secrétaire du Bureau des longitudes, de recevoir l'expression
de ma plus vive gratitude et de ma reconnaissance la plus
profonde, pour la bienveillante sollicitude qu'il m'a toujours témoignée et pour les savantes leçons que j'ai trouvées
auprès de lui ; je n'oublierai jamais que pendant mon sé-
jour en France, j'ai toujours été reçu par lui et par sa
famille moins comme un élève que comme un ami.*

ISMAÏL-MOUSTAPHA.

Je dois ici rendre un public hommage à S. E. Koenig-Bey, président de l'Institut égyptien, à MM. les membres du Conseil d'étude de la mission égyptienne et à son honorable président M. Barthélemy Saint-Hilaire, ainsi qu'à notre excellent administrateur, M. Lemercier, pour la protection toute paternelle que j'ai toujours trouvée auprès d'eux pendant tout le cours de mes études.

Je ne puis terminer sans donner à la mémoire du vénérable M. Jomard-Bey, un pieux souvenir de respect et de reconnaissance.

ISMAÏL-MOUSTAPHA.

PRÉFACE

—

L'Egypte est redevable à Méhémet-Aly de la création d'un cadastre régulier ; les bases en ont été posées par les travaux de savants ingénieurs LL. EE. Bahjat-Pacha, Mazhar-Pacha et Linant-Bey.

En 1858, S. A. R. Saïd-Pacha, poursuivant l'œuvre inaugurée par son illustre père, nomma une commission présidée par S. E. Linant-Bey, et composée de Hammad-Bey, Aly-Bey-Moubarak, Salameh-Effendy et Ismaïl-Effendy-Ahmed, pour continuer les premiers travaux avec des instruments perfectionnés. Sur les propositions de cette commission, le vice-roi ordonna la construction d'appareils géodésiques. Quelque temps après, S. A. nomma Mahmoud-Bey directeur des travaux de la carte en Egypte, tandis qu'il me confiait en France l'étude de l'appareil à mesurer les bases, appareil qu'avait construit, avec toute la perfection qu'il savait donner aux instruments de précision, un des artistes français les plus distingués, M. Brunner, dont la science déplore la perte récente.

S.E. Koenig-Bey, à son passage à Paris, fut chargé de me communiquer l'ordre de Son Altesse.

M. Tissot, professeur de mathématiques au Lycée impérial Saint-Louis, répétiteur de géodésie à l'École polytechnique, voulut bien me prêter son précieux concours ; c'est de concert avec ce savant que je fis, dans les ateliers de M. Brunner, les expériences nécessaires pour déterminer les coefficients de dilatation des deux règles en platine et en laiton.

MM. Brunner père et fils ont contribué efficacement aux succès de ces expériences par l'habileté avec laquelle ils ont préparé et disposé les appareils ; M. Thirion, ex-assistant de l'Observatoire de Paris, et M. Baumgartner, qui ont observé les thermomètres, se sont acquittés avec intelligence de la partie du travail qui leur était confiée. M. de Tomaseti, astronome de l'Observatoire de San-Fernando, M. Villarceau, chef de la section astronomique de l'Observatoire de Paris, ainsi que MM. Loewy et Oeltzen, astronomes du même Observatoire, nous ont fait l'honneur de faire quelques séries.

Je devais ensuite m'occuper de la comparaison de la règle égyptienne avec un étalon connu ; on choisit, à cet effet, la règle espagnole, qui avait servi de modèle à sa construction et dont on connaissait le rapport avec la règle de Borda n° 1, déposée à l'Observatoire de Paris.

A la demande du gouvernement égyptien, S. E. M. le Ministre des affaires étrangères de France voulut bien faire, auprès de Sa Majesté Catholique, les démarches nécessaires pour qu'on m'autorisât à comparer les deux appareils. Cette autorisation m'ayant été gracieusement accordée, S. E. M. Olivan, vice-président de la Junte générale de statistique, s'empressa de prêter son concours à cette entreprise toute scientifique, et nomma M. le colonel Ibañez, chef des ingénieurs de la carte d'Espagne, pour procéder avec moi à la comparaison des deux règles.

Le palais de la Junte, où la règle espagnole se trouvait déposée, ne présentant pas un emplacement convenable, S. E. M. le commissaire royal, Luxán, et M. d'Aguilar, directeur de l'Observatoire de Madrid, nous invitèrent à nous établir à l'Observatoire même. C'est dans la salle occidentale de cet établissement que nous avons, le colonel Ibañez et moi, installé un comparateur et poursuivi l'ensemble des opérations. Le parfait accueil qui m'a été fait par MM. les membres de la Junte générale de statistique, et mes relations amicales avec M. Ibañez ont contribué beaucoup à me faciliter l'accomplissement de la tâche qui m'était confiée.

TABLE DES MATIÈRES

CHAPITRE PREMIER.

DESCRIPTION ET RECTICATION DE L'APPAREIL.

Description de l'appareil.

Numéros		Pages
1	Idée générale de l'appareil.	1
2	Règles de platine et de laiton. — Réglettes.	1
3	Division des règles.	2
4	Réflecteurs.	3
5	Galets et coussinets.	4
6	Distribution des coussinets. — Banc.	4
7	Coussinet central.	5
8	Supports de l'appareil.	5
9	Niveau de l'appareil.	6
10	Instruments qui accompagnent l'appareil.	7

Rectification de l'appareil.

11	Conditions à remplir pour l'emploi de l'appareil.	7
12	Nivellement des supports.	8
13	Nivellement du banc.	8
14	Nivellement par partie de la règle.	8
15	Détermination de l'inclinaison de l'appareil	9

CHAPITRE II.

DE LA DÉTERMINATION DES COEFFICIENTS DE DILATATION D'UNE RÈGLE GÉODÉSIQUE. — COMPARAISON DE DEUX RÈGLES.

Coefficients de dilatation.

16	Longueur adoptée des règles. — Hypothèses sur leur température et leur dilatation.	11
17	Notations et formules.	12

⁂

Numéros		Pages
18	Détermination des différences de longueur des règles. — Emploi des mires et des microscopes.	14
19	Coefficients de dilatation relative en faisant usage des mires.	16
20	*Id.* en employant les microscopes à l'exclusion des mires.	18
21	Relation entre certaines constantes.	21
22	Résumé des formules à employer dans la recherche du coefficient de dilatation relative.	21
23	Coefficients des dilatations absolues	22
24	Résumé des formules à employer.	24

Comparaison de deux règles.

| 25 | Formules relatives à cette comparaison | 23 |

CHAPITRE III.

ÉTUDES DES DIVISIONS D'UN THERMOMÈTRE NORMAL.

| 26 | Détermination des erreurs de capacité. | 28 |
| 27 | Détermination des corrections applicables à une échelle thermométrique donnée, en fonction des corrections obtenues pour une autre échelle. | 33 |

CHAPITRE IV.

CALIBRAGE DES THERMOMÈTRES.

Examen préalable des tubes thermométriques

| 28 | Étude des tubes thermométriques | 37 |

Étude de capacité des étalons.

29	Recherches des erreurs de capacité.	38
30	Corrections de capacité relatives à chaque division.	58
31	Preuve de l'exactitude de ces corrections.	68

Détermination des points de la glace et de l'ébullition.

32	Appareils employés.	69
33	Détermination sur les étalons de la valeur d'un degré centigrade et des points 0 et 100.	72
34	Lectures correspondant à ces points ; valeur d'un degré.	78
35	Degré centigrade correspondant à chaque partie des étalons.	78
36	Points de la glace et de l'ébullition pour les thermomètres Baudin. — Valeur d'un degré.	85

Comparaison des thermomètres.

Numéros		Pages
37	Appareils employés.	88
38	Marche de l'opération.	89
39	Comparaison des étalons entre eux	90
40	Comparaison des thermomètres Baudin avec l'étalon n° 2	92
41	Corrections des différents thermomètres pour chaque degré.	99
42	Détermination de l'influence du refroidissement des colonnes mercurielles situées hors du bain.	101
43	Corrections à appliquer à chaque degré pour tenir compte de cette influence.	104
44	Expression de la température corrigée.	104

CHAPITRE V.

DESCRIPTION DU COMPARATEUR DE BRUNNER.

45	Idée générale et situation du comparateur.	106
46	Piliers	106
47	Mires.	107
48	Microscopes	107
49	Niveau du microscope	107
50	Objectifs des mires.	108
51	Éclairage des mires	108
52	Plancher.	108
53	Auge destinée à recevoir l'appareil. — Madrier. — Levier et rails.	109
54	Bain d'huile ; moyen employé pour le ramener à une température uniforme.	110
55	Poches pour mettre à l'abri de l'huile, les divisions extrêmes des règles	110
56	Installation des thermomètres donnant la température du bain.	111
57	Lunette servant à observer les thermomètres.	111
58	Éclairage des thermomètres et des divisions des règles.	112
59	Nivellement de l'appareil dans l'auge.	113

CHAPITRE VI.

EXPÉRIENCES RELATIVES AUX DILATATIONS.

Conduite des opérations.

60	Dispositions préliminaires de l'appareil.	114
61	Nivellement des microscopes.	114

Numéros		Pages
62	Observation des mires.	115
63	Mise en place de l'appareil.	115
64	*Id.* des thermomètres	145
65	Détermination de la valeur des tours des vis micrométriques.	116
66	Observations des règles et des thermomètres.	116

Réduction des observations.

67	Moyenne relative à chaque série.	118
68	Modifications des différences des longueurs des règles par suite de la variation des traits observés.	123
69	Valeurs des différérentes quantités qui entrent dans les formules relatives aux coefficients des dilatations.	123

CHAPITRE VII.

DÉTERMINATION DU COEFFICIENT DE DILATATION RELATIVE.

70	Formules employées.	128
71	Considération sur la stabilité du comparateur.	128
72	Groupement des équations de condition.	129
73	Application de la méthode des moindres carrés.	129
74	Équations numériques donnant les inconnues pour le cas où l'on considère les microscopes fixes.	132
75	Valeurs des inconnues pour ce cas.	136
76	Résidus que laisse la substitution de ces valeurs dans les équations.	136
77	Valeur du coefficient de dilatation relative.	137
78	Valeurs des inconnues dans le cas où l'on considère les mires.	138
79	Valeurs des résidus et du coefficient de dilatation relative dans ce cas.	138
80	Vérification des calculs	140

CHAPITRE VIII.

DÉTERMINATION DES COEFFICIENTS DES DILATATIONS ABSOLUES.

81	Formules employées.	142
82	Précautions prises pour que les thermomètres plongent d'une quantité constante dans le bain.	143
83	Équations numériques.	144
84	Valeurs des inconnues qui entrent dans ces équations."	146

Numéros		Pages
85	Résidus	146
86	Température à laquelle les règles sont d'égales longueurs.	147
87	Valeur de la température centigrade en fonction des indications du thermomètre métallique.	148
88	Valeurs des coefficients des dilatations absolues.	148
89	Longueurs des règles à zéro degré.	149

CHAPITRE IX.

COMPARAISON DE LA RÈGLE ÉGYPTIENNE AVEC LA RÈGLE ESPAGNOLE.

90	Considérations préliminaires	150

Description du comparateur.

91	Piliers, madrier ; — Rails et plancher.	151
92	Installation des règles.	152
93	*Id.* des microscopes.	153
94	Réglage des microscopes.	155
95	Thermomètre donnant la température de la salle.	155

Conduite de l'opération.

96	Inclinaisons des règles et des microscopes.	156
97	Observations pour les valeurs des tours des vis micrométriques.	156
98	Observation des règles.	156
99	Conventions relatives aux niveaux,	158
100	Valeurs angulaires des parties des niveaux.	158

Réduction des observations.

101	Notations et formules	159
102	Moyennes des observations.	161
103	Valeurs numériques des termes de l'équation (155).	170
104	Valeurs numériques de la quantité qui sert à la détermination du rapport des deux règles.	175
105	Valeur moyenne de cette quantité. — Résidus.	177
106	Erreur probable de cette valeur.	179
107	Valeur en millimètre de la partie de la règle égyptienne comprise entre les traits 510 et 39485.	179

Numéros		Pages
108	Erreur probable de la détermination de cette longueur.	180
109	Valeur en millimètre de la longueur totale de la règle égyptienne.	180

CHAPITRE X.

EXAMEN DES RÉSULTATS OBTENUS.

110	Erreurs moyenne et probable d'une seule série dans la détermination du coefficient de dilatation relative.	183
111	Hypothèses faites sur les dilatations.	184
112	Preuve de la variation de la distance des microscopes	184
113	Variation de l'intervalle des mires.	187
114	Influence de ces variations sur le coefficient de dilatation.	188
115	Preuve de la régularité de la dilatation des règles.	189
116	Erreurs moyenne et probable pour une seule équation des quantités qui servent à la détermination des coefficients de dilatation absolue.	190
117	Égalité de température des deux métaux.	191
118	Température des règles et du bain	192
119	Erreurs probables des valeurs des coefficients des dilatations et de la longueur de la règle.	193
120	CONCLUSION	194

REGISTRE.

Observations faites à Paris pour la détermination des coefficients des dilatations de la règle égyptienne.	1
Idem, à Madrid, pour la comparaison de la règle égyptienne avec la règle espagnole.	135

FIN DE LA TABLE DES MATIÈRES.

RECHERCHE

DES

COEFFICIENTS DE DILATATION

Ce volume renferme tout ce qui est relatif à l'étude
de la Règle ; le second contiendra la description des instruments qui accompagnent l'appareil, et les opérations
qui seront faites en Égypte pour la mesure des bases.

CHAPITRE PREMIER

DESCRIPTION ET RECTIFICATION DE L'APPAREIL.

Description de l'Appareil.

1. L'appareil géodésique construit par M. Brunner pour le gouvernement égyptien est, en tout point, semblable à celui que le même constructeur a fait pour la commission de la carte d'Espagne. Il se compose, dans son ensemble, de deux règles, l'une en platine PP (fig. 1, 2) et l'autre en laiton LL, formant thermomètre métallique. Ces deux règles reposent parallèlement sur quatorze coussinets J, J, J, qui sont fixés, à des distances égales, sur un banc en fer BB, qui repose lui-même sur deux supports en cuivre S, S.

2. Les deux règles de platine et de laiton ont les mêmes dimensions, et leur section transversale est de 21 millim. sur 5 millim. ; elles sont séparées l'une de l'autre par un intervalle de 6 millim. La règle de platine PP présente, versses extrémités, deux ouvertures rectangulaires *aa, bb* (fig. 9, 10, 11); dans ces ouvertures peuvent glisser longitudinalement les parties supérieures de deux plaques en laiton *cc, c'c'* solidement fixées à la

règle LL, au moyen de vis g, g, g. A la surface supérieure
et dans toute la longueur de ces plaques sont pratiquées des
rainures, dans lesquelles pénètrent les parties inférieures de
deux pièces de platine $e\,e$, $e'e'$ en forme de T. Ces pièces sont
construites avec le même métal que la règle PP, et liées aux
plaques de cuivre $c\,c$, $c'\,c'$, au moyen seulement de goupilles h, h'
placées près des divisions choisies pour extrémités de la règle
de laiton. De cette disposition, il résulte qu'à partir des points
d'attache, la dilatation des réglettes $e\,e$, $e'e'$ est indépendante de
celle des plaques de cuivre qui les supportent.

3. A une distance à peu près égale des deux extrémités de
la règle de platine, on a pris deux points m, n (fig. 9), dont
l'intervalle est sensiblement de 4 mètres (*). Cet intervalle est
divisé en 400 parties égales, dont les six qui correspondent de
chaque côté, aux bords des ouvertures aa, bb, sont subdivisées
chacune en 100 petites parties égales; chacune de ces petites
parties est, par conséquent, égale à environ $\frac{1}{10}$ de millimètre,
et la règle en contiendrait 40 000, si on l'avait divisée de cette
manière dans toute la longueur comprise entre les points m et
n. Les traits qui forment ces petites divisions sont numérotés
de dix en dix par les chiffres arabes 0, 1, 2, 3....; chacun de
ces chiffres exprime un millimètre; ce numérotage continue
jusqu'à 66 millim., longueur représentant 600 divisions. La
numération ne se poursuit alors que pour chaque centimètre,
en continuant la chiffraison 7, 8, 9...., etc., jusqu'à 100; à
cette division, on recommence par 1 et on continue de même
jusqu'à 100, et ainsi de suite. Au-dessus de chaque centaine
se trouvent les chiffres romains I, II, III, qui indiquent le nombre de mètres. Le dernier des centimètres avant l'ouverture bb

(*) On verra plus tard que cette distance, à la température de $+ 12°, 5$, est
égale $4^{\mathrm{m}},000552$.

a le numéro **93**, qui correspond à 393 grandes divisions ; la numération suit après cela le bord de *bb*, comme il a été expliqué plus haut, avec les numéros 40, 41, 42...., jusqu'à 100, au-dessus duquel se trouve le chiffre romain IV ; ces numéros correspondent aux petites divisions de la règle PP comprises entre 39400 et 40000. Ces petites divisions se prolongent un peu au delà des points *m* et *n* ; mais la chiffraison n'a lieu que pour les divisions comprises entre ces deux points. Une simple soustraction des lectures faites sur deux traits quelconques compris dans l'intervalle des petites divisions, suffit pour donner la distance de ces traits.

Les réglettes *e e*, *e'e'* portent sur leur face supérieure, en regard des traits de la règle de platine et dans un même plan, des divisions exactement égales à celles de cette dernière ; seulement leur numération commence par 10 et se continue jusqu'à 70, au lieu de commencer par 0 et de finir par 60, comme cela a lieu pour celle de la règle PP ; par suite, les divisions de la règle qui partent du numéro 40 et finissent à 100, partiront sur la réglette du numéro 50, arriveront à 100 et finiront par 10. Il est facile de voir que les divisions des réglettes présentent une augmentation de 100 unités sur les traits correspondants de la règle PP. Cette disposition permet de ne pas confondre les deux lectures ; elle ne présente d'ailleurs aucun inconvénient, puisque cette augmentation, qui est la même pour tous les traits, disparaît par la soustraction.

4. Pour éclairer les divisions, on a établi à chaque extrémité de la règle un réflecteur en verre étamé, enchâssé dans une monture en cuivre *rr* (fig. 11, 12, 13) ; cette dernière joue, à l'aide d'une charnière, dans une pièce de même métal *l, l* fixée au banc. Lorsqu'on n'observe pas les règles, on abaisse la monture *rr* qui vient se rabattre sur les derniers coussinets ; on met ainsi les divisions à l'abri de tout accident extérieur.

5. Les deux règles PP, LL reposent chacune sur quatorze galets $i, i, \ldots i', i'' \ldots$ (fig. 11, 12, 14) en cuivre qui tournent sur des axes en acier montés sur les coussinets J, J, J … (fig. 1, 2, 3, 4, 11, 12, 14, 15) ; elles sont, en outre, maintenues latéralement par des galets verticaux m, m, n, n, qui ont la forme de deux cylindres de diamètres différents superposés et mobiles autour de leur axe. Les galets m, m, sont disposés de façon que leurs parties supérieures, qui ont le plus grand diamètre, touchent la règle PP ; les galets n, n, ont, au contraire, leurs parties de plus grand diamètre en contact avec la règle LL. De cette manière, chaque galet n'est jamais en contact avec les deux règles à la fois, et, comme les génératrices de tous les galets placés d'un même côté sont par construction dans un même plan, il en résulte que la dilatation de chacune d'elles s'opère avec une entière indépendance.

Les coussinets J, J, J, se composent d'une pièce en cuivre $a'b'$ (fig. 11, 12, 14, 15) sur laquelle sont fixées, à l'aide de vis et parallèlement, deux autres pièces c', d' de même métal ; ces deux branches sont moins larges que la partie b' et servent à porter les axes des galets horizontaux i, i, i', i'' ; elles sont de plus couvertes et reliées entre elles par une plaque de cuivre f' de même grandeur que la pièce b', qui est fixée par des vis sur leur surface supérieure. La plaque f', tout en consolidant les branches c', d', sert également à maintenir les axes des galets verticaux m et n. En son centre se trouve une ouverture rectangulaire o (fig. 2, 4, 13, 14, 15), qui permet d'introduire les pieds t, t d'un niveau NN (fig. 16), qui vient reposer sur la règle de platine.

6. Ces coussinets J, J, J, sont placés à des distances égales sur toute la longueur du banc BB. Ce banc se compose de deux plaques HH, GG (fig. 1, 2, 5) en fer forgé de 5 millim. d'épaisseur qui sont solidement réunies en forme de ⌐ à l'aide de vingt-huit équerres E, E, E, de même métal. Chaque coussinet est fixé au banc BB, et au-dessus des équerres, au moyen de vis V, V... qui pénètrent dans la plaque de fer GG ; ces vis traversent les pattes a', a' (fig. 11, 12, 14) par des ouvertures allongées, qui permettent un léger mouvement du coussinet lorsqu'elles sont desserrées.

Les coussinets reposent, en outre, sur l'arête supérieure de la plaque GG au moyen de petites vis $x, x, x,$ (fig. 11, 12, 14) à l'aide desquelles on peut les hausser ; pour les baisser il faut appuyer sur eux après avoir desserré les vis V, V et x, x.

Le banc BB porte en outre deux niveaux N'N', N''N'' (fig. 1, 2, 6, 7) qui servent à lui donner une position horizontale. Pour le transporter facilement, on a adapté deux poignées p, p de chaque côté et à une certaine distance des extrémités. Deux platines de cuivre I, I (fig. 1, 6) sont fixées au-dessous de la plaque HH ; c'est par elles que le banc repose sur les galets de ses supports.

7. Pour empêcher que les plaques $c\,c$, $c'c'$ (fig. 9, 10, 11) viennent heurter contre les bords des ouvertures aa, bb, et que les règles ne glissent sur les galets i, i, i', i', celles-ci sont fixées au banc au moyen d'un coussinet central Q (fig. 1, 2, 3, 4, 5) semblable aux autres quant à sa partie inférieure ; dans la partie supérieure, les galets, ainsi que les pièces $c'd'$, sont remplacées par trois pièces de cuivre d, f, j, à surface courbe, entre lesquelles les règles se trouvent prises lorsqu'on serre les vis q, q', qui pénètrent dans la pièce j.

8. Les règles, ainsi installées sur le banc, constituent l'appareil à mesurer les bases. Cet appareil repose, lorsqu'on s'en sert, sur deux supports semblables S, S (fig. 1, 2, 6, 7, 8) construits comme il suit : un triangle à vis calantes A, A, A porte, en son centre, une colonne creuse CD, venue à la fonte avec lui. Dans la cavité de CD s'ajuste une autre colonne FG percée, dans son centre et suivant son axe, d'un trou taraudé, dans lequel vient s'engager une vis V' fixée à la partie inférieure de CD. En agissant sur la vis V', on peut élever et abaisser à volonté la colonne FG. A la partie supérieure de FG est adapté un système de coulisses sur lesquelles viennent reposer les platines de cuivre, I, I, en s'appuyant seulement sur les galets aa. Ce système est mis en mouvement par les vis v', v'' au moyen desquelles on imprime au banc deux mouvements dans deux directions perpendiculaires. En outre, le banc est engagé entre deux mâchoires b et d; la première est fixe, l'autre se met en mouvement à l'aide de la vis y (fig. 7, 8), de sorte que le banc se trouve fixe ou mobile sur les galets $a\,a$, suivant qu'on serre ou qu'on desserre les mâchoires. Pour imprimer au banc un petit mouvement de rappel, il suffit de desserrer la vis y de l'un des supports, et d'agir au moyen de la vis v' de l'autre support sans en desserrer la mâchoire.

Chacun des supports S, S, porte un niveau nn, placé sur la coulisse inférieure, servant à ramener dans un plan vertical l'axe FG, ce qui s'effectue à l'aide des trois vis calantes des triangles ; ils sont de plus munis d'une vis z, destinée à maintenir fixe la colonne FG, lorsque l'appareil est rectifié.

9. Le niveau NN (fig. 1, 16, 17, 18) qui sert à niveler la règle, se compose d'une platine ss munie de deux pieds t, t; cette platine porte une règle en cuivre bb qui tourne autour de l'axe cc, sous l'action du ressort dd et de la vis k. Cette règle a un vernier v qui permet d'estimer sur l'arc gg, jusqu'à 10, l'angle correspondant au mouvement du niveau. La fiole porte sur toute sa longueur des divisions numérotées depuis 0 jusqu'à 210, chaque partie est d'environ 10″,7.

10. Ici se termine la description de notre appareil; nous n'entrerons dans aucun détail sur les instruments qui l'accompagnent, ceux-ci ne trouvant leur emploi que dans la mesure de la base; nous nous bornerons à les énumérer. Il y a :

1° Deux microscopes accompagnés de quatre supports dont l'ensemble forme un système particulier;

2° Quatre supports pour la règle, semblables à ceux déjà décrits;

3° Huit trépieds en bois pour recevoir les supports précédents;

4° Deux lunettes qui peuvent s'adapter sur les supports des microscopes, et qui servent à marquer les points de repère sur le terrain, ainsi qu'à aligner l'appareil;

5° Deux mires qui s'adaptent également sur les supports des microscopes;

6° Enfin un petit appareil muni d'un tracelet destiné à graver sur une plaque de cuivre deux traits à angle droit, dont le point de croisement servira de point de repère lorsque la plaque de cuivre sera fixée dans la terre au-dessous des lunettes.

Rectification de l'Appareil.

11. Pour employer l'appareil, il faut d'abord : 1° que toutes les parties de la règle de platine soient dans un même plan, ainsi que toutes celles de la règle de cuivre; 2° que les règles soient parallèles entre elles; 3° que le plan de la règle soit horizontal, ou son inclinaison connue. La deuxième condition se trouve remplie dès que la première a lieu, parce que les galets qui portent les deux règles, sont de même diamètre, placés les uns au-dessous des autres et à une égale distance.

12. Avant de mettre la règle de platine dans un même plan, on commence par niveler les deux supports S, S (fig. 1, 6, 7) destinés à recevoir l'appareil. Pour effectuer ce nivellement on établit solidement ces supports sur une base quelconque, les vis calantes A, A, A, reposant sur des crapaudines destinées à les recevoir. On ramène l'axe de la colonne FG dans un plan vertical, en agissant sur les vis A, A, A et sur la petite vis du niveau nn. Les supports se trouvent nivelés, lorsque le niveau donne les mêmes lectures dans toutes les positions.

13. On place alors l'appareil sur les supports S, S en introduisant les platines I, I, dans les mâchoires b, d, de manière que ces pièces reposent sur les galets a, a (fig. 6, 8). On ramène le banc dans un plan horizontal en agissant sur les vis V′, V′ (fig. 6, 7) des supports et à l'aide des niveaux N′ N′, N″ N″, fixés au banc. On rectifie ces derniers en en faisant la lecture dans deux positions inverses que l'on obtient en retournant le banc sur les supports et en agissant sur les vis $z′ z′$ des niveaux et sur les vis V′, V′. On empêche tout mouvement de l'axe FG, en serrant les vis z, z; par ce moyen on rend en même temps immobile le système de coulisses.

14. Pour niveler la règle par parties, on met le niveau NN sur les deux coussinets du milieu de la règle sur laquelle il repose par ses deux pieds t, t, qui passent par les ouvertures rectangulaires o, o, et on ramène la bulle sur les divisions à l'aide de la vis k. On le transporte ensuite de part et d'autre sur toute la longueur de la règle, en le plaçant de deux en deux coussinets, et on fait la lecture dans chaque position; si les lectures sont les mêmes, c'est une preuve que toutes les parties de la règle sont dans un même plan; dans le cas contraire, après avoir desserré les vis V, V (fig. 10), on agit sur les vis x, x, si l'on veut élever la règle, ou l'on appuie avec la main sur le coussinet si l'on veut la baisser, après avoir toutefois desserré les vis x, x. Le nivellement total étant fait, on serre convenablement toutes les vis V, V, et les deux premières conditions se trouvent remplies. Pendant toute cette opération on doit tenir desserrées les vis de l'armature Q, afin que la règle conserve toute sa liberté.

15. Pour déterminer l'inclinaison de la règle, on la place à très-peu près horizontalement; on met le niveau NN sur les deux coussinets du milieu après avoir fait coïncider le zéro du vernier v avec celui de l'arc gg; nous supposons que le niveau est rectifié lorsque le vernier occupe cette position. On fait alors la lecture des extrémités de la bulle; on retourne le niveau bout pour bout et on procède à une nouvelle lecture. On distingue généralement ces deux positions par les noms de directe et d'inverse. Nous appellerons position directe la lecture faite lorsque la vis k du niveau est à droite de l'observateur et dirigée dans le sens des divisions croissantes de la règle; ces lectures seront toujours affectées du signe $+$. Les lectures faites dans l'autre position, c'est-à-dire dans la position inverse, seront affectées du signe $-$. Ces signes n'ont pas d'autre valeur que celle d'indiquer le sens de l'inclinaison de la règle.

Soient α et β les lectures de la bulle dans la première position du niveau;

α' et β', celles de la seconde;

on aura pour la direction de la verticale dans la position directe, la lecture :

$$x = \frac{\alpha + \beta}{2} . \qquad (a)$$

et dans la position inverse :

$$x' = \frac{\alpha' + \beta'}{2}. \qquad (b)$$

La lecture l correspondante à la perpendiculaire à la ligne qui joint les deux pieds t, t du niveau aura pour valeur :

$$l = \frac{x + x'}{2} = \frac{(\alpha + \beta) + (\alpha' + \beta')}{4}. \qquad (c)$$

En appelant n la valeur en secondes de chaque partie du niveau, l'inclinaison I en secondes sera :

$$\mathrm{I} = (x - l) = \frac{n}{4}\left[(\alpha + \beta) - (\alpha' + \beta')\right]. \qquad (d)$$

A l'aide de cette formule, on peut obtenir l'inclinaison de la règle, et, si l'on veut, en agissant sur les vis V', V' des supports, le niveau NN étant placé au milieu, on pourra rendre l'inclinaison nulle et le plan de la règle sera horizontal.

La lecture l étant également celle qui correspond à la verticale lorsque la ligne qui joint les pieds t, t est horizontale, on peut déterminer facilement avec le niveau NN l'inclinaison de la règle, lors même que cette inclinaison est assez grande pour que la bulle sortant des divisions ne puisse y être ramenée à l'aide des vis des supports. Dans ce cas, on ramène la bulle sur les divisions au moyen de la vis k, et on fait la lecture correspondante à ses extrémités, ainsi que la lecture du vernier v sur l'arc gg; soient :

A et B les lectures du niveau,

S la lecture du vernier, on aura :

$$\mathrm{I}' = \mathrm{S} + n\left(\frac{\mathrm{A} + \mathrm{B}}{2} - l\right). \qquad (e)$$

Le signe de S devra être positif, quand le zéro du vernier v se trouvera plus bas que celui de l'arc gg, et négatif, quand le contraire aura lieu.

CHAPITRE II

DE LA DÉTERMINATION DES COEFFICIENTS DE DILATATION D'UNE
RÈGLE GÉODÉSIQUE. — COMPARAISON DE DEUX RÈGLES.

Coefficients de dilatation.

16. Nous avons donné, dans le chapitre précédent, la description de l'appareil, et nous avons vu qu'il se compose de deux règles superposées : l'une en platine, l'autre en laiton. Nous avons vu également que la première est divisée en parties égales dans toute sa longueur, tandis que la seconde ne porte des divisions qu'à ses extrémités ; ces divisions sont de même longueur que celles de la règle de platine et situées dans le même plan que ces dernières.

Dans ce qui va suivre, nous prendrons pour longueur de la règle de platine, l'intervalle compris entre deux traits arbitraires m, n, situés près de ses extrémités, et, pour longueur de la règle de laiton, l'espace compris entre les deux traits m', n' placés au-dessus des goupilles hh' qui servent à fixer sur cette règle les réglettes en platine portant les divisions : Nous admettrons que les règles sont à la même température et que la dilatation se fait régulièrement et sans obstacle. Quant à l'unité de longueur, nous n'avons pas besoin de la fixer et nous la supposerons quelconque.

17. Cela posé, soient :

P_o, la longueur de la règle de platine à la température 0° du thermomètre centigrade ;

π, son coefficient de dilatation ;

L_o, la longueur de la règle de laiton à la température 0° du thermomètre centigrade ;

λ, son coefficient de dilatation ;

P et L, les longueurs des deux règles à une température quelconque t ;

T, la température à laquelle les deux règles de platine et de laiton ont une longueur commune R ;

on a :

$$P = P_o(1 + \pi t), \tag{1}$$

$$L = L_o(1 + \lambda t), \tag{2}$$

d'où

$$L - P = L_o - P_o + (L_o \lambda - P_o \pi) t. \tag{3}$$

On a de même

$$\left. \begin{array}{l} R = P_o(1 + \pi T), \\ R = L_o(1 + \lambda T). \end{array} \right\} \tag{4}$$

Posons pour abréger

$$L - P = d, \tag{5}$$

$$L_o - P_o = d_o, \tag{6}$$

$$L_o \lambda - P_o \pi = v, \tag{7}$$

Alors l'équation (3) devient :

$$d = d_o + vt. \tag{8}$$

A la température T, on a :

$$L - P = d = 0,$$

Par conséquent :

$$v = d_0 + v'T, \qquad (9)$$

d'où

$$T = -\frac{d_0}{v}. \qquad (10)$$

Si l'on combine les équations (8) et (10), il vient :

$$t = T + \frac{d}{v}; \qquad (11)$$

Cette équation fait connaître la température à un moment donné en fonction de la différence d et des constantes T et v.

En désignant par p et l, les dilatations des règles de platine et de laiton à partir de R, on aura en vertu de (1), (2) et (4) :

$$l = L - R = L_0 \lambda (t - T), \qquad (12)$$
$$p = P - R = P_0 \pi (t - T). \qquad (13)$$

d'où, par voie de soustraction :

$$l - p = L - P = (L_0 \lambda - P_0 \pi)(t - T) = d; \qquad (14)$$

ou encore en divisant (13) par (14) :

$$\frac{p}{l - p} = \frac{P_0 \pi}{L_0 \lambda - P_0 \pi}; \qquad (15)$$

Ce rapport est constant, quelles que soient les valeurs de p et de l.

En le désignant par r, nous aurons :

$$r = \frac{P_0 \pi}{L_0 \lambda - P_0 \pi}. \qquad (16)$$

Par conséquent on tire de (14), (15) et (16)

$$p = dr, \qquad (17)$$
$$l = p + d = d\,(1 + r); \qquad (18)$$

Si l'on suppose connues les quantités r et d, les équations (17) et (18) fourniront les quantités p et l dont les règles de platine et de laiton se sont dilatées à partir de R.

On a encore les relations suivantes que l'on tire de (12), (13), (17) et (18) :

$$P = R + dr,$$
$$L = R + d\,(1 + r). \qquad (19)$$

18. Établissons maintenant les relations qui nous feront connaître la différence d et le coefficient de dilatation relative r.

A cet effet, supposons que l'on dispose de deux points de mire fixes, à l'intervalle desquels on puisse à chaque instant comparer les longueurs des règles, et soient :

m et m' (fig. 28), les deux points de mire complétement fixes ;

b et b', les deux traits qui déterminent la longueur de la règle en platine ;

c et c', ceux qui désignent les extrémités de la règle en laiton ;

a et a', deux points fictifs dont la distance soit constante et précisément égale à la longueur R.

Pour plus de simplicité, posons :

$$\left. \begin{aligned} \overline{aa'} &= R \\ \overline{mm'} &= M, \\ am + \overline{a'm'} &= -x, \\ \overline{b'm'} - \overline{bm} &= +e, \end{aligned} \right\} \qquad (20)$$

Nous avons d'après la (fig. 28) :

$$M = R - x;\qquad(21)$$

et par définition :

$$\left.\begin{array}{l}l=\overline{ac}+\overline{a'c'}=\overline{cm}-\overline{c'm'}-x,\\p=\overline{ab}+\overline{a'b'}=\overline{bm}-\overline{b'm'}-x=-e-x;\end{array}\right\}\quad(22)$$

par conséquent :

$$d=l-p=\overline{b'm'}-\overline{c'm'}-(\overline{bm}-\overline{cm}).\qquad(23)$$

En combinant l'équation (17) avec la seconde des équations (22), on a :

$$x + dr + e = 0.\qquad(24)$$

On voit que les quantités d et e, qui entrent dans cette équation, peuvent être fournies par un appareil à mesurer les longueurs.

Considérons le cas où l'on emploie à cet usage une couple de microscopes.

Soient V_1, V'_1 (fig. 28) les têtes des vis micrométriques de deux microscopes M_1 et M'_1; α_1 et α'_1 les centres optiques de leurs objectifs; o_1 et o'_1 deux points correspondant aux entailles centrales des peignes. Supposons que les règles soient placées horizontalement sous les microscopes, et menons les droites $o_1\,\alpha_1$ et $o'_1\,\alpha'_1$, que pour simplifier nous supposerons verticales. L'intersection de ces droites avec le plan des règles détermine les points o et o', qui vont faire leur image, dans le plan focal des microscopes, aux points o_1 et o'_1 auxquels correspondent les lectures θ_1 et θ'_1. Nous supposerons encore que les têtes de vis sont dirigées dans le sens de la graduation croissante des règles, et que les lectures croissent, quand le fil micrométrique marche dans le même sens, c'est-à-dire vers les têtes de vis.

Soient maintenant v_1, v_1' les valeurs des tours des vis micrométriques V_1, V_1', exprimées en parties de la règle de platine.

En mettant le fil mobile de chaque micromètre en coïncidence avec les points o, c, b, m, o', c', b', m', et en faisant sur les tambours des vis les lectures correspondantes, que nous désignerons respectivement par θ_1, L_1, P_1, m_1 et θ_1', L_1', P_1', m_1', nous aurons les relations :

$$\left. \begin{aligned}
\overline{om} &= (m_1 - \theta_1)\, v_1 ; & \overline{o'm'} &= (m_1' - \theta_1')\, v_1' ; \\
\overline{bm} &= (P_1 - m_1)\, v_1 ; & \overline{b'm'} &= (P_1' - m_1')\, v_1' ; \\
\overline{cm} &= (L_1 - m_1)\, v_1 ; & \overline{c'm'} &= (L_1' - m_1')\, v_1' ;
\end{aligned} \right\} \quad (25)$$

d'où

$$\left. \begin{aligned}
d &= \overline{b'm'} - \overline{c'm'} - (\overline{bm} - \overline{cm}) = (P_1' - L_1')\, v_1' - (P_1 - L_1)\, v_1 ; \\
e &= \overline{b'm'} - \overline{bm} = (P_1' - m_1')\, v_1' - (P_1 - m_1)\, v_1 ;
\end{aligned} \right\} \quad (26)$$

Les seconds membres de ces équations désignent les nombres de divisions de la règle de platine qui représentent les longueurs d et e.

Nous écrirons alors pour abréger :

$$\left. \begin{aligned}
\delta &= (P_1' - L_1')\, v_1' - (P_1 - L_1)\, v_1, \\
\gamma &= (P_1' - m_1')\, v_1' - (P_1 - m_1)\, v_1.
\end{aligned} \right\} \quad (27)$$

19. L'effet de la température faisant varier la longueur totale de la règle, et nécessairement la longueur d'une division, il en résulte que les mesures de d et de e, faites à diverses températures, aussi bien que les mesures de δ et de γ, sont effectuées sur des divisions de longueurs inégales ; mais quelles que soient les variations de température, si N est le nombre total des divisions de la règle, nous aurons pour exprimer d et e en fonction des nombres de divisions δ et γ qui leur correspondent, les rapports :

$$\frac{d}{P} = \frac{\delta}{N}, \tag{28}$$

$$\frac{e}{P} = \frac{\gamma}{N}; \tag{29}$$

L'équation (28), en ayant égard à (19), donne

$$d = (R + dr) \frac{\delta}{N}, \tag{30}$$

d'où

$$d = R \frac{\dfrac{\delta}{N}}{1 - r \dfrac{\delta}{N}}; \tag{31}$$

par conséquent :

$$R + dr = R \frac{1}{1 - r \dfrac{\delta}{N}}. \tag{32}$$

On a de même :

$$e = (R + dr) \frac{\gamma}{N} = R \frac{\dfrac{\gamma}{N}}{1 - r \dfrac{\delta}{N}}. \tag{33}$$

L'équation (24), en vertu de (31) et de (33), devient :

$$x = - R \frac{\dfrac{\gamma}{N}}{1 - r \dfrac{\delta}{N}} - R \frac{r \dfrac{\delta}{N}}{1 - r \dfrac{\delta}{N}}; \tag{34}$$

d'où l'on conclut :

$$0 = \frac{x}{R} + \frac{r \dfrac{\delta}{N}}{1 - r \dfrac{\delta}{N}} + \frac{\dfrac{\gamma}{N}}{1 - r \dfrac{\delta}{N}}. \tag{35}$$

Posons

$$\frac{x}{R} = X,\tag{36}$$

nous déduisons de l'équation (35) :

$$0 = NX + r\delta\,(1 - X) + \gamma\,;\tag{37}$$

Posons encore

$$\begin{aligned}\xi &= NX,\\ \eta &= r\,(1 - X)\,;\end{aligned}\Bigg\}\tag{38}$$

Il viendra

$$0 = \xi + \delta\eta + \gamma\,.\tag{39}$$

Mettons à la place de δ et de γ leurs valeurs (27), il vient finalement :

$$0 = \xi + [(P'_1 - L'_1)\,v'_1 - (P_1 - L_1)\,v_1]\,\eta + (P'_1 - m'_1)\,v'_1 - (P_1 - m_1)\,v_1.\tag{40}$$

Chaque observation, faite à une certaine température, donne une équation de cette forme; l'ensemble de ces équations fournira les valeurs de ξ et de η.

On a ensuite par (38)

$$r = \frac{\eta}{1 - \dfrac{\xi}{N}}\,.\tag{41}$$

Cette équation donnera le coefficient de dilatation relative r, lorsque ξ et η seront connues.

20. Les formules précédentes ont été établies pour le cas où l'on a recours aux deux points fixes de mire m et m', pour s'assurer de l'invariabilité de la distance I des deux microscopes; et c'est à ces deux points que l'on a ramené les distances qui servent à former les valeurs de d et de e. Si l'on croit devoir compter sur la stabilité des microscopes, la considération des mires devient évidemment superflue, et les longueurs des règles doivent être alors comparées directement à l'intervalle I compris entre les axes optiques des microscopes. Ce changement n'influe d'ailleurs en rien sur la valeur de d (26), attendu que cette quantité est indépendante de la situation de l'origine des lectures micrométriques ; la valeur de e est la seule qui change.

Établissons maintenant les formules relatives à ce dernier cas et posons :

$$\left. \begin{array}{l} \overline{oo'} = 1, \\ \overline{ao} + \overline{a'o'} = -x', \\ \overline{b'o'} - \overline{bo} = +e' ; \end{array} \right\} \qquad (42)$$

Il vient d'après la figure (28)

$$1 = R - x'. \qquad (43)$$

En suivant la même marche que plus haut, on parviendra à établir les équations suivantes, qui sont analogues aux équations (24) et (26) :

$$\left. \begin{array}{l} x' + dr + e' = 0 , \\ \gamma' = \overline{b'o'} - bo = (P'_1 - \theta'_1)\, v'_1 - (P_1 - \vartheta_1)\, v_1 ; \end{array} \right\} \qquad (44)$$

D'où il résulte, comme aux équations (29) et (33), et en vertu de (31) et de (32) :

$$\left. \begin{array}{l} e' = R\, \dfrac{\dfrac{\gamma'}{N}}{1 - r\, \dfrac{\delta}{N}} . \\[3em] x' = -R\, \dfrac{\dfrac{\gamma'}{N}}{1 - r\, \dfrac{\delta}{N}} - R\, \dfrac{\dfrac{r\delta}{N}}{1 - \dfrac{r\delta}{N}} . \end{array} \right\} \qquad (45)$$

En faisant :

$$\frac{x'}{R} = X', \tag{46}$$

On pourra déduire comme précédemment de cette dernière équation :

$$0 = NX' + r\delta(1 - X') + \gamma'. \tag{47}$$

En posant enfin :

$$\left.\begin{array}{l} \xi' = NX', \\ \eta' = r(1 - X'), \end{array}\right\} \tag{48}$$

il viendra :

$$0 = \xi' + \delta\eta' + \gamma' ; \tag{49}$$

et en mettant à la place de δ et γ' leurs valeurs (27) et (44), on aura :

$$0 = \xi' + [(P'_1 - L'_1)v'_1 - (P_1 - L_1)v_1]\eta' + (P'_1 - \theta'_1)v'_1 - (P_1 - \theta_1)v_1. \tag{50}$$

Chaque observation faite à une certaine température donne lieu à une équation de cette forme, ce qui permet d'obtenir les valeurs de ξ' et de η'.

On a ensuite par les relations (48) :

$$r = \frac{\eta'}{1 - \dfrac{\xi'}{N}}, \tag{51}$$

équation qui fait connaître, à l'aide de η' et ξ', le coefficient de dilatation relative du platine et du laiton.

Remarquons que, parmi les inconnues considérées jusqu'ici, la quantité r est la seule qui soit nécessaire aux besoins de la géodésie et qu'il importe de déterminer avec la plus grande exactitude.

D'ailleurs les quantités η, η', ξ et ξ' étant données par la résolution d'un grand nombre d'équations de condition, la concordance des résidus fournis par le rétablissement de leurs valeurs dans les équations primitives, servira à constater la stabilité des mires et des microscopes, et confirmera l'hypothèse de la régularité dans la marche des dilatations des règles.

21. Donnons, avant d'aller plus loin, la signification géométrique des quantités ξ et ξ'.

Les premières relations (38) et (48) combinées respectivement avec (36) et (46), donnent :

$$\frac{\xi}{N} = \frac{x}{R}; \quad \frac{\xi'}{N} = \frac{x'}{R}. \tag{52}$$

N étant le nombre de divisions contenues dans la longueur constante R de la règle, il est évident que ξ et ξ' expriment les nombres des divisions contenues respectivement dans les longueurs x et x'; par conséquent, en vertu de (21) et de (43), on aura :

$$\frac{\xi}{N} = \frac{R - M}{R}, \quad \frac{\xi'}{N} = \frac{R - 1}{R}. \tag{53}$$

ou bien

$$\frac{\xi - \xi'}{N} = \frac{x - x'}{R} = \frac{1 - M}{R}. \tag{53 \textit{bis}}$$

22. En résumé, des équations qui précèdent, celles dont nous aurons surtout à nous servir, sont :

1° L'équation (40) qui fournit les valeurs de ξ et de η à l'aide des pointés faits sur les mires et sur les extrémités des règles de platine et de laiton à différentes températures ;

2° L'équation (41), qui fera connaître à l'aide de ξ et de η le coefficient r de dilatation relative du platine et du laiton ;

3° Dans le cas où l'on pourrait compter sur la stabilité des microscopes, on emploiera à la détermination de ξ' et η' l'équation (50) semblable à (40), et établie pour des observations faites à des températures différentes sur les extrémités des règles ;

4° Enfin l'équation (51) nous donnera le coefficient r en fonction de ξ' et de η'.

23. Recherchons maintenant les relations qui fourniront les coefficients π et λ des dilatations absolues des deux règles.

Les équations (8) et (31) donnent :

$$d_0 + vt = R\,\frac{\dfrac{\delta}{N}}{1 - r\dfrac{\delta}{N}}. \tag{54}$$

d'où

$$d_0\frac{N}{R} + \frac{N}{R}vt = \frac{\delta}{1 - r\dfrac{\delta}{N}}; \tag{55}$$

ou en posant

$$\left.\begin{aligned} z &= d_0\frac{N}{R}, \\ y &= \frac{N}{R}v; \end{aligned}\right\} \tag{56}$$

il vient

$$z + yt = \frac{\delta}{1 - r\dfrac{\delta}{N}}. \tag{57}$$

Si l'on note la température t en même temps qu'on observe les différences δ, chaque observation fournira une équation de cette forme, et de leur ensemble on pourra déduire par les méthodes connues, les valeurs de z et de y.

On tire ensuite de (56) :

$$\frac{d_0}{R} = \frac{z}{N}, \quad \left.\begin{array}{l} \\ \\ \end{array}\right\}$$
$$\frac{v}{R} = \frac{y}{N}, \tag{58}$$

et par division, en ayant égard à l'équation (10), on aura :

$$T = -\frac{z}{y}. \tag{59}$$

La première équation (4) donne :

$$R = P_0 + P_0 \pi T.$$

Remplaçant T par sa valeur tirée des équations (10) et (7), il viendra :

$$P_0 = R + \frac{P_0 \pi}{L_0 \lambda - P_0 \pi} d_0 = R + d_0 r. \tag{60}$$

En vertu de l'équation (16), on aura d'une manière analogue :

$$L_0 = R + d_0 (1 + r). \tag{61}$$

Divisons (60) et (61) par R, et remplaçons $\frac{d_0}{R}$ par sa valeur (58), nous aurons :

$$\frac{P_0}{R} = 1 + \frac{z}{N} r, \quad \left.\begin{array}{l} \\ \\ \end{array}\right\}$$
$$\frac{L_0}{R} = 1 + \frac{z}{N} (1 + r). \tag{62}$$

D'ailleurs, les équations (7) et (16) donnent :

$$\pi = \frac{vr}{P_0}.$$ (63)

On en tire encore :

$$\lambda = \frac{v\,(1+r)}{L_0}.$$ (64)

Portons dans ces expressions les valeurs (58) et (62), nous aurons en réduisant :

$$\pi = \frac{yr}{N + zr},$$ (65)

$$\lambda = \frac{y\,(1+r)}{N + z\,(1+r)}.$$ (66)

Une fois T, π et λ connus, on aura les longueurs des règles de platine et de laiton à la température 0° centigrade, par les formules (4) mises sous la forme :

$$P_0 = \frac{R}{1+\pi T};$$ (67)

$$L_0 = \frac{R}{1+\lambda T}.$$ (68)

24. En résumé, dans la pratique, les équations que nous aurons principalement à appliquer sont :

1° L'équation (57) qui fournit les valeurs de y et z, à l'aide des différences δ observées à des températures différentes t parfaitement connues ;

2° L'équation (59) qui donne la température T à laquelle les deux règles sont d'égale longueur ;

3° Les équations (65) et (66) qui nous donnent les coefficients des dilatations absolues du platine et du laiton π et λ ;

4° Enfin les équations (67) et (68) qui font connaître en

fonction de R, π, T et λ les longueurs P_0 et L_0 que les règles de platine et de laiton doivent avoir à la température 0° centigrade.

Comparaison de deux règles géodésiques.

25. Pour comparer la longueur R_1, d'une règle géodésique à celle d'un étalon dont la longueur R est déjà connue, il suffit de mesurer avec les deux appareils une distance invariable.

Or, si dans l'équation (21) on remplace l'intervalle M des mires, par la distance fixe I des microscopes, on a :

$$1 = R - x, \qquad (69)$$

et en vertu de (35), il vient :

$$1 = R \frac{1 + \frac{\gamma}{N}}{1 - r \frac{\delta}{N}}. \qquad (70)$$

Cette équation fait connaître l'intervalle I, indépendamment de la température, quand on sait d'avance la valeur de R et de r.

Pour une autre règle de même espèce on aurait l'équation analogue :

$$1 = R_1 \frac{1 + \frac{\gamma_1}{N_1}}{1 - r_1 \frac{\delta_1}{N_1}}. \qquad (71)$$

De ces équations on déduit par de simples transformations :

$$\frac{R_1}{R} = \frac{1 + \frac{\gamma}{N}}{1 + \frac{\gamma_1}{N_1}} \; \frac{1 - r_1 \frac{\delta_1}{N_1}}{1 - r \frac{\delta}{N}} \qquad (72)$$

Remarquons d'abord que r d'après l'équation (16) diffère peu de l'unité, que $\frac{\gamma}{N}$ et $r\frac{\partial}{N}$ sont du même ordre de grandeur. Si nous développons l'équation précédente, on aura, en négligeant les termes du troisième ordre :

$$\frac{1+\frac{\gamma}{N}}{1+\frac{\gamma_1}{N_1}} = 1 + \frac{\gamma}{N} - \frac{\gamma_1}{N_1} + \frac{\gamma_1^2}{N_1^2} - \frac{\gamma}{N}\frac{\gamma_1}{N_1} ; \qquad (73)$$

On aurait de même :

$$\frac{1 - r_1\frac{\partial_1}{N_1}}{1 - r\frac{\partial}{N}} = 1 - \frac{\partial_1}{N_1}r_1 + \frac{\partial}{N}r + \frac{\partial^2}{N^2}r^2 - \frac{\partial}{N}r\frac{\partial_1}{N_1}r_1 ; \qquad (74)$$

de sorte qu'en multipliant ces deux suites l'une par l'autre, on obtient :

$$\begin{aligned}
\frac{R_1}{R} = {} & 1 + \frac{\gamma}{N} - \frac{\gamma_1}{N_1} + \frac{\gamma_1^2}{N_1^2} - \frac{\gamma}{N}\frac{\gamma_1}{N_1} - \frac{\partial_1}{N_1}r_1 \\
& - \frac{\gamma}{N}\frac{\partial_1}{N_1}r_1 + \frac{\gamma_1}{N_1}\frac{\partial_1}{N_1}r_1 + \frac{\partial}{N}r \\
& + \frac{\gamma}{N}\frac{\partial}{N}r - \frac{\gamma_1}{N_1}\frac{\partial}{N}r + \frac{\partial^2}{N^2}r^2 \qquad (75) \\
& - \frac{\partial}{N}r\frac{\partial_1}{N_1}r_1 .
\end{aligned}$$

Les deux règles étant par hypothèse à peu près pareilles, les quantités du deuxième ordre seront insensibles par rapport aux erreurs des observations. On s'en assurera, du reste, en en calculant les valeurs pour le cas où elles sont les plus fortes. Si on trouve effectivement qu'elles sont négligeables, on s'en tiendra aux termes du premier ordre, et on aura simplement :

$$\frac{R_1}{R} = 1 + \frac{\gamma}{N} - \frac{\gamma_1}{N_1} + \frac{\partial}{N}r - \frac{\partial_1}{N_1}r_1 . \qquad (76)$$

Posons pour abréger :

$$\varphi = \frac{\gamma}{N} - \frac{\gamma_1}{N_1} + \frac{\partial}{N} r - \frac{\partial_1}{N_1} r_1 , \qquad (77)$$

il vient :

$$R_1 = R(1 + \varphi). \qquad (78)$$

En multipliant les comparaisons on obtiendra une valeur moyenne de φ, et on aura par suite la longueur R_1 en fonction de R.

La détermination de la longueur R_1 exige une grande exactitude ; car l'erreur commise sur cette quantité influe toujours de la même manière dans la mesure d'une base, et produit dans le calcul final une erreur proportionnelle au nombre des portées de la règle.

CHAPITRE III

Détermination des erreurs de capacités.

26. Il existe divers modes de calibrage des tubes thermométriques ; celui qui nous paraît préférable en principe, consiste en une division de la longueur du tube en parties égales à l'aide d'une bonne machine à diviser ; dans ces conditions les erreurs de la division linéaire sont généralement au-dessous des erreurs que l'on pourrait commettre dans les lectures du thermomètre. On s'assurera d'ailleurs que les divisions ne présentent pas d'irrégularités appréciables en comparant la grandeur de leur intervalle dans diverses parties de l'échelle.

Nous supposerons que l'artiste ait choisi le tube thermométrique, de manière que son calibre intérieur ne présente pas de trop grandes irrégularités de diamètre.

Nous admettrons aussi dans cette étude que le coefficient de dilatation cubique apparente du mercure reste le même dans toute l'étendue de l'échelle des températures, auxquelles le thermomètre est soumis. Enfin nous prendrons pour unité linéaire l'intervalle compris entre deux traits consécutifs.

On entend par un degré du thermomètre centigrade, le nombre de divisions d'égale capacité qui correspondent à la centième partie des divisions que le mercure occupe par sa dilatation apparente, depuis le point de la fusion de la glace jusqu'à celui de l'ébullition de l'eau sous la pression $0^m,76$.

Imaginons que l'on dispose le tube thermométrique horizontalement et parallèlement au banc d'une machine à diviser, sur lequel peut glisser et être fixé un microscope M (fig. 27). On choisit deux points arbitraires de l'échelle pour limites extrêmes, et l'on introduit dans le tube une certaine quantité de mercure capable de remplir à peu près une fraction $\frac{1}{N}$ de l'intervalle total.

On conduit l'extrémité inférieure de la bulle près du trait initial dont la chiffraison est N_i ; on amène le microscope en regard de ce trait, de manière à voir dans le champ le trait N_i, l'extrémité inférieure de la bulle B_i, ainsi que le trait suivant N_{i+1}. On met ensuite le fil mobile du micromètre en coïncidence avec les points cités plus haut et l'on fait les lectures t_i, b_i et t_{i+1} qui leur correspondent.

On aura pour le rapport de l'intervalle $B_i N_i$ à l'intervalle de deux traits consécutifs, en désignant ce rapport par e_i :

$$e_i = \frac{t_i - b_i}{t_i - t_{i+1}} . \qquad\qquad (79)$$

La lecture l_i de l'échelle correspondante à l'extrémité inférieure de la bulle, sera :

$$l_i = N_i + \frac{t_i - b_i}{t_i - t_{i+1}} = N_i + e_i . \qquad (80)$$

On amène ensuite le microscope vis-à-vis de l'extrémité

supérieure B_s de la bulle, et l'on pointe de la même manière cette extrémité, ainsi que les deux traits N_s et N_{s+1} qui l'embrassent; en désignant par b_s, t_s, t_{s+1} les lectures de la tête de vis correspondant à ces points, par l_s la lecture de l'échelle correspondant à l'extrémité B_s, et par e_s la fraction de division dont cette extrémité dépasse le trait N_s, on aura :

$$l_s = N_s + \frac{t_s - b_s}{t_s - t_{s+1}} = N_s + e_s \qquad (81)$$

Soit l la longueur de la bulle en parties de l'échelle et T la température ambiante pendant l'observation, il viendra :

$$l = l_s - l_i = N_s + e_s - (N_i + e_i). \qquad (82)$$

Si nous désignons par ε_i, ε_s les corrections à appliquer aux traits N_i et N_s pour avoir égard aux inégalités intérieures du tube; par I l'intervalle corrigé compris entre les extrémités de la bulle, on aura évidemment :

$$I = l + \varepsilon_s - \varepsilon_i = N_s + e_s - (N_i + e_i) + \varepsilon_s - \varepsilon_i . \qquad (83)$$

Si l'on transporte la bulle de toute sa longueur, de manière que son extrémité inférieure vienne occuper approximativement la place de l'extrémité supérieure dans la position précédente, on aura en désignant par l' et I' les longueurs observées et corrigées de la bulle, par T' la température ambiante, et en marquant d'un accent toutes les autres quantités qui se rapportent à cette nouvelle position :

$$I' = l' + \varepsilon'_s - \varepsilon'_i = N'_s + e'_s - (N'_i + e'_i) + \varepsilon'_s - \varepsilon'_i . \qquad (84)$$

Pour une troisième position de la bulle, on aura d'une manière analogue :

$$I'' = l'' + \varepsilon''_s - \varepsilon''_i = N''_s + e''_s - (N''_i + e''_i) + \varepsilon''_s - \varepsilon''_i \qquad (85)$$

et ainsi de suite jusqu'à ce que la bulle ait parcouru toute la longueur de l'échelle ; alors en affectant de l'accent (n) toutes les quantités qui se rapportent à la dernière position, on aura :

$$I^{(n)} = l^{(n)} + \varepsilon_s^{(n)} - \varepsilon_i^{(n)} = N_s^{(n)} + e_s^{(n)} - \left(N_i^{(n)} + e_i^{(n)}\right) + \varepsilon_s^{(n)} - \varepsilon_i^{(n)}. \quad (86)$$

Les volumes I, l', I'',... $I^{(n)}$, ne sont point comparables entre eux à cause de la variation des températures pendant l'observation de l, l', l''..... $l^{(n)}$; il faut donc ramener ces derniers à une même température. Soit τ cette température unique ;

a le coefficient de dilatation cubique apparente du mercure ;

L la valeur qu'aura l à la température τ ;

I_τ l'intervalle corrigé, occupé par la bulle à la température τ ;

On aura très-approximativement, et en négligeant les variations des quantités ε :

$$L = l[1 + a(\tau - T)] = [N_s + e_s - (N_i + e_i)][1 + a(\tau - T)]. \quad (87)$$

Il en sera de même pour les autres positions.

En ayant égard aux expressions précédentes et en remarquant que ε_i et ε'_i, ε'_i et ε''_i se rapportant à des traits assez rapprochés, sont sensiblement égaux, il viendra conséquemment pour les valeurs de I_τ fournies par les différentes positions de la bulle :

$$I_\tau = L \quad + \varepsilon_s - \varepsilon_i \quad = l \; [1 + a(\tau - T)] + \varepsilon_s - \varepsilon_i,$$

$$I_\tau = L' \quad + \varepsilon'_s - \varepsilon_s \quad = l' \; [1 + a(\tau - T')] + \varepsilon'_s - \varepsilon_s. \quad (88)$$

$$I_\tau = L'' \quad + \varepsilon''_s - \varepsilon'_s \quad = l'' \; [1 + a(\tau - T'')] + \varepsilon''_s - \varepsilon'_s,$$

$$\cdots \cdots \cdots \cdots \cdots \cdots$$

$$I_\tau = L^{(n)} + \varepsilon_s^{(n)} - \varepsilon_s^{(n-1)} = l^{(n)} \left[1 + a\left(\tau - T^{(n)}\right)\right] + \varepsilon_s^{(n)} - \varepsilon_s^{(n-1)};$$

dont la somme sera

$$\mathrm{N}\, l_\tau = \mathrm{L} + \mathrm{L}' + \mathrm{L}'' \ldots + \mathrm{L}^{(n)} + \varepsilon_s^{(n)} - \varepsilon_i \qquad (89)$$

d'où

$$l_\tau = \frac{\mathrm{L} + \mathrm{L}' + \mathrm{L}'' \ldots + \mathrm{L}^{(n)}}{\mathrm{N}} + \frac{\varepsilon_s^{(n)} - \varepsilon_i}{\mathrm{N}} \, . \qquad (90)$$

Remarquons que les $\varepsilon_s^{(n)}$ et ε_i, qui se rapportent aux traits initial et final, sont par définition égales à zéro, l'expression (90) se réduit donc à :

$$l_\tau = \frac{\mathrm{L} + \mathrm{L}' + \mathrm{L}'' \ldots + \mathrm{L}^{(n)}}{\mathrm{N}} = \frac{\Sigma \mathrm{L}}{\mathrm{N}} \, . \qquad (91)$$

Si l'on met cette valeur de l_τ dans les équations (88), on aura pour la détermination des erreurs ε :

$$l_\tau - \mathrm{L} \;\; + \varepsilon_i \;\;\;\;\; = \varepsilon_s \, ,$$
$$l_\tau - \mathrm{L}' \;\; + \varepsilon_s \;\;\;\;\; = \varepsilon'_s \, ,$$
$$l_\tau - \mathrm{L}'' \;\; + \varepsilon'_s \;\;\;\;\; = \varepsilon''_s \, .$$

$$\qquad (92)$$

$$\cdot \;\; \cdot \;\; \cdot \;\; \cdot \;\; \cdot \;\; \cdot \;\; \cdot$$

$$l_\tau - \mathrm{L}^{(n)} + \varepsilon_s^{(n-1)} = \varepsilon_s^{(n)} = 0 \, .$$

Les corrections ε, calculées pour un certain nombre de traits assez rapprochés, permettront, à l'aide d'une interpolation, de dresser une table qui donnera en fonction du volume de mercure compris entre les traits N_i et $\mathrm{N}_s^{(n)}$ les corrections à appliquer à chaque division pour tenir compte de l'irrégularité du canal intérieur du tube.

Détermination des corrections applicables à une échelle thermomé-
trique donnée, en fonction des corrections obtenues pour une
autre échelle.

27. Nous avons considéré jusqu'ici deux traits arbitraires
pour extrémités de l'échelle, et les corrections que nous avons
déduites sont rapportées au volume du mercure compris entre
ces deux traits. Il peut arriver cependant que le choix de deux
autres points paraisse préférable, comme par exemple ceux
de la fusion de la glace et de l'ébullition de l'eau. Les corrections cherchées doivent évidemment satisfaire à la condition
de s'annuler, lorsqu'on en fera l'application aux deux traits
arbitrairement choisis pour limites de la nouvelle échelle.

Soient A et B les lectures des deux traits primitivement
adoptés et dont les corrections sont égales à zéro ;

V, le volume de mercure compris entre ces points ;

x, la lecture d'un trait quelconque dont la correction est ε_x ;

v, le volume du mercure compris entre x et A ; on aura :

$$V = B - A. \qquad (93)$$

$$v = x + \varepsilon_x - A. \qquad (94)$$

Considérons actuellement deux points a et b dont les cor-
rections sont ε_a et ε_b, et dont nous voulons annuler les corrections ; si nous désignons par φ_a et φ_b des corrections qui, étant
ajoutées à ε_a et ε_b, donneraient une somme nulle, on a :

$$\varepsilon_a + \varphi_a = 0. \qquad (95)$$

$$\varepsilon_b + \varphi_b = 0. \qquad (96)$$

Les traits A et B auront dans ce cas des corrections que nous représenterons respectivement par φ_A et φ_B; le trait x recevra aussi une nouvelle correction φ_x, et sa correction totale sera $\varepsilon_x + \varphi_x$.

Les volumes V et v rapportés au volume du mercure compris entre les points a et b seront alors exprimés par :

$$V = B + \varphi_B - (A + \varphi_A), \qquad (97)$$

$$v = x + \varepsilon_x + \varphi_x - (A + \varphi_A). \qquad (98)$$

Le rapport de ces volumes devant rester toujours le même, il résulte des équations (93), (94), (97) et (98)

$$\frac{v}{V} = \frac{x + \varepsilon_x - A}{B - A} = \frac{x + \varepsilon_x + \varphi_x - (A + \varphi_A)}{B + \varphi_B - (A + \varphi_A)} . \qquad (99)$$

De cette expression on déduit :

$$\frac{x + \varepsilon_x - A}{B - A} = \frac{\varphi_x - \varphi}{\varphi - \varphi_A} : \qquad (100)$$

d'où l'on tire :

$$\varphi_x = \frac{B \varphi_A - A \varphi_B}{B - A} + \frac{\varphi_B - \varphi_A}{B - A} (x + \varepsilon_x) . \qquad (101)$$

Cette équation fournit la valeur de la nouvelle correction φ_x à ajouter à l'antérieure ε_x pour avoir la correction totale du trait x rapportée au volume du mercure compris entre a et b; en désignant par C_x cette correction totale, on aura :

$$C_x = \varepsilon_x + \varphi_x = \frac{B \varphi_A - A \varphi_B}{B - A} + \frac{\varphi_B - \varphi_A}{B - A} (x + \varepsilon_x) + \varepsilon_x. \quad (102)$$

On obtient pour les corrections à appliquer aux points a et b deux expressions semblables à celle-ci qui, d'après la condition établie par les équations (95) et (96), doivent être égales à zéro :

$$\varepsilon + \varphi_a = \frac{B\,\varphi_A - A\,\varphi_B}{B - A} + \frac{\varphi_B - \varphi_A}{B - A}\,(a + \varepsilon_a) + \varepsilon_a = 0\,, \quad (103)$$

$$\varepsilon_b + \varphi_b = \frac{B\,\varphi_A - A\,\varphi_B}{B - A} + \frac{\varphi_B - \varphi_A}{B - A}\,(b + \varepsilon_b) + \varepsilon_b = 0. \quad (104)$$

Ces équations peuvent être mises sous la forme

$$\frac{\varphi_A}{B - A}\,(B - a - \varepsilon_a) + \frac{\varphi_B}{B - A}\,(- A + a + \varepsilon_a) + \varepsilon_a = 0, \quad (105)$$

$$\frac{\varphi_A}{B - A}\,(B - b - \varepsilon_b) + \frac{\varphi_B}{B - A}\,(- A + b + \varepsilon_b) + \varepsilon_b = 0. \quad (106)$$

En multipliant la première par $(- A + b + \varepsilon_b)$ et la seconde par $(A - a - \varepsilon_a)$, les ajoutant et ordonnant, on obtiendra :

$$\frac{\varphi_A}{B - A} = \frac{- A\,(\varepsilon_b - \varepsilon_a) + a\,\varepsilon_b - b\,\varepsilon_a}{(B - A)\,\{\,b + \varepsilon_b - (a + \varepsilon_a)\,\}}\,, \quad (107)$$

et par une élimination semblable à la précédente, on a

$$\frac{\varphi_B}{B - A} = \frac{- B\,(\varepsilon_b - \varepsilon_a) + a\,\varepsilon_b - b\,\varepsilon_a}{(B - A)\,\{\,b + \varepsilon_b - (a + \varepsilon_a)\,\}}\,. \quad (108)$$

En retranchant la valeur (107) de (108) on aura :

$$\frac{\varphi_B - \varphi_A}{B - A} = \frac{\varepsilon_a - \varepsilon_b}{b + \varepsilon_b - (a + \varepsilon_a)}. \quad (109)$$

Si l'on multiplie l'équation (107) par B et l'équation (108) par $- A$, on obtiendra après les avoir ajoutées et ordonnées :

$$\frac{B\,\varphi_A - A\,\varphi_B}{B - A} = \frac{a\,\varepsilon_b - b\,\varepsilon_a}{b + \varepsilon_b - (a + \varepsilon_a)}\,. \quad (110)$$

Remettons à la place de $\dfrac{\varphi_B - \varphi}{B - A}$ et de $\dfrac{B\,\varphi_A - A\,\varphi_B}{B - A}$, leurs valeurs (109) et (110), dans l'équation (102), il vient :

$$C_x = \frac{a\varepsilon_b - b\varepsilon_a}{b + \varepsilon - (a + \varepsilon_a)} + \frac{(\varepsilon_a - \varepsilon_b)\,(x + \varepsilon_x)}{b + \varepsilon_b - (a + \varepsilon_a)} + \varepsilon_x \, , \quad (111)$$

d'où l'on tire :

$$C_x = \varepsilon_x \frac{b - a}{b + \varepsilon_b - (a + \varepsilon_a)} + x \frac{\varepsilon_a - \varepsilon_b}{b + \varepsilon_b - (a + \varepsilon_a)} + \frac{a\,\varepsilon_b - b\,\varepsilon_a}{b + \varepsilon_b - (a + \varepsilon_a)} . \,(112)$$

Telle est l'expression qui donne en fonction des anciennes corrections ε, les valeurs des corrections à appliquer aux différents traits, quand on prend les points a et b pour limites de l'échelle.

Cette valeur doit être nulle pour les traits a et b; et en effet, en faisant $x = a$, $\varepsilon_x = \varepsilon_a$, on obtient $C_a = 0$; il en est de même pour $x = b$, $\varepsilon_x = \varepsilon_b$.

CHAPITRE IV

CALIBRAGE DES THERMOMÈTRES.

Examen préalable des tubes thermométriques.

28. On sait que, pour la confection d'un bon thermomètre, il est nécessaire que le calibre intérieur du tube soit parfaitement cylindrique; cependant, malgré tous les soins pris par les fabricants pour en assurer la régularité, ils ne peuvent arriver à une parfaite exactitude. Il est donc important, avant d'opérer la construction d'un thermomètre, de s'assurer de la cylindricité du canal intérieur. A cet effet nous avons eu, M. Tissot et moi, à vérifier huit thermomètres fermés mais non gradués qui nous avaient été remis par M. Brunner.

Nous avons commencé les expériences vers les premiers jours de novembre 1861, en opérant de la manière suivante : après avoir fait passer dans la cavité supérieure du tube d'un des thermomètres une quantité de mercure suffisante pour que le reste, en se retirant, laissât le canal complétement vide, on a détaché une bulle du mercure contenu dans le réservoir; on a placé horizontalement le thermomètre sur un châssis en bois derrière lequel se trouvait un écran. On a mesuré la longueur de la bulle avec le micromètre d'une lunette ayant 60 centimètres de distance focale, 60 millimètres d'ouverture et un grossissement d'environ soixante fois, et placée horizontalement à une distance qui permît de voir la bulle tout entière dans le champ. On déplaça ensuite la bulle de toute sa longueur, de manière que l'extrémité inférieure vint prendre la place qu'occupait l'extrémité supérieure dans la position précédente, et on en mesura de nouveau la longueur; on fit parcourir ainsi à la bulle toute l'étendue du tube. Les diverses longueurs obtenues dans les différentes positions de la bulle étant sensiblement égales, le tube fut reconnu propre à la construction d'un thermomètre.

Après avoir opéré de la même manière pour les autres tubes, nous en avons choisi six.

Quatre d'entre eux furent confiés à M. Baudin, habile constructeur de thermomètres, pour les graduer en degrés centigrades; les deux autres restèrent à notre disposition pour servir de thermomètres étalons et furent remis à M. Brunner, qui les divisa en parties d'égales longueurs de $0^{mm},5$ chacune; on les désigna sous le nom de : étalon n° 1; étalon n° 2. Ensuite on procéda à l'étude des capacités correspondant à chaque division en opérant d'après la théorie exposée dans le chapitre précédent.

Étude de capacité des étalons.

29. Pour cette étude, M. Brunner mit à notre disposition le banc de sa machine à diviser, sur le chariot de laquelle il installa un microscope muni d'un micromètre. Sur l'étalon n° **1**, on a choisi pour limites de l'échelle le 20e et le 860e trait qui sont marqués **1** et **43** sur le tube thermométrique; nous ferons observer que les traits marqués sur les thermomètres étalons par les chiffres 0, 1, 2, 3, etc., correspondent, dans la numération de l'échelle, aux traits 0, 20, 40, 60, etc.

On a détaché une bulle de mercure dont la longueur était sensiblement égale à la moitié de l'intervalle compris entre les traits 20 et 860. On amena l'une des extrémités de la bulle vers le trait 23 (*), et, après avoir placé le thermomètre horizontalement sous le microscope, on observa le trait 23, l'extrémité de la bulle et le trait 24, et on nota les lectures micrométriques correspondantes, savoir :

$$t_i = 0',078 \quad b_i = 1',505 \quad t_{i+1} = 2',101 \ ;$$

On conduisit ensuite le microscope vis-à-vis de l'autre extrémité de la bulle qui tombait entre les traits 439 et 440 ; on pointa ces deux traits ainsi que l'extrémité de la bulle, et on obtint les lectures suivantes :

$$t_s = 0',158 \quad b_s = 0',237 \quad t_{s+1} = 2',214 \ ;$$

le rapport e_i de l'intervalle compris entre l'extrémité de la bulle et le trait inférieur, à l'intervalle des deux traits consécutifs, est :

$$e_i = \frac{t_i - b_i}{t_i - t_{i+1}} = \frac{1',427}{2',023} = 0^v,691 \ ;$$

Le rapport de l'intervalle compris entre l'extrémité supérieure de la bulle et le trait qui la précède, à l'intervalle de deux traits consécutifs, est :

$$e_s = \frac{t_s - b_s}{t_s - t_{s+1}} = 0^v,038 \ ;$$

(*) La difficulté de former une bulle d'une longueur donnée étant considérable, vu que les corrections ne sont pas connues *a priori*, et le tube étant assez régulier, nous ne nous sommes point attachés à faire coïncider parfaitement dans tous les cas l'extrémité de la bulle avec les traits final et initial.

Par conséquent la lecture l_s de l'échelle thermométrique correspondant à l'extrémité supérieure de la bulle est :

$$l_s = 439^v,038 ;$$

et celle qui correspond à l'extrémité inférieure :

$$l_i = 23^v,691.$$

La longueur de la bulle à la température ambiante T donnée par un thermomètre placé à côté de celui en expérience, sera :

$$l = l_s - l_i = 439^v,038 - 23^v,691 = 415^v,347.$$

En déplaçant ensuite la bulle de toute sa longueur, de manière que l'extrémité inférieure vienne prendre la place de l'extrémité supérieure, et en opérant de la même manière, nous avons obtenu les lectures suivantes pour l'extrémité inférieure :

$$t'_i = 0^t,112 ; \quad b'_i = 0^t,815 \quad t'_{i+1} = 2^t,215 ;$$

d'où le rapport :

$$e' = \frac{t'_i - b'_i}{t'_i - t'_{i+1}} = \frac{0^t,703}{2^t,103} = 0^v,340 ,$$

et pour l'extrémité supérieure, les lectures :

$$t'_s = 0^t,130 ; \quad b'_s = 0^t,976 ; \quad t'_{s+1} = 2^t,195$$

d'où le rapport :

$$e'_s = \frac{t'_s - b'_s}{t'_s - t'_{s+1}} = \frac{0^t,846}{2^t,065} = 0^t,409.$$

On a donc pour la lecture de l'extrémité supérieure de la bulle sur l'échelle thermométrique :

$$l'_s = 857^v,409 ;$$

et pour celle de l'extrémité inférieure :

$$l'_i = 440^p,340 ;$$

on en conclut la longueur de la bulle :

$$l' = l' - l'_i = 857^r,409 - 440^p,340 = 417^p,069.$$

Les longueurs l et l' sont celles de la bulle données en parties de l'échelle thermométrique et à la température ambiante
T, qui est, pour la première position, égale à $+1°,5$ et à $+1°,6$
pour la seconde.

En appelant ε_i la correction de capacité du trait initial; $\varepsilon_i^{(n)}$,
celle du trait final; ε_1 la correction du trait 440 ; I_1 et I_2, les
intervalles corrigés de la bulle, on aura :

$$I_1 = 415^p,347 + \varepsilon_1 - \varepsilon_i ,$$
$$I_2 = 417^p,069 + \varepsilon_i^{(n)} - \varepsilon_1 .$$

Ces deux quantités n'étant pas comparables puisqu'elles
sont obtenues à des températnres différentes, il est indispen-
sable de les ramener à une même température; on a pris
pour cette température unique $\tau = +10°$ centigrade, et pour
coefficient de dilatation relative du mercure et du verre,
$a = 0,000,157$, déduit des coefficients de dilatation du mercure et du verre vert trouvés par M. Regnault. (Pouillet, p. 246
et 256, tom. I.)

En négligeant les dilatations des quantités ε, et en désignant
par I_τ, L et L' les intervalles corrigés et non corrigés qu'occupe
la bulle à la température τ, on aura pour les deux positions :

$$I_\tau = \left[1 + a(\tau - T)\right] 415^r,347 + \varepsilon_1 - \varepsilon_i = 415^r,898 + \varepsilon_1 - \varepsilon_i ,$$
$$I_\tau = \left[1 + a(\tau - T')\right] 417^p,069 + \varepsilon_i^{(n)} - \varepsilon_1 = 417^r,619 + \varepsilon_i^{(n)} - \varepsilon_1 .$$

d'où en moyenne et en vertu de (87) et de (91) :

$$I_\tau = \frac{L + L'}{2} = 416^r,758.$$

En portant cette valeur dans les équations précédentes, il vient :

$$\varepsilon_1 = 416^\text{p},758 - 415^\text{p},898 = + 0^\text{p},860.$$

$$\varepsilon_1 = 417^\text{p},619 - 416^\text{p},758 = + 0^\text{p},861.$$

Nous avons opéré de la même manière pour des bulles qui divisent l'intervalle choisi en 4, 8, 24, 12, 6 et 3 parties, pour l'étalon n° 1 ; les résultats se trouvent consignés dans le tableau I.

Pour l'étalon n° 2, on a pris pour extrémités de l'échelle les traits 20 et 785 ; on a opéré avec des bulles divisant cet intervalle en 2, 4, 8, 16 parties, et on a consigné les résultats dans le tableau II.

Dans ces tableaux :

La 1$^\text{re}$ colonne contient la température ambiante ;

La 2$^\text{e}$, le numéro de position de la bulle ;

La 3$^\text{e}$, le numéro d'ordre sur l'échelle thermométrique, des traits inférieurs aux deux extrémités de la bulle ;

La 4$^\text{e}$, les lectures micrométriques correspondant à ces traits.

La 5$^\text{e}$, les lectures micrométriques correspondant aux extrémités de la bulle ;

La 6$^\text{e}$, les lectures micrométriques correspondant aux traits supérieurs aux deux extrémités de la bulle ;

La 7$^\text{e}$, le numéro d'ordre des traits supérieurs aux extrémités de la bulle ;

La 8$^\text{e}$, l'intervalle compris entre les extrémités de la bulle et les traits inférieurs en parties du micromètre ;

La 9$^\text{e}$, l'intervalle compris entre deux traits consécutifs, exprimé également en parties du micromètre ;

La 10$^\text{e}$, l'intervalle compris entre les extrémités de la bulle et les traits qui leur sont inférieurs, en parties de l'échelle thermométrique;

La 11e, la longueur l de la bulle à la température ambiante T;

La 12e, la longueur L de la bulle à la température de 10° centigrade.

Si l'on examine les nombres contenus dans la 9e colonne et qui indiquent l'intervalle de deux traits consécutifs en parties du tambour de la vis micrométrique, on remarquera qu'ils ne diffèrent entre eux que de quelques millièmes de millimètre, ce qui confirme que les longueurs des divisions peuvent être considérées comme égales (*).

On s'est assuré de l'invariabilité de la position de la bulle pendant l'observation de ses deux extrémités, en revenant une seconde fois sur la première position du microscope et en pointant de nouveau les mêmes traits : Le tableau I présente les résultats obtenus pour la bulle n° 3 de l'étalon n° 1.

(*) La bulle n° 4 a été observée avec un oculaire d'un grossissement moindre que celui employé à l'observation des autres bulles.

TABLEAU 1.   Étalon n° 1.

Température ambiante. T	POSITIONS.	N_s / N_i	l_s / l_i	b_s / b_i	t_{s+1} / t_{i+1}	N_{s+1} / N_{i+1}	b_s-t_s / b_i-t_i	$\overline{t_{s+1}t_s}$ / $\overline{t_{i+1}t_i}$	e_s / e_i	l	L
		n	t	t	t	n	t	t	p	p	p

Bulle n° 1.

T	POS.	N	l	b	t_{i+1}	N_{i+1}	$b-t$	$\overline{tt}$	e	l	L
+ 1°,5	1	439	0,158	0,237	2,214	440	0,079	2,056	0,038	415,347	415,898
		23	0,078	1,503	2,401	24	1,427	2,023	0,691		
1 ,6	2	857	0,130	0,976	2,195	858	0,846	2,065	0,409	417,069	417,619
		440	0,412	0,815	2,215	441	0,703	2,103	0,340		

Bulle n° 2.

T	POS.	N	l	b	t_{i+1}	N_{i+1}	$b-t$	$\overline{tt}$	e	l	L
+ 1°,4	1	228	0,165	1,185	2,224	229	1,020	2,059	0,493	207,358	207,638
		21	0,154	0,433	2,221	22	0,279	2,070	0,135		
1 ,4	2	439	0,158	0,760	2,205	440	0,602	2,017	0,291	208,882	209,161
		230	0,139	0,984	2,197	231	0,845	2,058	0,409		
1 ,5	3	649	0,428	1,354	2,202	650	1,226	2,074	0,593	209,385	209,664
		440	0,133	0,563	2,224	441	0,433	2,091	0,208		
1 ,6	4	859	0.096	1,482	2,190	860	1,386	2,094	0,670	208,730	209,005
		650	0,067	2,010	2,147	651	1,943	2,080	0,940		

Bulle n° 3.

T	POS.	N	l	b	t_{i+1}	N_{i+1}	$b-t$	$\overline{tt}$	e	l	L
+ 5°,5	1	125	0,279	0,578	2,337	126	0,299	2,058	0,145	104,257	104,330
		20	0,235	2,077	2,320	21	1.842	2,085	0,891		
		20	0,237	2,066	2,303	21	1,829	2,066	0,885		
5 ,7	2	229	0,289	0,684	2,364	230	0,395	2,075	0,191	103,929	103,999
		125	0,326	0,864	2,392	126	1,538	2,066	0,260		
		229	0,337	0,724	2,417	230	0,357	2,080	0,187		
6 ,0	3	334	0,366	0,893	2,431	335	0,527	2,065	0,255	104,681	104,746
		229	0,345	1,520	2,422	230	1,175	2,077	0,569		
		334	0,391	0,899	2,446	335	0,508	2,055	0,246		
6 ,4	4	440	0,391	0,893	2,461	441	0,502	2,070	0,243	104,963	105,027
		335	0,545	1.120	2,598	336	0,581	2,053	0,281		
		440	0,526	1,034	2,603	441	0,508	2,077	0,246		
6 ,0	5	545	0,052	1,943	2,105	546	1,891	2,053	0,915	105,229	105,293
		440	0,045	1,459	2,111	441	1,414	2,066	0,684		
		545	0,047	1,931	2,097	546	1,884	2,050	0,911		
6 ,2	6	650	0,032	0,790	2,075	651	0,758	2,043	0;367	104,936	104,998
		545	0,027	0.920	2,080	546	0,893	2,053	0,432		
		650	0,034	0,794	2,093	651	0,760	2,059	0,368		

TABLEAU I.　　　　　　　　　　　　　　　　**Ètalon n° 1.**

Température ambiante. T	POSITIONS.	N_s N_i	t_s t_i	b_s b_i	t_{s+1} t_{i+1}	N_{s+1} N_{i+1}	$b_s - t_s$ $b_i - t_i$	$t_{s+1} t_s$ $t_{i+1} t_i$	e_s e_i	l	l.
		n	t	t	t	n	t	t	p	p	p

Bulle n° 3 (Suite).

Température ambiante. T	POSITIONS.	N	t	b	t+1	N+1	b−t	t+1 t	e	l	l.
+ 6°,2	7	754	0,082	1.726	2,150	755	1,644	2,068	0,795	104,697	104,759
		650	0,112	0,308	2,162	651	0,196	2,050	0,095		
		754	0,099	1'725	2,134	755	1,626	2,035	0,787		
6 ,1	8	859	0,036	1,586	2,075	860	1,550	2,039	0 750	104,783	104,846
		754	0,027	2,031	2,091	755	2,004	2,064	0,970		
		859	0,025	1,588	2,089	860	1,563	2,064	0,756		

Bulle n° 4.

Température ambiante. T	POSITIONS.	N	t	b	t+1	N+1	b−t	t+1 t	e	l	l.
+13°,2	1	53	0,06	0,16	1,38	54	0,10	1,32	0,08	32,67	32,65
		20	0,00	0,54	1,34	21	0,54	1,34	0,11		
13 ,2	2	88	0,15	1,24	1,47	89	1,09	1,32	0,83	32,56	32,54
		56	0,27	0,62	1,59	57	0,35	1,32	0,27		
13 ,4	3	123	0,64	0,95	1,95	124	0,31	1,31	0,23	32,53	32,51
		90	0,54	1,47	1,87	91	0,93	1,33	0,70		
13 ,2	4	158	0,65	1,12	1,98	159	0,47	1,33	0,36	32,46	32,44
		125	0,59	1,78	1,92	126	1,19	1,33	0,90		
12 ,7	5	193	0,46	0,85	1,77	194	0,39	1,31	0,30	32,48	32,47
		160	0,59	1,67	1,91	161	1,08	1,32	0,82		
13 ,1	6	229	0,04	0,65	1,31	230	0,64	1,30	0,19	32,59	32,57
		196	0,16	1,35	1,46	197	1,19	1,30	0,90		
13 ,1	7	264	0,02	0,08	1,31	265	0,06	1,29	0,05	32,66	32,64
		231	0,18	0,69	1,49	232	0,54	1,31	0,39		
13 ,0	8	299	0,27	0,59	1,57	300	0,32	1,30	0,24	32,76	32,74
		266	0,27	0,90	1,58	267	0,63	1,31	0,48		
12 ,8	9	333	0,47	1,60	1,81	334	1,13	1,34	0,86	32,79	32,78
		301	0,51	0,60	1,84	302	0,09	1,33	0,07		
12 ,8	10	368	0,03	0,94	1,35	369	0,94	1,32	0,69	32,86	32,85
		335	0,12	1,22	1,41	336	1,10	1,29	0,83		
14 ,6	11	403	0,20	1,14	1,51	404	0,94	1,31	0,71	32,81	33,79
		370	0,26	1,15	1,58	371	1,19	1,32	0,90		
14 ,6	12	439	0,38	0,49	1,69	440	0,11	1,31	0,08	32.82	32,80
		406	0,40	0,74	1,72	407	0,34	1,32	0,26		

TABLEAU I. Étalon n° 1.

Température ambiante. T	POSITIONS.	N_s / N_i	t_s / t_i	b_s / b_i	t_{s+1} / t_{i+1}	N_{s+1} / N_{i+1}	b_s-t_s / b_i-t_i	$\overline{t_{s+1}-t_s}$ / $\overline{t_{i+1}-t_i}$	e_s / e_i	l	L

Bulle n° 4 (Suite).

T	POS.	n	t	t	t	n	t	t	p	p	p
+14°,7	13	474	0,45	1,24	1,75	475	0,79	1,30	0,60	32,87	32,85
		441	0,18	1,14	1,48	442	0,96	1,30	0,73		
14,9	14	509	0,19	0,70	1,51	510	0,51	1,32	0,39	32,93	32,90
		476	0,24	0,85	1,59	477	0,64	1,35	0,46		
15,0	15	544	0,14	0,44	1,44	545	0,30	1,30	0,23	32,97	32,94
		511	0,16	0,50	1,47	512	0,34	1,31	0,26		
12,5	16	579	0,36	0,66	1,68	580	0,30	1,32	0,23	32,87	32,86
		546	0,38	0,86	1,71	547	0,48	1,33	0,36		
12,4	17	614	0,46	0,77	1,77	615	0,31	1,31	0,23	32,84	32,80
		584	0,47	1,02	1,77	582	0,55	1,30	0,42		
12,2	18	649	0,49	0,85	1,84	650	0,36	1,32	0,27	32,78	32,77
		616	0,57	1,21	1,90	647	0,64	1,33	0,49		
12,2	19	684	0,51	0,88	1,84	685	0,37	1,33	0,28	32,79	32,78
		651	0,53	1,17	1,85	652	0,64	1,32	0,49		
12,2	20	719	0,56	0,98	1,91	720	0,42	1,35	0,32	32,76	32,75
		686	0,62	1,36	1,95	687	0,74	1,33	0,56		
12,1	21	754	0,62	1,30	1,90	755	0,68	1,28	0,52	32,74	32,73
		721	0,67	1,70	1,96	722	1,03	1,29	0,78		
13,2	22	788	0,74	1,57	2,10	789	0,83	1,36	0,63	32,74	32,72
		755	0,76	1,93	2,11	756	1,16	1,35	0,89		
13,2	23	824	0,76	0,93	2,12	825	0,17	1,36	0,13	32,79	32,77
		791	0,70	1,15	2,03	792	0,45	1,33	0,34		
13,2	24	859	0,66	0,77	1,98	860	0,11	1,32	0,08	32,77	32,75
		826	0,58	0,99	1,90	827	0,11	1,32	0,31		

Bulle n° 5.

T	POS.	n	t	t	t	n	t	t	p	p	p
+9°,2	1	861	0,034	1,322	2,112	862	1,288	2,078	0,623	71,086	71,095
		790	0,024	1,134	2,112	791	1,110	2,088	0,537		
9,3	2	791	0,035	0,694	2,119	792	0,659	2,084	0,319	71,032	71,039
		720	0,077	0,670	2,160	721	0,593	2,083	0,287		

TABLEAU I. **Étalon n° 1.**

Bullle n° 5 (Suite).

Température ambiante. T	POSITIONS.	N_s / N_i	l_s / t_i	b_s / b_i	t_{s+1} / t_{i+1}	N_{s+1} / N_{i+1}	$b_s - t_s$ / $b_i - t_i$	$t_{s+1} - l_s$ / $t_{i+1} - l_i$	e_s / e_i	l	L
		n	t	t	t	n	t	t	p	p	p
+ 9°,4	3	721	0,123	1,288	2,189	722	1,165	2,067	0,564	71,044	71,050
		650	0,093	1,168	2,183	651	1,075	2,090	0,520		
9 ,4	4	651	0,117	1,627	2,171	652	1,510	2,054	0,730	71,136	71,142
		580	0,071	1,299	2,159	581	1,228	2,088	0,594		
9 ,4	5	581	0,098	1,666	2,179	582	1,568	2,084	0,759	71,354	71,361
		510	0,082	0,919	2,150	511	0,837	2,068	0,405		
9 ,4	6	511	0,100	1,414	2,156	512	1,314	2,056	0,635	71,353	71,360
		440	0,058	0,639	2,160	441	0,581	2,102	0,282		
9 ,4	7	441	0,192	0,973	2,233	442	0,781	2,044	0,378	71,194	71,197
		370	0,194	0,581	2,253	371	0,387	2,059	0,187		
9 ,3	8	371	0,217	2,094	2,258	372	1,877	2,044	0,908	71,196	71,202
		300	0,216	1,688	2,277	301	1,472	2,061	0,712		
9 ,3	9	301	0,284	1,194	2,347	302	0,910	2,063	0,440	70,975	70,982
		230	0,173	1,135	2,298	231	0,962	2,125	0,465		
9 ,6	10	231	0,262	0,686	2,310	232	0,424	2,048	0,205	70,560	70,565
		160	0,260	1,593	2,306	161	1,333	2,046	0,645		
9 ,5	11	161	0,253	0,781	2,290	162	0,528	2,037	0,254	70,529	70,534
		90	0,247	1,716	2,318	91	1,499	2,101	0,725		
9 ,5	12	94	0,106	1,122	2,185	92	1,016	2,079	0,492	70,802	70,807
		20	0,059	1,485	2,136	21	1,426	2,077	0,690		

Bulle n° 6.

Température ambiante. T	POSITIONS.	N_s / N_i	l_s / t_i	b_s / b_i	t_{s+1} / t_{i+1}	N_{s+1} / N_{i+1}	$b_s - t_s$ / $b_i - t_i$	$t_{s+1} - l_s$ / $t_{i+1} - l_i$	e_s / e_i	l	L
+ 3°,0	1	156	0,136	2,094	2,196	157	1,958	2,060	0,948	141,378	141,533
		15	0,015	1,193	2,080	16	1,178	2,065	0,570		
2 ,7	2	298	0,002	0,534	2,063	299	0,532	2,064	0,257	141,517	141,680
		156	0,045	1,574	2,116	157	1,529	2,071	0,740		
2 ,8	3	441	0,063	0,375	2,133	442	0,312	2,070	0,451	142,468	142,629
		298	0,087	1,500	2,126	299	1,413	2,039	0,683		
2 ,9	4	584	0,073	1,043	2,129	585	0,970	2,046	0,469	142,789	142,947
		441	0,063	1,467	2,122	442	1,404	2,059	0,680		

TABLEAU 1. Étalon n° 1.

Température ambiante. T	POSITIONS	N_s / N_i	l_s / l_i	b_s / b_i	l_{s+1} / l_{i+1}	N_{s+1} / N_{i+1}	$h_s - i_s$ / $b_i - l_i$	$l_{s+1}\,l_s$ / $l_{i+1} - l_i$	e_s / e_i	l	$l.$

Bulle n° 6 (Suite).

T	Pos.	n	t	t	t	n	t	t	p	p	p
+ 2°,9	5	726	0,353	2,224	2,438	727	1,871	2,088	0,906	142,239	142,397
		584	0,304	1,683	2,363	585	1,379	2,059	0,667		
2,9	6	867	0,268	1,593	2,350	868	1,325	2,082	0,641	142,187	142,345
		725	0,269	1,207	2,322	726	0,938	2,058	0,454		

Bulle n° 7.

T	Pos.	n	t	t	t	n	t	t	p	p	p
+ 10,0	1	302	0,156	0,835	2,186	303	0,680	2,030	0,329	281,376	281,376
		20	0,025	1,994	2,113	21	1,969	2,088	0,953		
10,0	2	582	0,168	1,009	2,253	583	0,841	2,085	0,407	283,722	283,722
		298	0,252	1,669	2,258	299	1,417	2,006	0,685		
10,0	3	860	0,128	1,178	2,222	861	1,050	2,091	0,508	282,914	282,914
		577	0,184	1,410	2,250	578	1,229	2,069	0,594		

Bulle d'épreuve n° 1.

T	Pos.	n	t	t	t	n	t	t	p	p	p
— 9,2	1	311	0,163	1,287	2,255	312	1,124	2,092	0,54	291,41	291,45
		20	0,163	0,430	2,209	21	0,267	2,046	0,13		
9,3	2	351	0,157	2,146	2,220	352	1,989	2,063	0,96	291,62	291,65
		60	0,230	0,925	2,220	61	0,695	1,990	0,34		
9,2	3	392	0,125	1,169	2,197	393	1,044	2,072	0,50	291,99	292,03
		100	0,089	1,145	2,208	101	1,056	2,119	0,51		
-9,3	4	432	0,172	1,514	2,243	433	1,342	2,041	0,65	292,33	292,36
		140	0,187	0,850	2,147	141	0,663	1,960	0,32		
9,4	5	473	0,065	0,666	2,134	474	0,601	2,069	0,29	292,79	292,82
		180	0,106	1,131	2,130	181	1,025	2,044	0,50		
9,4	6	513	0,080	1,123	2,121	514	1,043	2,041	0,50	293,27	293,30
		220	0,251	0,733	2,335	221	0,482	2,084	0,23		
9,4	7	553	0,335	2,295	2,381	554	1,960	2,046	0,95	293,60	293,63
		260	0,269	0,988	2,396	261	0,749	2,127	0,35		
9,4	8	593	0,487	1,775	2,221	594	1,588	2,034	0,77	293,67	293,70
		300	0,224	0,426	2,284	301	0,202	2,060	0,10		
9,4	9	634	0,276	0,802	2,323	635	0,526	2,047	0,25	293,66	293,69
		340	0,195	1,417	2,293	341	1,222	2,098	0,59		

TABLEAU 1.   **Étalon n° 1.**

Température ambiante. T	POSITIONS.	N_s / N_i	t_s / t_i	b_s / b_i	t_{s+1} / t_{i+1}	N_{s+1} / N_{i+1}	b_s-t_s / b_i-t_i	$t_{s+1}-t_s$ / $t_{i+1}-t_i$	e_s / e_i	l	L

Bulle d'épreuve n° 1 (Suite).

T	POS.	n	t	t	t	n	t	t	p	p	p
+ 9°,5	10	673	0,078	1,545	2,115	674	1,467	2,037	0,74	293,60	293,62
		380	0,056	0,285	2,123	381	0,229	2,067	0,11		
9 ,5	11	714	0,318	0,573	2,405	715	0,255	2,087	0,12	293,57	293,59
		420	0,254	1,393	2,416	421	1,439	2,162	0,55		
9 ,5	12	753	0,434	1,489	2,181	754	1,355	2,047	0,66	293,45	293,47
		460	0,111	0,550	2,190	461	0,439	2,079	0,21		
9 ,6	13	794	0,465	0,331	2,311	795	0,166	2,146	0,08	293,30	293,32
		500	0,065	1,688	2,432	501	1,623	2,067	0,78		
9 ,6	14	833	0,347	2,307	2,475	834	1,960	2,128	0,95	293,02	293,04
		540	0,237	2,164	2,320	541	1,927	2,083	0,93		

Bulle d'épreuve n° 2.

T	POS.	n	t	t	t	n	t	t	p	p	p
+ 9°,1	1	124	0,037	2,034	2,120	125	1,997	2,083	0,96	104,25	104,26
		20	0,059	1,513	2,116	21	1,454	2,057	0,71		
9 ,8	2	164	0,101	1,309	2,193	165	1,208	2,092	0,58	104,09	104,09
		60	0,158	1,153	2,205	61	0,995	2,047	0,49		
10 ,5	3	204	0,147	0,388	2,201	205	0,244	2,054	0,42	104,01	104,00
		100	0,114	0,339	2,189	101	0,225	2,075	0,11		
11 ,2	4	244	0,142	1,759	2,205	245	1,617	2,067	0,78	104,02	104,00
		140	0,153	1,709	2,197	141	1,556	2,044	0,76		
11 ,9	5	284	0,169	1,396	2,203	285	1,227	2,034	0,60	104,36	104,32
		180	0,337	0,838	2,405	181	0,501	2,068	0,24		
12 ,6	6	324	0,083	1,871	2,167	325	1,788	2,084	0,86	104,69	104,64
		220	0,081	0,431	2,183	221	0,350	2,102	0,17		
13 ,3	7	365	0,440	0,812	2,225	366	0,672	2,085	0,32	104,99	104,93
		260	0,144	0,819	2,187	261	0,675	2,043	0,33		
14 ,2	8	405	0,170	0,819	2,223	406	0,649	2,053	0,32	105,04	104,97
		300	0,165	1,733	2,227	301	0,568	2,062	0,28		
14 ,3	9	415	0,160	1,494	2,214	446	1,334	2,054	0,65	105,09	105,02
		340	0,165	1,325	2,223	341	1,460	2,058	0,56		

TABLEAU I. Étalon n° 1.

Température ambiante. T	POSITIONS.	N_s / N_i	l_s / t_i	b_s / b_i	l_{s+1} / t_{i+1}	N_{s+1} / N_{i+1}	$b_s - l_s$ / $b_i - l_i$	$l_{s+1} l_s$ / $l_{i+1} l_i$	e_s / e_i	l	$l.$

Bulle d'épreuve n° 2 (Suite).

T		n	t	t	t	n	t	t	p	p	p
$+14°,5$	10	485	0,158	1,978	2,206	486	1,820	2,048	0,89	105,15	105,08
		380	0,123	1,667	2,207	381	1,544	2,084	0,74		
$14,5$	11	525	0,154	1,676	2,196	526	1,522	2,042	0,75	105,32	105,25
		420	0,132	1,020	2,183	421	0,888	2,051	0,43		
$14,5$	12	565	0,144	1,353	2,203	566	1,209	2,059	0,59	105,37	105,30
		460	0,103	0,555	2,181	461	0,452	2,078	0,22		
$14,1$	13	605	0,160	1,217	2,202	606	1,057	2,042	0,52	105,27	105,20
		500	0,119	0,647	2,196	501	0,528	2,077	0,25		
$13,7$	14	645	0,145	0,489	2,207	646	0,344	2,062	0,17	105,07	105,01
		540	0,123	0,326	2,197	541	0,203	2,074	0,10		
$13,8$	15	685	0,209	0,370	2,267	686	0,161	2,058	0,08	104,98	104,92
		580	0,166	0,375	2,257	581	0,209	2,091	0,10		
$14,0$	16	725	0,266	0,478	2,333	726	0,212	2,067	0,10	104,91	104,85
		620	0,255	0,649	2,304	621	0,394	2,049	0,19		
$14,1$	17	764	0,255	2,218	2,347	765	1,963	2,062	0,95	104,81	104,74
		660	0,235	0,522	2,334	661	0,287	2,099	0,14		
$14,1$	18	805	0,249	1,013	2,323	806	0,764	2,074	0,37	104,86	104,79
		700	0,257	1,316	2,327	701	1,059	2,070	0,51		

TABLEAU II. Étalon n° 2.

Bulle n° 1.

Température ambiante. T	POSITIONS.	N_s / N_i	t_s / t_i	b_s / b_i	t_{s+1} / t_{i+1}	N_{s+1} / N_{i+1}	b_s-t_s / b_i-t_i	$t_{s+1}\overline{t_s}$ / $t_{i+1}\overline{t_i}$	e_s / e_i	l	L
		n	t	t	t	n	t	t	p	p	p
+ 7°,8	1	396	0,152	0,445	2,233	397	0,293	2,084	0,140	375,739	375,869
		20	0,061	0,919	2,201	21	0,858	2,140	0,401		
7 ,8	2	772	0,164	1,371	2,271	773	1,207	2,107	0,573	375,987	376,117
		396	0,142	1,361	2,220	397	1,219	2,078	0,586		

Bulle n° 2.

Température ambiante. T	POSITIONS.	N_s / N_i	t_s / t_i	b_s / b_i	t_{s+1} / t_{i+1}	N_{s+1} / N_{i+1}	b_s-t_s / b_i-t_i	$t_{s+1}\overline{t_s}$ / $t_{i+1}\overline{t_i}$	e_s / e_i	l	L
+ 9°,5	1	211	0,246	1,434	2,250	212	1,188	2,004	0,590	191,185	191,200
		20	0,147	0,985	2,216	21	0,838	2,069	0,405		
9 ,6	2	402	0,125	2,135	2,228	403	2,010	2,103	0,955	191,403	191,415
		211	0,107	1,236	2,150	212	1,129	2,043	0,552		
9 ,7	3	593	0,050	0,638	2,163	594	0,588	2,113	0,278	190,962	190,971
		402	0,082	0,739	2,160	403	0,657	2,078	0,316		
9, 6	4	785	0,088	0,384	2,167	786	0,296	2,079	0,142	191,867	191,879
		593	0,063	0,634	2,135	594	0,571	2,072	0,275		

Bulle n° 3.

Température ambiante. T	POSITIONS.	N_s / N_i	t_s / t_i	b_s / b_i	t_{s+1} / t_{i+1}	N_{s+1} / N_{i+1}	b_s-t_s / b_i-t_i	$t_{s+1}\overline{t_s}$ / $t_{i+1}\overline{t_i}$	e_s / e_i	l	L
+ 9°,0	1	114	0,065	0,583	2,164	115	0,518	2,099	0,247	93,988	94,003
		20	0,072	0,615	2,165	21	0,543	2,093	0,259		
9 ,0	2	209	0,157	0,898	2,222	210	0,741	2,065	0,358	93,772	93,787
		115	0,215	1,417	2,263	116	1,202	2,048	0,586		
9 ,1	3	305	0,224	1,449	2,303	306	1,225	2,079	0,589	93,917	93,930
		211	0,237	1,630	2,308	212	1,393	2,071	0,672		
9 ,2	4	400	0,195	1,025	2,273	401	0,830	2,078	0,399	93,993	94,005
		306	0,180	1,007	2,244	307	0,827	2,064	0,406		
9 ,2	5	495	0,221	1,058	2,267	496	0,837	2,046	0,409	93,819	93,831
		401	0,172	1,395	2,245	402	1,223	2,073	0,590		
9 ,2	6	590	0,216	1,061	2,274	591	0,845	2,058	0,410	93,682	93,694
		496	0,207	1,732	2,273	497	1,525	2,066	0,738		
9 ,2	7	685	0,197	1,093	2,288	686	0,896	2,091	0,428	94,209	94,221
		594	0,220	0,677	2,300	592	0,457	2,080	0,219		
9 ,1	8	780	0,306	1,865	2,365	781	1,559	2,059	0,758	94,143	94,156
		686	0,130	1,405	2,202	687	1,275	2,072	0,615		

TABLEAU II. Étalon n° 2.

Température ambiante. T	POSITIONS.	N_s / N_i	l_s / l_i	b_s / b_i	t_{s+1} / t_{i+1}	N_{s+1} / N_{i+1}	$b_s - l_s$ / $b_i - l_i$	$l_{s+1}\bar{}l_s$ / $l_{i+1}\bar{}l_i$	e_s / e_i	l	L
		n / n	t / t	t / t	t / t	n / n	t / t	t / t	p / p	p	p
+ 3°,7	1	68 / 20	0,197 / 0,169	1,502 / 0,611	2,272 / 2,266	69 / 21	1,305 / 0,442	2,075 / 2,097	0,629 / 0,212	48,417	48,465
3 ,7	2	115 / 67	0,175 / 0,163	4,968 / 1,150	2,249 / 2,253	116 / 68	1,793 / 0,987	2,074 / 2,090	0,863 / 0,476	48,387	48,435
3 ,7	3	163 / 115	0,180 / 0,179	1,185 / 0,510	2,250 / 2,253	164 / 116	1,005 / 0,331	2,070 / 2,074	0,482 / 0,160	48,322	48,370
3 ,7	4	211 / 162	0,118 / 0,160	0,421 / 1,912	2,199 / 2,224	212 / 163	0,303 / 1,752	2,081 / 2,064	0,146 / 0,844	48,302	48,350
3 ,7	5	259 / 211	0,123 / 0,108	1,413 / 0,600	2,193 / 2,175	260 / 212	1,290 / 0,492	2,070 / 2,067	0,621 / 0,237	48,384	48,432
3 ,7	6	307 / 259	0,407 / 0,138	1,280 / 0,538	2,198 / 2,200	308 / 260	1,173 / 0,400	2,094 / 2,062	0,564 / 0,493	48,374	48,449
3 ,6	7	354 / 306	0,130 / 0,150	1,809 / 1,097	2,214 / 2,237	355 / 307	1,679 / 0,947	2,084 / 2,087	0,803 / 0,455	48,354	48,402
3 ,6	8	402 / 353	0,097 / 0,130	0,460 / 1,523	2,179 / 2,177	403 / 354	0,363 / 1,393	2,082 / 2,047	0,175 / 0,670	48,505	48,554
3 ,5	9	450 / 401	0,124 / 0,106	0,667 / 1,902	2,201 / 2,175	451 / 402	0,543 / 1,796	2,077 / 2,069	0,262 / 0,865	48,397	48,446
3 ,5	10	498 / 450	0,137 / 0,122	1,284 / 0,743	2,227 / 2,192	499 / 451	1,447 / 0,621	2,090 / 2,070	0,554 / 0,299	48,252	48,301
3 ,5	11	546 / 498	0,135 / 0,132	0,598 / 0,472	2,243 / 2,213	547 / 499	0,463 / 0,040	2,078 / 2,081	0,222 / 0,019	48,203	48,251
3 ,4	12	594 / 545	0,183 / 0,133	0,527 / 1,855	2,257 / 2,216	595 / 546	0,344 / 1,722	2,074 / 2,083	0,166 / 0,830	48,336	48,386
3 ,3	13	641 / 592	0,103 / 0,146	0,648 / 1,793	2,196 / 2,235	642 / 593	0,545 / 1,647	2,093 / 2,089	0,262 / 0,793	48,469	48,520
2 ,9	14	689 / 640	0,087 / 0,094	0,690 / 1,562	2,192 / 2,168	690 / 641	0,603 / 1,468	2,405 / 2,074	0,294 / 0,705	48,586	48,640
2 ,9	15	736 / 688	0,050 / 0,059	1,645 / 0,538	2,143 / 2,140	737 / 689	1,595 / 0,479	2,093 / 2,081	0,770 / 0,230	48,540	48,594
+ 2 ,8	16	785 / 736	0,107 / 0,109	0,445 / 1,534	2,198 / 2,240	786 / 737	0,308 / 1,422	2,094 / 2,104	0,448 / 0,685	48,403	48,518

Bulle n° 4.

TABLEAU II. — Étalon n° 2.

Température ambiante. T	POSITIONS	N_s / N_i	t_s / t_i	b_s / b_i	l_{s+1} / t_{i+1}	N_{s+1} / N_{i+1}	b_s-l_s / b_i-l_i	$l_{s+1}l_s$ / $l_{i+1}l_i$	e_s / e_i	l	L
		n	t	l	t	n	t	t	p	p	p

Bulle d'épreuve n° 1.

Température ambiante. T	POSITIONS	N_s / N_i	t_s / t_i	b_s / b_i	l_{s+1} / t_{i+1}	N_{s+1} / N_{i+1}	b_s-l_s / b_i-l_i	$l_{s+1}l_s$ / $l_{i+1}l_i$	e_s / e_i	l	L
+1°,8	1	374	0,184	1,276	2,240	375	1,092	2,056	0,53	354,06	354,51
		20	0,183	1,163	2,282	21	0,980	2,099	0,47		
1 ,9	2	394	0,166	1,527	2,233	395	1,361	2,067	0,66	354,09	354,53
		40	0,165	1,352	2,245	41	1,187	2,080	0,57		
1 ,9	3	414	0,168	1,771	2,243	415	1,603	2,075	0,77	354,09	354,53
		60	0,114	1,552	2,229	61	1,438	2,113	0,68		
2 ,0	4	434	0,095	1,393	2,183	435	1,298	2,088	0,62	354,08	354,52
		80	0,128	1,251	2,216	81	1,123	2,088	0,54		
2 ,0	5	454	0,137	1,349	2,227	455	1,212	2,090	0,58	354,09	354,53
		100	0,119	1,441	2,190	101	1,022	2,071	0,49		
2 .0	6	474	0,107	0,722	2,203	475	0,615	2,096	0,29	354,04	354,48
		120	0,100	0,628	2,191	421	0,528	2,091	0,23		
2 ,1	7	494	0,149	1,523	2,236	495	1,374	2,087	0,66	354,01	354,44
		140	0,122	1,162	2,189	141	1,340	2,067	0,65		
2 ,1	8	534	0,070	0,796	2,173	535	0,726	2,103	0'35	353,97	354,40
		180	0,074	0,857	2,148	181	0,783	2,074	0,38		
2 ,1	9	574	0,147	0,556	2,233	575	0,409	2,086	0,20	353,94	354,37
		220	0,140	0,662	2,184	221	0,522	2,044	0,26		
2 ,0	10	644	0,175	0,643	2,250	615	0,468	2,075	0,23	353,96	354,40
		260	0,173	0,724	2,220	261	0,551	2,047	0,27		
2 ,0	11	654	0,148	1,755	2,240	655	1,607	2,092	0,77	354,08	354,52
		300	0,143	1,576	2,227	301	1,433	2,084	0,69		
2 ,1	12	694	0,109	1,599	2,182	695	1,490	2,073	0,72	354,30	354,73
		340	0,109	0,979	2,187	341	0,870	2,078	0,42		
2 ,1	13	735	0,097	0,427	2,177	736	0,330	2,080	0,46	354,36	354,79
		380	0,087	1,745	2,156	381	1,658	2,069	0,80		
2 ,0	14	774	0,223	1,655	2,329	775	1,432	2,106	0,68	354,36	354,80
		420	0,296	0,957	2,356	421	0,664	2,060	0,32		

TABLEAU II. Étalon n° 2.

Bulle d'épreuve n° 2.

Température ambiante T	POSITIONS	N_s / N_i (n)	l_s / t_i (t)	b_s / b_i (t)	l_{s+1} / t_{i+1} (t)	N_{s+1} / N_{i+1} (n)	b_s-l_s / b_i-t_i (t)	$l_{s+1}l_s$ / $l_{i+1}t_i$ (t)	c_s / c_i (p)	l (p)	L (p)
+ 2°,2	1	146	0,160	0,396	2,245	147	0,236	2,085	0,11	125,78	125,9
		20	0,129	0,846	2,252	21	0,717	2,123	0,34		
2,2	2	186	0,107	1,305	2,195	187	1,198	2,088	0,57	125,73	125,88
		60	0,110	1,881	2,210	61	1,771	2,100	0,84		
2,2	3	225	0,081	1.904	2,153	226	1,823	2,072	0,88	125,57	125,72
		100	0,207	0,853	2,308	101	0,646	2,101	0,34		
2,2	4	266	0,210	0.747	2,270	267	0,507	2,060	0,24	125,61	125,76
		140	0,058	1,373	2,122	141	1,315	2,064	0,63		
2,2	5	306	0,145	0,440	2,250	307	0,295	2,105	0,14	125,67	125,82
		180	0,130	1,077	2,217	181	0,947	2,087	0,45		
2,3	6	346	0,140	0,569	2,210	347	0,429	2,070	0,21	125,73	125,87
		220	0,045	1,050	2,129	221	1,005	2,084	0,48		
2,3	7	386	0,142	0,692	2,224	387	0,550	2,082	0,26	125,78	125,93
		260	0,102	1,098	2,200	261	0,996	2,098	0,48		
2,4	8	426	0,148	1,557	2,220	427	1,409	2,072	0,68	125,84	125,99
		300	0,127	1,886	2,223	301	1,759	2,096	0,84		
2,5	9	466	0,085	0,289	2,154	467	0,204	2,069	0,10	125,85	126,00
		340	0,133	0,653	2,208	341	0,520	2,075	0,25		
2,6	10	506	0.106	0,297	2,174	507	0,191	2,068	0,09	125,65	125,79
		380	0,128	1,028	2,192	381	0,900	2,064	0.44		
2,6	11	545	0,167	1,819	2,239	546	1,652	2,072	0,80	125,46	125,60
		420	0,190	0,888	2,255	421	0,698	2,065	0,34		
2,6	12	585	0,174	2.089	2,237	586	1,915	2,063	0,93	125,47	125,61
		460	0,159	1,103	2,223	461	0,944	2,064	0,46		
2,6	13	626	0,198	0,900	2,267	627	0,702	2,069	0,34	125,63	125,77
		500	0,176	1,647	2,240	501	1,474	2,064	0,71		
2,6	14	666	0,181	0,438	2,246	667	0,257	2,065	0,13	125,91	126,05
		540	0,160	0,625	2,253	541	0,465	2,093	0,22		
2,6	15	706	0,173	1,732	2,240	707	1,559	2,067	0,75	126,10	126,24
		580	0,197	1,534	2,266	581	1,337	2,069	0,65		

TABLEAU II. **Étalon n° 2.**

Température ambiante. T	POSITIONS.	N_s / N_i	t_s / t_i	b_s / b_i	t_{s+1} / t_{i+1}	N_{s+1} / N_{i+1}	$b_s - t_s$ / $b_i - t_i$	$t_{s+1}-t_s$ / $t_{i+1}-t_i$	c_s / c_i	l	L.
		n	t	t	t	n	t	t	p	p	p
+ 2°,7	16	746 / 620	0,179 / 0,179	1,732 / 1,287	2,264 / 2,232	747 / 621	1,553 / 1,408	2,085 / 2,053	0,75 / 0,54	126,21	126,35
2 ,7	17	786 / 660	0,129 / 0,128	1,087 / 0,860	2,204 / 2,200	787 / 661	0,958 / 0,732	2,075 / 2,072	0,46 / 0,35	126,11	128,25

Bulle d'épreuve n° 2 (Suite).

Dans les tableaux III et IV sont consignées les diverses valeurs des corrections ε obtenues par les différentes bulles des thermomètres étalons n° 1 et n° 2. Chaque bulle a été calculée séparément comme il a été dit plus haut et a fourni une détermination individuelle des ε; si l'on examine les résultats obtenus par chacune d'elles et pour un même trait, on remarquera qu'il existe un accord satisfaisant entre ces valeurs. Dans l'avant-dernière colonne des tableaux III et IV se trouvent les résultats adoptés pour les corrections de capacité des traits qui leur correspondent.

Toutes ces observations, que j'ai faites moi-même et qui sont consignées dans les tableaux I et II, ont été faites également par M. Tissot qui a obtenu les mêmes résultats.

TABLEAU III. Étalon n° 1.

NUMÉRO des traits x	Bulle n° 1 ε	Bulle n° 2 ε	Bulle n° 3 ε	Bulle n° 4 ε	Bulle n° 5 ε	Bulle n° 6 ε	Bulle n° 7 ε	ε_x	C_x
Corrections de capacité fournies par les différentes Bulles.									
	p	p	p	p	p	p	p	p	p
20	0,00	0,00	0,00	0,00	0,00	0,00	0,00	0,00	—0,64
55				+0,08				+0,08	0,53
90				0,26	+0,22			0,24	0,34
125			+0,42	0,48				0,45	—0,11
160				0,76	0,71	+0,72		0,73	+0,19
195				1,02				1,02	0,51
230		+1,23	1,17	1,17	1.18			1,19	0,74
265				1,26				1,26	0,81
300				1.24	1,22	1,30	+1,29	1,26	0,83
335			1,18	1,19				1,19	0,79
370				1,06	1,05			1,06	0,69
405				1,00				1,00	0,66
440	+0.86	0,94	0,90	0,92	0,88	0.93		0,90	0,58
475				0,80				0,80	0,51
510				0,62	0,55			0,58	0,32
545			0,35	0,40				0,37	0,13
580				0,27	0,21	0,23	+0,24	0,24	0,03
615				0,20				0,20	+0,02
650		+0,14	0,10	0,15	0,10			0,12	—0,04
685				0,10				0,10	0,03
720				0,07	0,08	+0,09		0,08	—0,02
755			+0,09	0,07				0,08	0,00
790				0,07	+0,07			0,07	+0,02
825				+0,03				+0,03	+0,04
860	0,00	0,00	0,00	0,00	0,00	0,00	0,00	0,00	0,00

TABLEAU IV. Étalon n° 2.

NUMÉRO des traits x	Bulle n° 1 ε	Bulle n° 2 ε	Bulle n° 3 ε	Bulle n° 4 ε	ε_x	C_x
	p	p	p	p	p	p
20	0,00	0,00	0,00	0,00	0,00	+ 0,01
68				—0,02	—0,02	—0,04
116			—0,03	—0,02	—0,04	—0,03
163				+0,05	+0,03	+0,05
211		+0,17	+0,12	0.14	0,14	0,14
259				0,15	0,15	0,15
307			0,14	0,17	0,16	0,17
355				0,21	0,21	0,21
402	+0,12	0,12	0,09	0,10	0,11	0,11
450				0,10	0,10	0,09
498			0,21	0,24	0,23	0,22
516				0,43	0,43	0,42
594		+0,51	0,47	0,49	0,49	0,48
644				0,44	0,44	0,40
689			+0,20	0,22	0,21	0,20
737				+0,07	+0,07	+0,05
785	0,00	0,00	0,00	0,00	0,00	—0,01

30. Nous n'avons pas pris, dans ce qui précède, pour limites extrêmes des échelles thermométriques, les traits correspondant aux points de fusion de la glace et de l'ébullition de l'eau, parce que les appareils nécessaires à la détermination de ces points n'étaient pas entièrement construits lorsque nous avons commencé notre travail. Du reste, nous avons trouvé dans le choix de nos limites l'avantage d'étudier nos thermomètres à des températures inférieures à *zéro* degré.

La détermination des points correspondants aux températures *zéro* et 100 degrés centigrades ayant été faite ultérieurement, nous nous bornerons ici à donner simplement les résultats obtenus. Nous avons trouvé pour les indications du thermomètre étalon n° **1** :

trait.

A la glace. 136,51,

A l'ébullition. . . . 832,72;

et pour le thermomètre étalon n° **2** :

trait.

A la glace. 42,00

A l'ébullition. . . . 774,81.

Ces points déterminés, nous avons ramené les corrections de capacité rapportées à l'intervalle compris entre deux points quelconques, à ce qu'elles doivent être en adoptant l'intervalle compris entre les points de fusion de la glace et de l'ébullition de l'eau.

Cette conversion a été effectuée à l'aide de la formule (**112**) dans laquelle on a pris pour a et b les valeurs ci-dessus, et pour ε_a et ε_b, les valeurs de ε_x qui se rapportent à ces traits; nous avons alors obtenu pour expression de la nouvelle correction relative à l'étalon n° **1** :

$$c'_x = \varepsilon_x + 0{,}00075\,x - 0{,}642 ; \qquad (113)$$

Pour l'étalon n° 2, la nouvelle correction est donnée par la relation :

$$c_x = \varepsilon_x - 0{,}00003\, x + 0{,}011. \qquad (114)$$

Si, dans ces formules, on remplace successivement x et ε_x, par leurs valeurs données dans les tableaux III et IV, on déduira les nouvelles corrections correspondantes à chacun des traits indiqués dans la première colonne de ces mêmes tableaux, et dont les résultats se trouvent consignés dans la dernière colonne.

Les différences de ces valeurs étant peu considérables, nous les avons interpolées pour chaque trait par une simple partie proportionnelle, et les résultats sont inscrits dans les tableaux V et VI.

TABLEAU V.

Étalon n° 1.

TRAITS.	CORRECTIONS.	TRAITS.	CORRECTIONS.	TRAITS.	CORRECTIONS.	TRAITS.	CORRECTIONS.	TRAITS.	CORRECTIONS.	TRAITS.	CORRECTIONS.
	p		p		p		p		p		p
21	− 0,64	61	− 0,50	101	− 0,27	141	+ 0,04	181	+ 0,38	221	+ 0.67
22	0,64	62	0,50	102	0,26	142	0,05	182	0,39	222	0.67
23	0,64	63	0,49	103	0,25	143	0,06	183	0,40	223	0.68
24	0,63	64	0,49	104	0,25	144	0,06	184	0,41	224	0.68
25	0,63	65	0,48	105	0,24	145	0,07	185	0,42	225	0.69
26	− 0,63	66	− 0,48	106	− 0,23	146	+ 0,07	186	+ 0,42	226	+ 0.69
27	0,62	67	0,47	107	0,23	147	0,08	187	0,43	227	0.70
28	0,62	68	0,47	108	0,22	148	0,09	188	0,44	228	0.70
29	0,62	69	0,46	109	0,21	149	0,10	189	0,45	229	0.71
30	0,61	70	0,46	110	0,21	150	0,10	190	0,46	230	0.71
31	− 0,61	71	− 0,45	111	− 0,20	151	+ 0,11	191	+ 0,47	231	+ 0.72
32	0,61	72	0,45	112	0,19	152	0,12	192	0,48	232	0.72
33	0,60	73	0,44	113	0,18	153	0,13	193	0,49	233	0.72
34	0,60	74	0,44	114	0,17	154	0,14	194	0,50	234	0.73
35	0,60	75	0,43	115	0,17	155	0,15	195	0,51	235	0.73
36	− 0,59	76	− 0,43	116	− 0,16	156	+ 0,15	196	+ 0,51	236	+ 0.73
37	0,59	77	0,42	117	0,16	157	0,16	197	0,52	237	0.73
38	0,59	78	0,42	118	0,15	158	0,17	198	0,53	238	0.74
39	0,58	79	0,41	119	0,15	159	0,18	199	0,53	239	0.74
40	0,58	80	0,41	120	0,14	160	0,19	200	0,54	240	0.74
41	− 0,58	81	− 0,40	121	− 0,13	161	+ 0,20	201	+ 0,55	241	+ 0.75
42	0,57	82	0,39	122	0,13	162	0,21	202	0,56	242	0.75
43	0,57	83	0,39	123	0,12	163	0,22	203	0,56	243	0.75
44	0,57	84	0,38	124	0,12	164	0,23	204	0,57	244	0.76
45	0,56	85	0,37	125	0,11	165	0,24	205	0,57	245	0.76
46	− 0,56	86	− 0,37	126	− 0,10	166	+ 0,24	206	+ 0,58	246	+ 0.76
47	0,56	87	0,36	127	0,09	167	0,25	207	0,59	247	0.77
48	0,55	88	0,35	128	0,08	168	0,26	208	0,59	248	0.77
49	0,55	89	0,35	129	0,07	169	0,27	209	0,60	249	0 77
50	0,55	90	0,34	130	0,06	170	0,28	210	0,61	250	0.77
51	− 0,54	91	− 0,33	131	− 0,05	171	+ 0,29	211	+ 0,62	251	+ 0.78
52	0,54	92	0,33	132	0,04	172	0,30	212	0,62	252	0.78
53	0,54	93	0,32	133	0,03	173	0,31	213	0,63	253	0.78
54	0,53	94	0,31	134	0,02	174	0,32	214	0,63	254	0.78
55	0,53	95	0,31	135	0,01	175	0,33	215	0,64	255	0.79
56	− 0,53	96	− 0,30	136	− 0,00	176	+ 0,33	216	+ 0,64	256	+ 0.79
57	0,52	97	0,29	137	0,00	177	0,34	217	0,65	257	0.79
58	0,52	98	0,29	138	+ 0,01	178	0,35	218	0,65	258	0.79
59	0,51	99	0,28	139	0,02	179	0,36	219	0,66	259	0.80
60	0,51	100	0,27	140	0,03	180	0,37	220	0,66	260	0.80

TABLEAU V. Étalon n° 1.

TRAITS.	CORRECTIONS.	TRAITS.	CORRECTIONS.	TRAITS.	CORRECTIONS.	TRAITS.	CORRECTIONS.	TRAITS.	CORRECTIONS.	TRAITS.	CORRECTIONS.
	p		p		p		p		p		p
261	+ 0,80	301	+ 0,82	341	+ 0,78	381	+ 0,68	421	+ 0,63	461	+ 0,53
262	0,80	302	0,82	342	0,78	382	0,68	422	0,63	462	0,53
263	0,81	303	0,82	343	0,77	383	0,68	423	0,62	463	0,53
264	0,81	304	0,82	344	0,77	384	0,68	424	0,62	464	0,53
265	0,81	305	0,82	345	0,77	385	0,68	425	0,62	465	0,53
266	+ 0,81	306	+ 0,82	346	+ 0,76	386	+ 0,68	426	+ 0,62	466	+ 0,53
267	0,81	307	0,82	347	0,76	387	0,68	427	0,60	467	0,52
268	0,81	308	0,82	348	0,76	388	0,68	428	0,60	468	0,52
269	0,81	309	0,82	349	0,76	389	0,68	429	0,60	469	0,52
270	0,81	310	0,82	350	0,75	390	0,68	430	0,60	470	0,52
271	+ 0,81	311	+ 0,81	351	+ 0,75	391	+ 0,68	431	+ 0,60	471	+ 0,52
272	0,81	312	0,81	352	0,75	392	0,68	432	0,59	472	0,52
273	0,81	313	0,81	353	0,75	393	0,67	433	0,59	473	0,51
274	0,81	314	0,81	354	0,74	394	0,67	434	0,59	474	0,51
275	0,81	315	0,81	355	0,74	395	0,67	435	0,59	475	0,51
276	+ 0,81	316	+ 0,81	356	+ 0,74	396	+ 0,67	436	+ 0,59	476	+ 0,51
277	0,82	317	0,81	357	0,74	397	0,67	437	0,58	477	0,50
278	0,82	318	0,81	358	0,73	398	0,67	438	0,58	478	0,50
279	0,82	319	0,81	359	0,73	399	0,67	439	0,58	479	0,49
280	0,82	320	0,81	360	0,73	400	0,67	440	0,58	480	0,49
281	+ 0,82	321	+ 0,80	361	+ 0,72	401	+ 0,67	441	+ 0,58	481	+ 0,48
282	0,82	322	0,80	362	0,72	402	0,67	442	0,57	482	0,47
283	0,82	323	0,80	363	0,72	403	0,67	443	0,57	483	0,47
284	0,82	324	0,80	364	0,71	404	0,66	444	0,57	484	0,46
285	0,82	325	0,80	365	0,71	405	0,06	445	0,57	485	0,45
286	+ 0,82	326	+ 0,80	366	+ 0,71	406	+ 0,66	446	+ 0,57	486	+ 0,45
287	0,82	327	0,80	367	0,70	407	0,66	447	0,56	487	0,44
288	0,82	328	0,80	368	0,70	408	0,66	448	0,56	488	0,43
289	0,82	329	0,80	369	0,70	409	0,66	449	0,56	489	0,43
290	0,82	330	0,80	370	0,69	410	0,66	450	0,56	490	0,42
291	+ 0,83	331	+ 0,79	371	+ 0,69	411	+ 0,65	451	+ 0,56	491	+ 0,41
292	0,83	332	0,79	372	0,69	412	0,65	452	0,55	492	0,41
293	0,83	333	0,79	373	0,69	413	0,65	453	0,55	493	0,40
294	0,83	334	0,79	374	0,69	414	0,65	454	0,55	494	0,40
295	0,83	335	0,79	375	0,69	415	0,64	455	0,55	495	0,39
296	+ 0,83	336	+ 0,79	376	+ 0,69	416	+ 0,64	456	+ 0,55	496	+ 0,39
297	0,83	337	0,79	377	0,69	417	0,64	457	0,54	497	0,38
298	0,83	338	0,79	378	0,69	418	0,64	458	0,53	498	0,38
299	0,83	339	0,78	379	0,69	419	0,63	459	0,53	499	0,37
300	0,83	340	0,78	380	0,69	420	0,63	460	0,53	500	0,37

TABLEAU V.

Étalon n° 1.

TRAITS.	CORRECTIONS.	TRAITS.	CORRECTIONS.	TRAITS.	CORRECTIONS.	TRAITS.	CORRECTIONS.	TRAITS.	CORRECTIONS.	TRAITS.	CORRECTIONS.
	p		p		p		p		p		p
501	+ 0,36	541	+ 0,14	581	+ 0,03	621	+ 0,01	661	— 0,04	701	— 0,02
502	0,36	542	0,14	582	0,03	622	0,01	662	0,04	702	0,02
503	0,35	543	0,13	583	0,03	623	0,01	663	0,04	703	0,02
504	0,35	544	0,13	584	0,03	624	0,01	664	0,04	704	0,02
505	0,34	545	0,13	585	0,03	625	0,01	665	0,04	705	0,02
506	+ 0,34	546	+ 0,12	586	+ 0,03	626	0,00	666	— 0,04	706	— 0,02
507	0,33	547	0,12	587	0,03	627	0,00	667	0,04	707	0,02
508	0,33	548	0,12	588	0,03	628	0,00	668	0,04	708	0,02
509	0,32	549	0,12	589	0,03	629	0,00	669	0,04	709	0,02
510	0,32	550	0,11	590	0,03	630	0,00	670	0,04	710	0,02
511	+ 0,31	551	+ 0,11	591	+ 0,03	631	— 0,01	671	— 0,03	711	— 0,02
512	0,31	552	0,11	592	0,03	632	0,01	672	0,03	712	0,02
513	0,30	553	0,10	593	0,03	633	0,01	673	0,03	713	0,02
514	0,29	554	0,10	594	0,03	634	0,01	674	0,03	714	0,02
515	0,29	555	0,10	595	0,03	635	0,01	675	0,03	715	0,02
516	+ 0,28	556	+ 0,10	596	+ 0,03	636	— 0,02	676	— 0,03	716	— 0,02
517	0,27	557	0,09	597	0,02	637	0,02	677	0,03	717	0,02
518	0,27	558	0,09	598	0,02	638	0,02	678	0,03	718	0,02
519	0,26	559	0,09	599	0,02	639	0,02	679	0,03	719	0,02
520	0,25	560	0,09	600	0,02	640	0,02	680	0,03	720	0,02
521	+ 0,25	561	+ 0,08	601	+ 0,02	641	— 0,03	681	— 0,03	721	— 0,02
522	0,24	562	0,08	602	0,02	642	0,03	682	0,03	722	0,02
523	0,23	563	0,08	603	0,02	643	0,03	683	0,03	723	0,02
524	0,23	564	0,07	604	0,02	644	0,03	684	0,03	724	0,02
525	0,22	565	0,07	605	0,02	645	0,03	685	0,03	725	0,02
526	+ 0,21	566	+ 0,07	606	+ 0,02	646	— 0,03	686	— 0,03	726	— 0,02
527	0,21	567	0,06	607	0,02	647	0,04	687	0,03	727	0,02
528	0,20	568	0,06	608	0,02	648	0,04	688	0,03	728	0,02
529	0,19	569	0,06	609	0,02	649	0,04	689	0,03	729	0,02
530	0,19	570	0,06	610	0,02	650	0,04	690	0,03	730	0,02
531	+ 0,18	571	+ 0,05	611	+ 0,02	651	— 0,04	691	— 0,03	731	— 0,04
532	0,18	572	0,05	612	0,02	652	0,04	692	0,03	732	0,04
533	0,17	573	0,05	613	0,02	653	0,04	693	0,03	733	0,04
534	0,17	574	0,05	614	0,02	654	0,04	694	0,03	734	0,04
535	0,16	575	0,04	615	0,02	655	0,04	695	0,03	735	0,04
536	+ 0,16	576	+ 0,04	616	+ 0,02	856	— 0,04	696	— 0,03	736	— 0,04
537	0,15	577	0,04	617	0,02	657	0,04	697	0,03	737	0,04
538	0,15	578	0,04	618	0,02	658	0,04	698	0,03	738	0,04
539	0,15	579	0,03	619	0,02	659	0,04	699	0,03	739	0,04
540	0,14	580	0,03	620	0,02	660	0,04	700	0,03	740	0,04

TABLEAU V. Étalon n° 1.

TRAITS.	CORRECTIONS.	TRAITS.	CORRECTIONS.	TRAITS.	CORRECTIONS.	TRAITS.	CORRECTIONS.	TRAITS.	CORRECTIONS.	TRAITS.	CORRECTIONS.
	p		p		p		p		p		p
741	− 0,01	761	+ 0,01	781	+ 0,02	801	+ 0,02	821	+ 0,01	841	0,00
742	0,01	762	0,01	782	0,02	802	0,02	822	0,01	842	0,00
743	0,01	763	0,01	783	0,02	803	0,02	823	0,01	843	0,00
744	0,01	764	0,01	784	0,02	804	0,02	824	0,01	844	0,00
745	0,01	765	0,01	785	0,02	805	0,02	825	0,01	845	0,00
746	− 0,01	766	+ 0,01	786	+ 0,02	806	+ 0,02	826	+ 0,01	846	0,00
747	0,01	767	0,01	787	0,02	807	0,02	827	0,01	847	0,00
748	0,01	768	0,01	788	0,02	808	0,02	828	0,01	848	0,00
749	0,01	769	0,01	789	0,02	809	0,02	829	0,01	849	0,00
750	0,01	770	0,01	790	0,02	810	0,02	830	0,01	850	0,00
751	0,00	771	+ 0,01	791	+ 0,02	811	+ 0,01	831	0,00	851	0,00
752	0,00	772	0,01	792	0,02	812	0,01	832	0,00	852	0,00
753	0,00	773	0,01	793	0,02	813	0,01	833	0,00	853	0,00
754	0,00	774	0,01	794	0,02	814	0,01	834	0,00	854	0,00
755	0,00	775	0,01	795	0,02	815	0,01	835	0,00	855	0,00
756	0,00	776	+ 0,01	796	+ 0,02	816	+ 0,01	836	0,00	856	0,00
757	0,00	777	0,01	797	0,02	817	0,01	837	0,00	857	0,00
758	0,00	778	0,01	798	0,02	818	0,01	838	0,00	858	0,00
759	0,00	779	0,01	799	0,02	819	0,01	839	0,00	859	0,00
760	0,00	780	0,01	800	0,02	820	0,01	840	0,00	860	0,00

TABLEAU VI. Étalon n° 2.

TRAITS.	CORRECTIONS.	TRAITS.	CORRECTIONS.	TRAITS.	CORRECTIONS.	TRAITS.	CORRECTIONS.	TRAITS.	CORRECTIONS.	TRAITS.	CORRECTIONS.
	p		p		p		p		p		p
21	+ 0,01	61	— 0,01	101	— 0,03	141	0,00	181	+ 0,08	221	+ 0,14
22	0,01	62	0,01	102	0,03	142	0,00	182	0,08	222	0,14
23	0,01	63	0,01	103	0,03	143	0,00	183	0,08	223	0,14
24	0,01	64	0,01	104	0,03	144	+ 0,01	184	0,08	224	0,14
25	0,01	65	0,01	105	0,03	145	0,01	185	0,08	225	0,14
26	+ 0,01	66	— 0,01	106	— 0,03	146	+ 0,01	186	+ 0,09	226	+ 0,14
27	0,01	67	0,01	107	0,03	147	0,02	187	0,09	227	0,14
28	0,01	68	0,01	108	0,03	148	0,02	188	0,09	228	0,14
29	0,01	69	0,01	109	0,03	149	0,02	189	0,09	229	0,14
30	0,01	70	0,01	110	0,03	150	0,02	190	0,09	230	0,14
31	+ 0,01	71	— 0,01	111	— 0,03	151	+ 0,02	191	+ 0,10	231	+ 0,14
32	0,01	72	0,01	112	0,03	152	0,03	192	0,10	232	0,14
33	0,01	73	0,01	113	0,03	153	0,03	193	0,10	233	0,14
34	0,01	74	0,01	114	0,03	154	0,03	194	0,10	234	0,14
35	0,01	75	0,01	115	0,03	155	0,03	195	0,10	235	0,14
36	+ 0,01	76	— 0,01	116	— 0,03	156	+ 0,04	196	+ 0,10	236	+ 0,14
37	0,00	77	0,01	117	0,03	157	0,04	197	0,11	237	0,14
38	0,00	78	0,01	118	0,03	158	0,04	198	0,11	238	0,14
39	0,00	79	0,01	119	0,03	159	0,04	199	0,11	239	0,14
40	0,00	80	0,01	120	0,03	160	0,04	200	0,11	240	0,14
41	0,00	81	— 0,02	121	— 0,03	161	+ 0,05	201	+ 0,12	241	+ 0,14
42	0,00	82	0,02	122	0,03	162	0,05	202	0,12	242	0,14
43	0,00	83	0,02	123	0,03	163	0,05	203	0,12	243	0,14
44	0,00	84	0,02	124	0,03	164	0,05	204	0,12	244	0,14
45	0,00	85	0,02	125	0,03	165	0,05	205	0,12	245	0,14
46	0,00	86	— 0,02	126	— 0,02	166	+ 0,05	206	+ 0,13	246	+ 0,14
47	0,00	87	0,02	127	0,02	167	0,05	207	0,13	247	0,14
48	0,00	88	0,02	128	0,02	168	0,05	208	0,13	248	0,14
49	0,00	89	0,02	129	0,02	169	0,06	209	0,13	249	0,14
50	0,00	90	0,02	130	0,02	170	0,06	210	0,13	250	0,14
51	— 0,01	91	— 0,02	131	— 0,02	171	+ 0,06	211	+ 0,14	251	+ 0,14
52	0,01	92	0,02	132	0 02	172	0,06	212	0,14	252	0,14
53	0,01	93	0,02	133	0,01	173	0,06	213	0,14	253	0,14
54	0,01	94	0,02	134	0,01	174	0,06	214	0,14	254	0,14
55	0,01	95	0,02	135	0,01	175	0,07	215	0,14	255	0,14
56	— 0,01	96	— 0,02	136	— 0,01	176	+ 0,07	216	+ 0,14	256	+ 0,14
57	0,01	97	0,02	137	0,01	177	0,07	217	0,14	257	0,14
58	0,01	98	0,02	138	0,01	178	0,07	218	0,14	258	0,14
59	0,01	99	0,02	139	0,01	179	0,07	219	0,14	259	0,14
60	0,01	100	0,02	140	0,00	180	0,07	220	0,14	260	0,14

TABLEAU VI. — Étalon n° 2.

TRAITS.	CORRECTIONS.	TRAITS.	CORRECTIONS.	TRAITS.	CORRECTIONS.	TRAITS.	CORRECTIONS.	TRAITS.	CORRECTIONS.	TRAITS.	CORRECTIONS.
	p		p		p		p		p		p
261	+ 0,15	301	+ 0,16	341	+ 0,20	381	+ 0,16	421	+ 0,10	461	+ 0,12
262	0,15	302	0,16	342	0,20	382	0,16	422	0,10	462	0,12
263	0,15	303	0,16	343	0,20	383	0,15	423	0,10	463	0,12
264	0,15	304	0,16	344	0,20	384	0,15	424	0,10	464	0,13
265	0,15	305	0,16	345	0,20	385	0,15	425	0,10	465	0,13
266	+ 0,15	306	+ 0,17	346	+ 0,20	386	+ 0,15	426	+ 0,10	466	+ 0,13
267	0,15	307	0,17	347	0,20	387	0,14	427	0,10	467	0,14
268	0,16	308	0,17	348	0,20	388	0,14	428	0,10	468	0,14
269	0,16	309	0,17	349	0,20	389	0,14	429	0,10	469	0,14
270	0,16	310	0,17	350	0,20	390	0,14	430	0,10	470	0,15
271	+ 0,16	311	+ 0,17	351	+ 0,21	391	+ 0,13	431	+ 0,10	471	+ 0,15
272	0,16	312	0,17	352	0,21	392	0,13	432	0,10	472	0,15
273	0,16	313	0,17	353	0,21	393	0,13	433	0,10	473	0,16
274	0,16	314	0,17	354	0,21	394	0,13	434	0,10	474	0,16
275	0,16	315	0,17	355	0,21	395	0,13	435	0,10	475	0,16
276	+ 0,16	316	+ 0,17	356	+ 0,21	396	+ 0,12	436	+ 0,10	476	+ 0,17
277	0,16	317	0,17	357	0,21	397	0,12	437	0,10	477	0,17
278	0,16	318	0,17	358	0,21	398	0,12	438	0,10	478	0,17
279	0,16	319	0,18	359	0,20	399	0,12	439	0,10	479	0,18
280	0,16	320	0,18	360	0,20	400	0,12	440	0,10	480	0,18
281	+ 0,16	321	+ 0,18	361	+ 0,20	401	+ 0,11	441	+ 0,09	481	+ 0,18
282	0,16	322	0,18	362	0,20	402	0,11	442	0,09	482	0,18
283	0,16	323	0,18	363	0,20	403	0,11	443	0,09	483	0,19
284	0,16	324	0,18	364	0,19	404	0,11	444	0,09	484	0,19
285	0,16	325	0,18	365	0,19	405	0,11	445	0,09	485	0,19
286	+ 0,16	326	+ 0,18	366	+ 0,19	406	+ 0,11	446	+ 0,09	486	+ 0,20
287	0,16	327	0,18	367	0,19	407	0,11	447	0,09	487	0,20
288	0,16	328	0,18	368	0,19	408	0,11	448	0,09	488	0,20
289	0,16	329	0,18	369	0,19	409	0,11	449	0,09	489	0,20
290	0,16	330	0,19	370	0,18	410	0,11	450	0,09	490	0,20
291	+ 0,16	331	+ 0,19	371	+ 0,18	411	+ 0,11	451	+ 0,09	491	+ 0,21
292	0,16	332	0,19	372	0,18	412	0,11	452	0,09	492	0,21
293	0,16	333	0,19	373	0,18	413	0,11	453	0,09	493	0,21
294	0,16	334	0,19	374	0,17	414	0,11	454	0,09	494	0,21
295	0,16	335	0,19	375	0,17	415	0,11	455	0,10	495	0,21
296	+ 0,16	336	+ 0,19	376	+ 0,17	416	+ 0,11	456	+ 0,10	496	+ 0,22
297	0,16	337	0,19	377	0,17	417	0,11	457	0,10	497	0,22
298	0,16	338	0,19	378	0,16	418	0,11	458	0,11	498	0,22
299	0,16	339	0,19	379	0,16	419	0,11	459	0,11	499	0,22
300	0,16	340	0,19	380	0,16	420	0,11	460	0,11	500	0,22

TABLEAU VI. Étalon n° 2.

TRAITS.	CORRECTIONS.	TRAITS.	CORRECTIONS.	TRAITS.	CORRECTIONS.	TRAITS.	CORRECTIONS.	TRAITS.	CORRECTIONS.	TRAITS.	CORRECTIONS.
	p		p		p		p		p		p
501	+ 0,23	541	+ 0,40	581	+ 0,46	621	+ 0,43	661	+ 0,32	701	+ 0,16
502	0,23	542	0,41	582	0,46	622	0,43	662	0,32	702	0,16
503	0,24	543	0,41	583	0,47	623	0,43	663	0,31	703	0,16
504	0,24	544	0,41	584	0,47	624	0,43	664	0,31	704	0,15
505	0,25	545	0,42	585	0,47	625	0,43	665	0,31	705	0,15
506	+ 0,25	546	+ 0,42	586	+ 0,47	626	+ 0,43	666	+ 0,30	706	+ 0,15
507	0,26	547	0,42	587	0,47	627	0,42	667	0,30	707	0,14
508	0,26	548	0,42	588	0,47	628	0,42	668	0,29	708	0,14
509	0,27	549	0,42	589	0,47	629	0,42	669	0,29	709	0,14
510	0,27	550	0,42	590	0,47	630	0,42	670	0,29	710	0,13
511	+ 0,28	551	+ 0,43	591	+ 0,48	631	+ 0,42	671	+ 0,28	711	+ 0,13
512	0,28	552	0,43	592	0,48	632	0,42	672	0,28	712	0,13
513	0,29	553	0,43	593	0,48	633	0,41	673	0,27	713	0,12
514	0,29	554	0,43	594	0,48	634	0,41	674	0,27	714	0,12
515	0,30	555	0,43	595	0,48	635	0,41	675	0,26	715	0,12
516	+ 0,30	556	+ 0,43	596	+ 0,48	636	+ 0,41	676	+ 0,26	716	+ 0,11
517	0,31	557	0,43	597	0,48	637	0,41	677	0,25	717	0,11
518	0,31	558	0,43	598	0,47	638	0,41	678	0,25	718	0,11
519	0,31	559	0,44	599	0,47	639	0,40	679	0,24	719	0,10
520	0,32	560	0,44	600	0,47	640	0,40	680	0,24	720	0,10
521	+ 0,32	561	+ 0,44	601	+ 0,47	641	+ 0,40	681	+ 0,23	721	+ 0,09
522	0,33	562	0,44	602	0,47	642	0,40	682	0,23	722	0,09
523	0,33	563	0,44	603	0,47	643	0,39	683	0,22	723	0,09
524	8,33	564	0,44	604	0,46	644	0,39	684	0,22	724	0,08
525	0,34	565	0,44	605	0,46	645	0,39	685	0,22	725	0,08
526	+ 0,34	566	+ 0,44	606	+ 0,46	646	+ 0,38	686	+ 0,21	726	+ 0,08
527	0,35	567	0,45	607	0,46	647	0,38	687	0,21	727	0,07
528	0,35	568	0,45	608	0,46	648	0,38	688	0,20	728	0,07
529	0,36	569	0,45	609	0,46	649	0,37	689	0,20	729	0,07
530	0,36	570	0,45	610	0,45	650	0,37	690	0,20	730	0,07
531	+ 0,36	571	+ 0,45	611	+ 0,45	651	+ 0,36	691	+ 0,19	731	+ 0,06
532	0,37	572	0,45	612	0,45	652	0,36	692	0,19	732	0,06
533	0,37	573	0,45	613	0,45	653	0,35	693	0,19	733	0,06
534	0,37	574	0,45	614	0,45	654	0,35	694	0,18	734	0,06
535	0,38	575	0,46	615	0,45	655	0,35	695	0,18	735	0,05
536	+ 0,38	576	+ 0,46	616	+ 0,44	656	+ 0,34	696	+ 0,18	736	+ 0,05
537	0,39	577	0,46	617	0,44	657	0,34	697	0,18	737	0,05
538	0,39	578	0,46	618	0,44	658	0,33	698	0,17	738	0,05
539	0,40	579	0,46	619	0,44	659	0,33	699	0,17	739	0,05
540	0,40	580	0,46	620	0,44	660	0,33	700	0,17	740	0,05

TABLEAU VI.   Étalon n° 2.

TRAITS.	CORRECTIONS.	TRAITS.	CORRECTIONS.	TRAITS.	CORRECTIONS.	TRAITS.	CORRECTIONS.	TRAITS.	CORRECTIONS.	TRAITS.	CORRECTIONS.	TRAITS.	CORRECTIONS.
	p		p		p		p		p		p		p
741	+ 0,04	749	+ 0,03	757	+ 0,02	765	+ 0,01	773	0,00	781	— 0,01
742	0,04	750	0,03	758	0,02	766	0,01	774	0,00	782	0,01
743	0,04	751	0,03	759	0,01	767	0,01	775	0,00	783	0,01
744	0,04	752	0,03	760	0,01	768	0,01	776	0,00	784	0,01
745	0,04	753	0,03	761	0,01	769	0,00	777	0,00	785	0,01
746	+ 0,04	754	+ 0,03	762	+ 0,01	770	0,00	778	— 0,01	786	— 0,01
747	0,04	755	0,02	763	0,01	771	0,00	779	0,01	787	0,01
748	0,03	756	0,02	764	0,01	772	0,00	780	0,01	788	0,01

31. Si maintenant on fait passer dans chacun des thermomètres étalons une bulle, dont on mesure les longueurs dans diverses positions, si on ramène ces longueurs à une température uniforme, et si l'on applique les corrections correspondant à chaque extrémité de la bulle, on devra trouver des longueurs égales. A cet effet, nous avons fait passer deux bulles dans chaque thermomètre, les résultats sont consignés dans les tableaux I et II sous le titre de bulles d'épreuve.

La dernière colonne de ces tableaux présente les longueurs trouvées à chaque position pour la température 10°. En appliquant à ces valeurs les corrections correspondant aux extrémités de la bulle et prises dans les tableaux V et VI, on arrive aux longueurs corrigées qui suivent.

Étalon n° 1.

Bulle d'épreuve n° 1.		Bulle d'épreuve n° 2.	
POSITION	LONGUEUR corrigée.	POSITION	LONGUEUR corrigée.
	$^\text{p}$		$^\text{p}$
1.	292,92	1.	104,78
2.	90	2.	83
3.	94	3.	84
4.	94	4.	79
5.	95	5.	77
6.	95	6.	78
7.	94	7.	84
8.	90	8.	80
9.	90	9.	84
10.	94	10.	83
11.	96	11.	84
12.	92	12.	83
13.	97	13.	85
14.	93	14.	84
		15.	86
Moyenne	292,93	16.	81
		17.	79
		18.	84
		Moyenne	104,82

Étalon n° 2.

Bulle d'épreuve n° 1.			Bulle d'épreuve n° 2.	
POSITION	LONGUEUR corrigée.		POSITION	LONGUEUR corrigée.
	p			p
1	354,67		1	125,93
2	70		2	98
3	65		3	88
4	63		4	91
5	64		5	92
6	67		6	93
7	65		7	93
8	70		8	93
9	68		9	94
10	70		10	88
11	71		11	93
12	72		12	97
13	68		13	98
14	69		14	95
Moyenne	354,68		15	93
			16	95
			17	91
			Moyenne	125,93

On voit que la plus grande différence qui existe entre les différentes longueurs de la bulle et la longueur moyenne n'atteint pas $\frac{1}{20}$ de partie ou $\frac{1}{40}$ de millimètre ; d'ailleurs, comme on le verra plus loin, la valeur d'un degré centigrade étant égale à 6^p,962 pour le thermomètre n° 1, et à 7^p,328 pour le thermomètre n° 2, il s'ensuit que l'erreur est inférieure à $\frac{5}{1000}$ de degré. Cela prouve suffisamment l'exactitude du résultat.

Détermination des points de la glace et de l'ébullition.

32. Pour la détermination des points de la fusion de la glace et de l'ébullition de l'eau, nous avons suivi la méthode habituelle en adoptant les précautions prises par les officiers belges et espagnols dans un travail analogue au nôtre. Elle consiste, pour déterminer le point 100°, à placer le thermomètre dans un appareil qui se compose d'un cylindre intérieur, soudé par sa base à une chaudière V (fig. 30), dans laquelle on fait bouillir de l'eau sur le fourneau F. Ce cylindre est complétement enveloppé par un second cylindre D, également soudé à la chaudière et fermé à son extrémité supérieure par un couvercle c. Au centre de ce couvercle est ménagée une ouverture b, fermée par un bouchon qui livre passage au thermomètre.

La vapeur d'eau qui se dégage de la chaudière monte par le cylindre intérieur, descend ensuite par l'intervalle qui sépare les deux cylindres, et se dégage librement dans l'air par la tubulure s, soudée à la partie inférieure du cylindre D.

Pour s'assurer qu'à l'intérieur de l'appareil la pression était égale à celle de l'atmosphère, on a engagé dans une autre tubulure a, également soudée à la partie inférieure du cylindre D, un petit manomètre à eau A.

Le thermomètre, suspendu à l'aide d'un bouchon en caoutchouc, plongeait entièrement dans la vapeur d'eau, et son réservoir se trouvait à une certaine distance de la surface de l'eau en ébullition. On ne laissait passer à l'extérieur que la partie de la colonne mercurielle nécessaire à l'observation.

La pression atmosphérique a été obtenue à l'aide d'un baromètre Fortin, appartenant au cabinet de physique de l'École polytechnique de France, et qui avait été préalablement comparé par M. Regnault au baromètre étalon du Collége de France. Pour la réduction du baromètre à zéro, on a employé les Tables publiées par MM. Delcros et Hœghens dans l'Annuaire météorologique de France, année 1849 ; et, pour la température de l'ébullition, les Tables publiées par M. Regnault en 1844.

Pour déterminer le point zéro, on a plongé verticalement le thermomètre dans la glace pilée, de manière à ne laisser passer de la colonne mercurielle que la partie nécessaire à l'observation ; la glace était placée dans un appareil en fer-blanc R (fig. 30), composé de deux vases concentriques de hauteurs différentes. Le vase intérieur repose par ses bords sur le vase extérieur; il est percé dans le fond d'un trou qui laisse s'écouler dans le second vase l'eau provenant de la fusion de la glace. On avait soin de tasser convenablement la glace, afin que le contact avec le thermomètre fût parfait. Cet appareil était placé sur un support en bois P, reposant sur une table TT, à côté de l'appareil à ébullition ; les deux thermomètres t', t en observation étaient disposés de manière que le point $0°$ de l'un et le point $100°$ de l'autre se trouvassent sensiblement dans un même plan horizontal, afin qu'on pût faire les lectures à l'aide d'une même lunette LL (fig. 29), dont l'axe était maintenu horizontalement à l'aide du niveau N et des vis calantes v, v, v. On observait alternativement les deux thermomètres en faisant tourner la lunette autour de l'axe de rotation k. Enfin un écran E, placé derrière les deux appareils, facilitait les observations. Chaque détermination du point $100°$ sur un thermomètre était immédiatement suivie de la détermination du point $0°$. Avant de les noter, on a toujours attendu que la colonne mercurielle restât stationnaire.

Nous avons commencé ces déterminations sur les thermomètres étalons le **22** décembre 1861, et nous les avons répétées le **23**. Les résultats, comme l'indiquent les tableaux VII et VIII, accusent une certaine marche; toutefois, nous n'avons pas cru devoir, pour le moment, prolonger ces déterminations, et nous nous sommes occupé des autres thermomètres les jours suivants, en attendant que les appareils nécessaires à la comparaison des étalons et des thermomètres Baudin fussent prêts. Ils n'ont été mis à notre disposition que le **16 janvier 1862**; mais dès le **12**, nous avons repris à nouveau la détermination des points de fusion de la glace et de l'ébullition de l'eau sur les étalons. Ces expériences ont montré que le zéro se trouvait notablement déplacé, bien que les résultats d'un même jour fussent d'accord. Nous nous sommes alors décidé à déterminer le point 100° et le point 0° avant et après chaque séance, tous les jours où nous avons fait des comparaisons. On voit, par les résultats consignés dans les quatrièmes colonnes des tableaux **VII** et **VIII**, que le zéro n'est resté sensiblement fixe qu'après avoir mis le thermomètre plusieurs jours à l'ébullition et à la glace, et cela plusieurs fois chaque jour. Du 24 février au 3 mars, les comparaisons ayant lieu par de basses températures, nous avons cessé de mettre les thermomètres à l'ébullition, en nous bornant à déterminer le point de fusion de la glace.

33. Ces points ainsi déterminés sur le tube thermométrique, la valeur d'un degré a été calculée comme il suit. Soient :

G, la lecture de l'échelle correspondant au point de la fusion de la glace ;

l_e, la lecture correspondant au point de l'ébullition de l'eau ;

t_v, la température centigrade correspondant à l'ébullition de l'eau, sous la pression atmosphérique qui avait lieu lors de l'observation ;

On aura pour la valeur D d'un degré :

$$D = \frac{l_e - G}{t_v} ; \qquad (115)$$

et pour la lecture E du point 100° sur l'échelle thermométrique :

$$E = 100 \left(\frac{l_e - G}{t_v} \right) + G. \qquad (116)$$

Nous avons consigné dans les tableaux VII et VIII les résultats de toutes les observations, ainsi que les résultats calculés.

Dans ces tableaux :

La 1re colonne renferme la date ;

La 2e, l'heure ;

La 3e, la lecture l_e ;

La 4e, la lecture G ;

Les 5e et 6e, les lectures du baromètre et de son thermomètre ;

La 7e, le baromètre réduit à zéro ;

La 8e, la tempéraure t ;

La 9e, l_e — G ;

La 10e, la valeur de D ;

La 11e, la valeur de E

TABLEAU VII.   Étalon n° 1.

DATE	h.	m.	l_e	G	BAROMÈTRE	THERMOMÈTRE	BAROMÈTRE réduit à 0°	t_v	$l_e - G$	D	E
			p	p	mm.	°	mm.	°	p	p	p
Déc. ☉ 22	12	48	832,25	135,45	763,08	+ 6,4	762,29	100,084	696,80	6,9621	831,66
	2	45	832,20	135,50	763,05	7,7	762,40	100.077	696,70	6,9616	831,66
☾ 23	12	34	832,85	135,50	764,73	+ 6,9	763,88	100,143	697,35	6,9635	831,85
	1	30	832,85	135,55	764,65	8,1	763,65	100,134	697,30	6,9636	831,91
Janv. ☉ 12	1	0	831,00	136,20	756,13	+10,0	754,94	99,812	594,80	6,9611	832,31
	2	32	830,80	136,20	755,28	11,0	753,94	99,773	694,60	6,9618	832,38
	3	9	830,60	136,20	754,88	11,1	753,53	99,761	694,40	6,9607	832,27
☾ 13	12	43	830,45	136,10	753,93	+10.6	752,64	99.729	694,35	6,9624	832,34
	1	33	830,45	136,15	753,90	11,0	752,56	99,726	694,30	6,9621	832,36
	4	47	830,60	136,30	754,35	10,4	753,08	99,745	694,30	6,9606	832,36
☿ 15	1	20	831,35	136,25	756,63	+ 7,2	755,75	99,844	695,10	6,9619	832,44
	2	52	831,40	136,25	756,65	7,6	755,72	99,844	695,15	6,9623	832,48
♃ 16	12	56	832,30	136.40	760,53	+ 5,5	759,86	99,995	695,90	6,9594	832,34
	4	7	832,35	136,35	760,41	6,1	759,66	99,988	696,00	6,9608	832,43
♀ 17	12	13	832,30	136,15	759,83	+ 4,0	759,31	99,976	696,15	6,9631	832,46
	4	45	832,40	136,35	760,20	5,8	759,49	99,982	696,05	6,9616	832,51
☾ 20	4	34	829,55	136,42	748,48	3,5	748,06	99,559	693,13	6,9620	832,62
☿ 22			829,90	136.40	749,88	+ 4,1	749,38	99,607	693,50	6,9624	832,64
			829,95	136,40	749.95	4,7	749,38	99,607	693,55	6,9629	232,69
			830,00	136,35	750,63	5,2	750,00	99,630	693,65	6,9623	832,58
♃ 23	1	17	830,60	136,30	752.88	+ 7,4	751,98	99,704	694,30	6,9636	832,66
	2	2	830,45	136,28	752,58	8,2	751,58	99,689	694,17	6,9633	832,61
	6	4	830,05	136,45	750,73	8,0	749,76	99,622	694,60	6,9623	832,68
♀ 24	12	40	830,70	136,55	753,03	+ 8,5	751,99	99.705	694,15	6,9620	832,75
	6	5	831,05	136,60	754,38	11,0	753,04	99.744	694,45	6,9623	832,83
☉ 26	12	30	834,50	136,55	768,03	+10,0	766.79	100,249	697,95	6,9622	832,77
	12	45	834,48	136,40	767,98	10,4	766,69	100,245	698,08	6,9637	832,77
	1	27	834,40	136,35	768,03	10,6	766,71	100,245	698,05	6,9637	832,72
☾ 27	12	25	834,25	136,60	766.98	+ 7,8	766,02	100,220	697,65	6,9612	832,72
	12	59	834,15	136,55	766,53	8,3	765,51	100,201	697,60	6,9620	832,75
	5	58	833,70	136,65	765,44	10,5	763,84	100,139	697,05	6,9608	832,73
☿ 29	1	36	832,45	136,75	760,18	+ 8,6	759,43	99,968	695,70	6,9592	832,67
	2	20	832,55	136,75	760,43	8,5	759,09	99.967	695,80	6,9603	832,78
	2	46	832,45	136,60	760,08	8,8	759,00	99,963	695,85	6,9611	833,71
♃ 30	11	55	834,90	136.60	757,80	+10,9	756,46	99,870	695,30	6,9620	832,80
	12	34	834,85	136,50	757,48	11,2	756,43	99,857	695,35	6,9634	332,84
	12	41	834,75	136,55	757,48	11,5	756,08	99,855	695,20	6,9621	832,76

TABLEAU VIII.

Étalon n° 2.

DATES.	HEURES.	l_e	G	BAROMÈTRE.	THERMOMÈTRE.	BAROMÈTRE réduit à 0°.	t_v	$l_e{-}G$	D	E
	h. m.	p	p	mm.	°	mm.	°	p	p	p
Déc. ☉ 22	12 0	774,35	40,60	763,17	+ 4,9	762,56	100,093	733,85	7,3317	773,77
	4 45	774,30	40,93	763,03	7,6	762,09	100,077	733,37	7,3280	773,73
☽ 23	1 8	774,95	40,95	764,72	+ 7,5	763,79	100,139	734,00	7,3298	773,93
	2 12	774,95	41,00	764,68	7,9	763,70	100,136	733,95	7,3295	773,95
Janv. ☉ 12	1 32	772,65	41,37	755,83	+10,5	754,55	99,799	731,28	7,3275	774,12
	2 55	772,55	41,30	755,18	11,0	753,84	99,773	731,25	7,3294	774,24
	3 50	772,35	41,27	754,53	11,0	753,19	99,749	731,08	7,3292	774,19
☽ 13	1 19	772,25	41,25	753,93	+10,6	752,65	99,729	731,00	7,3298	774,23
	2 33	772,45	41,45	753,93	10,7	752,64	99,729	730,70	7,3268	774,43
	5 12	772,45	41,45	754,40	10,7	753,11	99,746	731,00	7,3286	774,31
☿ 15	2 34	773,15	41,50	756,73	+ 7,6	755,81	99,845	731,65	7,3278	774,28
	3 50	773,25	41,40	757,08	7,7	756.14	99,858	731,85	7,3289	774,29
♃ 16	1 13	774,20	41,55	760,50	+ 5,8	759,79	99,994	732,65	7,3272	774,27
	4 21	774,20	41,55	762,42	6,3	759.65	99,987	732,65	7,3274	774,29
♀ 17	12 30	774,00	41,60	759,83	+ 4,6	759,27	99,973	732,60	7,3280	774,40
	1 40	774,05	41,53	759,70	4,8	759,11	99,967	732,62	7,3286	774,29
	5 22	774,27	41,60	760,33	5,6	759,64	99,987	732,67	7,3276	774,36
☽ 20	1 51	774,30	41,70	749,18	+ 3,7	748,73	99,583	729,60	7,3266	774,36
	4 44	774,20	41,75	748,33	3,5	747,94	99,552	729,45	7,3273	774,48
♀ 22	11 40	774,60	41,60	749,91	+ 4,5	749,37	99,607	730,00	7,3288	774,48
		774,65	41,60	750,23	5,4	749,61	99,616	730,05	7,3286	774,46
	3 15	774,75	41,63	750,63	5,2	750,00	99,630	730,12	7,3283	774,46
♃ 23	1 30	772,30	41,70	752,78	+ 7,6	751,86	99,699	730,60	7,3280	774,50
	6 4	774,68	41,70	750,98	8,0	750,01	99,630	729,98	7,3269	774,39
♀ 24	12 40	772,35	41,60	753,13	+ 8,8	752,06	99,707	730,75	7,3290	774,50
	1 32	772,30	41,52	753,13	9,2	752,01	99,705	730,78	7,3294	774,46
	6 20	772,70	41,90	754,38	10,7	752,08	99,745	730,80	7,3267	774,57
☉ 26	12 35	776,50	41,70	767,98	+10,1	766,60	100,242	734,80	7,3303	774,73
	1 25	776,44	41,80	768,08	10,9	766,73	100,246	734,64	7,3283	774,63
	4 55	776,57	42,05	768,48	10,3	767,20	100,264	734,52	7,3258	774,63
☽ 27	12 33	776,15	41,95	766,91	+ 8,0	765,92	100,246	734,20	7,3262	774,57
	4 12	776,05	41,90	766,45	8,4	765,11	100,199	734,15	7,3270	774,60
	5 50	775,60	42,00	765,15	10,5	764,85	100,177	733,60	7,3230	774,30
☿ 29	12 35	774,60	41,95	761,23	+ 8,5	760,19	100,007	732,65	7,3260	774,55
	1 20	774,60	41,95	760,53	8,6	759,48	99,984	732,45	7,3259	774,54
	2 38	774,40	42,00	760,08	8,6	759,03	99,964	732,40	7,3266	774,66

TABLEAU VIII. Étalon n° 2.

DATES.	HEURES.	l_e	G	BAROMÈTRE.	THERMOMÈTRE.	BAROMÈTRE réduit à 0°.	t_v	l_e—G	D	E
	h. m.	p	p	mm.	°	mm.	°	p	p	p
Janv. ♃ 30	12 05	773,63	41,97	757,63	+11,1	756,27	99,863	734,66	7,3266	774,63
	12 34	773,55	41,95	757,48	11,2	756,12	99,856	734,60	7,3265	774,60
	11 10	773,65	42,05	757,03	12,0	755,57	99,837	734,60	7,3279	774,84
♀ 31	12 15	774,40	42,00	760,23	+12,3	758,72	99,952	732,40	7,3275	774,75
	5 23	774,75	42,00	760,83	13,2	659,24	99,974	732,75	7,3296	774,96
Févr. ♄ 1	12 40	774,95	42,00	762,58	+12,7	761,04	100,037	732,95	7,3268	774,68
	12 40	774,95	42,00	762,55	12,7	760,98	100,036	732.95	7,3269	774,69
	10 17	775,70	42,10	764,98	12,8	763,40	100,125	733,60	7,3268	774,78
⊙ 2	11 47	776,10	42,00	766,85	+11,9	765,38	100,197	734,10	7,3266	774,66
	12 20	776,05	42,00	766,69	12,2	765,18	100,189	734,05	7,3266	774,66
	4 5	776,10	42,00	766,43	12,4	764,60	100,168	734,10	7,3287	774,87
♄ 8	1 20	777,80	42,00	771,28	+ 5,5	770,60	100,387	735,80	7,3296	774,96
	3 10	777,75	42,00	771,43	4,8	770,83	100,396	735,75	7,3285	774,85
	4 20	777,92	42,00	771,49	4,6	770,92	100,398	735,92	7,3300	775,00
⊙ 9	12 1	777,03	42,03	769,43	+ 4,0	768,63	100,316	735,00	7,3268	774,71
	12 21	777,00	41,98	769,00	4,5	768,44	100,309	735,02	7,3276	774,74
	12 40	776,97	42,00	768,81	4,9	768,20	100,300	734,98	7,3278	774,78
	4 40	777,25	42,07	769,38	4,4	768,83	100,323	735,18	7,3281	774,88
☾ 10	12 25	777,20	42,05	769,13	+ 4,2	768,64	100,315	735,15	7,3284	774,89
	12 33	777,15	42,00	769,03	4,8	768,43	100,308	735,15	7,3289	774,89
	5 52	777,00	42,05	768,43	6,0	767,68	100,284	734,95	7,3289	774,94
☿ 12	1 22	774,55	41,98	759,63	+ 5,9	758,91	99,960	732,57	7,3286	774,84
	2 16	774,45	41,98	759,58	7,1	758,71	99,952	732,47	7,3282	774,80
	2 44	774,40	42,00	759,53	7,6	758,60	99,949	732,40	7,3277	774,77
♃ 13	12 40	774,60	42,00	760,30	+ 8,4	759,27	99,973	732,60	7,3280	774,80
	1 18	774,65	42,00	760,31	9,0	759,21	99,974	732,65	7,3286	774,86
	6 41	774,82	42,08	760,33	8,0	759,35	99,976	732,74	7,3291	774,99
♀ 14	12 51	774,75	42,00	760,43	+ 7,4	759,52	99,982	732,75	7,3288	774,88
		774,75	42,00	760,43	7,7	759,49	99,982	732,75	7,3288	774,88
		774,90	42,00	761,03	7,6	760,10	100.004	732,90	7,3287	774,87
⊙ 16	1 40	773,50	42,02	756,03	+ 8,9	754,95	99,814	734,48	7,3284	774,86
	7 16	774,35	42,00	748,42	10,5	747,15	99,524	729,35	7,3284	774,84
♂ 18	12 34	774,25	42,00	747,93	+11,5	746,54	99,502	729,25	7,3290	774,90
	1 1	774,25	42,00	748,00	11,8	747,57	99,540	729,25	7,3262	774,62
	7 10	770,90	42,05	750,43	11,5	749,04	99,595	729,85	7,3283	774,88

TABLEAU VIII. Étalon n° 2.

DATES.	HEURES.	l_e	G	BAROMÈTRE.	THERMOMÈTRE.	BAROMÈTRE réduit à 0°.	t_v	l_e—G	D	E
Févr.	h. m.	p	p	mm.	°	mm.	°	p	p	p
☿ 19	12 5	772,05	41,97	751,58	+14,6	749,81	99,623	730,08	7,3284	774,81
	1 21	772,01	41,95	751,53	14,8	749,74	99,620	730,06	7,3284	774,79
	7 54	772,00	42,05	751,38	13,1	749,79	99,623	729,95	7,3271	774,76
♃ 20	12 54	772,90	42,00	754,60	+15,0	752,75	99,732	730,90	7,3286	774,86
	1 55	773,07	42,00	755,38	14,6	753,60	99,764	731,07	7,3280	774,80
	2 18	773,15	41,96	755,45	14,2	753,70	99,768	731,19	7,3289	774,85
	4 27	773,30	42,00	756,23	14,1	754,51	99,797	731,30	7,3279	774,79
Mars.										
☾ 3	1 44	769,25	41,90	740,33	+ 7,9	739,39	99,234	727,35	7,3296	774,86

34. Ces tableaux démontrent que, malgré les variations des points 0° et 100°, l'intervalle entre ces deux points est resté sensiblement le même, puisque la valeur d'un degré est presque constante.

Nous avons définitivement adopté, pour les quantités G, E et D, les valeurs suivantes :

	Étalon n° 1.	Étalon n° 2.
$G =$	136,51	42,00
$E =$	832,72	774,81
$D =$	6,9621	7,3281

Ces quantités sont les moyennes des 20 dernières observations pour l'étalon n° 1, et des 40 dernières pour l'étalon n° 2.

35. A l'aide des valeurs de G et de D, données ci-dessus, nous avons construit les tableaux IX et X, qui donnent la valeur centigrade correspondant à chaque trait de l'échelle thermométrique d'après la formule :

$$t_x = \frac{x + C_x - G}{D}. \qquad (117)$$

où x désigne la lecture du trait de l'échelle ;

C_x, la correction de capacité de ce trait ;

t_x la température centigrade correspondante ;

G, la lecture du point 0° ;

D, la valeur d'un degré en parties d'égale capacité de l'échelle.

Si maintenant le zéro vient à se déplacer sur l'échelle d'une quantité $\pm \delta G$, la température t'_x sera donnée par la formule :

$$t'_x = \frac{x + C_x - (G \pm \delta G)}{D} = t_x \mp \frac{\delta G}{D}. \qquad (118)$$

TABLEAU IX. Étalon n° 1.

TRAITS.	DEGRÉS.	TRAITS.	DEGRÉS.	TRAITS.	DEGRÉS.	TRAITS.	DEGRÉS.	TRAITS.	DEGRÉS.	TRAITS.	DEGRÉS.
121	− 2,25	161	+ 3,54	201	+ 9,34	241	+15,12	281	+20,87	321	+26,61
122	2,10	162	3,69	202	9,49	242	15,26	282	21,01	322	26,76
123	1,96	163	3,83	203	9,63	243	15,40	283	21,16	323	26,90
124	1,81	164	3,98	204	9,78	244	15,55	284	21,30	324	27,04
125	1,67	165	4,12	205	9,92	245	15,69	285	21,45	325	27,19
126	− 1,52	166	+ 4,27	206	+10,06	246	+15,83	286	+21,59	326	+27,33
127	1,38	167	4,41	207	10,21	247	15,98	287	21,73	327	27,47
128	1,23	168	4,56	208	10,35	248	16,12	288	21,88	328	27,62
129	1,09	169	4,70	209	10,50	249	16,27	289	22,02	329	27,76
130	0,94	170	4,85	210	10,64	250	16,41	290	22,16	330	27,91
131	− 0,80	171	+ 5,00	211	+10,79	251	+16,56	291	+22,31	331	+28,05
132	0,65	172	5,14	212	10,93	252	16,70	292	22,45	332	28,19
133	0,51	173	5,28	213	11,08	253	16,84	293	22,60	333	28,33
134	0,36	174	5,43	214	11,22	254	16,99	294	22,74	334	28,48
135	0,22	175	5,57	215	11,36	255	17,13	295	22,88	335	28,62
136	− 0,07	176	+ 5,72	216	+11,51	256	+17,28	296	+23,03	336	+28,77
137	+ 0,07	177	5,86	217	11,65	257	17,42	297	23,17	337	28,91
138	0,21	178	6,01	218	11,80	258	17,56	298	23,31	338	29,05
139	0,36	179	6,15	219	11,94	259	17,71	299	23,46	339	29,20
140	0,50	180	6,30	220	12,09	260	17,85	300	23,60	340	29,34
141	+ 0,65	181	+ 6,44	221	+12,23	261	+18,00	301	+23,74	341	+29,48
142	0,79	182	6,59	222	12,37	262	18,14	302	23,89	342	29,63
143	0,94	183	6,73	223	12,52	263	18,28	303	24,03	343	29,77
144	1,08	184	6,88	224	12,66	264	18,43	304	24,17	344	29,91
145	1,23	185	7,02	225	12,81	265	18,57	305	24,32	345	30,06
146	+ 1,37	186	+ 7,17	226	+12,95	266	+18,71	306	+24,46	346	+30,20
147	1,52	187	7,31	227	13,10	267	18,86	307	24,60	347	30,34
148	1,66	188	7,46	228	13,24	268	19,00	308	24,75	348	30,49
149	1,81	189	7,60	229	13,39	269	19,14	309	24,89	349	30,63
150	1,95	190	7,75	230	13,53	270	19,29	310	25,04	350	30,77
151	+ 2,10	191	+ 7,89	231	+13,67	271	+19,43	311	+25,18	351	+30,91
152	2,24	192	8,04	232	13,82	272	19,58	312	25,32	352	31,06
153	2,39	193	8,18	233	13,96	273	19,72	313	25,46	353	31,20
154	2,53	194	8,33	234	14,11	274	19,86	314	25,61	354	31,34
155	2,68	195	8,47	235	14,25	275	20,01	315	25,76	355	31,49
156	+ 2,82	196	+ 8,62	236	14,39	276	+20,15	316	+25,90	356	+31,63
157	2,96	197	8,76	237	14,54	277	20,30	317	26,04	357	31,77
158	3,11	198	8,91	238	14,68	278	20,44	318	26,18	358	31,92
159	3,25	199	9,05	239	14,83	279	20,58	319	26,33	359	32,06
160	3,40	200	9,20	240	14,97	280	20,73	320	26,47	360	32,20

TABLEAU IX.

Étalon n° 1.

TRAITS.	DEGRÉS.	TRAITS.	DEGRÉS.	TRAITS.	DEGRÉS.	TRAITS.	DEGRÉS.	TRAITS.	DEGRÉS.	TRAITS.	DEGRÉS.
361	+32,35	401	+38,08	441	+43,82	481	+49,55	521	+55,26	561	+60,98
362	32,49	402	38,23	442	43,96	482	49,69	522	55,40	562	61,13
363	32,63	403	38,37	443	44,10	483	49,83	523	55,55	563	61,27
364	32,78	404	38,51	444	44,25	484	49,98	524	55,69	564	61,41
365	32,92	405	38,66	445	44,39	485	50,12	525	55,83	565	61,55
366	+32,06	406	+38,80	446	+44,53	486	+50,26	526	+55,97	566	+61,70
367	33,21	407	38,95	447	44,67	487	50,40	527	56,12	567	61,84
368	33,35	408	39,09	448	44,81	488	50,55	528	56,26	568	61,98
369	33,49	409	39.23	449	44,96	489	50,69	529	56,40	569	62,13
370	33,64	410	39,38	450	45,11	490	50,83	530	56,55	570	62,27
371	+33,78	411	+39,52	451	+45,25	491	+50,97	531	+56,69	571	+62,41
372	33,92	412	39,66	452	45,39	492	51,12	532	56,83	572	62,56
373	34,07	413	39,81	453	45,54	493	51,26	533	56,97	573	62,70
374	34,21	414	39,95	454	45,68	494	51,40	534	57,12	574	62,84
375	34,35	415	40,09	455	45,83	495	51,55	535	57,26	575	62,99
376	+34,50	416	+40,24	456	+45,97	496	+51,69	536	+57,40	576	+63,13
377	34,64	417	40,38	457	46,11	497	51,83	537	57,54	577	63,27
378	34,78	418	40,52	458	46,25	498	51,98	538	57,69	578	63,42
379	34,93	419	40,67	459	46,40	499	52,12	539	57,83	579	63,56
380	35,07	420	40,81	460	46,54	500	52,26	540	57,97	580	63,70
381	+35,21	421	+40,95	461	+46,68	501	+52,40	541	+58,12	581	+63,85
382	35,36	422	41,10	462	46,83	502	52,55	542	58,26	582	63,99
383	35,50	423	41,24	463	46,97	503	52,69	543	58,40	583	64,13
384	35.64	424	41,38	464	47,11	504	52,83	544	58,55	584	64,28
385	35,79	425	41,52	465	47,26	505	52,98	545	58,69	585	64,42
386	+35,93	426	+41,67	466	+47,40	506	+53,12	546	+58,83	586	+64,56
387	36,08	427	41,81	467	47,54	507	53,26	547	58,98	587	64,71
388	36,22	428	41,95	468	47,69	508	53,41	548	59,12	588	64,85
389	36,36	429	42,10	469	47,83	509	53,55	549	59,26	589	65,00
390	36,51	430	42,24	470	47,97	510	53,69	550	59,41	590	65,14
391	+36,65	431	+42,38	471	+48,12	511	+53,83	551	+59,55	591	+65,28
392	36,79	432	42,53	472	48,26	512	53,97	552	59,69	592	65,43
393	36,94	433	42,67	473	48,40	513	54,12	553	59,84	593	65,57
394	37,08	434	42,81	474	48,55	514	54,26	554	59,98	594	65,72
395	37,22	435	42,96	475	48,69	515	54,41	555	60,12	595	65,86
396	+37,37	436	+43,10	476	+48,83	516	+54,55	556	+60,27	596	+66,00
397	37,51	437	43,24	477	48,98	517	54,69	557	60,41	597	66,14
398	37,65	438	43,39	478	49,12	518	54,83	558	60,55	598	66,29
399	37,80	439	43,53	479	49,26	519	54,98	559	60,70	599	66,43
400	37,94	440	43,67	480	49,41	520	55,12	560	60,84	600	66,56

TABLEAU IX.　　　　　　　　　　　　　　　　　　**Étalon n° 1.**

TRAITS.	DEGRÉS.	TRAITS.	DEGRÉS.	TRAITS.	DEGRÉS.	TRAITS.	DEGRÉS.	TRAITS.	DEGRÉS.	TRAITS.	DEGRÉS.
601	+66,72	641	+72,46	681	+78,20	721	+83,95	761	+89,70	801	+95,45
602	66,86	642	72,60	682	78,35	722	84,09	762	89,84	802	95,59
603	67,01	643	72,74	683	78,49	723	84,24	763	89,99	803	95,73
604	67,15	644	72,89	684	78,63	724	84,38	764	90,13	804	95,88
605	67,29	645	73,03	685	78,78	725	84,52	765	90,27	805	96,02
606	+67,44	646	+73,18	686	+78,92	726	+84,67	766	+90,42	806	+96,16
607	67,58	647	73,32	687	79,06	727	84,81	767	90,56	807	96,31
608	67,72	648	73,46	688	79,21	728	84,95	768	90,70	808	96,45
609	67,87	649	73,61	689	79,35	729	85,10	769	90,85	809	96,60
610	68,01	650	73,75	690	79,49	730	85,24	770	90,99	810	96,74
611	+68,16	651	+73,89	691	+79,64	731	+85,39	771	+91,14	811	+96,88
612	68,30	652	74,04	692	79,78	732	85,53	772	91,28	812	97,02
613	68,44	653	74,18	693	79,93	733	85,67	773	91,42	813	97,17
614	68,59	654	74,32	694	80,07	734	85,82	774	91,57	814	97,31
615	68,73	655	74,47	695	80,21	735	85,96	775	91,71	815	97,46
616	+68,87	656	+74,61	696	+80,36	736	+86,11	776	+91,85	816	+97,60
617	69,02	657	74,75	697	80,50	737	86,25	777	92,00	817	97,74
618	69,16	658	74,90	698	80,64	738	86,39	778	92,14	818	97,89
619	69,30	659	75,04	699	80,79	739	86,54	779	92,28	819	98,03
620	69,45	660	75,18	700	80,93	740	86,68	780	92,43	820	98,17
621	+69,59	661	+75,33	701	+81,08	741	+86,82	781	+92,57	821	+98,32
622	69.73	662	75,47	702	81,22	742	86,97	782	92,72	822	98,46
623	69,88	663	75,62	703	81,36	743	87,11	783	92,86	823	98,60
624	70,02	664	75,76	704	81,51	744	87,25	784	93,00	824	98,75
625	70,16	665	75,90	705	81,65	745	87,40	785	93,15	825	98,89
626	+70,31	666	+76,05	706	+81,80	746	+87,54	786	+93,29	826	+99,04
627	70,45	667	76,19	707	81,94	747	87,69	787	93,43	827	99,18
628	70,59	668	76,33	708	82,08	748	87,83	788	93,58	828	99,32
629	70,74	669	76,48	709	82,23	749	87,97	789	93,72	829	99,47
630	70,88	670	76,62	710	82,37	750	88,12	790	93,87	830	99,61
631	+71,03	671	+76.76	711	+82,51	751	+88,26	791	+94,01	831	+99,75
632	71,17	672	76,91	712	82.66	752	88,41	792	94,15	832	99,90
633	71.34	673	77,05	713	82,80	753	88,55	793	94,30	833	100,04
634	71,46	674	77,20	714	82,94	754	88,69	794	94,44	834	100,17
635	71,60	675	77,34	715	83,09	755	88,84	795	94,58	835	100,33
636	+71,74	676	+77,48	716	+83,23	756	+88,98	796	+94,73	836	100,47
637	71,89	677	77,63	717	83,38	757	89,12	797	94,87	837	100,62
638	72,03	678	77,77	718	83,52	758	89,27	798	95,04	838	100,76
639	72,17	679	77,91	719	83,66	759	89,41	799	95,16	839	100,90
640	72,32	680	78,06	720	83,84	760	89,55	800	95,30	840	101,05

TABLEAU X. Étalon n° 2.

TRAITS.	DEGRÉS.	TRAITS.	DEGRÉS.	TRAITS.	DEGRÉS.	TRAITS.	DEGRÉS.	TRAITS.	DEGRÉS.	TRAITS.	DEGRÉS.
41	− 0,13	81	+ 5,32	121	+10,78	161	+16,24	201	+21,72	241	+27,17
42	0,00	82	5,4	122	10,91	162	16,38	202	21,85	242	27,31
43	+ 0,13	83	5,59	123	11,05	163	16,52	203	21,99	243	27,45
44	0,27	84	5,73	124	11,19	164	16,65	204	22,12	244	27,58
45	0,41	85	5,86	125	11,32	165	16,79	205	22,26	245	27,72
46	+ 0,54	86	+ 6,00	126	+11,46	166	+16,93	206	+22,40	246	+27,86
47	0.68	87	6,14	127	11,60	167	17,07	207	22,53	247	27,99
48	0,82	88	6,27	128	11,73	168	17,20	208	22,67	248	28,13
49	0,95	89	6,41	129	11,87	169	17,34	209	22,81	249	28,27
50	1,09	90	6,55	130	12,01	170	17,47	210	22,94	250	28,40
51	+ 1,23	91	+ 6,68	131	+12,14	171	+17,61	211	+23,08	251	+28,54
52	1,36	92	6,82	132	12,28	172	17,75	212	23,22	252	28,68
53	1,50	93	6,95	13	12,42	173	17,88	213	23,35	253	28,81
54	1,64	94	7,09	134	12,55	174	18,02	214	23,49	254	28,95
55	1,77	95	7,23	135	12,69	175	18,16	215	23,63	255	29,09
56	+ 1,91	96	+ 7,36	136	+12,83	176	+18,30	216	+23,76	256	+29,22
57	2,04	97	7,50	137	12,96	177	18,43	217	23,90	257	29,36
58	2,18	98	7 64	138	13,10	178	18,57	218	24,04	258	29,50
59	2,32	99	7,77	139	13,24	179	18,70	219	24,18	259	29,63
60	2,45	100	7,91	140	13,37	180	18,84	220	24,31	260	29,77
61	+ 2,59	101	+ 8,05	141	+13,51	181	+18,98	221	+24,45	261	+29,90
62	2,73	102	8,18	142	13,65	182	19,11	222	24,58	262	30,04
63	2,86	103	8,32	143	13,78	183	19,25	223	24,72	263	30,18
64	3,00	104	8,45	144	13,92	184	19,39	224	24,85	264	30,31
65	3,14	105	8,59	145	14,05	185	19,52	225	24,99	265	30,45
66	+ 3,27	106	+ 8,73	146	+14,19	186	+19,66	226	+25,13	266	+30,59
67	3,41	107	8,86	147	14,33	187	19,80	227	25,27	267	30,72
68	3,54	108	9,00	148	14,47	188	19,94	228	25,40	268	30,86
69	3,68	109	9,14	149	14,60	189	20,07	229	25,54	269	31,00
70	3,82	110	9,27	150	14,74	190	20,21	230	25,67	270	31,13
71	+ 3,95	111	+ 9,41	151	+14,88	191	+20,35	231	+25,84	271	+31,27
72	4,09	112	9,55	152	15,01	192	20,48	232	25,95	272	31,41
73	4,23	113	9,68	153	15,15	93	20,62	233	26,08	273	31,54
74	4.36	114	9,82	154	15,29	194	20,75	234	26,22	274	31,68
75	4,50	115	9,96	155	15,42	195	20,89	235	26,36	275	31,82
76	+ 4,64	116	+10,09	156	+15,56	196	+21,03	236	+26,49	276	+31,95
77	4,77	117	10,23	157	15,70	197	21,17	237	26,63	277	32,09
78	4,91	118	10,36	158	15,83	198	21,30	238	26,77	278	32.23
79	5,05	119	10,50	159	15,97	199	21,44	239	26,90	279	32,36
80	5,18	120	10,64	160	16,11	200	21,58	240	27,04	280	32,50

TABLEAU X.   Étalon n° 2.

TRAITS.	DEGRÉS.	TRAITS.	DEGRÉS.	TRAITS.	DEGRÉS.	TRAITS.	DEGRÉS.	TRAITS.	DEGRÉS.	TRAITS.	DEGRÉS.
281	+32,64	321	+38,10	361	+43,56	401	+49,00	441	+54,46	481	+59,93
282	32,77	322	38,23	362	43,69	402	49,14	442	54,60	482	60,07
283	32,91	323	38,37	363	43,83	403	49,28	443	54,73	483	60,21
284	33,04	324	38,51	364	43,97	404	49,41	444	54,87	484	60,34
285	33,18	325	38,64	365	44,10	405	49,55	445	55,01	485	60,48
286	+33,32	326	+38,78	366	+44,24	406	+49,69	446	+55,14	486	+60,62
287	33,45	327	38,92	367	44,37	407	49,82	447	55,28	487	60,75
288	33,59	328	39,05	368	44,51	408	49,96	448	55,42	488	60,89
289	33,73	329	39,19	369	44,65	409	50,10	449	55,55	489	61,03
290	33,86	330	39,32	370	44,78	410	50,23	450	55,69	490	61,16
291	+34,00	331	+39,46	371	+44,92	411	+50,37	451	+55,83	491	+61,30
292	34,14	332	39,60	372	45,06	412	50,50	452	55,96	492	61,44
293	34,27	333	39,74	373	45,19	413	50,64	453	56,10	493	61,57
294	34,41	334	39,87	374	45,33	414	50,78	454	56,24	494	61,71
295	34,55	335	40,01	375	45,46	415	50,91	455	56,37	495	61,85
296	+34,68	336	+40,14	376	+45,60	416	+51,05	456	+56,51	496	+61,98
297	34,82	337	40,28	377	45,74	417	51,19	457	56,65	497	62,12
298	34,96	338	40,42	378	45,87	418	51,32	458	56,78	498	62,26
299	35,09	339	40,55	379	46,01	419	51,46	459	56,92	499	62,39
300	35,23	340	40,69	380	46,14	420	51,60	460	57,06	500	62,53
301	+35,36	341	+40,83	381	+46,28	421	+51,73	461	+57,19	501	+62,67
302	35,50	342	40,96	382	46,42	422	51,87	462	57,33	502	62,80
303	35,64	343	41,10	383	46,55	423	52,01	463	57,47	503	62,94
304	35,77	344	41,24	384	46,69	424	52,14	464	57,60	504	63,08
305	35,91	345	41,37	385	46,83	425	52,28	465	57,74	505	63,22
306	+36,05	346	+41,51	386	+46,96	426	+52,41	466	+57,88	506	+63,35
307	36,18	347	41,65	387	47,10	427	52,55	467	58,02	507	63,49
308	36,32	348	41,78	388	47,23	428	52,69	468	58,15	508	63,63
309	36,46	349	41,92	389	47,37	429	52,82	469	58,29	509	63,76
310	36,59	350	42,06	390	47,51	430	52,96	470	58,43	510	63,90
311	+36,73	351	+42,19	391	+47,64	431	+53,10	471	+58,56	511	+64,04
312	36,87	352	42,33	392	47,78	432	53,23	472	58,70	512	64,18
313	37,00	353	42,47	393	47,91	433	53,37	473	58,84	513	64,31
314	37,14	354	42,60	394	48,05	434	53,51	474	58,97	514	64,45
315	37,28	355	42,74	395	48,19	435	53,64	475	59,11	515	64,59
316	+37,41	356	+42,88	396	+48,32	436	+53,78	476	+59,25	516	+64,72
317	37,55	357	43,01	397	48,46	437	53,91	477	59,38	517	64,86
318	37,69	358	43,15	398	48,59	438	54,05	478	59,52	518	65,00
319	37,82	359	43,28	399	48,73	439	54,19	479	59,66	519	65,13
320	37,96	360	43,42	400	48,87	440	54,32	480	59,80	520	65,27

TABLEAU X. Étalon n° 2.

TRAITS.	DEGRÉS.	TRAITS.	DEGRÉS.	TRAITS.	DEGRÉS.	TRAITS.	DEGRÉS.	TRAITS.	DEGRÉS.	TRAITS.	DEGRÉS.
521	+65,41	561	+70,88	601	+76,35	641	+81,79	681	+87,23	721	+92,67
522	65,55	562	71,02	602	76,48	642	81,93	682	87,37	722	92,80
523	65,68	863	71,16	603	76,62	643	82,07	683	87,50	723	92,94
524	65,82	561	71,29	604	76,75	644	82,20	684	87,64	724	93,08
525	65,96	565	71,43	605	76,89	645	82,34	685	87,77	725	93,21
526	+66,09	566	+74,57	606	+77,03	646	+82,47	686	+87,94	726	+93,35
527	66,23	567	71,70	607	77,16	647	82,61	687	88,05	727	93,48
528	66,37	568	74,84	608	77,30	648	82,75	688	88,18	728	93,62
529	66,50	569	71,98	609	77,44	649	82,88	689	88,32	729	93,76
530	66,64	570	72,11	610	77,57	650	83,02	690	88,45	730	93,89
531	+66,78	571	+72,25	611	+77,71	651	+83,45	691	+88,59	731	+94,03
532	66,92	572	72,39	612	77,84	652	83,29	692	88,73	732	94,17
533	67,05	573	72,52	613	77,98	653	83,42	693	88,86	733	94,30
534	67,19	574	72,66	614	78,12	654	83,56	694	89,00	734	94,44
535	67,33	575	72,80	615	78,25	655	83,70	695	89,13	735	94,57
536	+67,46	576	+72,93	616	+78,39	656	+83,83	696	+89,27	736	+94,71
537	67,60	577	73,07	617	78,53	657	83,97	697	89,40	737	94,85
538	67,74	578	73,21	618	78,66	658	84,10	698	89,54	738	94,98
539	67,88	579	73,34	619	78,80	659	84,24	699	89,68	739	95,12
540	68,01	580	73,48	620	78,93	660	84,38	700	89,81	740	95,26
541	+68,15	581	+73,62	621	+79,07	661	+84,51	701	+89,95	741	+95,39
542	68,29	582	73,75	622	79,21	662	84,65	702	90,08	742	95,53
543	68,42	583	73,89	623	79,34	663	84,78	703	90,22	743	95,67
544	68,56	584	74,03	624	79,48	664	84,92	704	90,36	744	95,80
545	68,70	585	74,16	625	79,62	665	85,06	705	90,49	745	95,94
546	+68,83	586	+74,30	626	+79,75	666	+85,19	706	+90,63	746	+96,07
547	68,97	587	74,44	627	79,89	667	85,33	707	90,76	747	96,21
548	69,11	588	74,57	628	80,02	668	85,46	708	90,90	748	96,35
549	69,24	589	74,71	629	80,16	669	85,60	709	91,04	749	96,48
550	69,38	590	74,85	630	80,30	670	85,73	710	91,17	750	96,62
551	+69,52	591	+74,98	631	+80,43	671	+85,87	711	+91,31	751	+96,76
552	69,66	592	75,12	632	80,57	672	86,01	712	91,44	752	96,89
553	69,79	593	75,26	633	80,70	673	86,14	713	91,58	753	97,03
554	69,93	594	75,39	634	80,84	674	86,28	714	91,72	754	97,16
555	70,06	595	75,53	635	80,98	675	86,41	715	91,85	755	97,30
556	+70,20	596	+75,67	636	+81,11	676	+86,55	716	+91,99	756	+97,44
557	70,34	597	75,80	637	81,25	677	86,69	717	92,12	757	97,57
558	70,47	598	75,94	638	81,39	678	86,82	718	92,26	758	97,71
559	70,64	599	76,07	639	81,52	679	86,96	719	92,40	759	97,84
560	70,75	600	76,21	640	81,66	680	87,09	720	92,53	760	97,98

36. Le tableau XI donne pour les quatre thermomètres Baudin les points de la fusion de la glace et de l'ébullition de l'eau. Nous avons suivi exactement pour les calculs la marche indiquée plus haut.

On voit, à l'inspection de ce tableau, que le zéro de chaque thermomètre s'est déplacé d'une faible quantité ; néanmoins nous avons adopté pour ce point la moyenne des déterminations faites sur chacun d'eux. Nous avons obtenu les valeurs suivantes :

Thermomètres.	Point de la glace fondante.
N° 843.	— 0°,27
N° 844.	— 0°,27
N° 845.	— 0°,23
N° 846.	— 0°,29

On reconnaît également que la valeur d'un degré a été bien déterminée par l'artiste qui a construit les thermomètres ; mais que le point zéro indiqué par son échelle est relevé de 0°,3 environ au-dessus de son lieu véritable.

TABLEAU XI. Étalon n° 2.

DATE.	HEURES.	l'_e	G'	BAROMÈTRE.	THERMOMÈTRE.	BAROMÈTRE réduit à zéro.	t_v	l'_e-G'	D'	E'

Thermomètre n° 843.

DATE.	HEURES.	l'_e	G'	BAROMÈTRE.	THERMOMÈTRE.	BAROMÈTRE réduit à zéro.	t_v	l'_e-G'	D'	E'
	h. m.	°	°	mm.	°	mm.	°	°	°	°
Déc. 25	12 20	99,50	—0,31	763,33	+ 6,5	762,53	100,093	99,81	0,9972	99,41
26	5 10	99,86	0,30	765,43	6,2	764,66	100,170	100,16	1,0000	99,70
Janv. 30	1 20	99,60	0,26	757,28	12,1	755,80	99,845	99,86	1,0001	99,75
	11 22	99,60	0,26	756,98	12,4	755,47	99,833	99,86	1,0001	99,75
	soir									
31	12 25	99,69	0,27	760,20	12,4	758,68	99,951	99,96	1,0001	99,74
	50	99,68	0,27	760,01	13.0	758,42	99,941	99,95	1,0001	99,74
	5 58	99,71	0,27	760,83	13,5	759,17	99,970	99,98	1,0001	99,74
Fév. 20	12 58	99,38	0,26	754,61	15,0	752,78	99,733	99,64	0,9994	99,65
	1 57	99,49	0,27	755,38	14,6	753,60	99,764	99,76	1,0000	99,73
	4 34	99,53	0,25	756,25	14,1	754,53	99,798	99,78	0,9998	99,73

Thermomètre n° 844.

DATE.	HEURES.	l'_e	G'	BAROMÈTRE.	THERMOMÈTRE.	BAROMÈTRE réduit à zéro.	t_v	l'_e-G'	D'	E'
Déc. 25	3 25	99,88	— 0,31	763,28	+ 8,2	762,27	100,083	100,19	1,0010	99,79
26	3 5	99,50	0,30	764,48	7,4	763,57	100,131	99,80	0,9967	99,37
Janv. 30	2 25	99,62	0,28	757,23	13,3	755,64	99,838	99,90	1,0006	99,78
Fév. 1	4 36	99,84	,30	762,48	13,1	760,87	100,032	100,14	1,0010	99,80
	11 7	99,93	,23	764,98	12,7	763,41	100,125	100,16	1,0003	99,80
	soir									
2	12 25	99,90	0,26	766,68	12,4	765,15	100,188	100,16	0,9997	99,73
	4 37	99,98	0,26	766,15	12,6	764,59	100,168	100,24	1,0007	99,83
8	3 50	100,20	0,23	771,58	4,6	771,04	100,402	100,43	1,0002	99,79
19	1 27	99,42	0,27	751,53	14,8	749,74	99,621	99,69	1,0007	99,80
	8 21	99,44	0,27	751,38	13,2	749,78	99,622	99,71	1,0009	99,82

Thermomètre n° 845.

DATE.	HEURES.	l'_e	G'	BAROMÈTRE.	THERMOMÈTRE.	BAROMÈTRE réduit à zéro.	t_v	l'_e-G'	D'	E'
Déc. 27	2 55	100,10	—0,30	769,71	+ 7,6	768,77	100,321	100,40	1,0008	99,78
30	3 48	100,00	0,29	767,01	5,1	766,38	100,233	100,29	1,0007	99,78
Fév. 9	12 25	100,09	0,24	768,97	4,7	768,39	100,306	100,33	1,0002	99,78
	1 30	100,06	0,23	768,23	5,6	767,53	100,275	100,29	1,0001	99,78
	4 53	100,11	0,23	769,48	4,6	768,91	100,325	100,34	1,0004	99,78

TABLEAU XI. Étalon nº 2.

DATE.	HEURES.	l'_e	G'	BAROMÈTRE.	THERMOMÈTRE.	BAROMÈTRE réduit à zéro.	t_v	$l'_e - G'$	D'	E'
					Thermomètre nº 845 (Suite).					
Fév.	h. m.	°	°	mm.	°	mm.	°	°	°	°
10	12 58	100,09	—0,23	768,98	+ 5,5	768,30	100,304	100,32	1,0001	99,78
	5 58	100,10	0,22	768,43	6,0	767,68	100,280	100,32	1,0004	99,82
20	1 2	99,54	0,22	754,68	15,1	752,84	99,736	99,76	1,0002	99,80
	1 59	99,56	0,22	755,38	14,6	753,60	99,764	99,78	1,0001	99,79
	4 50	99,60	0,22	756,35	14,2	753,62	99,764	99,82	1,0005	99,83
					Thermomètre nº 846.					
Déc. 27	4 45	100,05	—0,33	769,83	+ 6,9	768,97	100,328	100,33	1,0000	99,67
30	12 40	100,00	0,32	766,88	3,5	766,45	100,236	100,32	1,0008	99,76
Fév. 13	1 5	99,74	0,30	760,31	9,0	759,20	99,971	100,04	1,0007	99,77
	6 50	99,75	0,28	760,28	8,0	759,30	99,974	100,03	1,0005	99,77
14	1 0	99,75	0,28	760,44	7,6	759,51	99,682	100,03	1,0005	99,77
	5 59	99,79	0,29	761,04	7,6	760,14	100,004	100,08	1,0007	99,78
16	1 34	99,59	0,28	756,00	8,9	754,92	99,812	99,87	1,0006	99,78
	5 32	99,53	0,29	754,63	8,1	753,64	99,766	99,82	1,0005	99,76
17	12 55	99,30	0.29	748,78	11,5	747,39	99,554	99,59	1,0003	99,74
	7 10	99,30	0,28	748,45	10,5	747,18	99,526	99,58	1,0005	99,77
18	1 6	99,28	0,30	748,00	11,8	746,57	99,503	99,58	1,0008	97,78
	7 5	99,38	0,29	750,48	11,5	749,09	99,597	99,67	1,0007	99,78

Comparaison des thermomètres.

37. En Egypte, la variation de la température atmosphérique peut s'étendre à l'ombre depuis — 1°, jusqu'à + 56° ; nous avons donc cru devoir étudier la dilatation de nos règles, dans une étendue comparable à cette variation ; mais comme la saison se trouvait assez avancée et que nous ne pouvions plus avoir de basses températures, nous avons été obligés de monter jusqu'à 80° pour arriver à cette limite de variation, et c'est dans cette condition qu'a été effectuée la comparaison des thermomètres Baudin avec les thermomètres étalons.

L'appareil qui a servi à la comparaison des thermomètres se compose d'un vase rectangulaire *ff* (fig. **31, 32, 33**) en fer-blanc de 0^m,75 de long sur 0^m,15 de hauteur et autant de largeur. Il est renfermé dans une caisse BB placée sur une table *aa*, parallèlement à un banc de tour *bb*, sur le support duquel est fixé un microscope M ; les thermomètres *t, t, t, t*, à comparer sont couchés horizontalement sur deux chevalets *c, c*, de telle façon qu'on puisse facilement suivre la marche descendante ou ascendante de la colonne mercurielle et passer d'un thermomètre à l'autre, soit en faisant glisser le support S sur le banc, soit en faisant avancer le microscope à l'aide des coulisses du support. Le vase *ff* était couvert d'une glace *gg* maintenue dans un châssis *dd ;* on avait soin de la mettre immédiatement en contact avec l'eau, afin d'éviter entre les deux surfaces l'interposition de la vapeur qui aurait empêché de voir les thermomètres. Pour éviter une déperdition trop rapide de la chaleur, on avait interposé entre les faces du

vase *ff* et la caisse BB une couche de poussier de charbon *hh*
de 0^m,03 d'épaisseur.

Après avoir disposé les thermomètres convenablement sur
les chevalets, on versait de l'eau chaude dans le vase *ff ;* on
l'agitait pendant un certain temps, on recouvrait le vase de
son châssis vitré, et on observait la marche des colonnes mercurielles.

38. Nous ferons remarquer que, dans les hautes températures, la variation était trop rapide pour que l'on pût passer
d'un thermomètre à l'autre sans commettre d'erreur dans
l'estime des fractions de parties de l'échelle qui correspondent
à l'extrémité des colonnes mercurielles ; aussi nous avons dû
faire intervenir le temps. A cet effet, nous observions à l'aide
d'un chronomètre l'instant de la disparition de l'extrémité de
la colonne mercurielle derrière un trait de l'un des thermomètres, et, en passant immédiatement à l'autre, nous observions le moment du contact de l'extrémité de sa colonne avec
le trait voisin ; nous revenions alors au premier thermomètre,
et ainsi de suite. En admettant que la marche de la colonne
soit proportionnelle au temps dans l'intervalle de deux ou
de trois traits au plus, on pourra très-facilement déterminer,
à l'aide du temps de l'observation, les lectures des deux thermomètres qui correspondent à un même instant. Si, par
exemple, on a observé le moment où l'extrémité de la colonne
mercurielle coïncidait :

Avec le trait 484 sur l'étalon n° 1 à $3^h 50^m 51^s$;

Avec le trait 407 sur l'étalon n° 2 à 3 51 54 ;

Avec le trait 483 sur l'étalon n° 1 à 3 52 14 ;

on pourra établir la proportion :

$$484 - 483 : 3^h 52' 14'' - 3^h 50' 51'' :: x : 3^h 51' 55'' - 3^h 50' 51''$$

d'où :

$$x = \frac{64}{83} = 0^r,77.$$

Par conséquent, la lecture de l'étalon n° **1**, correspondant au trait 407 de l'étalon n° **2**, est :

$$484 - 0^v,77 = 483,23.$$

Si l'on calcule les températures à l'aide des tables IX et X, en tenant compte de la variation du zéro, on trouve la température t, correspondant à ces traits : pour l'étalon n° **1**, $t = 49°,87$, qui est la même pour l'étalon n° **2**.

39. La comparaison des étalons a été faite de cette manière pour presque tous les traits à partir de 5° jusqu'à 63°. Nous avons consigné dans le tableau XII un certain nombre de ces comparaisons. Les différences, placées dans l'avant-dernière colonne, montrent que les deux thermomètres étalons étaient parfaitement d'accord. Dans ce tableau :

La 1ʳᵉ colonne contient la date ;

La 2ᵉ et la 3ᵉ, l'heure et les traits de l'étalon n° **1** ;

La 4ᵉ et la 5ᵉ, l'heure et les traits de l'étalon n° **2** ;

La 6ᵉ, la lecture de l'étalon n° **1** correspondant à celle de l'étalon n° **2** ;

La 7ᵉ et la 8ᵉ, les points de la glace des deux étalons, le jour de l'observation ;

La 9ᵉ et la 10ᵉ, les parties des étalons réduites en degrés centigrades.

La 11ᵉ, la correction de l'étalon n° **1**, par rapport à l'étalon n° **2** ;

Enfin la **12ᵉ**, les initiales des observateurs.

TABLEAU XII.

Comparaison des deux étalons.

1862. Janv.	ÉTALON N° 1.		ÉTALON N° 2.		PARTIES de l'étalon n° 1 correspondant à celles du n° 2.	POINTS de la glace sur LES ÉTALONS.		PARTIE des étalons réduites en degrés CENTIGRADES.		DIFFÉRENCE.	OBSERVATEURS.
	HEURE.	LECTURE.	HEURE.	LECTURE.		n° 1.	n° 2.	n° 1.	n°2.		
	h m s		h m s		o			o	o	o	
17	3 28 34	583	3 29 34	540	581,68			63,97	86,96	+0,04	A. T.
	31 2	580	32 13	507	578,75			56	55	0,04	A. T.
	32 55	578	33 50	505	577,00	136,25	44,54	34	28	0,03	A. T.
	34 46	576	35 42	503	574,93			04	04	0,00	A. T.
	36 34	574									
	3 48 32	562	3 49 56	488	560.58			60,96	60,95	+0,04	A. T.
	51 37	559	52 2	486	558,69			69	68	0,04	A. T.
	52 46	558	54 0	484	556,81	136,23	41,54	42	44	0,04	A. T.
	54 52	556	56 2	482	554,91			45	13	0,02	A. T.
	57 00	554									
20	3 23 44	504	3 24 28	428	503,34			52,75	52,73	+0,02	I. M.
	24 55	503	25 42	427	502.42			62	59	0,03	I. M.
	26 15	502	27 4	426	501,59	136,42	44,72	47	45	0,02	I. M.
	27 37	501	28 21	425	500,43			32	32	0,00	I. M.
	28 55	500									
	50 54	484	3 51 55	407	483,23			49,87	49,87	0,00	I. M.
	52 44	483	53 44	406	482,24			73	73	0,00	I. M.
	53 31	482	54 26	405	481,35	136,42	41,72	59	59	0,00	I. M.
	54 54	481	55 50	404	480,30			46	46	0,00	I. M.
	56 14	480									
23	3 30 58	423	3 32 13	343	422,43			41,12	41,14	—0,02	A. T.
	33 11	422	34 23	342	421,44			40,98	41,00	0,02	A. T.
	35 22	421	36 29	341	420,48	136,34	41,70	84	40,87	0,03	A. T.
	37 33	420	38 37	340	419,52			70	40,73	0,03	A. T.
	39 47	419									
24	3 26 23	377	3 27 2	295	376,76			34,60	34,59	+0,04	I. M.
	28 47	376	29 13	294	375,77			45	45	0,00	I. M,
	30 59	375	31 24	293	374,80	136,57	41,67	32	32	0.00	I. *M.*
	33 15	374	33 44	292	373,83			18	18	0,00	I. M.
	35 36	373									
26	3 52 00	349	3 54 27	234	348,42			26,25	26,24	+0,04	A. T.
	56 16	348	58 25	233	347,50			26,12	26,10	0,02	A. T.
	4 0 36	347	4 2 40	232	316,54	136,43	44,87	25,98	25 97	0,04	A. T.
	5 2	316	6 48	231	315,59			25,85	25,83	0,02	A. T.
	9 22	345									
27	3 34 38	275	3 33 16	188	274,79			19,96	19,94	+0.02	I. M.
	39 47	274	44 20	187	273,84			82	84	0,04	I M.
	47 59	273	48 58	186	272,87	136,60	44,95	67	67	0,00	I. M.
	56 6	272	57 20	185	271,86			54	53	0,04	I. M.
	4 4 25	271									

40. La comparaison des thermomètres étalons une fois terminée, nous avons passé à celle des thermomètres Baudin avec l'étalon n° 2. Pour cela, nous avons placé, comme précédemment, nos thermomètres dans le vase déjà décrit, et nous avons opéré exactement de la même manière.

Les résultats d'un certain nombre de comparaisons de chaque thermomètre avec le même thermomètre étalon se trouvent placés dans les tableaux XIII, XIV, XV, XVI.

La lecture faite sur l'échelle des thermomètres serait, aux erreurs de capacité près, la véritable température centigrade, si le zéro correspondant à l'instant de cette lecture était celui que nous avons trouvé après l'ébullition, et dont nous avons donné plus haut la valeur numérique. Mais nous avons constaté que ce point n'était pas stable, et nous avons dû en déterminer le lieu, avant et après chaque série de comparaison. La moyenne des résultats obtenus dans ces deux déterminations est inscrite dans la 7ᵉ et la 8ᵉ colonne des tableaux. Pour rendre toutes les observations comparables entre elles, nous avons ramené les lectures aux zéros adoptés, en les corrigeant de la différence avec les zéros observés. Les lectures corrigées de cette manière figurent dans la 9ᵉ et la 10ᵉ colonne sous le titre « degrés correspondant, » tant pour le thermomètre Baudin que pour l'étalon.

Dans les basses températures, la marche de la colonne étant peu rapide, nous avons lu directement les thermomètres, en passant de l'un à l'autre plusieurs fois, et en prenant la moyenne des lectures. Les résultats des comparaisons faites de cette manière se trouvent dans les tableaux XVII et XVIII.

TABLEAU XIII.

Comparaison du thermomètre n° 843 avec l'étalon n° 2.

DATE.	N° 843. HEURES.	N° 843. LECTURES.	ÉTALON N° 2. HEURES.	ÉTALON N° 2. LECTURES.	LECTURES DU 843 correspondant à celles de l'étalon n° 2.	POINTS de la glace. N° 843.	POINTS de la glace. ÉTALON n° 2.	DEGRÉS correspondant. N° 843.	DEGRÉS correspondant. ÉTALON n° 2.	CORRECTIONS du 843.	OBSERVATEURS.
1863. Mars. ⊙ 30	h m s 7 12 34	74,2	h m s 7 13 15	586	74,09			74,05	74,29	+0,24	
	13 46	74,0	14 36	584	73,82	—0,23	42,40	73,78	44,02	0,24	
	15 49	73,6	17 0	581	73,38			73,34	73,60	0,26	I. M.
	18 0	73,2									
	7 44 44	65,8	7 45 55	546	68,62			68,58	68,83	+0,25	
	46 5	68,6	46 46	545	68,50	—0,23	42,40	68,44	68,69	0,25	
	47 29	68,4	47 47	544	68,37			68,33	68,55	0,22	I. M.
	48 49	68,2									
	8 28 26	62,8	8 30 00	502	62,64			62,57	62,80	+0,23	
	34 43	62,4	32 20	500	62,32	—0 23	42,40	62,28	62,52	0,24	
	33 16	62,2	34 34	498	62,04			62,00	62,25	0,25	I. M.
	36 32	61,8									
1862. Janv. ♀ 31	1 40 42	52,6	1 41 38	428	52,50			52,50	52,69	+0,19	
	42 35	52,4	42 48	427	52,36	—0,27	42,00	52,36	52,55	0,19	
	44 24	52,2	45 26	425	52,08			52,08	52,28	0,20	A. T.
	46 18	52,0									
	3 3 13	46,0	3 3 29	380	45,98			45.98	46,15	+0,17	
	6 21	45,8	7 40	378	45,72	—0,27	42,00	45,72	45,88	0,16	
	9 26	45,6	9 53	377	45,57			45,57	45,74	0,17	A. T.
	12 28	45,4									
♃ 30	9 1 2	39,6	9 2 14	333	39,54			39,53	39,74	+0,21	
	5 8	39,4	7 41	331	39,28	—0,26	42,00	39,27	39,47	0,20	
	9 18	39,2	10 20	330	39,15			39,14	39,33	0,19	I. M.
	13 38	39,0									
Fév. ♃ 20	3 33 9	35,2	3 35 6	200	35,05			35,04	35,23	+0,19	
	38 29	34,8	38 48	298	34,78	—0,26	42,00	34,77	34,96	0,19	
	43 54	34,4	44 21	295	34,36			34,35	34,55	0,20	A. T.
	46 30	34,2									
☾ 24	3 49 15	29,3	3 49 44	258	29,27			29,18	29,42	+0,24	
	52 5	29,1	55 26	255	28,86	—0,18	42,57	28,77	29,01	0,24	
	56 19	28,8	4 1 43	252	28,47			28,38	28,60	0,22	A. T.
	4 4 5	28,3									
♂ 25	2 52 29	20,0	2 57 36	189	19,84			19,74	19,99	+0,25	
	59 5	19,8	3 2 7	188	19,74	—0,17	42,55	19,61	19,95	0,24	
	3 6 6	19,6	6 46	187	19,58			19,48	19,72	0,24	I. M.
	13 18	19,4									
	5 36 0	15,0	5 39 25	153	14,92			14,82	15,08	+0,26	
	45 0	14,8	45 48	152	14,78	—0,17	42,55	14,68	14,94	0,26	
	53 44	14,6	57 55	150	14,50			14,40	14,66	0,26	I. M.
	6 2 18	14,4									

TABLEAU XIV.

Comparaison du thermomètre n° 844 avec l'étalon n° 2.

DATE.	N° 844 HEURES.	N° 844 LECTURES.	ÉTALON N° 2 HEURES.	ÉTALON N° 2 LECTURES.	LECTURES DU 844 correspondant à celles de l'étalon n° 2.	POINTS de la glace N° 844.	POINTS de la glace ÉTALON n° 2.	DEGRÉS correspondant N° 844.	DEGRÉS correspondant ÉTALON n° 2.	CORRECTIONS du 844.	OBSERVATEURS.
1863. Mars ☉ 29	6 58 12	77,2	6 58 40	607	77,08			77,03	77,15	+0,12	
	7 59 2	77,0	7 0 6	605	76,78	−0,22	42,10	76,73	76,88	0,15	
	0 56	76,6	1 19	603	76,53			76,48	76,64	0,13	I. M.
	2 49	76,2									
	7 27 58	71,6	7 28 35	566	71,49			71,44	71,56	+0,12	
	29 7	71,4	29 26	565	71,35	−0,22	42,10	71,20	71,42	0,12	
	30 19	71,2	31 8	563	71,06			71,01	71,15	0,14	I. M.
	31 31	71,0									
1862. Fév. ♄ 1	3 21 18	61,6	3 22 17	493	61,48			64,48	61,57	+0,09	
	22 58	61,4	23 19	492	61,36	−0,27	42,00	61,36	61,44	0,08	
	24 37	61,2	25 42	490	61,00			61,06	61,15	0,09	I. M.
	26 13	61,0									
☉ 2	1 16 45	49,0	1 17 38	401	48,92			48,94	49,00	+0,09	
	19 6	48,8	20 52	399	48,64	−0,26	42,00	48,63	48,73	0,10	
	21 22	48,6	22 26	398	48,51			48,50	48,59	0,09	A. T.
	23 49	48,4									
	2 40 6	43,0	2 41 19	357	42,93			42,92	43,01	+0,09	
	43 27	42,8	45 39	355	42,66	−0,26	42,00	42,65	42,71	0,08	
	46 3	42,6	47 48	354	42,52			42,51	42,59	0,08	A. T.
	49 46	42,4									
☿ 19	3 21 47	33,2	3 23 29	285	33,05			33,05	33,18	+0,13	
	24 9	33,0	25 17	284	32,91	−0,27	42,00	32,91	33,05	0,14	
	26 40	32,8	28 42	282	32,63			32,63	32,77	0,14	I. M.
	29 4	32,6									
	4 23 13	28,8	4 25 57	253	28,65			28,65	28,81	+0,16	
	26 49	28,6	28 21	252	28,51	−0,27	42,00	28,51	28,68	0,17	
	30 23	28,4	30 53	251	28,38			28,38	28,54	0,16	I. M.
	34 7	28,2									
	6 10 43	21,0	6 14 10	218	23,88			23,88	24,04	+0,16	
	16 26	23,8	17 56	217	23,74	−0,27	42,00	23,74	23,90	0,16	
	21 53	23,6	25 10	215	23,48			23,48	23,63	0,15	I. M.
	27 18	23,4									
☿ 25	3 42 8	18,8	3 45 7	180	18,66			18,55	18,76	+0,21	
	46 20	18,6	47 46	179	18,52	−0,16	42,60	18,41	18,62	0,21	
	50 12	18,4	53 45	177	18,26			18,15	18,35	0,20	I. M.
	54 25	18,2									
	6 39 36	13,6	6 43 26	142	13,47			13,36	13,57	+0,21	
	45 39	13,4	48 33	141	13,35	−0,46	42,60	13,24	13,43	0,19	
	56 49	13,2	57 0	140	13,20			13,09	13,29	0,20	I. M.
	7 16 42	13,0									

TABLEAU XV.

Comparaison du thermomètre n° 845 avec l'étalon n° 2.

DATE.	N° 845. HEURES.	N° 845. LECTURES.	ÉTALON N° 2. HEURES.	ÉTALON N° 2. LECTURES.	LECTURES DU 845 correspondant à celles de l'étalon n° 2.	POINTS de la glace. N° 845.	POINTS de la glace. ÉTALON n° 2.	DEGRÉS correspondant. N° 845.	DEGRÉS correspondant. ÉTALON n° 2.	CORRECTIONS du 845.	OBSERVATEURS.
1863	h m s 6 1 57	79,0	h m s 6 2 17	621	78,91			78,88	79,05	+0,17	
Mars.	2 45	78,8	3 22	619	78,65	—0,20	42,14	78,62	78,78	0,16	
☾ 30	3 35	78,6	4 27	617	78,38			78,35	78,54	0,16	I. M.
	5 11	78,2									
	6 48 57	70,0									
	50 18	69,8	6 49 18	555	69,95			69,92	70,05	+0,13	
	51 39	69,6	51 6	553	69,68	—0,20	42,14	69,65	69,77	0,12	
	52 55	69,4	52 0	552	59,54			69,51	69,64	0,13	I. M.
	7 38 56	63,2									
	40 31	63,0	7 39 31	505	62,12			63,09	63,20	+0,11	
	42 19	62,8	41 46	503	62,86	—0,20	42,14	⊦2,83	62,92	0,09	
	46 6	62,6	43 0	502	62,73			62,70	62,79	0,09	I. M.
1862	2 35 48	56,2									
Févr.	37 32	56,0	2 36 29	454	56,13			56,12	56,24	+0,12	
☉ 9	39 8	55,8	38 42	452	55,85	—0,24	42,02	55,84	55,96	0,12	
	40 46	55,6	39 45	451	55,72			55,71	55,83	0,12	I. M.
☾ 10	2 16 49	49,2									
	18 24	49,0	2 18 15	402	49,02			49,02	49,14	+0,12	
	19 56	48,8	19 19	401	48,87	—0,23	42,03	48,87	49,00	0,13	
	21 37	48,6	20 29	400	48,74			48,76	48,87	0,13	A. T.
	2 45 54	46,2									
	48 14	46,0	2 44 37	381	46,14			46,14	46,28	+0,14	
	50 33	45,8	49 31	379	45,89	—0,23	42,03	45,89	46,04	0,12	
	52 59	45,6	51 6	378	45,76			45,76	45,87	0,11	A. T.
	3 43 34	44,6									
	46 13	44,4	3 44 34	347	44,52			44,52	44,65	+0,13	
	48 57	44,2	48 14	345	44,25	—0,23	42,03	44,25	44,38	0, 3	
	51 39	44,0	50 9	344	44,11			44,11	44,24	0,13	A. T.
	4 25 3	35,1									
	28 41	35,0	4 26 28	300	35,12			35,12	35,23	+0,11	
	32 18	34,8	31 37	298	34,84	—0,23	52,03	34,84	34,96	0,12	
	35 58	34,6	34 25	297	34,69			34,69	34,82	0,13	A. T.
☾ 24	4 07 48	28,2									
	10 26	28,0	2 8 33	249	28,14			28,05	28,19	+0,14	
	13 14	27,8	12 11	247	27,88	— 0,14	52,57	27,79	27,91	0,12	
	18 24	27,4	13 58	346	27,75			27,66	27,78	0,12	A. T.
	5 1 46	22,9									
	5 45	22,7	5 3 30	210	22,80			23,71	22,86	+0,15	
	8 46	22,5	5 59	209	22,66	—0,13	42,57	22,57	22,73	0,16	
	12 50	22,3	11 11	207	22,39			22,30	22,46	0,16	A. T.

TABLEAU XVI.

Comparaison du thermomètre n° 846 avec l'étalon n° 2.

DATE.	N° 846. HEURES.	N° 846. LECTURES.	ÉTALON N° 2. HEURES.	ÉTALON N° 2. LECTURES.	LECTURES du 846 correspondant à celles de l'étalon n° 2.	POINTS de la glace. N° 846.	POINTS de la glace. ÉTALON N° 2.	DEGRÉS correspondant. N° 846.	DEGRÉS correspondant. ÉTALON N° 2.	CORRECTIONS du 846.	OBSERVATEURS.
1863. Mars. ☾ 30	h m s 6 6 7	78,0	h m s 6 6 41	613	77,88	−0,26	42,12	77,85	77,96	+0,11	
	7 1	77,8	7 18	612	77,73			77,70	77,83	0,13	
	7 53	77,6	8 31	610	77,45			77,42	77,55	0,13	I. M.
	9 35	77,2									
	6 55 26	69,0	6 56 32	547	68,83			68,80	68,95	+0,15	
	56 46	68,8	57 29	546	68,70	−0,26	42,12	68,67	68,82	0,15	
	58 10	68,6	58 30	545	68,55			68,52	68,68	0,16	I. M.
	59 33	68,4									
1862. Fév. ♃ 13	2 42 1	59,2	2 42 49	476	59,10			59,09	59,25	+0,16	
	43 36	59,0	44 58	474	58,82	−0,28	42,02	58,84	58,97	0,16	
	45 6	58,8	45 58	473	58,69			58,68	58,83	0,15	I. M.
	46 40	58,6									
	3 40 1	52,8	3 41 07	429	52,70			52,69	52,82	+0,13	
	42 11	52,6	42 29	428	52,57	−0,28	42,02	52,56	52,68	0,12	
	44 14	52,4	45 23	426	52,27			52,26	52,41	0,15	I. M.
	46 14	52,2									
♀ 14	2 26 38	46,6	2 27 22	384	46,53			46,53	46,69	+0,16	
	28 49	46,4	30 21	382	46,25	−0,29	42,00	46,25	46,42	0,17	
	30 54	46,2	31 41	381	46,13			46,13	46,28	0,15	A. T.
	33 7	46,0									
	3 28 21	41,6	3 29 33	347	41,54			41,54	41,65	+0,14	
	31 12	41,4	33 33	345	41,24	−0,29	42,00	41,24	41,38	0,14	
	34 7	41,2	35 32	344	41,10			41,10	41,24	0,14	A. T.
	36 58	41,0									
☉ 16	2 52 22	35,8	2 52 56	305	35,76			35,76	35,91	+0,15	
	55 40	35,6	57 24	303	35,49	−0,29	42,04	35,49	35,64	0,15	
	58 54	35,4	59 51	302	35,35			35,35	35.50	0,15	I. M.
	3 2 16	35,2									
☾ 17	5 36 47	29,6	5 40 58	259	29,46			29,45	29,63	+0,18	
	42 57	29,4	45 6	258	29,33	−0,28	42,04	29,32	29,49	0,17	
	49 27	29,2	54 20	256	29,04			29,03	29,22	0,19	I. M.
	55 34	29,0									
♂ 18	3 42 13	26,0	3 44 29	233	25,91			25,91	26,08	+0,17	
	47 6	25,8	47 52	232	25,77	−0,29	42,04	25,77	25,95	0,18	
	52 21	25,6	51 17	231	25,64			25,64	25,84	0,17	I. M.
	57 46	25,4									
	5 49 6	21,0	5 53 45	196	20,85			20,85	21,03	+0,18	
	55 12	20,8	57 50	195	20,71	−0,29	42,04	20,71	20,89	0,18	
	6 1 45	20,6	6 2 11	194	20,57			20,75	20,76	0,19	I M.
	7 46	20,4									

TABLEAU XVII.

Comparaisons dans les basses températures.

1862	LECTURES correspondantes		DEGRÉS centigrades correspondants		CORRECTIONS du 843.	LECTURES correspondantes		DEGRÉS centigrades correspondants		CORRECTIONS du 844.	OBSERVATEURS.
	ÉTALON n° 2	843	ÉTALON n° 2	843		ÉTALON n° 2	844	ÉTALON n° 2	844		
Mars ⊙ 2.	278,86	32,15	32,27	32.03	+0,24	278,36	32,18	32,20	32,05	+0,15	A. T.
	259,36	29,47	29,60	29.35	0,25	258,87	29,52	29,54	29,39	0,15	A. T.
	255,60	28,95	29,09	28,83	0,26	255,09	28,99	29,08	28,96	0,12	A. T.
	242,90	27,22	27,35	27.10	0,25	242,71	27,32	27,33	27,19	0,14	A. T.
Févr. ♃ 27	217,93	23,80	23,94	23,68	+0,26	221,86	24,45	24,48	24,33	+0,15	A. T.
	200,10	24,39	21,51	21,27	0,24	217,57	23,87	23,90	23,75	0,15	A. T.
	196,37	20,87	20,00	20,75	0,25	199,73	21,41	21,46	21,29	0,17	A. T.
	180,90	18,76	18,88	18,64	0,24	195,97	20,94	20,95	20,79	0,16	A. T.
♀ 28	177,15	18,23	18,37	18,11	+0,26	173,51	17,80	17,86	17,68	+0,18	I. M.
	173,83	17,78	17,94	17,66	0,25	161,23	16,13	16,19	16,01	0,18	I. M.
	161,52	16,10	16,23	15,98	0,25	159,95	15,95	16,02	18,83	0,19	I. M.
	160,15	15,91	16,03	15,79	0.24	141,73	13,45	13,52	13,33	0,19	I. M.
	141,86	13,39	13,55	13,27	0,28	141,07	13,35	13,43	13,23	0,20	I. M.
	141,18	13,34	13,45	13,19	0,26	124,46	11.08	11,17	10.96	0,21	I. M.
Mars ♄ 1	114,00	9,60	9,74	9,48	+0,26	113,76	9,61	9,74	9,49	+0,22	A. T.
	110,18	9,07	9,21	8,95	0,26	110,18	9,12	9,22	9,00	0,22	I. M.
	103,69	8,18	8.33	8,06	0,27	103,70	8,24	8,34	8,12	0,22	I. M.
	94,65	6,95	7,10	6,83	0,27	94,65	7,00	7,10	6,88	0,22	A. T.
	88,40	6,09	6,24	5,97	0,27	88,40	6,14	6,24	6,02	0,22	I. M.
	83,71	5,46	5.64	5,34	0,27	83,16	5,43	5,53	5,34	0,22	I. M.

POINTS DE LA GLACE

	ÉTALON n° 2	n° 843	n° 844
Mars 2.	42,60.	— 0,15.	— 0,14
Février 27.	42,60.	— 0,15.	— 0,15
28.	42,65.	— 0,15.	— 0,15
Mars 1.	42,60.	— 0,15.	— 0,15

TABLEAU XVIII.

Comparaisons dans les basses températures.

1862	LECTURES correspondantes		DEGRÉS centigrades correspondants		CORRECTIONS du 845.	LECTURES correspondantes		DEGRÉS centigrades correspondants		CORRECTIONS du 846.	OBSERVATEURS.
	ÉTALON n° 1	845	ÉTALON n° 1	845		ÉTALON n° 1	846	ÉTALON n° 1	846		
Mars.	378,73	34,67	34,69	34,56	+0,13	377,77	34,50	34,55	34,39	+0,16	A. T.
⊙ 2	365,60	32,75	32,81	32,68	0,13	363,86	32,50	32,55	32,39	0,16	A. T.
	360,64	32,07	32,09	34,96	0,13	359,78	31,92	31,97	31,84	0,16	A. T.
	342,15	29,44	29,45	29,33	0,12	337,88	28,77	28,84	28,66	0,18	A. T.
Févr.	306,44	24,31	24,32	24,21	+0,11	301.49	23,51	23,61	23,39	+0,22	A. T.
♃ 27	304,88	23,65	23,67	23,55	0,12	285,27	21,18	21,29	21,06	0,23	A. T.
	382,52	20,83	20,90	20,73	0,17	271,84	20,69	20,79	20,67	0,22	A. T.
	267,62	18,74	18,75	15,64	0,14	267,11	18,57	18,67	18,45	0,22	A. T.
♀ 28	263,84	18,17	18,24	18,06	+0,14	363,35	18,04	18,13	17,89	+0,24	I. M.
	264,10	17,78	17,80	17,67	0,14	260,75	17,64	17,76	17,52	0,24	I. M.
	249,62	16,10	16,19	15,99	0,17	248,20	15,83	15,95	15,71	0,24	I. M.
	231,25	13,44	13,54	13,33	0,21	134,13	13,36	13,49	13,24	0,25	I. M.
	230,64	13,34	13,42	13,23	0,19	230,43	13,26	13,39	13,14	0,25	I. M.
	214,95	11,05	11,16	10,94	0,22	214,95	11,03	11,16	10,94	0,25	I. M.
♄ 4	104,72	9,55	9,68	9,44	+0,24	204,37	9,50	9,63	9,38	+0,25	A. T.
Mars.	295,36	8,22	8,33	8,11	0,22	201,52	9,07	9 21	8,95	0,26	I. M.
	195,07	8,18	8,28	8,07	0,21	187,34	7,01	7,16	6,89	0,27	A. T.
	187,04	7,01	7,12	6,90	0,22	186,84	6,96	7,09	6,84	0,25	A. T.
	180,96	6,12	6,24	6,01	0,23	180,96	6,10	6,28	5,98	0,26	I. M
	176,00	5,42	5,52	5,34	0,21	176,08	5,35	5,53	5,26	0,27	I. M.

POINTS DE LA GLACE.

	ÉTALON n° 1	n° 845	n° 846
Mars 2	137,91	— 0,12	— 0,18
Février 27	137,87	— 0,13	— 0,17
28	137,90	— 0,12	— 0,17
Mars 4	137,90	— 0,12	— 0,17

Nous ferons observer que les températures comprises entre 12° et 34° ont été obtenues avec et sans emploi du temps ; les résultats dans l'un et l'autre cas sont les mêmes, comme on peut s'en convaincre à l'inspection des tableaux précédents. Ceci prouve qu'il est tout aussi exact d'employee le temps, et l'on a dans ce cas l'avantage de pouvoir opérer à de hautes températures, ce qui est presque impossible dans l'autre cas.

41. De l'ensemble des comparaisons faites sur presque tous les traits on a formé le tableau XIX, qui donne les corrections des différents thermomètres pour chaque degré. La dernière colonne de ce tableau contient la correction moyenne des quatre thermomètres qu'il faut appliquer à leur indication moyenne.

La comparaison des thermomètres n'avait d'abord été faite que depuis 5° jusqu'à 60° ; M. Brunner étant tombé malade, nous n'avons pu les continuer avant mon départ pour l'Espagne, où je devais me rendre pour faire la comparaison des deux règles espagnole et égyptienne. Ce ne fut qu'à mon retour que j'ai poussé seul la comparaison des thermomètres jusqu'à 80°.

TABLEAU XIX.

DEGRÉS.	CORRECTIONS				MOYENNES.	DEGRÉS.	CORRECTIONS				MOYENNES.
	n°843	n°844	n°845	n°846			n°843	n°844	n°845	n°846	
0	+0,27	+0,27	+0,23	+0,29	+0,25	40	+0,20	+0,09	+0,13	+0,13	+0,14
1	0,27	0,27	0,23	0,29	0,26	41	0,20	0,09	0,13	0,14	0,14
2	0,27	0,26	0,23	0,28	0,26	42	0,19	0,09	0,13	0,14	0,14
3	0,27	0,25	0,23	0,28	0,26	43	0,18	0,09	0,13	0,15	0,14
4	0,27	0,24	0,22	0,28	0,25	44	0,18	0,09	0,13	0,15	0,14
5	+0,27	+0,23	+0,22	+0,27	+0,25	45	+0,17	+0,09	+0,12	+0,15	+0,13
6	0,27	0,22	0,22	0,27	0,25	46	0,18	0,09	0,12	0,16	0,14
7	0,27	0,22	0,22	0,27	0,24	47	0,19	0,09	0,12	0,17	0,14
8	0,26	0,22	0,22	0,26	0,24	48	0,19	0,09	0,12	0,17	0,14
9	0,26	0,22	0,22	0,26	0,24	49	0,20	0,09	0,12	0,16	0,14
10	+0,26	+0,22	+0,22	+0,25	+0,24	50	+0,20	+0,08	+0,11	+0,15	+0,13
11	0,26	0,22	0,21	0,25	0,23	51	0,20	0,08	0,11	0,14	0,13
12	0,26	0,22	0,21	0,25	0,23	52	0,20	0,09	0,11	0,13	0,13
13	0,26	0,22	0,20	0,25	0,23	53	0,20	0,10	0,11	0,14	0,14
14	0,26	0,22	0,19	0,24	0,23	54	0,20	0,10	0,11	0,14	0,14
15	+0,25	+0,22	+0,19	+0,24	+0,22	55	+0,21	+0,10	+0,12	+0,15	+0,14
16	0,24	0,22	0,18	0,24	0,22	56	0,21	0,10	0,12	0,15	0,14
17	0,24	0,22	0,18	0,23	0,22	57	0,22	0,10	0,12	0,15	0,15
18	0,24	0,21	0,17	0,22	0,21	58	0,23	0,10	0,12	0,15	0,15
19	0,24	0,20	0,17	0,21	0,20	59	0,23	0,10	0,12	0,16	0,15
20	+0,24	+0,19	+0,16	+0,20	+0,20	60	+0,24	+0,10	+0,11	+0,15	+0,15
21	0,24	0,19	0,16	0,19	0,19	61	0,24	0,10	0,11	0,15	0,15
22	0,25	0,19	0,15	0,19	0,19	62	0,24	0,10	0,11	0,15	0,15
23	0,26	0,18	0,15	0,19	0,19	63	0,24	0,12	0,11	0,14	0,15
24	0,26	0,16	0,14	0,19	0,19	64	0,25	0,13	0,11	0,14	0,16
25	+0,25	+0,16	+0,14	+0,19	+0,18	65	+0,25	+0,14	+0,11	+0,14	+0,16
26	0,25	0,16	0,14	0,18	0,18	66	0,25	0,15	0,12	0,15	0,17
27	0,25	0,16	0,13	0,18	0,18	67	0,25	0,15	0,12	0,15	0,17
28	0,24	0,16	0,13	0,18	0,18	68	0,25	0,14	0,12	0,15	0,17
29	0,24	0,17	0,13	0,18	0,18	69	0,25	0,14	0,13	0,15	0,17
30	+0,23	+0,17	+0,13	+0,18	+0,18	70	+0,25	+0,14	+0,13	+0,14	+0,17
31	0 22	0,15	0,13	0,17	0,17	71	0,25	0,14	0,13	0,14	0,17
32	0,21	0,13	0,13	0,16	0,16	72	0,25	0,14	0,14	0,13	0,17
33	0,20	0,12	0,13	0,16	0,15	73	0,25	0,14	0,15	0,13	0,17
34	0,20	0,11	0,12	0,16	0,15	74	0,25	0,14	0,14	0,13	0,17
35	+0,19	+0,10	+9,12	+0,15	+0,14	75	+0,26	+0,14	+0,14	+0,13	+0,17
36	0,19	0,10	0,12	0'15	0,14	76	0,26	0,13	0,14	0,13	0,17
37	0,19	0,09	0,12	0,14	0,14	77	0,26	0,13	0,15	0,13	0,17
38	0,20	0,09	0,13	0,14	0,14	78	0,26	0,13	0,16	0,14	0,17
39	0,20	0,09	0,13	0,13	0,14	79	0,26	0,13	0,16	0,14	0,17

42. Nous nous proposions également de comparer les thermomètres avec l'étalon en plaçant les premiers dans la position verticale qu'ils devaient occuper dans le bain destiné à chauffer les règles. Les mêmes circonstances que ci-dessus s'y opposèrent, et ce fut seulement après mon retour d'Espagne que je procédai à cette opération ; toutefois je ne l'exécutai que sur un seul thermomètre.

Pour faire cette expérience, j'ai fait pratiquer dans le couvercle en verre (fig. 31), un trou par lequel passait le thermomètre n° 844 ; l'étalon restait couché sur les chevalets *c, c*, et les réservoirs des thermomètres étaient placés l'un près de l'autre comme le montre la figure. A l'aide du microscope M, j'observai l'étalon, tandis que M. Oeltzen, ex-astronome de l'Observatoire de Paris, suivait le thermomètre n° 844 avec la lunette (fig. 29), dont l'axe est toujours resté horizontal.

Un certain nombre de ces comparaisons se trouvent inscrites dans le tableau XX. Ils montrent que l'indication des températures, les thermomètres étant placés verticalement, est altérée par suite du refroidissement de la colonne mercurielle qui se trouve en dehors du bain. On remarquera que les températures de la salle étaient presque les mêmes que celles qui avaient lieu lors des observations relatives au coefficient de dilatation ; par conséquent, ces corrections seront applicables aux indications thermométriques qui avaient lieu dans ce cas.

TABLEAU XX.

1863 Sept.	HEURES	THERMOMÈTRE de la salle	LECTURES correspondantes		DEGRÉS centigrades correspondants		CORRECTIONS du 844.	MOYENNES.	
			ÉTALON n° 2	N° 844.	ÉTALON n° 2	N° 844.		TEMPÉRATURE.	CORRECTIONS.
☾ 21	h m 4 20	20,6	579	72,54	73,13	72,39	+0,74	71,76	+0,74
			573	72,32	72,32	71,60	0,72		
			571	71,44	72,04	71,29	0,75		
	4 40	20,5	555	69,35	69,85	69,20	+0,65	68,89	+0,66
			553	69,04	69,58	68,89	0,69		
			552	68,96	69,45	68,84	0,64		
			554	68,80	69,31	68,65	0,66		
	5 30	20,4	530	65,96	66,43	65,82	+0,64	65,75	+0,61
			529	65,82	66,30	65,68	0,62		
	2 30	20,2	505	62,70	63,04	62,52	+0,49	62,36	+0,50
			503	62,40	62,73	62,21	0,52		
			485	60,02	60,27	59,83	+0,44	59,78	+0,42
			484	59,92	60,14	59,73	0,44		
	3 0	21,0	471	58,16	58,36	57,97	+0,39	57,66	+0,39
			469	57,89	58,08	57,70	0,38		
			468	57,74	57,94	57,55	9,39		
			467	57,61	57,81	57,42	0,39		
	3 20	20,0	453	55,74	55.89	55,55	+0,34	55,33	+0,33
			451	55,49	55,62	55,30	0,32		
			450	55,34	55,48	55,15	0,33		
☉ 20	2 2	21,0	432	52,82	53,02	52,72	+0,30	52,56	+0,28
			430	52,62	52,66	52,40	0,26		
			402	48,88	48,84	48,65	+0,19	48,44	+0,20
			400	48,60	48,57	48,37	0,20		
			399	48,46	48,43	48,23	0,20		
	3 15	21,0	387	46,86	46,80	46,63	+0,17	46,49	+0,18
			385	46,58	46,53	46,35	0,18		
	4 0	21,0	367	44,16	44,08	43,93	+0,15	43,78	+0,16
			366	44,00	43,94	43,77	0,17		
			365	43,88	43,80	43,65	0,15		
	4 40	19,8	337	40,10	39,98	39,87	+0,11	39,77	+0,13
			335	39,80	39,74	39,57	0,14		
	5 15	19,8	322	38,06	37,93	37,83	+0,10	37,76	+0,11
			321	37,92	37,80	37,69	0,11		

TABLEAU XX. (Suite.)

1863 Sept.	HEURES.	THERMOMÈTRE de la salle	LECTURES correspondantes		DEGRÉS centigrades correspondants		CORRECTIONS du 844.	MOYENNES.	
			ÉTALON n° 2	N° 844.	ÉTALON n° 2	N° 844.		TEMPÉRATURE.	CORRECTIONS.
☉ 20	h m 9 0	18,0	265 264	30,30 30,18	30,15 30,02	30,15 30,02	+0,00 0,00	30,08	0,00
	10 34 soir.	17,0	239 238	26,76 26,62	26,69 26,47	26,60 26,46	—0,00 0,01	26,50	0,00
☽ 21	10 25 matin	15,8	180,4 179,6	18,72 18.59	18,59 18,49	18,60 18,47	—0.01 +0,02	18,53	0,00

43. En interpolant l'ensemble des observations pour chaque degré du thermomètre, on a formé le tableau XXI. Il donne pour chaque degré la correction à appliquer pour tenir compte de l'influence du refroidissement des colonnes mercurielles placées hors du bain.

TABLEAU XXI.

DEGRÉS.	CORRECTIONS.	DEGRÉS.	CORRECTIONS.	DEGRÉS.	CORRECTIONS.	DEGRÉS.	CORRECTIONS.	DEGRÉS.	CORRECTIONS.	DEGRÉS.	CORRECTIONS.	DEGRÉS.	CORRECTIONS.
15	0,00	25	0,00	35	+0,08	45	+0,17	55	+0,33	65	+0.57	75	+0,75
16	0,00	26	0,00	36	0,10	46	0,18	56	0,34	66	0,61	76	0,77
17	0,00	27	0,80	37	0,11	47	0,19	57	0,36	67	0,63	77	0,79
18	0,00	28	0,00	38	0,11	48	0,20	58	0,38	68	0,65	78	0,82
19	0,00	29	0,00	39	0,12	49	0,22	59	0,39	69	0,66	79	0,84
20	0,00	30	0,00	40	+0,13	50	+0,24	60	+0,42	70	+0.69	80	+0,86
21	0,00	31	+0,02	41	0,13	51	0,26	61	0,44	71	0,71	81	0,88
22	0,00	32	0,04	42	0,14	52	0,28	62	0,47	72	0,73	82	0,90
23	0,00	33	0,05	43	0,15	53	0,29	63	0,49	73	0,74	83	0,93
24	0,00	34	0,06	44	0,16	54	0,30	64	0,53	74	0,73	84	0,96

44. Si donc, on a observé une température t_1 à l'un des thermomètres, on aura pour température corrigée t :

$$t = t_1 + \delta t + r \mp \delta g, \qquad (119)$$

δt, désignant la correction donnée par le tableau XIX ;

r, la correction pour le refroidissement donnée par le tableau **XXI** ;

$\pm \delta g$, la variation du zéro.

Cette équation aura également lieu si t_1 désigne la moyenne des quatre thermomètres, pourvu que l'on considère en même temps la moyenne des quatre corrections.

C'est de cette façon que nous avons procédé à la correction des différentes températures, employées plus tard dans la recherche des coefficients des dilatations absolues des règles de notre appareil.

CHAPITRE V

---

45. Nous avons vu, dans la théorie exposée chapitre II, que deux microscopes micrométriques, placés à une distance telle que l'on puisse observer les extrémités des règles de l'appareil, constituent un comparateur, pourvu que la distance qui les sépare soit fixe. Mais la réalisation de cette condition entraîne, dans la pratique, une foule de précautions. M. Brunner, cet habile constructeur, s'est appliqué à remplir le mieux possible les conditions exigées, dans le comparateur qu'il a installé dans ses ateliers longtemps avant notre travail, et dont nous devions nous servir pour l'étude de nos règles.

Cet appareil était placé dans une salle au rez-de-chaussée, donnant sur un passage et située à trente-cinq mètres environ de la rue Vaugirard. Le terrain de cette salle est formé, comme dans toute cette partie de Paris, de calcaire grossier dont le gisement se trouve à très-peu de profondeur.

46. Le comparateur se composait de deux piliers en pierres de taille A,B,C,D, A',B',C',D' (fig. 34, 35 36), incrustés dans le mur en moellons de la maison et faisant corps avec lui. Ces piliers partaient du fond d'un fossé d'un

mètre de profondeur et entouré de maçonnerie. La partie inférieure du fossé était au niveau du sol calcaire sur lequel vient
reposer le mur.

47. Deux pierres, E, E', étaient placées sous ces piliers et
complétement encaissées dans la terre ; elles avançaient sur
le mur d'environ $0^m,60$; dans un trou pratiqué à la partie
supérieure de chacune d'elles, se trouvait scellée à une profondeur d'un décimètre environ une tige prismatique en
fer, e, e, d'une longueur totale de $0^m,11$ à $0^m,12$. L'extrémité
supérieure de ces tiges était plane et recouverte d'une plaque
d'argent portant des divisions équidistantes dont l'intervalle
est d'environ un décimillimètre ; on a choisi une de ces
divisions pour point de mire ; la distance comprise entre les
deux mires m et m' était d'environ quatre mètres.

48. Aux pierres supérieures, A, A', de chaque pilier, et sur
leurs faces antérieures, qui faisaient sur le mur une saillie
d'environ $0^m,20$, on avait pratiqué deux rainures dans lesquelles étaient fixés avec du mastic deux microscopes M_1 et
M'_1, d'un grossissement d'environ soixante fois, et munis de
vis micrométriques, V_1, V'_1 (fig. 34, 37, 38). Les axes de ces
microscopes étaient placés verticalement et passaient approximativement par les points de mire m et m'. Avant de mettre
les microscopes en place, on les avait réglés de manière que
l'entaille centrale du peigne se trouvât au milieu du champ, et
passât sensiblement par l'axe optique. Cette rectification a été
effectuée au moyen de deux plaques rectangulaires, $a\,b\,c\,d$
et $a'\,b'\,c'\,d'$, qui sont fixées aux microscopes parallèlement
entre elles, et dont les côtés sont égaux, parallèles et situés à
égale distance de l'axe de figure.

49. La variation de l'inclinaison des microscopes pouvait être déterminée à l'aide d'un niveau N' N', mobile autour de l'axe d'un cercle divisé (fig. 19, 20). Ce cercle était fixé au sommet d'un triangle isocèle qui reposait par sa base sur une règle $q\,q'$. Les deux extrémités de la règle portaient deux autres règles parallèles et de même longueur, de manière qu'en appliquant les deux pieds U, U' du niveau contre les côtés ac, $a'c'$ et bd, $b'd'$ des rectangles, on déterminait l'inclinaison de l'axe de figure du microscope qui est parallèle aux plans passant par ces côtés. Pendant toute l'opération, on a tenu cachetées les vis des peignes, ainsi que les barillets des objectifs des microscopes, pour être sûr qu'ils n'avaient éprouvé aucun dérangement.

50. Pour pouvoir pointer les fils mobiles des micromètres sur les points de mire m, m', on a placé deux objectifs O, O' (fig. 34, 35, 36) à la partie supérieure des deux trous cylindriques pratiqués dans les pierres C, C'. Ces objectifs étaient placés de telle façon que les images des points de mire vinssent se former aux foyers des objectifs des microscopes M_1, M'_1.

51. Deux lampes, l, l', placées en contre-bas, servaient à l'éclairage des mires. La lumière de ces lampes était concentrée par les lentilles g, g', montées sur des équerres en bois, et dirigée sur le réflecteur sphérique r' qui la renvoyait à son tour sur les plaques d'argent. Un trou, ménagé au centre du réflecteur, livrait passage aux faisceaux lumineux venant des mires.

52. Pour empêcher que le mouvement des vibrations produites par le déplacement des observateurs ne se communiquât aux piliers et par suite aux microscopes, on a établi le plancher sur six poutrelles, p, p, p, p, p, p, qui reposent par l'une de leurs extrémités sur une grande poutre P portée parallèlement au mur par trois colonnes en maçonnerie H, H, H ; tandis que l'autre extrémité repose sur la terre à une distance suffisante du fossé.

53. Une auge rectangulaire en zinc G, G (fig. 21, 22, 23, 34, 35), consolidée extérieurement par plusieurs pièces en fer et soutenue par les supports S, S, est destinée à recevoir l'appareil. Cette auge a un fort couvercle en bois Q Q, et est munie en dessous de deux platines i, i', ayant deux nervures arrondies n, n', qui traversent le fond pour saillir à l'intérieur de l'auge ; c'est sur ces nervures que vient porter l'appareil. Les platines i, i', peuvent s'engager dans les mâchoires b, d; c'est par ces pièces que l'auge repose sur les galets des supports S, S. Ceux-ci étaient placés sur un madrier M M, pouvant glisser sur les deux rails K, K', fixés aux deux poutrelles u, u, (fig. 34). L'une des extrémités de ces dernières s'appuie sur la maçonnerie du fossé, et l'autre sur une seconde poutrelle u' u', qui est disposée sur deux colonnes en briques R, R parallèlement au comparateur, de sorte que l'appareil dans l'auge était à l'abri des vibrations produites par le mouvement des observateurs.

Une pièce en fer I, deux fois brisée à angle de 130 degrés environ, avait l'une des branches parallèles fixée au madrier ; l'autre était percée d'un trou dans lequel passait un levier J qui prenait son point d'appui dans des crans o', o' pratiqués dans le plancher ; de sorte qu'en agissant légèrement sur le levier, on pouvait faire avancer ou reculer le madrier.

Les parties du madrier qui reposaient sur les rails étaient munies de deux pièces de fer ; l'une, plane, posait simplement sur le rail K', tandis que l'autre portait une rainure dans laquelle venait s'engager le rail K taillé en biseau. Cette disposition avait pour but de guider l'auge dans son déplacement, de façon qu'elle conservât son parallélisme avec le comparateur.

54. L'auge était remplie d'huile qu'on chauffait dans une chaudière (fig. 26), qui se trouvait dans la salle à une distance de trois mètres environ des microscopes d'observation. On introduisait l'huile dans l'auge à l'aide des deux tuyaux mobiles F, F', dont les extrémités pénétraient à l'intérieur par des ouvertures pratiquées dans le couvercle Q Q; deux robinets R', R' servaient à l'en retirer.

Pour avoir une température homogène dans toute la masse du bain, on avait disposé à chaque extrémité de l'auge deux axes a, a' (fig. 21, 22, 23), qui traversaient le couvercle Q Q, et venaient prendre leurs points d'appui sur deux équerres $e\,e$, également fixées à ce dernier. Chacun des axes portait à sa partie inférieure une roue R, dont les dents entraient dans les mailles d'une chaîne sans fin $c\,c\,c\,c$, que l'on mettait en mouvement à l'aide d'une manivelle m, ajustée à l'extrémité extérieure de l'axe a. La chaîne portait de distance en distance des palettes p, p, p, qui agitaient l'huile et la ramenaient ainsi à une température uniforme. La chaîne, dans son parcours, venait reposer sur des équerres en fer b, b, également attachées au couvercle; celles-ci avaient le double but de supporter la chaîne et de s'opposer à ce qu'elle vînt battre dans son mouvement de rotation contre le banc de l'appareil.

55. Pour empêcher que les divisions des deux règles, que l'on devait observer à l'aide des microscopes M_1, M'_1, fussent imbibées d'huile, on a enveloppé les deux extrémités des règles, ainsi que les derniers coussinets, d'une peau gg (fig. 21, 22, 23, 24, 25) trempée dans de la colle et venant s'attacher par ses bords au couvercle Q Q. Cette peau avait deux ouvertures h, h, au travers desquelles pénétraient les deux règles et dont les bords étaient fortement liés à celles-ci ; elle passait entre la patte du dernier coussinet et le banc, où elle était serrée par la vis V. Les extrémités de cette peau étaient ensuite ramassées, et venaient se fixer au moyen de vis à une ouverture d' d' pratiquée dans le couvercle Q Q, de manière à former, une poche non fermée qui permettait d'observer les divisions, bien que l'appareil fût complétement plongé dans l'huile. Comme le liquide finit généralement par pénétrer dans les poches, on a adopté à leurs parties inférieures deux tuyaux en caoutchouc θ, θ, destinés à laisser couler dans un vase extérieur V l'huile provenant du suintement.

56. La température du bain était donnée par quatre thermomètres t, t, t, t, dont les réservoirs plongeaient dans l'huile jusqu'à la hauteur des règles ; ils étaient maintenus verticalement par quatre équerres en bois fixées sur le couvercle Q Q au moyen de boulons autour desquels ces équerres pouvaient tourner. Ils pénétraient dans l'auge par quatre trous percés dans le couvercle ; ces trous étaient assez larges pour permettre de diriger les thermomètres par un mouvement des équerres, de manière à en faciliter l'observation.

57. Quatre lunettes l', l', l', l' (fig. 35, 36, 37), servaient à observer les thermomètres ; elles étaient établies ensemble sur un montant en bois N''. Chacune de ces lunettes était engagée dans un collier f (fig. 39, 40) attaché à la partie supérieure d'une équerre en cuivre q qui lui sert de support. Le collier, ainsi que la lunette, pouvait tourner autour d'un axe horizontal y. Le support q était fixé à la pièce en bois N'' à l'aide d'un boulon vertical x, autour duquel il pouvait tourner. Cette disposition permettait de mouvoir la lunette dans deux plans perpendiculaires : l'un horizontal et l'autre vertical. La pièce N″, qui portait les quatre supports q, pouvait glisser verticalement le long d'un montant N′ fixé à une traverse D″ D″ (fig. 34, 35, 36). Une vis, munie d'un écrou z, fixée à la pièce N″ et pouvant glisser le long d'une fente pratiquée dans la pièce N′, servait à fixer l'une contre l'autre les montants N′ et N″ par le serrement de son écrou ; en sorte que pour mettre les lunettes l, l à une hauteur donnée, il suffisait d'élever ou d'abaisser à la main, N″, et de serrer l'écrou z. Par cette disposition on pouvait diriger les lunettes dont les axes étaient maintenus horizontalement à l'aide d'un niveau, de manière que les extrémités des colonnes mercurielles fussent au milieu de leurs champs.

58. La lumière du jour étant sujette à des variations qui ne laissaient pas voir les traits sous un aspect constant, nous avons été obligés d'avoir recours à la lumière artificielle.

Pour éclairer les thermomètres ainsi que les extrémités des règles, on avait disposé sur la traverse D″ D″ deux lampes L, L dont la lumière était renvoyée par les lentilles $n″$, $n″$, $n″$, $n″$, sur les quatre thermomètres et par les lentilles $n′ n′$ sur les réflecteurs r r des microscopes qui la dirigeaient sur les traits à observer à l'intérieur des poches.

Pour faire tomber facilement la lumière des lampes sur les points voulus de l'échelle thermométrique, on avait monté les lentilles sur des tiges $t″$, $t″$ en cuivre, fixées verticalement à des pièces en bois s, s, s, qui pouvaient se mouvoir autour des boulons $e′$, $e′$, servant à les maintenir sur la traverse D″ D″.

Pour mettre les lunettes l, l, ainsi que les lentilles, à l'abri des mouvements produits par le déplacement des observateurs, la traverse D″ D″, qui les supportait, reposait sur les rails K, K′.

59. L'appareil placé dans l'auge devait occuper une position horizontale; on l'y amenait au moyen du niveau N N et
des vis V′, V′ des supports. Le niveau venait reposer sur la
partie centrale de la règle de platine, au-dessus des coussinets du milieu, après avoir traversé un trou ménagé dans
le couvercle Q Q (fig.36). On parvenait aux vis des supports,
en passant la main par des entailles pratiquées dans ce but
aux extrémités du madrier M M. Lorsque l'appareil était sous
les microscopes, un arrêt, placé sur le plancher, maintenait
l'auge à une distance de $0^m,10$ environ du comparateur. Pour
atténuer la déperdition de la chaleur du bain, on l'a entouré
d'un matelas formé de plusieurs couches de ouate, et des
bouchons de liége fermaient toutes les ouvertures du couvercle.

CHAPITRE VI

EXPÉRIENCES RELATIVES AUX DILATATIONS.

———

Conduite des opérations

60. Le comparateur étant installé comme il vient d'être dit, nous avons procédé aux observations relatives à la détermination des coefficients de dilatation des règles.

Après avoir préablement adapté les peaux aux extrémités des règles, on a fait un nivellement général des quatorze coussinets de l'appareil (Voy. n° 14) ; puis on l'a mis dans le bain sur les nervures destinées à le recevoir, et l'on a fixé les peaux au couvercle de l'auge pour former les poches dont il a été question plus haut. Ces dispositions préliminaires une fois prises, voici la marche qui a été suivie constamment dans les opérations de chaque journée.

61. — 1° *Nivellement des microscopes*. — On effectuait ce nivellement à l'aide du niveau N' N' (fig. 19, 20), dont on appliquait les pieds U, U' sur les côtés des plaques rectangulaires $a\,b\,c\,d$, $a'\,b'\,c'\,d'$, à droite et à gauche de chaque microscope. On obtenait ainsi l'inclinaison de leur axe de figure avec une approximation suffisante. Toutefois, après avoir constaté pendant plusieurs jours que les variations d'inclinaison, déduites des observations du niveau, étaient négligeables, nous avons renoncé à l'emploi de cet instrument, dont le maniement était très-incommode, et pouvait occasionner des chocs dangereux pour la stabilité des microscopes.

62. — 2° *Observation des mires.* — Ensuite les deux observateurs effectuaient simultanément une série de dix pointés sur les mires convenablement éclairées ; puis ils changeaient de microscopes et faisaient une nouvelle série de dix pointés. On notait en même temps les indications d'un thermomètre accroché contre le comparateur entre les deux microscopes, et donnant la température de la salle.

63. — 3° *Mise en place de l'appareil.* — Pendant l'observation des mires, un aide avait versé dans l'auge de l'huile chaude et l'avait agitée avec la manivelle destinée à cet usage pour établir dans toute la masse l'uniformité de température. On faisait alors glisser sous les microscopes l'appareil ainsi préparé, et on le disposait pour l'observation comme il suit : on amenait par tâtonnement, à l'aide des vis V′, V′ des supports, les extrémités des règles aux foyers des microscopes, puis, avec les vis de rappel v', v', v'', v'', on plaçait les traits à observer au milieu du champ. Alors on procédait au nivellement de la règle à l'aide des vis des supports et du niveau N N reposant au-dessus des coussinets du milieu. Quelques essais suffisaient en général pour régler définitivement la position de l'appareil, en ne tolérant qu'une très-faible inclinaison.

64. — 4° *Mise en place des thermomètres.* — On plaçait ensuite les quatre thermomètres de manière que les extrémités des colonnes mercurielles fussent convenablement éclairées, et bien en vue dans le champ des lunettes qui servaient à les observer.

65. — 5° *Détermination de la valeur des tours des vis micrométriques.* — Lorsque les températures indiquées par les quatre thermomètres se trouvaient égales à un ou deux dixièmes de degré au plus, on déterminait les valeurs des tours des vis micrométriques en parties de la règle de platine. A cet effet, on faisait alternativement des pointés, au nombre de six, sur deux traits différents séparés l'un de l'autre par un intervalle tantôt de trois, tantôt de cinq divisions, selon que le trait de la règle de laiton tombait ou non dans cet intervalle. Après une première détermination, les observateurs changeaient de microscope et procédaient à une seconde mesure. Cet échange avait pour but d'éliminer l'équation personnelle, au cas où elle aurait eu une valeur sensible. On notait en même temps les indications du thermomètre accroché contre le comparateur.

Soit maintenant :

K, la moyenne des six lectures micrométriques qui se rapportent au premier trait ;

K', la moyenne des six lectures qui se rapportent au second trait ;

a, le nombre de parties compris entre ces deux traits ;

v, la valeur d'un tour de vis en parties de la règle de platine ;

On aura :

$$v = \frac{a}{K' - K} . \tag{120}$$

66. — 6° *Observations des règles et des thermomètres.* — La détermination précédente exigeait une dizaine de minutes. Si les thermomètres continuaient à indiquer une température uniforme du bain on passait immédiatement à l'observation des extrémités des règles. Dans le cas contraire, on agitait préalablement l'huile pour ramener l'égalité de température. Alors chacun des deux observateurs faisait alternativement trois pointés sur la règle de platine et trois pointés sur la règle de cuivre, de manière à former pour chacune d'elles six groupes différents de trois pointés ; la moyenne de chaque groupe était considérée comme une seule observation. On a adopté pour les divisions initiales et finales les traits 10 et 110 sur la règle de laiton, et 0 et 100 sur la règle de platine. L'intervalle compris est d'environ quatre mètres, et contiendrait 40 000 subdivisions égales à celles qui sont gravées aux extrémités de la règle de platine.

Pendant le temps employé à l'observation de chaque groupe de trois pointés, un troisième observateur faisait successivement la lecture des quatre thermomètres et la répétait en sens inverse. On obtenait ainsi deux lectures pour chaque thermomètre : la moyenne seule de ces deux lectures figure dans le registre placé à la fin de l'ouvrage. On s'est attaché à effectuer simultanément toutes ces observations pour que les moyennes des temps correspondants aux pointés faits sur les règles concordassent avec les moyennes des temps correspondants aux lectures des thermomètres.

Dans ce but, l'un des observateurs énonçait à l'avance l'heure d'un chronomètre qu'ils inscrivaient tous ; à un signal donné, ils se mettaient simultanément en observations et consignaient au fur et à mesure les lectures sur des cahiers minutes. Immédiatement après, les observateurs changeaient de microscopes et exécutaient une seconde série, avec les mêmes précautions que précédemment.

On reprenait ensuite la détermination des valeurs de tours et l'observation des mires, après quoi on remuait l'huile pour recommencer l'ensemble des opérations.

En général, on a ainsi encadré chaque double série entre deux déterminations de valeurs de tours et deux pointages des mires. Cependant il est arrivé qu'on a supprimé les déterminations intermédiaires entre deux doubles séries, lorsque la marche des thermomètres a été régulière, et que la masse du bain d'huile a conservé l'équilibre de température.

Chaque fois que le bain s'est trouvé complétement refroidi, on en a retiré les thermomètres pour déterminer le point zéro.

Lorsque l'appareil a été éloigné du comparateur pour qu'on pût observer les mires, on a déterminé à nouveau l'inclinaison de la règle avant la reprise des observations. La position du niveau se rapporte à sa vis k; les lectures sont positives lorsque cette vis est dirigée dans le sens des divisions croissantes de la règle.

Nous avons fait ainsi 120 séries dont on trouvera le relevé dans le registre annexé à la fin de l'ouvrage sous le titre : *Observations. — Expériences de dilatation.*

Réduction des observations.

67. Dans la réduction des observations, on ne s'est pas toujours borné à prendre les moyennes simples des valeurs numériques trouvées ; les mires étant fixes dans l'intervalle des observations, on a pris simplement la moyenne des quarante pointés faits pour moitié par chacun des deux observateurs, tant au commencement qu'à la fin des séries intermédiaires, et on l'a appliquée à la réduction de ces séries.

Pour les thermomètres, on a pris la moyenne des lectures correspondant à chaque série. Quant aux pointés alternatifs sur le platine et sur le laiton, on les a combinés de la manière suivante : chaque série comprenant douze groupes de trois pointés distribués sous les numéros 1, 2, 3,.... 12, on a pris la moyenne du 1ᵉʳ et du 3ᵉ groupe et on l'a combinée avec le 2ᵐᵉ ; puis la moyenne du 4ᵐᵉ et du 6ᵐᵉ combinée avec le 5ᵐᵉ, et ainsi de suite ; ce qui a fourni quatre résultats partiels dont la moyenne générale a été considérée comme le résultat d'une série.

On a suivi la même marche pour les observations qui donnent les valeurs de tours, et on a appliqué la moyenne des quatre séries, distribuées deux à deux avant et après le pointage des règles, à la réduction des observations intermédiaires.

Nous avons consigné les moyennes ainsi faites de toutes les séries dans le tableau XXII, où elles figurent sous les notations adoptées chap. II (nᵒ 18), savoir :

P_1, P'_1, pointés sur le platine aux microscopes ouest et est ;

L_1, L'_1, pointés sur le laiton aux mêmes microscopes ;

v_1, v'_1, valeurs de tours des vis micrométriques ;

m_1, m'_1, pointés sur les mires ;

t_1, moyenne des lectures brute faites aux quatre thermomètres indiquant la température du bain.

On a en outre désigné par Θ la température de la salle, pour l'heure du milieu de chaque série, déduite de l'interpolation des températures observées en même temps que les mires et les valeurs de tours. On a donné également l'heure correspondant au milieu de chaque série.

Au microscope *ouest*, on s'est toujours arrangé de manière à pointer les traits 0 et 10 sur le platine et le laiton respectivement ; tandis qu'au microscope *est*, l'effet des dilatations a amené dans le champ des traits différents, ainsi que l'indique le tableau XXII. Quant à l'origine des lectures micrométriques, nous avons pris l'entaille centrale du peigne ; mais au lieu de l'appeler zéro, nous lui avons donné la valeur 10 tours, afin d'éviter les lectures négatives ; on a donc :

$$\vartheta_1 = \vartheta'_1 = 10,00 ;$$

TABLEAU XXII.

1862.	Θ	SÉRIES.	HEURES.	t_1	MICROSCOPE OUEST.				MICROSCOPE EST.				TRAITS observés	
			h. m.		P_1	L_1	v_1	m_1	P'_1	L'_1	v'_1	m'_1	Platine	Laiton
Avril. ♀ 18	10,6	1	12 48	9,52	7,729	9,585	0,999	10,145	9,116	11,761	0,996	10,007	100	10
	10,7	2	1 19	9,67	7,723	9,567	0,999	10,145	9,053	11,655	0,996	10,007		
	10,8	3	1 49	9,76	7,727	9,612	0,999	10,145	9,085	11,696	0,996	10,007		
	10,9	4	2 21	9,94	7,738	9,620	0,999	10,145	9,035	11,599	0,996	10,007		
	11,2	5	3 40	10,30	7,823	9,769	0,999	10,145	9,071	11,585	0,996	10,007		
	11,3	6	4 16	10,40	7,832	9,773	0,999	10,145	9,034	11,460	0,996	10,007	100	10
☉ 20	13,4	7	1 5	11,12	8,270	10,231	0,999	10,156	9,404	11,747	0,998	10,050	100	10
	13,5	8	1 28	11,49	8,340	10,279	0,999	10,156	9,365	11,666	0,998	10,050		
	13,9	9	2 50	12,04	8,390	10,426	0,999	10,156	9,287	11,415	0,998	10,050		
	14,0	10	3 13	12,22	8,427	10,447	0,999	10,156	9,261	11,364	0,998	10,050	100	10
☾ 21	15,6	11	1 11	18,95	9,176	12,738	1,003	10,133	7,668	8,256	1,007	10,049	100	10
	15,1	12	1 31	18,84	9,131	12,663	1,003	10,133	7,683	8,290	1,007	10,049		
	15,9	13	1 59	18,63	9,083	12,579	1,003	10,133	7,737	8,385	1,007	10,049		
	16,0	14	2 16	18,47	9,042	12,499	1,003	10,133	7,769	8,459	1,007	10,049		
	16,0	15	2 53	18,13	8,943	12,341	1,003	10,133	7,827	8,623	1,007	10,049		
	16,0	16	3 13	17,98	8,903	12,247	1,003	10,133	7,856	8,681	1,007	10,049		
	16,0	17	3 53	17,65	8,837	12,131	1,003	10,133	7,933	8,850	1,007	10,049		
	16,0	18	4 13	17,56	8,803	12,092	1,003	10,133	7,946	8,906	1,007	10,049	100	10
♂ 22	15,6	19	11 50	16,39	8,749	11,895	1,004	10,129	8,226	9,539	1,004	10,047	100	10
	15,8	20	12 10	16,34	8,768	11,893	1,004	10,129	8,256	9,582	1,004	10,047		
	16,8	21	3 19	22,87	9,752	13,731	1,004	10,123	7,018	6,537	1,004	10,096		
	16,8	22	3 38	22,54	9,687	13,598	1,004	10,123	7,062	6,677	1,001	10,096		
	16,8	23	4 8	22,05	9,529	13,369	1,004	10,123	7,149	6,894	1,004	10,096		
	16,8	24	4 25	21,75	9,470	13,262	1,004	10,123	7,176	6,994	1,004	10,096	100	10
☿ 23	16,4	25	2 31	25,32	10,454	14,986	1,003	10,090	6,874	6,110	1,000	9,996	100	10
	16,5	26	2 48	25,10	10,445	14,896	1,003	10,090	6,938	6,194	1,000	9,996		
	16,5	27	3 11	24,70	10,271	14,725	1,003	10,090	6,981	6,340	1,000	9,996		
	16,6	28	3 51	23,60	10,011	14,254	1,003	10,090	7,100	6,742	1,000	9,996		
	16,6	29	4 12	23,42	9,863	14,011	1,003	10,090	7,155	6,926	1,000	9,996		
	16,6	30	4 27	22,76	9,828	13,923	1,003	10,090	7,223	7,077	1,000	9,996	100	10
♀ 25	18,5	31	2 26	42,24	4,658	11,564	0,985	10,182	5,082	10,079	0,992	10,045	99	8
	18,5	32	2 44	41,77	4,537	11,308	0,985	10,182	5,137	10,249	0,992	10,045		
	18,8	33	4 3	39,51	4,799	11,340	0,985	10,226	6,296	12,044	0,992	10,031		
	19,0	34	4 18	39,11	4,709	11,162	0,985	10,226	6,334	12,207	0,992	10,031		
	19,1	35	4 34	38,73	4,562	10,986	0,985	10,226	6,386	12,351	0,992	10,031		
	19,3	36	4 53	38,20	4,430	10,806	0,985	10,226	6,438	12,530	0,992	10,031	99	8
☾ 28	18,0	37	12 8	41,28	8,610	10,813	0,986	10,202	9,355	10,133	0,994	9,954	99	8
	18,2	38	2 26	36,57	8,339	9,659	0,986	10,237	10,731	12,327	0,994	9,930		
	18,0	39	5 0	33,67	7,707	8,364	0,986	10,247	11,312	13,596	0,994	9,927		
	18,0	40	5 17	33,49	7,736	8,335	0,986	10,247	11,407	13,710	0,988	9,927	99	8

TABLEAU XXII.

1862.	Θ	SÉRIES.	HEURES.	t_1	MICROSCOPE OUEST.				MICROSCOPE EST.				TRAITS observés	
					P_1	L_1	v_1	m'_1	P'_1	L'_1	v'_1	m'_1	Platine	Laiton
	o		h. m.	o	t	t	p	t	t	t	p	t		
Mai.	19,6	41	5 40	30,40	6,295	6,293	0,988	10,287	11,310	14,483	1,003	9,973	99	8
♃ 1	20,3	42	5 35	30,01	6,245	6,143	0,988	10,287	11,339	14,347	1,003	9,973		
♄ 3	20,8	43	2 25	49,46	10,139	13,929	0,987	10 281	8,197	7,320	0,990	10,020	99	8
	20,8	44	2 45	48,74	10,090	13,789	0,987	10,281	8,386	7,682	0,990	10,020		
	20,9	45	3 19	47,34	10.007	13,390	0,987	10,281	8,864	8,404	0,990	10,020		
	20,9	46	3 48	46,36	10,094	13,231	0,987	10,281	9,284	9,047	0,990	10,020	99	8
⊙ 4	21,5	47	3 46	53,98	7,514	12,063	0,991	10,258	14,232	12,571	1,006	9,973	98	7
	21,7	48	4 1	53,49	7,518	11,921	0,991	10,258	14,509	12,986	1,006	9,973		
	21,7	49	4 40	51,34	6,040	10,066	0,991	10,250	13.778	12,637	1,006	9,959		
	21,5	50	4 58	50,55	5,887	9,781	0,991	10,250	13,905	12,894	1,006	9,959		
	21,0	51	11 12	37,33	7,360	8,574	0,982	10,420	10 115	11,650	0,993	9,912	9·	7
	21,0	52	11 13	36,94	7,242	8,385	0,982	10,420	10,219	11,846	0,993	9,912	99	8
☾ 5	21,0	53	0 19	35,86	7,445	8,088	0,982	10,420	10,470	12,294	0,993	9,912	99	8
	21,0	54	0 34	35,55	7,113	8,004	0,982	10,420	10,617	12,457	0,993	9,912		
	20,9	55	3 1	31,66	5,775	5,909	0.985	10,417	10,528	13,246	0,993	10,040		
	21,0	56	3 16	34,48	5,760	5,835	0,985	10,417	10,554	13,321	0.993	10,040		
	21,2	57	3 47	34,11	4,745	4,769	0,985	10,443	9,742	12,543	0,993	10,031		
	21,2	58	4 0	30,95	4,755	4,720	0,985	10,443	9,779	12,636	0,993	10,031		
	21,0	59	5 15	29,93	5,800	5,636	0.985	10,451	11,284	14,311	0,993	10,013		
	21,0	60	5 28	29,81	5,797	5,576	0,985	10,451	11,313	14,359	0,993	10,013	99	8
♀ 9	17,7	61	2 27	16,49	12,320	9,521	1,011	10,389	12,261	7,900	0,999	9,940	100	10
	17,6	62	2 43	16,51	12,348	9,529	1,011	10,389	12,264	7,865	0,999	9,940		
	17,6	63	3 38	16,60	11,633	8.833	1,011	10,391	11,529	7,463	0,999	9,925		
	17,8	64	3 57	16,61	11,664	8,834	1,011	10,391	11,533	7,159	0,999	9,925	100	10
⊙ 11	15,2	65	9 34	14,62	11,830	8,727	1,007	10,379	12,130	8,079	1,003	9,962	100	10
	15,3	66	9 50	14,63	11,859	8,733	1,007	10,379	12,138	8,050	1,003	9,962	100	10
	16,5	67	2 44	27,66	12,484	11,849	1,019	10,393	8,249	11,744	0,993	9,951	100	9
	16,7	68	2 59	27,46	12,449	11,759	1,019	10,393	8,317	11,783	0,993	9,954		
	16,9	69	4 8	26,59	11,786	10,925	1,017	10,352	7,973	11,651	0,990	9,954		
	16,9	70	4 22	26,40	11,774	10,855	1,017	10,352	8,038	11,689	0,990	9,954	100	9
☾ 12	16,0	71	1 25	18,19	12,529	10.008	1,012	10,357	11,698	6,888	1,002	10,007	100	10
	16,1	72	1 53	18,15	12,562	9,992	1,012	10,357	11,707	6,905	1,002	10,007	100	10
	17,8	73	5 23	63,23	6,279	12,632	0,996	10,321	9,271	5,748	1,004	10,023	98	7
	17,8	74	5 42	62,00	6,262	12,375	0,996	10,321	9,685	6,348	1.004	10,023	98	7
Juin.	17,8	75	3 0	17,36	10,549	11,297	1,004	10,278	10,162	9,145	1,003	10,106	100	10
♀ 27	17,7	76	3 19	17,41	10,576	11,311	1,004	10,278	10,152	9,090	1,003	10,106	100	10
⊙ 29	18,0	77	2 47	57,05	8,462	11,114	0,992	10,245	13,549	8,787	1,011	10,034	98	7
	18,0	78	3 21	55,24	8,409	10,824	0,992	10,245	14,156	9,850	1,011	10,034		
	17,9	79	5 26	49,34	7,227	8,949	0,992	10,245	15,244	12,506	1,011	10,034		
	17,9	80	5 51	48,30	7,239	8,833	0,992	10,245	15,574	13,158	1,011	10,034	98	7

TABLEAU XXII.

1862.	☉	SÉRIES.	HEURES.		l_1	MICROSCOPE OUEST.				MICROSCOPE EST.				TRAITS observés	
	°		h.	m.	°	P_1	L_1	v_1	m_1	P'_1	L'_1	v'_1	m'_1	Platine	Laiton
Juin.	17,2	81	10	46	39,11	9,262	9,834	0,995	10,195	11,004	11,458	1,007	10,004	99	8
☉ 29	17,3	82	10	32	38,72	9,275	9,815	0,995	10,195	11,137	11,407	1,007	10,004		
☾ 30	17,6	83	0	35	35,74	8.960	9,124	0,995	10,195	11,932	12.995	1,007	10,004		
	17,7	84	4	9	34,70	8,883	8,966	0,995	10,195	12,436	13,479	1,007	10,004	99	8
Juill.	19,4	85	11	12	70,10	7,771	10,891	0,991	10,247	8,303	8.800	0,995	10,041	98	6
♂ 8	19,4	86	11	27	69,01	7,455	10,431	0 991	10,247	8,376	9,144	0,995	10.041		
	19,4	87	11	48	67,61	7,031	9,855	0,991	10,247	8,497	9,632	0,995	10,041		
	19,4	88	12	7	66,30	6,662	9,260	0,991	10,247	8,600	10,085	0,995	10,044	98	6
	20,0	89	5	15	49,90	9,320	9,900	0,992	10,230	7,365	13,338	1,006	10,034	99	7
	20,0	90	5	32	49,27	9,181	9,675	0,992	10,230	7,496	13,579	1,006	10,034	99	7
	19,8	91	7	28	44,65	11,419	11,330	0,992	10,230	11,376	8,778	1,006	10,034	99	8
	19,8	92	7	50	44,30	11,438	11,244	0,992	10,230	11,586	9,047	1,006	10,034		
	19,7	93	8	58	42,05	11,434	10,744	0,992	10,230	12,056	10,134	1,006	10,034		
	19,6	94	9	15	41,77	11,101	10,642	0,992	10,230	12,200	10,275	1,006	10,034	99	8
♅ 9	19,1	95	9	30	28,40	12,009	9,534	1,008	10,274	7,953	9,338	0,997	10,006	100	9
	19,0	96	9	49	27,93	12,002	9,451	1,008	10,274	7,999	9,443	0,997	10,006		
	19,4	97	1	21	24,04	11,774	8,495	1,008	10.309	9,415	11,270	0,999	10,003		
	19,5	98	1	35	23,83	11,744	8,388	1,008	10.309	9,475	11,359	0,999	10,003		
	20,4	99	6	24	21,35	11,549	7,742	1,005	10,312	10,020	12,739	0,999	10,058		
	20,4	100	6	37	21,30	11,553	7,666	1,005	10,312	10,045	12,769	0,999	10.058	100	9
♄ 12	17,4	101	10	4	16,98	10,533	5,930	1,004	10,297	10,238	13,985	0,999	9,995	100	9
	17,4	102	10	49	16,99	10,535	5,935	1,004	10 297	10,235	13,975	0,999	9,995	100	9
	19,2	103	2	49	81,67	11,505	12,777	0,992	10,264	7,675	11,667	1,000	10,013	98	5
	19,2	104	3	8	80,43	11,393	12,159	0,992	10,264	8,166	12,557	1,000	10.013		
	19,2	105	3	46	76,50	10,812	11,377	0,992	10,264	8,975	14,382	1,000	10.013		
	19,2	106	4	1	75,47	10,761	11.207	0,992	10,264	9,286	15,021	1,000	10.013	98	5
	19,3	107	5	23	69,45	10.492	9,909	0,992	10,236	11,451	8,740	1,000	10.039	98	6
	19,3	108	5	41	68,20	9,974	9,587	0,992	10,236	11,272	9,092	1,000	10,039		
	19,5	109	6	32	64,62	9,438	8,584	0,992	10,236	12,070	10,881	1,000	10,039		
	19,6	110	6	50	63,88	9,451	8,500	0,992	10.236	12.344	11,343	1.000	10,039	98	6
	20,0	111	10	33	52,54	10,807	8,474	1,002	10,245	7,906	10,057	0,996	10,031	99	7
	19,9	112	10	50	51,91	10,757	8,334	1,002	10,245	8,081	10,354	0,996	10,031	99	7
☉ 13	18,8	113	10	22	32,30	14,236	9,473	1.006	10,280	8,630	5,957	0,998	10,007	100	9
	18,8	114	10	39	32,07	14,481	9,082	1,006	10,280	8,673	6,032	0,998	10,007		
	19,1	115	3	48	27,72	13,114	7,310	1,004	10,282	9,181	7,493	1,000	10,022		
	19,2	116	3	34	27,31	13,031	7.137	1,004	10,282	9,226	7.638	1,000	10,022	100	9
☿ 16	19,0	117	2	36	35,89	13,153	7,586	1,002	10,302	6,273	11,688	0,996	9,994	100	9
	19,1	118	2	57	35,49	13,069	7,434	1,002	10,302	6,329	11,834	0,996	9,994		
	19,4	119	6	2	28,01	3,804	7,473	1.003	10,278	9,757	7,363	0,995	10,004		
	19,4	120	6	17	27,64	13,724	7,275	1,003	10,278	9,802	7,485	0,995	10,004	100	9

68. Nous avons établi (chap. II pages 16 et 19) les relations (27) et la seconde (44), qui donnent les valeurs des quantités δ, γ et γ', cette dernière s'appliquant au cas où l'on a regardé l'intervalle des microscopes comme fixe.

Toutefois, ces formules supposent que les traits observés aux deux microscopes ont toujours été les mêmes. Or nous avons vu que l'effet de la dilatation des règles a amené dans le champ du microscope *est* les traits différents 100, 99, 98, etc., sur la règle de platine ; et 10, 9, 8, etc., sur la règle de cuivre. Il convient donc de tenir compte de cette variation dans la formation des quantités δ, γ et γ'.

Soient α'_1 et β'_1 les nombres de parties compris entre les traits observés et les extrémités des règles de platine et de laiton, les formules (27) et (44) deviendront :

$$\left.\begin{aligned}
\delta &= (\mathrm{P}'_1 - \mathrm{L}_1')\, v'_1 + (\alpha'_1 - \mathscr{E}'_1) - (\mathrm{P}_1 - \mathrm{L}_1)\, v_1 ; \\
\gamma &= (\mathrm{P}_1' - m_1')\, v_1' + \alpha_1' \qquad - (\mathrm{P}_1 - m_1)\, v_1 ; \\
\gamma' &= (\mathrm{P}_1' - \theta_1')\, v'_1 + \alpha'_1 \qquad - (\mathrm{P}_1 - \theta_1)\, v_1 .
\end{aligned}\right\} \quad (121)$$

Les quantités α'_1 et β'_1 sont positives lorsque les traits observés se trouvent audelà des extrémités des règles ; dans le cas contraire, elles sont négatives. Il est facile d'obtenir leurs valeurs en retranchant de 10 pour le laiton et de 100 pour le platine les lectures des différents traits consignées dans la dernière colonne du tableau précédent, et en multipliant la différence par 10.

69. Les différentes valeurs trouvées pour l'inclinaison tant des microscopes que des règles étant très-petites, comme l'on peut s'en assurer en examinant les tableaux de nivellement placés à la fin de l'ouvrage, leur influence sur les quantités γ et γ' se trouve négligeable. Nous pouvons donc tirer des données consignées dans le tableau précédent les valeurs numériques de chacun des termes qui entrent dans les équations ci-dessus et en conclure les quantités δ, γ et γ' qui figurent dans le tableau XXIII.

On remarquera que dans la 3ᵉ colonne de ce tableau on a inscrit sous le titre « *Température du bain* t » la moyenne brute t_1, corrigée d'après la formule (119), en adoptant pour point de fusion de la glace au moment de l'observation les quantités indiquées dans la 2ᵉ colonne. C'est cette température t qui est la véritable, et dont on se servira dans les formules relatives à la détermination des coefficients des dilatations absolues.

TABLEAU XXIII.

SÉRIES.	POINT de la glace fondante.	TEMPÉRATURE du bain l.	$v_1\,(P_1 - L_1)$	$v'_1\,(P'_1 - L'_1)$	$v_1\,(P_1 - 10)$	$v'_1\,(P'_1 - 10)$	$v_1\,(P - m_1)$	$v'_1\,(P' - m'_1)$	δ.	γ'.	γ.
		o	p	p	p	p	p	p	p	p	p
1	−0,09	+ 9,59	−1,854	−2,634	−2,269	−0,880	−2,414	−0,888	− 0,780	+ 1,389	+ 1,526
2		9,74	1,842	2,593	2,275	0,943	2,420	0,950	0,751	1,332	1,470
3		9,83	1,883	2,602	2,271	0,911	2,416	0,918	0,719	1,360	1,498
4		10,01	1,880	2.554	2,260	0,961	2,405	0,968	0,674	1,299	1,437
5		10,37	1,944	2,504	2,175	0,925	2,320	0,932	0,560	1,250	1,388
6		10,47	1,939	2,446	2,166	0,962	2,314	0,969	0,477	1,204	1,342
7		11,15	1,959	2,312	1,728	0,598	1,884	0,648	0,353	1,130	1,236
8		11,55	1,937	2,297	1,658	0,634	1,814	0,684	0,360	1,024	1,130
9		12,10	2,033	2,124	1,608	0,742	1,764	0,762	0,091	0,896	1,002
10	−0,09	12,28	2,018	2,099	1,571	0,738	1,727	0,788	0,081	0,833	0,939
11	−0,09	+18,98	−3,572	−0,592	−0,826	−2,348	−0,960	−2,397	+ 2,980	− 1,522	− 1,437
12		18,87	3,542	0,610	0,872	2,333	1,005	2,382	2,932	1,461	1,377
13		18,66	3,506	0,652	0,920	2,278	1,053	2.328	2,854	1,358	1,275
14		18,51	3,457	0,694	0,964	2,247	1,094	2,296	2,763	1,286	1,202
15	−0,09	18,17	3,408	0,801	1,060	2,188	1,193	2,237	2.607	1,428	1,044
16	−0,08	18,01	3,354	0,830	1,100	2,159	1,233	2,208	2,524	1,059	0,975
17		17,68	3,304	0,923	1,166	2,084	1,299	2,131	2,381	0,915	0,832
18		17,51	3,298	0,967	1,200	2,068	1,333	2,447	2,331	0,868	0,784
19		16,43	3,158	1,314	1,256	1,776	1,385	1,823	1,844	0,520	0,438
20	−0,08	16,38	3,437	1,328	1,237	1,746	1,366	1,793	1,809	0,509	0,427
21	−0,08	+23,88	− 3,995	+0,481	−0,249	−2,985	−0,373	−3,084	+ 4,476	− 2,736	− 2,708
22		22,55	3,927	0,385	0,314	2,944	0,438	3,037	4,342	2,627	2,599
23		22,06	3,855	0,235	0,473	2,854	0,596	2,950	4,110	2,381	2,354
24		21,76	3,807	0,184	−0,532	2,827	−0.655	2,923	3,988	2,295	2,268
25		25,32	4,545	0,764	+0,455	3,126	+0,365	3,122	5,309	3.581	3,487
26		25,10	4,494	0,744	0,416	3,062	0,326	3,058	5,238	3,478	3,384
27		24,70	4,467	0,641	0,272	3,019	+0,482	3,045	5,108	3,291	3,497
28		23,61	4,256	0,358	+0,011	2,900	−0,079	2,896	4,614	2,911	2,817
29		23,13	4,160	0,229	−0,137	2,845	0,228	2,841	4,389	2,708	2,613
30	−0,08	22,77	4,107	0,146	0,172	2,777	0,262	2,773	4,253	2,605	2,514
31	−0,07	+42,33	−6,800	−4,957	−5,262	−4,879	−5,444	−4,894	+11,843	− 9,617	−− 9,453
32		41,86	6,670	5,071	5,381	4,824	5,560	4,839	11,592	9,443	9,279
33		39,58	6,443	5,702	5,123	3,674	5,346	3,705	10,741	8,554	8,359
34		39,17	6,356	5,826	5,242	3,637	5,434	3,668	10,530	8,425	8,234
35		38,79	6,327	5,918	5,356	3,585	5,579	3,616	10,400	8,229	8.037
36		38,25	6,281	6,044	5,486	3,534	5,709	3,564	10,237	8,048	7,384
37		44,36	2,172	0,771	1,371	−0,639	1,570	−0,594	11,401	9,268	9,024
38		36,62	1,302	1,582	1,638	+0,724	1,872	+0,794	9,720	7,638	7,334
39		33,70	0,648	2,264	2,261	1,300	2,505	1,373	8,384	6,439	6,422
40	−0,07	33,52	0,591	2,282	2,232	1,394	2,476	1,467	8,309	6,374	6,056

TABLEAU XXIII.

SÉRIES.	POINT de la glace fondante.	TEMPÉRATURE du bain t.	$v_i (P_i - L_i)$	$v'_i (P'_i - L'_i)$	$v_i (P_i - 10)$	$v'_i (P'_i - 10)$	$v_i (P_i - m_i)$	$v'_i (P'_i - m'_i)$	δ.	γ.	γ.
	o	o	p	p	p	p	p	p	p	p	p
41	−0,07	+30,39	+0.002	−2,884	−3,661	+1,314	−3,944	+1,341	+ 7,147	− 5,025	− 4,745
42	0,06	30,00	+0,101	−3,046	+3,740	1,343	3,934	+1,370	6,883	4.947	4,636
43		49,63	−3,741	+0,868	+0,137	−1,785	0,140	−1,805	14,609	11,922	11,665
44		48,10	3,650	0,697	0,089	1,598	0.189	1.618	14,347	11,687	11,429
45		47,48	3,327	0,456	0,007	1,125	0,270	1,145	13,783	11,132	10,875
46	−0,06	46,49	3,092	0,235	+0,093	0.709	0.185	−0,729	13,327	10,802	.10,544
47	0,04	54,20	4,529	1,671	−2,464	+4,257	2,744	+4,282	16,200	13,279	12,974
48		53.40	4,364	1,532	2,460	4,536	2,716	4.561	15,896	13,004	12,723
49		51,51	4,020	1,148	3,954	3,801	4,202	3,842	13,168	12,245	11,956
50	−0,04	50,70	3,860	1,020	4,076	3,928	1,324	3,969	14,880	11,996	11,705
51	−0,04	+37,36	−1,189	−1,524	−2,592	+0,114	−3,008	+0,202	+ 9,665	− 7,294	− 6,790
52		36,97	1,123	1,586	2,708	0,217	3,121	0,305	9,537	7,075	6,571
53		35,88	0,926	1,811	2,804	0,467	3,220	0,554	9,145	6,729	6,226
54		35,42	0,872	1,827	2,835	0,613	3,254	0,701	9,045	6,552	6,048
55		31,63	0,132	2,699	4,462	0,524	4,573	0,485	7,433	5,341	4 942
56		31,45	0,074	2,748	4,476	0,550	4,587	+0,511	7,326	5,274	4,902
57		31,08	−0,024	2,781	5,176	−0,256	5,613	−0,287	7,243	5,080	4,674
58		30,92	+0,035	2,840	5,166	0,219	5,603	0,250	7,125	5,053	4,647
59		29,89	0,162	3,006	4.137	+1,275	4,581	+1,260	6,832	4,588	4,152
60	−0,04	29,77	0,218	3,025	4,140	1,304	4,584	1,289	6,757	4,556	4,127
61	−0,04	+16,49	+2,830	+4,357	+2,345	+2,259	+1,952	+2,319	+ 1,527	− 0,086	+ 0,367
62		16,51	2,850	4.395	2,373	2.262	1,980	2,322	1,545	0,112	0,342
63		16,60	2,831	4,362	1,651	1,528	1,256	1,603	1,531	0,123	0,347
64		16.61	2,861	4,376	1,682	1,538	1,287	1,613	1,515	0,144	0.326
65		14,63	3,125	4,063	1,843	2,136	1,461	2,174	0,938	+ 0,293	0,713
66		14,64	3,148	+4,100	1,872	2,444	1,490	+2,482	0,952	0,272	0,692
67		27,62	0,647	−3,471	2,534	−1.739	2,131	−1,693	5,882	− 4.270	− 3,824
68		27,42	0,702	3,442	2,495	1,671	2,095	1,626	5,856	4,466	3,721
69		26,55	0,875	3,644	1,846	2,007	1,458	1,961	5,484	3,823	3,419
70	−0,04	26,36	0,930	−3,614	1,801	1,942	1,443	−1,896	5,456	3,743	3,339
71	−0,04	+18,18	+2,551	+4,819	+2,559	+1.701	+2,198	+1,694	+ 2,268	− 0,858	− 0,504
72		18,14	+2,600	4,811	2,593	1,710	2,231	1,703	2,241	0,883	0,528
73		63,65	−6,328	3,537	−3,706	−0,732	−4,026	−0,755	19,865	17,026	16,729
74	−0,04	62.40	6,089	3,350	3,723	0,316	4,043	−0,339	19,439	16,593	16,286
75	0,00	17,32	0,751	1,020	+0,551	+0.462	+0,272	+0,056	1,771	0,389	0,216
76		17,37	0,738	1,065	0,578	0,152	0,299	0,046	1,803	0,126	0,253
77	0,00	57,30	2,631	4.814	−1,526	3,588	−1,769	3,553	17,445	14,886	14,678
78	−0,01	55,46	2,396	4,353	1,578	4,202	1,822	4,176	16,749	14,220	14,044
79		49.45	1,708	2,765	2,751	5,299	2,994	5,264	14,473	11,950	11,742
80	−0,01	48,39	1,584	2,442	2,739	5,635	2,982	5,604	14,023	11,626	11,417

TABLEAU XXIII.

SÉRIES.	POINT de la glace fondante.	TEMPÉRATURE du bain t.	$v_1(P_1-L_1)$	$v'_1(P'_1-L'_1)$	$v_1(P_1-10)$	$v'_1(P'_1-10)$	$v_1(P_1-m_1)$	$v'_1(P'_1-m'_1)$	δ.	γ'.	γ.
	°	°	p	p	p	p	p	p	p	p	p
81	−0,02	+39,13	−0,570	−0,135	− 0,734	+1,011	0,929	+1,007	+10,415	− 8,255	− 8,064
82		38,73	0,538	0,254	0,721	1,163	0,916	1,161	10,287	8,414	7,923
83	−0,02	35,71	0,164	1,070	1,035	1,946	1,229	1,941	19,094	7,019	6,830
84	0,03	34,68	0,084	1,332	1,411	+2,171	1,306	2,167	8,751	6,718	6,527
85	0,04	70,74	3,092	0,495	2,209	−1,689	2,454	−1.730	22,597	19,480	19.276
86		69,62	2,950	0,764	2,522	1,616	2,766	1.657	22,186	19,094	18,891
87		68,19	2,798	1,130	2,942	1.496	3,187	1.536	21,668	18,554	18.349
88		66,86	2,475	1,478	3,308	1,393	3,553	1,434	21,097	18,085	17,881
89		50,05	0,576	6,009	0,675	2,651	0,903	2,685	14,567	11,976	11.782
90	−0,04	49,41	0,490	6,119	0,812	−2,519	1,041	2,553	14,371	11,707	11,512
91	−0,04	+44,72	+0,088	+2,613	+1,408	+1,384	+1,180	+1.350	+12,525	−10,024	− 9,830
92		44,38	0,193	2,584	1,427	1,595	1,199	1,561	12,391	9,832	9,638
93		42,11	0,390	1,933	1,123	2,068	0,897	2,034	11,543	9,057	8,863
94		41,83	0,453	+1,936	1,092	+2,213	0,864	+2,179	11,481	8,879	8,685
95		28,06	2,498	−1,381	2,025	−2 041	1,749	−2,047	6,121	4,066	3,796
96		27,89	2,571	1,410	2,018	1,995	1,742	2,001	6,019	4,013	3,743
97		24,01	3,305	2,153	1,788	0,884	1,477	0,887	4,542	2,672	2,364
98		23,80	3,383	2,182	1,758	0,824	1,446	0,827	4,433	2,582	2,273
99		21,32	3,856	2,716	1,537	+0,020	1,243	0,038	3,428	1,537	1,281
100	−0,04	21,27	3,906	2,721	1,561	0,045	1,247	0,013	3,373	1,516	1,260
101	−0,03	+16,97	+4,621	−3,743	+0,535	+0,238	+0,237	+0,243	+ 1,636	− 0,297	+ 0,006
102		16,98	+4,618	3,736	0,537	0,235	0,239	0,240	1,646	0,302	0,004
103		82,50	−1.262	3,992	1,493	−2,325	1,231	−2,338	27,270	23.848	−23,569
104		80,13	1,058	4,391	1,382	1,834	1,120	1,847	26,667	23,216	22,967
105		77,21	0,564	5,407	0,806	1,025	0,545	1,038	25,454	21,831	21,513
106		76,16	−0,143	−5,735	0,755	0,714	+0.493	−0,727	24.708	21,469	21,220
107		69,75	+0,28	+2,414	0,190	+1,451	−0,044	+1,442	22,130	19,039	18,844
108		68,79	0,384	2,180	−0,026	1,272	0,260	1,233	21,796	18,702	18,507
109		65,40	0,847	1,489	0,558	2,070	0,792	2,031	20,342	17,372	17,477
110	−0,03	64,33	0,944	+1,001	−0,545	+2,344	0,779	÷2,305	20,057	17,111	16,916
111	−0,03	+52,72	+2,340	−2.143	+0,809	−2,086	+0 563	−2,117	+15,517	−12,895	−12,680
112		52,09	2,427	2,264	0,758	1,911	0.513	1,942	15,309	12,669	12,455
113		32,27	5,093	+2,668	4.264	1,367	3.979	1.374	7,575	5,628	5,353
114		32,04	5,129	2,636	4,206	1,324	3,924	1,331	7,507	5,530	5,455
115		27,07	5,836	1,688	3,126	0,819	2,843	0,844	5,852	3,945	3,684
116		27,25	5,917	+1,588	3,043	0,774	2,760	0,796	5,671	3,817	3,556
117		35,90	5,578	−5,394	3.459	3,712	2,857	3,706	9,028	6,871	6,563
118		35,49	5,646	5,183	3,075	3,656	2,772	3,650	8,871	6,734	6,422
119		27,96	6,350	+2,382	3,815	0.242	3,536	0,246	6,032	4,057	3,782
120	−0,03	27,58	6,468	2.305	3,735	0,197	3.456	0,204	5,837	3,932	3,657

CHAPITRE VII

---

70. Les quantités δ, γ et γ' étant connues, nous pouvons établir les équations de conditition à deux inconnues ξ et η, de dc la forme (39) :

$$\xi + \delta\eta + \gamma = 0, \qquad (122)$$

en nombre égal à celui des séries observées. La résolution de leur ensemble fera connaître les valeurs de ξ et η.

On obtiendra ensuite la valeur du coefficient de la dilatation relative par la formule (41) :

$$r = \frac{\eta}{1 - \dfrac{\xi}{N}}. \qquad (123)$$

71. Le mode de construction du comparateur, l'établissement des mires au fond d'un caveau sur deux blocs de pierres enfoncés dans la terre, la fixation des objectifs de ces mires aux piliers presque au niveau du sol et sous le plancher,

nous avaient donné lieu de croire *a priori* à une certaine stabilité du système, et cette confiance avait été corroborée par les
assertions de M. Brunner, qui avait suivi l'étude des mires
pendant plusieurs années sans y remarquer de variation sensible. Il nous semblait donc possible d'obtenir une valeur
unique de ξ, pendant toute la durée des observations, et
nous ne nous sommes attachés qu'à faire le meilleur emploi
possible du temps que l'obligeance de M. Tissot pouvait con-
sacrer à ce travail, en visant à augmenter le nombre des séries
faites, dans une même journée par des températures très-diffé-
rentes. C'est ainsi qu'après avoir élevé le bain à une haute
température, nous observions jusqu'à son complet refroidissement.

72. Une première résolution des équations de condition
nous a fourni les valeurs de ξ et de η ; mais nous avons reconnu, à l'inspection des résidus, que la quantité ξ ne pouvait
pas être regardée comme constante pendant toute la durée
des observations. Nous avons alors été conduits à séparer,
suivant la nature des résidus, l'ensemble des séries en vingt-
quatre groupes renfermant autant de valeurs individuelles
de ξ et une valeur unique de η.

73. Nous avons appliqué aux équations composant ces
groupes la méthode des moindres carrés en opérant comme
il suit :

Soient m, n, p, les nombres d'observations qui composent
les différents groupes ; on aura les équations de condition :

$$\text{1}^{\text{er}} \text{ groupe.}
\begin{cases}
\xi_1 + \delta_1'\, \eta + \gamma_1' = 0, \\
\cdot \quad \cdot \quad \cdot \quad \cdot \quad \cdot \quad \cdot \quad \cdot \\
\cdot \quad \cdot \quad \cdot \quad \cdot \quad \cdot \quad \cdot \quad \cdot \\
\xi_1 + \delta_m'\, \eta + \gamma_m' = 0;
\end{cases}$$

$$\text{2}^{\text{e}} \text{ groupe.}
\begin{cases}
\xi_2 + \delta_1''\, \eta + \gamma_1'' = 0, \\
\cdot \quad \cdot \quad \cdot \quad \cdot \quad \cdot \quad \cdot \quad \cdot \\
\cdot \quad \cdot \quad \cdot \quad \cdot \quad \cdot \quad \cdot \quad \cdot \\
\xi_2 + \delta_n''\, \eta + \gamma_n'' = 0;
\end{cases} \qquad (124)$$

$$\cdot \quad \cdot \quad \cdot \quad \cdot \quad \cdot \quad \cdot \quad \cdot$$
$$\cdot \quad \cdot \quad \cdot \quad \cdot \quad \cdot \quad \cdot \quad \cdot$$

$$\text{24}^{\text{e}} \text{ groupe.}
\begin{cases}
\xi_{24} + \delta_1^{\text{xxiv}}\, \eta + \gamma_1^{\text{xxiv}} = 0, \\
\cdot \quad \cdot \quad \cdot \quad \cdot \quad \cdot \quad \cdot \quad \cdot \\
\cdot \quad \cdot \quad \cdot \quad \cdot \quad \cdot \quad \cdot \quad \cdot \\
\xi_{24} + \delta_p^{\text{xxiv}}\, \eta + \gamma_p^{\text{xxiv}} = 0.
\end{cases}$$

En faisant la somme des équations que renferme chaque groupe et en divisant cette somme par les nombres d'observations m, n,....,. p, on aura, en désignant par δ_m, δ_n,.... δ_p, et par γ_m, γ_n ... γ_p, les moyennes des δ et des γ correspondant à chaque groupe, les vingt-quatre équations normales relatives aux inconnues ξ_1, ξ_2,..... ξ_{24} :

$$
\begin{array}{lll}
\text{1}^{\text{er}} \text{ groupe} & \xi_1 + \delta_m\, \eta + \gamma_m = 0, & \\
\text{2}^{\text{e}} \cdot \ \cdot \ \cdot & \xi_2 + \delta_n\, \eta + \gamma_n = 0, & \\
\cdot \ \cdot \ \cdot \ \cdot \ \cdot & \cdot \ \cdot \ \cdot \ \cdot \ \cdot \ \cdot \ \cdot & \\
\cdot \ \cdot \ \cdot \ \cdot \ \cdot & \cdot \ \cdot \ \cdot \ \cdot \ \cdot \ \cdot \ \cdot & (125) \\
\cdot \ \cdot \ \cdot \ \cdot \ \cdot & \cdot \ \cdot \ \cdot \ \cdot \ \cdot \ \cdot \ \cdot & \\
\text{24}^{\text{e}} \cdot \ \cdot \ \cdot & \xi_{24} + \delta_p\, \eta + \gamma_p = 0. &
\end{array}
$$

Si l'on remplace les ξ dans les équations primitives par leurs valeurs tirées des équations ci-dessus, il viendra les équations suivantes à une seule inconnue :

$$(\delta_1' - \delta_m)\,\eta + (\gamma_1' - \gamma_m) = 0,$$

$$\dots \dots \dots \dots \dots \dots$$

$$(\delta_m' - \delta_m)\,\eta + (\gamma_m' - \gamma_m) = 0,$$
$$(\delta_1'' - \delta_n)\,\eta + (\gamma_1'' - \gamma_n) = 0,$$

$$\dots \dots \dots \dots \dots \dots$$

$$(\delta_n'' - \delta_n)\,\eta + (\gamma_n'' - \gamma_n) = 0, \qquad (126)$$

$$\dots \dots \dots \dots \dots \dots$$

$$(\delta_1^{\text{XXIV}} - \delta_p)\,\eta + (\gamma_1^{\text{XXIV}} - \gamma_p) = 0,$$

$$\dots \dots \dots \dots \dots \dots$$

$$(\delta_p^{\text{XXIV}} - \delta_p)\,\eta + (\gamma_p^{\text{XXIV}} - \gamma_p) = 0.$$

Multiplions chacune des équations par le facteur de l'inconnue η dans cette même équation, conformément à la méthode des moindres carrés, et désignons par

$$\left[(\delta - \delta_m)^2\right] \text{ et } \left[(\gamma - \gamma_m)\,(\delta - \delta_m)\right],$$

la somme des facteurs de η et celle des termes en γ, nous aurons l'équation normale relative à l'inconnu η :

$$\left[(\delta - \delta_m)^2\right]\eta + \left[(\gamma - \gamma_m)\,(\delta - \delta_m)\right] = 0 ;$$

et par suite :

$$\eta = -\frac{\left[(\gamma - \gamma_m)\,(\delta - \delta_m)\right]}{\left[(\delta - \delta_m)^2\right]}. \qquad (127)$$

Une fois η connu, on en portera la valeur dans les équations (125) et l'on aura les 24 valeurs de ξ.

74. Nous avons formé les **120** équations numériques distribuées, comme il suit, en 24 groupes. Elles se rapportent au cas où l'intervalle des microscopes est regardé comme fixe.

$$\xi'_1 - 0{,}780\,\eta' + 1{,}389 = 0$$
$$\xi'_1 - 0{,}751\,\eta' + 1{,}332 = 0$$
$$\xi'_1 - 0{,}719\,\eta' + 1{,}360 = 0$$
$$\xi'_1 - 0{,}674\,\eta' + 1{,}299 = 0$$
$$\xi'_1 - 0{,}560\,\eta' + 1{,}250 = 0$$
$$\xi'_1 - 0{,}477\,\eta' + 1{,}204 = 0$$

$$\xi'_2 - 0{,}353\,\eta' + 1{,}130 = 0$$
$$\xi'_2 - 0{,}360\,\eta' + 1{,}044 = 0$$
$$\xi'_2 - 0{,}091\,\eta' + 0{,}896 = 0$$
$$\xi'_2 - 0{,}081\,\eta' + 0{,}833 = 0$$

$$\xi'_3 + 2{,}980\,\eta' - 1{,}522 = 0$$
$$\xi'_3 + 2{,}932\,\eta' - 1{,}461 = 0$$
$$\xi'_3 + 2{,}854\,\eta' - 1{,}358 = 0$$
$$\xi'_3 + 2{,}763\,\eta' - 1{,}286 = 0$$

$$\xi'_4 + 2{,}607\,\eta' - 1{,}128 = 0$$
$$\xi'_4 + 2{,}524\,\eta' - 1{,}059 = 0$$
$$\xi'_4 + 2{,}381\,\eta' - 0{,}915 = 0$$
$$\xi'_4 + 2{,}331\,\eta' - 0{,}868 = 0$$

$$\xi'_5 + 1{,}844\,\eta' - 0{,}520 = 0$$
$$\xi'_5 + 1{,}809\,\eta' - 0{,}509 = 0$$
$$\xi'_5 + 4{,}476\,\eta' - 2{,}736 = 0$$
$$\xi'_5 + 4{,}312\,\eta' - 2{,}627 = 0$$
$$\xi'_5 + 4{,}110\,\eta' - 2{,}381 = 0$$
$$\xi'_5 + 3{,}988\,\eta' - 2{,}295 = 0$$

$$\xi'_6 + 5{,}309\,\eta' - 3{,}581 = 0$$
$$\xi'_6 + 5{,}238\,\eta' - 3{,}478 = 0$$
$$\xi'_6 + 5{,}108\,\eta' - 3{,}291 = 0$$
$$\xi'_6 + 4{,}614\,\eta' - 2{,}911 = 0$$
$$\xi'_6 + 4{,}389\,\eta' - 2{,}708 = 0$$
$$\xi'_6 + 4{,}253\,\eta' - 2{,}605 = 0$$

$$\xi'_7 + 11{,}843\,\eta' - 9{,}617 = 0$$
$$\xi'_7 + 11{,}592\,\eta' - 9{,}443 = 0$$
$$\xi'_7 + 10{,}541\,\eta' - 8{,}551 = 0$$
$$\xi'_7 + 10{,}530\,\eta' - 8{,}425 = 0$$
$$\xi'_7 + 10{,}400\,\eta' - 8{,}229 = 0$$
$$\xi'_7 + 10{,}237\,\eta' - 8{,}048 = 0$$

$$\xi'_8 + 11{,}401\,\eta' - 9{,}268 = 0$$
$$\xi'_8 + 8{,}720\,\eta' - 7{,}638 = 0$$
$$\xi'_8 + 8{,}384\,\eta' - 6{,}439 = 0$$
$$\xi'_8 + 8{,}309\,\eta' - 6{,}374 = 0$$

$$\xi'_9 + 7{,}117\,\eta' - 5{,}025 = 0$$
$$\xi'_9 + 6{,}883\,\eta' - 4{,}947 = 0$$
$$\xi'_9 + 14{,}609\,\eta' - 11{,}922 = 0$$
$$\xi'_9 + 14{,}347\,\eta' - 11{,}687 = 0$$
$$\xi'_9 + 13{,}783\,\eta' - 11{,}132 = 0$$
$$\xi'_9 + 13{,}327\,\eta' - 10{,}802 = 0$$

$$\xi'_{10} + 16{,}200\,\eta' - 13{,}279 = 0$$
$$\xi'_{10} + 16{,}896\,\eta' - 13{,}004 = 0$$
$$\xi'_{10} + 15{,}168\,\eta' - 12{,}245 = 0$$
$$\xi'_{10} + 14{,}880\,\eta' - 11{,}996 = 0$$

$$\xi'_{11} + 9{,}665\,\eta' - 7{,}294 = 0$$
$$\xi'_{11} + 9{,}537\,\eta' - 7{,}075 = 0$$
$$\xi'_{11} + 9{,}115\,\eta' - 6{,}729 = 0$$
$$\xi'_{11} + 9{,}045\,\eta' - 6{,}552 = 0$$

$$\xi'_{12} + 7{,}433\,\eta' - 5{,}314 = 0$$
$$\xi'_{12} + 7{,}326\,\eta' - 5{,}274 = 0$$
$$\xi'_{12} + 7{,}243\,\eta' - 5{,}080 = 0$$
$$\xi'_{12} + 7{,}125\,\eta' - 5{,}053 = 0$$
$$\xi'_{12} + 6{,}832\,\eta' - 4{,}588 = 0$$
$$\xi'_{12} + 6{,}757\,\eta' - 4{,}556 = 0$$

$$\xi'_{13} + 1{,}527\,\eta' - 0{,}086 = 0$$
$$\xi'_{13} + 1{,}545\,\eta' - 0{,}112 = 0$$
$$\xi'_{13} + 1{,}531\,\eta' - 0{,}123 = 0$$
$$\xi'_{13} + 1{,}515\,\eta' - 0{,}144 = 0$$

$$\xi'_{14} + 0{,}938\,\eta' + 0{,}293 = 0$$
$$\xi'_{14} + 0{,}952\,\eta' + 0{,}272 = 0$$
$$\xi'_{14} + 5{,}882\,\eta' - 4{,}270 = 0$$
$$\xi'_{14} + 5{,}856\,\eta' - 4{,}166 = 0$$
$$\xi'_{14} + 5{,}484\,\eta' - 3{,}823 = 0$$
$$\xi'_{14} + 5{,}456\,\eta' - 3{,}743 = 0$$

$$\xi'_{15} + 2{,}268\,\eta' - 0{,}858 = 0$$
$$\xi'_{15} + 2{,}211\,\eta' - 0{,}883 = 0$$
$$\xi'_{15} + 19{,}865\,\eta' - 17{,}026 = 0$$
$$\xi'_{15} + 19{,}439\,\eta' - 16{,}593 = 0$$

$$\xi'_{16} + 1{,}771\,\eta' - 0{,}389 = 0$$
$$\xi'_{16} + 1{,}803\,\eta' - 0{,}426 = 0$$
$$\xi'_{16} + 17{,}445\,\eta' - 14{,}886 = 0$$
$$\xi'_{16} + 16{,}749\,\eta' - 14{,}220 = 0$$
$$\xi'_{16} + 14{,}473\,\eta' - 11{,}950 = 0$$
$$\xi'_{16} + 14{,}023\,\eta' - 11{,}626 = 0$$

$$\xi'_{17} + 10{,}415\,\eta' - 8{,}255 = 0$$
$$\xi'_{17} + 10{,}287\,\eta' - 8{,}114 = 0$$
$$\xi'_{17} + 9{,}094\,\pi' - 7{,}019 = 0$$
$$\xi'_{17} + 8{,}751\,\eta' - 6{,}718 = 0$$

$$\xi'_{18} + 22{,}597\,\eta' - 19{,}480 = 0$$
$$\xi'_{18} + 22{,}186\,\eta' - 19{,}094 = 0$$
$$\xi'_{18} + 21{,}668\,\eta' - 18{,}554 = 0$$
$$\xi'_{18} + 21{,}097\,\eta' - 16{.}085 = 0$$

$$\xi'_{19} + 14{,}567\,\eta' - 11{,}976 = 0$$
$$\xi'_{19} + 14{,}371\,\eta' - 11{,}707 = 0$$
$$\xi'_{19} + 12{,}525\,\eta' - 10{,}024 = 0$$
$$\xi'_{19} + 12{,}391\,\eta' - 9{,}832 = 0$$
$$\xi'_{19} + 11{,}543\,\eta' - 9{,}057 = 0$$
$$\xi'_{19} + 11{,}481\,\eta' - 8{,}879 = 0$$

$$\xi'_{20} + 6{,}121\,\eta' - 4{,}066 = 0$$
$$\xi'_{20} + 6{,}019\,\eta' - 4{,}013 = 0$$
$$\xi'_{20} + 4{,}542\,\eta' - 2{,}672 = 0$$
$$\xi'_{20} + 4{,}435\,\eta' - 2{,}582 = 0$$
$$\xi'_{20} + 3{,}428\,\eta' - 1{,}537 = 0$$
$$\xi'_{20} + 3{,}373\,\eta' - 1{,}516 = 0$$

$$\xi'_{21} + 1{,}636\,\eta' - 0{,}297 = 0$$
$$\xi'_{21} + 1{,}646\,\eta' - 0{,}302 = 0$$
$$\xi'_{21} + 27{,}270\,\eta' - 23{,}818 = 0$$
$$\xi'_{21} + 26{,}667\,\eta' - 23{,}216 = 0$$
$$\xi'_{21} + 25{,}154\,\eta' - 21{,}831 = 0$$
$$\xi'_{21} + 24{,}708\,\eta' - 21{,}469 = 0$$

$$\xi'_{22} + 22{,}130\,\eta' - 19{,}039 = 0$$
$$\xi'_{22} + 21{,}796\,\eta' - 18{,}702 = 0$$
$$\xi'_{22} + 20{,}342\,\eta' - 17{,}372 = 0$$
$$\xi'_{22} + 20{,}057\,\eta' - 17{,}111 = 0$$
$$\xi'_{22} + 15{,}517\,\eta' - 12{,}895 = 0$$
$$\xi'_{22} + 15{,}309\,\eta' - 12{,}669 = 0$$

$$\xi'_{23} + 7{,}575\,\eta' - 5{,}628 = 0$$
$$\xi'_{23} + 7{,}507\,\eta' - 5{,}630 = 0$$
$$\xi'_{23} + 5{,}852\,\eta' - 3{,}945 = 0$$
$$\xi'_{23} + 5{,}671\,\eta' - 3{,}817 = 0$$

$$\xi'_{24} + 9{,}028\,\eta' - 6{,}871 = 0$$
$$\xi'_{24} + 8{,}871\,\eta' - 6{,}731 = 0$$
$$\xi'_{24} + 6{,}032\,\eta' - 4{,}057 = 0$$
$$\xi'_{24} + 5{,}837\,\eta' - 3{,}932 = 0$$

75. La résolution de ces équations donne, pour ξ' et η', les valeurs suivantes :

$$\eta' = + \frac{1427,676}{1555,147} = + 0,9180 \qquad (128)$$

$$
\begin{aligned}
\xi_1' &= -0,700 & \xi_9' &= -1,469 & \xi_{17}' &= -1,321 \\
\xi_2' &= -0,768 & \xi_{10}' &= -1,632 & \xi_{18}' &= -1,290 \\
\xi_3' &= -1,239 & \xi_{11}' &= -1,662 & \xi_{19}' &= -1,517 \\
\xi_4' &= -1,267 & \xi_{12}' &= -1,558 & \xi_{20}' &= -1,541 \\
\xi_5' &= -1,298 & \xi_{13}' &= -1,287 & \xi_{21}' &= -1,229 \\
\xi_6' &= -1,327 & \xi_{14}' &= -1,186 & \xi_{22}' &= -1,330 \\
\xi_7' &= -1,280 & \xi_{15}' &= -1,209 & \xi_{23}' &= -1,375 \\
\xi_8' &= -1,248 & \xi_{16}' &= -1,223 & \xi_{24}' &= -1,434
\end{aligned}
\qquad (129)
$$

On remarquera que les ξ' trouvés sont négatifs. Cela tient simplement à ce que la distance I des microscopes est plus grande que la longueur R de la règle à la température constante T. (Voy. n° **21**.)

76. En portant ces valeurs dans les équations primitives, on obtient les résidus suivants :

Groupe.	Résidus.	Groupe.	Résidus.	Groupe.	Résidus.
1	— 0,027	4	— 0,002	7	— 0,025
	— 0,057		— 0,009		— 0,075
	0,000		+ 0,005		+ 0,029
	— 0,020		+ 0,005		— 0,038
	+ 0,036	5	— 0,123		+ 0,039
	+ 0,066		— 0,143		+ 0,070
			+ 0,075	8	— 0,049
2	+ 0,038		+ 0,033		+ 0,037
	— 0,024		+ 0,094		+ 0,010
	+ 0,045		+ 0,068		+ 0,006
	— 0,009				
		6	— 0,035	9	+ 0,040
3	— 0,025		+ 0,004		— 0,090
	— 0,009		+ 0,071		+ 0,021
	+ 0,023		— 0,003		+ 0,015
	+ 0,011		— 0,006		+ 0,052
			— 0,028		— 0,036

Groupe.	Résidus.
10	— 0,038
	— 0,043
	+ 0,047
	+ 0,032
11	— 0,082
	+ 0,018
	— 0,023
	— 0,090
12	— 0,048
	— 0,107
	+ 0,010
	— 0,070
	+ 0,126
	+ 0,089
13	+ 0,028
	+ 0,025
	— 0,005
	— 0,040
14	— 0,032
	— 0,040
	— 0,056
	+ 0,024
	+ 0,025
	+ 0,080

Groupe.	Résidus.
15	+ 0,015
	— 0,057
	+ 0,002
	+ 0,044
16	+ 0,014
	+ 0,006
	— 0,094
	— 0,067
	+ 0,110
	+ 0,026
17	— 0,015
	+ 0,008
	+ 0,008
	— 0,005
18	— 0,025
	— 0,017
	+ 0,046
	— 0,007
19	— 0,120
	— 0,031
	— 0,043
	+ 0,026
	+ 0,023
	+ 0,144

Groupe.	Résidus.
20	+ 0,012
	— 0,028
	— 0,043
	— 0,051
	+ 0,069
	+ 0,039
21	— 0,024
	— 0,022
	— 0,004
	+ 0,036
	+ 0,032
	— 0,016
22	— 0,043
	— 0,012
	— 0,017
	— 0,018
	+ 0,030
	+ 0,065
23	— 0,049
	— 0,013
	+ 0,052
	+ 0,014
24	— 0,017
	— 0,021
	+ 0,046
	— 0,008

On voit que ces résidus ne présentent aucune permanence de signes, et ont d'ailleurs des valeurs numériques assez faibles; d'où l'on peut conclure que les inconnues η' et ξ' satisfont aux équations d'une manière convenable.

77. Les différences entre les 24 valeurs de ξ' sont peu considérables, et, comme dans le cas actuel on a $N = 40000$, il s'ensuit que la quantité $\frac{\xi'}{N}$ équation (123), peut être considérée comme constante quel que soit le ξ' employé. Elle est d'ailleurs négligeable à cause de sa petitesse et l'expression de r se réduit simplement à

$$r = r' = + 0{,}9180. \qquad (130)$$

78. Nous avons considéré également le cas où l'on rapporte l'origine des lectures aux mires, et nous avons établi 120 équations de la forme (122).

Nous sommes ainsi parvenus aux valeurs suivantes de r et de ξ :

$$r = + \frac{1429{,}929}{1555{,}146} = + 0{,}9194. \qquad (131)$$

$$
\begin{aligned}
&\xi_1 = -0{,}837 & \xi_9 &= -1{,}760 & \xi_{17} &= -1{,}524 \\
&\xi_2 = -0{,}874 & \xi_{10} &= -1{,}944 & \xi_{18} &= -1{,}524 \\
&\xi_3 = -1{,}326 & \xi_{11} &= -2{,}178 & \xi_{19} &= -1{,}728 \\
&\xi_4 = -1{,}353 & \xi_{12} &= -1{,}971 & \xi_{20} &= -1{,}825 \quad (132) \\
&\xi_5 = -1{,}348 & \xi_{13} &= -1{,}751 & \xi_{21} &= -1{,}519 \\
&\xi_6 = -1{,}429 & \xi_{14} &= -1{,}616 & \xi_{22} &= -1{,}549 \\
&\xi_7 = -1{,}478 & \xi_{15} &= -1{,}549 & \xi_{23} &= -1{,}653 \\
&\xi_8 = -1{,}557 & \xi_{16} &= -1{,}435 & \xi_{24} &= -1{,}736
\end{aligned}
$$

79. Ces valeurs substituées dans les équations qui les ont fournies donnent les résidus que voici :

Groupe.	Résidus.	Groupe.	Résidus.	Groupe.	Résidus.
1	— 0,027	9	+ 0,068	17	— 0,013
	— 0,056		— 0,068		+ 0,011
	+ 0,001		+ 0,007		+ 0,007
	— 0,019		+ 0,002		— 0,005
	+ 0,037		+ 0.037		
	+ 0,067		— 0,051	18	— 0,024
					— 0,017
2	+ 0,036	10	— 0,024		+ 0,049
	— 0,075		— 0,052		— 0,008
	+ 0,044		+ 0,045		
	— 0,009		— 0,030	19	— 0,117
					— 0,027
3	— 0,024	11	— 0,082		— 0,043
	— 0,008		+ 0,019		+ 0,026
	+ 0,022		— 0,024		+ 0,021
	+ 0,011		+ 0,090		+ 0,142
4	0,000	12	— 0,079	20	+ 0,007
	— 0,008		— 0,137		— 0,034
	+ 0,004		+ 0,014		— 0,013
	+ 0,006		— 0,067		— 0,020
			+ 0,158		+ 0,046
5	— 0,091		+ 0,114		+ 0,016
	— 0,112				
	+ 0,059	13	+ 0,019	21	— 0,009
	+ 0,017		+ 0,011		— 0,005
	+ 0,077		+ 0,004		— 0,016
	+ 0,051		— 0,032		+ 0,032
					+ 0,025
6	— 0,035	14	— 0,041		— 0,024
	+ 0,003		— 0,049		
	+ 0,067		— 0,032	22	— 0,047
	— 0,004		+ 0,047		— 0,017
	— 0,007		+ 0,007		— 0,024
	— 0,030		+ 0,061		— 0,025
					+ 0,037
7	— 0,043	15	+ 0,032		+ 0,071
	— 0,093		— 0,044		
	+ 0,038		— 0,015	23	— 0,042
	— 0,031		+ 0,036		— 0,006
	+ 0,050				+ 0,043
	+ 0,080	16	— 0,023		+ 0,005
			— 0,030		
8	— 0,099		— 0,074	24	+ 0,001
	+ 0,050		— 0,047		— 0,002
	— 0,028		+ 0.129		+ 0,028
	— 0,026		+ 0,041		— 0,027

En remarquant que l'unité, dans les résidus comme dans les valeurs de ξ, est à très-peu près le décimillimètre, on reconnaîtra que les équations sont également satisfaites par les dernières valeurs des inconnues, et que par les mêmes considérations que les précédentes, on peut conclure :

$$r = \eta = + \, 0{,}9194. \tag{133}$$

80. Si nous considérons maintenant les équations moyennes (125) d'un même groupe qui se rapportent au cas des mires et aux cas des microscopes seuls, nous aurons :

$$\begin{aligned} 0 &= \xi + \delta_m \, \eta + \gamma_m, \\ 0 &= \xi' + \delta_m \, \eta' + \gamma'_m; \end{aligned} \tag{134}$$

d'où l'on conclut par voie de différence :

$$\xi - \xi' = \delta_m \, (\eta' - \eta) + (\gamma'_m - \gamma_m), \tag{135}$$

ou encore, en remplaçant γ_m et γ'_m par leurs valeurs (27) et (44), chapitre II, et en désignant par m_m et m'_m les moyennes des observations des mires,

$$\xi - \xi' = \delta \, (\eta' - \eta) + (m'_m - \theta'_1) \, \upsilon'_1 - (m_m - \theta_1) \, \upsilon_1. \tag{136}$$

Chaque équation analogue établie pour les différents groupes sera propre à fournir une vérification des calculs. En procédant à leur formation, et posant pour abréger

$$A = \delta \, (\eta' - \eta) + (m'_m - \theta_1) \, \upsilon'_1 - (m_m - \theta_1) \, \upsilon_1, \tag{137}$$

on obtient les valeurs suivantes :

$\xi - \xi'$.	A.	$\xi - \xi'$.	A.	
— 0,136	— 0,137	— 0,464	— 0,463	
— 0,106	— 0,106	— 0,430	— 0,429	
— 0,088	— 0,087	— 0,340	— 0,337	
— 0,086	— 0,086	— 0,212	— 0,212	
— 0,050	— 0,049	— 0,203	— 0,203	
— 0,102	— 0,101	— 0,234	— 0,235	(138)
— 0,198	— 0,197	— 0,211	— 0,212	
— 0,309	— 0,308	— 0,284	— 0,285	
— 0,291	— 0,292	— 0,290	— 0,292	
— 0,312	— 0,311	— 0,229	— 0,229	
— 0,516	— 0,517	— 0,278	— 0,277	
— 0,413	— 0,415	— 0,302	— 0,301	

Si l'on examine ces diverses valeurs, on remarquera qu'il existe une concordance parfaite entre les valeurs correspondantes de A et de $\xi - \xi'$; ceci prouve suffisamment l'exactitude des calculs.

CHAPITRE VIII

DÉTERMINATION DES COEFFICIENTS DES DILATATIONS ABSOLUES.

---

81. A l'aide des quantités ∂ et des températures t données dans le tableau XXIII, nous pourrons former des équations de condition à deux inconnues de la forme (57) chap. II :

$$z + yt = \frac{\partial}{1 - \frac{r\partial}{N}} \tag{139}$$

que l'on peut, à cause de la petitesse du terme $\frac{r\partial}{N}$, écrire simplement :

$$z + yt = \partial. \tag{140}$$

Chaque série donnera une équation analogue ; la résolution de leur ensemble fera connaître les valeurs des inconnues z et y.

De l'équation (**140**), en ayant égard à (**59**), on tire :

$$t = \mathrm{T} + \frac{1}{y}\,\partial. \tag{141}$$

Cette équation fait connaître à chaque instant la température centigrade t en fonction des indications du thermomètre métallique formé par les deux règles.

82. Nous aurions pu établir 120 équations de la forme (140) correspondant aux 120 séries observées; mais nous avons cru devoir rejeter les 46 premières séries, parce que nous nous sommes aperçus, à la fin de la 46me série, que les réservoirs des thermomètres ne plongeaient pas tous entièrement dans le bain d'huile.

Cette circonstance pouvait n'être qu'accidentelle; mais nous avons craint qu'elle ne se fût déjà présentée à notre insu, lorsqu'on enlevait les thermomètres pour les mettre dans la glace, et qu'on les replaçait dans le bain sans point de repère parfaitement déterminé. La prudence nous commandait donc de faire complétement abstraction de ces séries, le reste étant plus que suffisant pour nous donner le résultat que nous cherchions (*).

Un moyen bien simple nous a permis de nous mettre dès lors à l'abri de la cause d'erreur que nous venons de signaler. Aux petits ressorts en cuivre qui maintenaient par leur pression les thermomètres contre les supports, nous avons ajouté un cordon passé dans l'anneau du tube thermométrique et fixé à la partie supérieure du montant; en sorte que la longueur de ce cordon déterminait une distance fixe où le thermomètre venait toujours se repérer. Tous les réservoirs plongeaient alors entièrement dans l'huile, et leur partie moyenne se trouvait au milieu de l'intervalle compris entre les règles.

(*) Ces séries ont été employées dans la détermination du coefficient de dilatation relative; mais il n'en est résulté aucun inconvénient, puisque la connaissance de la température absolue est inutile dans ce cas, et qu'il suffisait que le bain fût à une température uniforme, qu'on arrivait facilement à lui donner par une agitation convenable de l'huile.

La hauteur constante du bain d'huile au-dessus de la règle de platine a été de $0^m,02$ environ. La construction de l'auge ne permettait pas d'ailleurs de dépasser cette limite.

83. Nous avons donc établi pour les soixante-quatorze dernières séries les équations de condition suivantes :

$$z + 54,20\, y - 16,200 = 0$$
$$z + 53,40\, y - 15,896 = 0$$
$$z + 51,51\, y - 15,168 = 0$$
$$z + 50,70\, y - 14,880 = 0$$
$$z + 37,36\, y - 9,665 = 0$$

$$z + 36,97\, b - 9,537 = 0$$
$$z + 35,88\, y - 9,115 = 0$$
$$z + 35,42\, y - 9.045 = 0$$
$$z + 31,63\, y - 7,433 = 0$$
$$z + 31,45\, y - 7,326 = 0$$

$$z + 31,08\, y - 7,543 = 0$$
$$z + 30,92\, y - 7,125 = 0$$
$$z + 29,89\, y - 6,832 = 0$$
$$z + 29,77\, y - 6,757 = 0$$
$$z + 16,49\, y - 1,527 = 0$$

$$z + 16,51\, y - 1,545 = 0$$
$$z + 16,60\, y - 1,531 = 0$$
$$z + 16,61\, y - 1,515 = 0$$
$$z + 14,63\, y - 0,938 = 0$$
$$z + 14,64\, y - 0,952 = 0$$

$$z + 27,62\, y - 5,882 = 0$$
$$z + 27,42\, y - 5,856 = 0$$
$$z + 26,55\, y - 5,484 = 0$$
$$z + 26,36\, y - 5,456 = 0$$
$$z + 18,18\, y - 2,268 = 0$$

$$z + 18{,}14\,y - 2{,}211 = 0$$
$$z + 63{,}65\,y - 19{,}865 = 0$$
$$z + 62{,}40\,y - 19{.}439 = 0$$
$$z + 17{,}32\,y - 1{,}771 = 0$$
$$z + 17{,}37\,y - 1{,}803 = 0$$

$$z + 57{,}30\,y - 17{,}445 = 0$$
$$z + 55{,}46\,y - 16{,}749 = 0$$
$$z + 49{,}45\,y - 14{,}473 = 0$$
$$z + 48{,}39\,y - 14{,}023 = 0$$
$$z + 39{,}13\,y - 10{,}415 = 0$$

$$z + 38{,}73\,y - 10{,}287 = 0$$
$$z + 35{,}71\,y - 9{,}094 = 0$$
$$z + 34{,}68\,y - 8{,}751 = 0$$
$$z + 70{,}74\,y - 22{,}597 = 0$$
$$z + 69{,}62\,y - 22{,}186 = 0$$

$$z + 68{,}19\,y - 21{,}668 = 0$$
$$z + 66{,}86\,y - 21{,}097 = 0$$
$$z + 50{,}05\,y - 14{,}567 = 0$$
$$z + 49{,}41\,y - 14{,}371 = 0$$
$$z + 44{,}72\,y - 13{,}525 = 0$$

$$z + 44{,}38\,y - 12{,}391 = 0$$
$$z + 42{,}11\,y - 11{,}543 = 0$$
$$z + 41{,}83\,y - 11{,}481 = 0$$
$$z + 28{,}06\,y - 6{,}121 = 0$$
$$z + 27{,}89\,y - 6{,}019 = 0$$

$$z + 24{,}01\,y - 4{,}542 = 0$$
$$z + 23{,}80\,y - 4{,}435 = 0$$
$$z + 21{,}32\,y - 3{,}428 = 0$$
$$z + 21{,}27\,y - 3{,}373 = 0$$
$$z + 16{,}97\,y - 1{,}636 = 0$$

$$z \ + \ 16,98 \ y \ - \ 1,646 \ = \ 0$$
$$z \ + \ 82,50 \ y \ - \ 27,270 \ = \ 0$$
$$z \ + \ 80,93 \ y \ - \ 26,667 \ = \ 0$$
$$z \ + \ 77,21 \ y \ - \ 25,154 \ = \ 0$$
$$z \ + \ 76,16 \ y \ - \ 24,708 \ = \ 0$$

$$z \ + \ 69,75 \ y \ - \ 22,130 \ = \ 0$$
$$z \ + \ 68,79 \ y \ - \ 21,796 \ = \ 0$$
$$z \ + \ 65,10 \ y \ - \ 20,342 \ = \ 0$$
$$z \ + \ 64,33 \ y \ - \ 20,057 \ = \ 0$$
$$z \ + \ 52,72 \ y \ - \ 15,517 \ = \ 0$$

$$z \ + \ 52,09 \ y \ - \ 15,309 \ = \ 0$$
$$z \ + \ 32,27 \ y \ - \ 7,575 \ = \ 0$$
$$z \ + \ 32,04 \ y \ - \ 7,507 \ = \ 0$$
$$z \ + \ 27,67 \ y \ - \ 5,852 \ = \ 0$$
$$z \ + \ 27,25 \ y \ - \ 5,671 \ = \ 0$$

$$z \ + \ 35,90 \ y \ - \ 9,028 \ = \ 0$$
$$z \ + \ 35,49 \ y \ - \ 8,871 \ = \ 0$$
$$z \ + \ 27,96 \ y \ - \ 6,032 \ = \ 0$$
$$z \ + \ 27,58 \ y \ - \ 5,837 \ = \ 0$$

84. La résolution de ces équations par la méthode des moindres carrés donne, pour valeur de z et de y :

$$z = - \frac{14369,875}{2963,470} = - 4,8491, \qquad (142)$$

$$y = + \frac{9900,37}{25484,22} = + 0,3885. \qquad (143)$$

85. Ces valeurs substituées dans les soixante-quatorze équations ci-dessus laissent les résidus suivants :

$$
\begin{array}{lll}
-\ 0{,}007 & +\ 0{,}013 & +\ 0{,}064 \\
\ 0{,}000 & -\ 0{,}013 & +\ 0{,}038 \\
-\ 0{,}004 & +\ 0{,}047 & -\ 0{,}015 \\
+\ 0{,}033 & -\ 0{,}108 & -\ 0{,}041 \\
+\ 0{,}001 & -\ 0{,}096 & -\ 0{,}103 \\[6pt]
+\ 0{,}024 & +\ 0{,}034 & -\ 0{,}111 \\
+\ 0{,}025 & +\ 0{,}053 & +\ 0{,}069 \\
+\ 0{,}124 & +\ 0{,}112 & +\ 0{,}066 \\
-\ 0{,}006 & +\ 0{,}073 & +\ 0{,}008 \\
-\ 0{,}043 & +\ 0{,}063 & -\ 0{,}030 \\[6pt]
+\ 0{,}018 & +\ 0{,}090 & -\ 0{,}111 \\
-\ 0{,}038 & +\ 0{,}070 & -\ 0{,}079 \\
+\ 0{,}069 & +\ 0{,}127 & -\ 0{,}099 \\
+\ 0{,}041 & -\ 0{,}035 & -\ 0{,}085 \\
-\ 0{,}030 & -\ 0{,}011 & -\ 0{,}114 \\[6pt]
-\ 0{,}010 & +\ 0{,}026 & -\ 0{,}078 \\
-\ 0{,}069 & -\ 0{,}028 & -\ 0{,}112 \\
-\ 0{,}089 & -\ 0{,}028 & -\ 0{,}091 \\
+\ 0{,}104 & +\ 0{,}025 & -\ 0{,}048 \\
+\ 0{,}114 & +\ 0{,}001 & -\ 0{,}066 \\[6pt]
-\ 0{,}024 & -\ 0{,}001 & -\ 0{,}069 \\
+\ 0{,}053 & +\ 0{,}033 & -\ 0{,}068 \\
+\ 0{,}019 & +\ 0{,}080 & +\ 0{,}019 \\
+\ 0{,}065 & +\ 0{,}069 & -\ 0{,}028 \\
+\ 0{,}051 & +\ 0{,}034 &
\end{array}
\tag{144}
$$

86. A l'aide de z et de y et en vertu de l'équation (59), nous avons pour la température T, à laquelle les règles de platine et de laiton ont la même longueur :

$$
T = -\frac{z}{y} = +\ 12^{\circ}{,}483. \tag{145}
$$

87. Par suite, on obtiendra la température centigrade indiquée à un moment quelconque par le thermomètre métallique
d'après la formule (141) :

$$t = \mathrm{T} + \frac{\delta}{y} = 12°,483 + 2,574\, \delta. \tag{146}$$

88. Le coefficient r de la dilatation relative étant connu
(130) ainsi que z et y, on aura pour les coefficients des dilatations absolues du platine et du laiton, conformément aux formules (65) et (66) :

$$\pi = \frac{yr}{x + zr} = 0,000008917 ; \tag{147}$$

$$\lambda = \frac{y(1+r)}{x + z(1+r)} = 0,000018632. \tag{148}$$

Ces dilatations ont lieu pour des températures qui varient
entre $+ 16°$ et $+ 82°$. On remarquera d'ailleurs qu'elles sont
comprises entre les diverses valeurs des coefficients de dilatation connues pour ces deux métaux, et que nous reproduisons
ici :

PLATINE				LAITON		
Temp.	Dilatation π.	Auteurs.		Temp.	Dilatation λ.	Auteurs.
0° à 100°	0,00000,8565	Borda.		0° à 100°	0,0000 18230	Ellicot.
0 100	0,00000,86133	Dulong et Petit.		0 100	0,0000 18667	Laplace et
0 100	0,00000,8842			0 100	0,0000 18782	
0 100	0,00000,90167	Ibañez et Saavedra.		0 100	0,0000 18897	Lavoisier. Ibañez et
0 100	0,00000,9918	Troughton.		0 100	0,0000 18984	Saavedra.

89. π, λ et T étant connus, ainsi que z, y, r et N, nous pourrons calculer les longueurs totales des règles de platine et de laiton à la température zéro centigrade, conformément aux formules (67 et 68) ou (62), et nous aurons :

$$P_0 = 0,999888701 \ R,\qquad\qquad (149)$$

$$L_0 = 0,999767471 \ R.\qquad\qquad (150)$$

CHAPITRE IX

---

90. Dans les formules que nous avons établies chap. ɪɪ,
figure la longueur R de la règle, qui est restée indéterminée;
on aurait pu simplement la prendre pour unité. Cependant il
est convenable de connaître la relation qui existe entre cette
longueur et celle de quelques-unes des unités linéaires employées antérieurement à des travaux géodésiques. De cette
manière, si l'on veut plus tard relier au réseau européen le
système des opérations projetées en Égypte, la conversion des
mesures ne présentera aucune difficulté.

Il existe plusieurs règles géodésiques, celles de France,
d'Angleterre, de Russie, de Belgique et d'Espagne. C'est ce
dernier étalon qui a été choisi pour type de comparaison,
parce qu'il offre l'avantage d'une parfaite identité de construction avec la règle égyptienne, et que, d'après les opérations
faites en 1856 par MM. les colonels Ibañez et Saavedra (*), on

---

(*) Expériences faites avec l'appareil à mesurer les bases appartenant à la
commission de la carte d'Espagne ; ouvrage publié par ordre de la reine.

connaît avec exactitude sa relation avec la règle de Borda n° 1 (*).

La comparaison une fois faite, il sera donc possible de connaître le rapport qui existe entre la règle égyptienne et l'unité métrique, base du système des mesures françaises, et par suite d'exprimer en fonctions de ces mesures celles qui sont en usage en Égypte.

A cet effet, je me rendis à Madrid, au commencement du mois de novembre 1862, et je me mis en rapport avec M. le colonel Ibañez, délégué de la Junte générale de statistique. Après avoir arrêté ensemble toutes les dispositions nécessaires, nous procédâmes, dans une salle de l'Observatoire royal, à l'installation d'un comparateur.

Description du comparateur.

91. On commença par enlever quelques dalles et à creuser un trou de 0^m,60 de profondeur sur 1^m de longueur et autant de largeur pour y placer deux blocs de granit B,B', destinés à servir de base à deux piliers de la même matière A,A' (fig. 43, 44, 45), qui supportent les prismes en pierre calcaire C,C', auxquels on devait fixer les microscopes M,M'. qui servent à l'observation des deux règles RR, R'R'.

(*) Cette règle, déposée à l'Observatoire de Paris, est le module qui a servi dans la détermination des longueurs de toutes les bases géodésiques mesurées en France, depuis 1798. Elle est en platine, et, à la température centigrade de 17°,6, sa longueur est exactement de deux toises ou de 3^m,8980732 (Delambre, *Base du système métrique décimal*, tome III, pages 139 et 228). Quant à la règle espagnole, elle a servi à la mesure de la base centrale de Madridejos. Elle est également en platine, et, à la température centigrade de 21°,935, sa longueur est exactement de 3^m,8985112. (*Expériences faites avec l'appareil à mesurer les bases*, etc., pages 136 et 180).

Ces règles reposent au moyen des supports S,S, S',S', sur deux madriers DD, D'D', qui peuvent glisser facilement dans le sens transversal, sur deux rails FF, F'F', assujettis à de fortes poutrelles VV, V'V', posées elles-mêmes directement sur les dalles de la salle, et maintenues en place par deux massifs de maçonnerie w w, $w'w'$. Le glissement des madriers permet de présenter alternativement les deux règles sous les microscopes.

Pour éviter autant que possible que les vibrations produites par les mouvements des observateurs et de leurs aides, et par le déplacement des règles, ne se transmissent aux piliers, et de là aux microscopes, on avait eu soin de ménager un vide EE, E'E', autour des bases BB' et d'établir le plancher PP en porte à faux sur deux poutres HH, H'H', distantes de deux mètres au moins de chaque côté des centres des piliers.

92. Après la pose des poutrelles VV, V'V' (fig. **43**, **44**, **45**), sur les dalles de la salle, les rails FF, F'F' y furent fixés parallèlement et dans un plan horizontal; on établit ensuite le plancher PPP sur les six poutrelles G,G qui reposaient elles-mêmes sur les deux poutres HH, H'H'; on plaça enfin les madriers DD, D'D' sur les rails. Ils portaient sur ceux-ci au moyen des pièces en fer II, I'I'; les premières embrassaient le rail FF, qui servait de guide, tandis que les secondes posaient simplement sur le rail F'F'. La face supérieure des deux rails offrait une légère courbure, de manière à diminuer les frottements dans le mouvement des règles. Ce mouvement s'opérait avec très-peu d'effort à l'aide des deux leviers J,J, qui traversaient deux pièces en fer Y,Y faisant corps avec les madriers, et allaient s'engager dans des entailles U,U, pratiquées sur le plancher, où ils trouvaient un point d'appui.

On plaça ensuite les deux règles sur les madriers, après les avoir nivelées par partie; on amena la règle espagnole sous les microscopes, et on en corrigea l'inclinaison à l'aide des

vis de support. On pointa les deux microscopes sur les divisions, et, au moyen des boutons i, i', on régla la position du
système optique, de manière que les traits fissent nettement
leurs images dans le plan focal. La règle égyptienne fut avancée à son tour, et on en régla la distance aux microscopes de
manière à obtenir aussi une netteté parfaite dans les images,
tout en lui conservant l'horizontalité.

Les deux règles étant disposées convenablement pour l'observation, on put établir deux arrêts pliants Q, Q', qui per-
mirent, par la suite, de placer rapidement les règles dans la
position qu'elles devaient occuper pour que les traits fussent
visibles dans le champ des microscopes ; à l'aide des vis de
rappel, on parvenait enfin à ramener la ligne des divisions
dans le plan passant par les axes optiques, et à mettre les
traits à observer au milieu du champ. Lorsque la règle égyptienne était en observation, la règle espagnole était repoussée
contre les piliers A, A', mais un arrêt z l'empêchait de les
toucher.

93. Les microscopes de l'appareil égyptien sont fixés aux
pierres c, c' à l'aide des dispositions suivantes : dans chacune
de ces pierres sont scellées au plomb deux barres de fer a, a
(fig. 46, 47, 48), ayant leur surface supérieure dans un même
plan horizontal, et sur lesquelles sont solidement vissés, à
l'aide de boulons e, e, $é$, $é$, les deux coussinets en laiton b, b'.
On a ménagé entre les barres un intervalle un peu plus grand
que la longueur de la partie conique de l'axe horizontal ff des
microscopes. Ceux-ci ont ainsi, dans le sens longitudinal, un
petit jeu qui permet de les régler à une distance voulue.

Les pièces d, d', fixées aux barres a, a' par les vis e, e, e', e',
sont traversées par les grandes vis T, T', dont l'usage était de
déplacer les microscopes parallèlement à la direction de la
règle et de les maintenir en place lorsqu'on était parvenu à les

mettre dans une position donnée. Ces vis étaient protégées elles-mêmes contre tout déplacement ultérieur au réglage des microscopes, par le serrement des contre-écrous m, m'. Pour assurer la verticalité de l'axe de figure, on a scellé également dans chaque pierre la pièce en fer ggg, dans les branches de laquelle passent les vis à écrou t, t' qui s'opposent à tout mouvement de rotation du microscope autour de l'axe ff.

Comme les coussinets b, b' ont été construits à dessein sans mouvement de rectification, et comme nous nous proposions de placer les axes optiques des microscopes dans des plans aussi proches que possible de la verticale, il fallait tailler les pierres avec assez d'exactitude pour que les corrections à faire dans la position des axes ff fussent très-petites. Cette condition a été réalisée avec un plein succès, car les trois pierres et le microscope correspondant à l'extrémité sud du comparateur une fois placés, l'inclinaison de l'axe, accusée par le niveau nn, fut si peu considérable, que l'on n'eut pas besoin de retoucher aux coussinets; et, quoique l'inclinaison fût plus forte pour le microscope nord, il a suffi d'user légèrement un des coussinets pour atteindre le même résultat qu'à l'autre extrémité.

A l'aide de cette simple disposition des microscopes, on réussit avec une grande facilité à les amener à la distance nécessaire pour observer les traits 39485 et 510 de la règle en platine de l'appareil espagnol, traits déja choisis pour extrémités de la règle lors de la comparaison avec la règle de Borda, n° 1, et lors de la détermination des coefficients de dilatation et du mesurage de la base centrale de Madridejos.

Avant de monter définitivement les microscopes, on ramena avec soin, par des retournements successifs sur un même trait, les entailles centrales ou zéros des peignes à occuper très-approximativement le milieu du champ. Cette rectification terminée, on mit une chape de cire sur les vis *h*, *h*, qui conduisent les peignes, pour prévenir tout dérangement.

94. Ensuite on rectifia à l'aide des vis T, T' (fig. 46, 47, 48), la position des microscopes de manière que les traits 510 et 39485 de la règle espagnole occupassent le milieu du champ ; et on serra les contre-écrous *m*,*m'*. Les vis *t*,*t'* furent également serrées, après qu'on eut constaté la verticalité de l'axe de figure à l'aide de la pièce *p q* (fig. 49).

Cette pièce se compose d'un cylindre creux en laiton, aux bouts duquel sont ajustées à angle droit deux plaques métalliques d'égales longueurs, de manière à présenter la figure d'un double T. On applique à la main ce petit appareil contre la chemise cylindrique du microscope par une des extrémités des plaques, et aux deux autres extrémités, on présente un fil à plomb qui doit leur être tangent, lorsque l'axe du microscope est vertical. Enfin les pièces *ss*, *s's'* (46, 47, 48), maintenaient l'axe dans les coussinets. Toutes ces dispositions une fois prises, on dévissa les clefs *i i*, pour ne pas laisser aux observateurs la possibilité de déranger, par distraction, la position des microscopes.

95. Sur une petite table O (fig. 43, 44, 45), il y avait un thermomètre centigrade L, pour connaître approximativement les variations de température de la salle. A côté des microscopes se trouvaient deux tabourets X, X', pour la commodité des observateurs, qui, à cause de la hauteur des piliers, ne pouvaient observer qu'assis.

Conduite de l'opération.

96. Le 13 novembre 1862, tout était prêt pour commencer les comparaisons. Voici la marche qui a été suivie régulièrement chaque jour :

On commence par déterminer l'inclinaison des axes des microscopes, sous lesquels on amène ensuite les règles chacune à leur tour; on en détermine alors l'inclinaison en appliquant le niveau NN sur leur partie centrale seulement.

97. Pour obtenir les valeurs des tours des vis micrométriques en fonction des divisions des règles de platine, les observateurs se placèrent chacun à un microscope et firent alternativement six pointés sur chacun des traits 39485 et 39488 au nord, 510 et 513 au sud. Cette opération fut répétée pour les deux règles de l'Espagne et de l'Égypte. On procéda ensuite aux comparaisons dans l'ordre que voici :

98. On plaça la règle espagnole sous le comparateur, et les deux observateurs, chacun à un microscope et à un signal donné, firent simultanément neuf pointés ainsi distribués, trois sur le platine, trois sur le laiton, et trois sur le platine. On visait les traits 39485 et 510 sur le platine, 39575 et 610 sur le laiton, et l'on notait en même temps l'heure et la minute au commencement de chaque série de trois pointés. Ceci terminé, deux aides faisaient immédiatement marcher les madriers et amenaient la règle égyptienne à la place de la première. Après l'avoir mise dans la position convenable à l'aide des différentes vis de support, on faisait neuf pointés distribués comme plus haut sur les traits de même numéro que les

traits de la règle espagnole, pour le platine ; quant au laiton,
on a observé les traits 610 et 39585. Cette double série d'observations constitue une comparaison ; mais on remarquera que
les pointés sur le platine sont deux fois plus nombreux que les
pointés sur le laiton. Pour établir une compensation, on reprenait immédiatement une seconde série de deux comparaisons, sans toutefois déplacer la règle qui venait d'être sou-
mise à l'observation, et en distribuant les neuf pointés comme
il suit : trois sur le laiton, trois sur le platine et trois sur le
laiton. On replaçait enfin la règle espagnole sous les microscopes, et l'on répétait le même nombre d'observations ; cette
fois, les pointés sur le laiton sont le double des pointés sur le
platine. Par conséquent, chaque couple de comparaisons forme
un groupe où les règles ont été observées un même nombre de
fois. Comme dans les opérations de cette nature il est d'un
grand intérêt d'éliminer l'erreur personnelle, les observateurs
changeaient de microscope à la fin de chaque comparaison
d'ordre pair. On notait en même temps l'indication du thermomètre.

Quand on terminait le travail de la journée, ce qui eut toujours lieu après une ou plusieurs séries de dix comparaisons,
on déterminait de nouveau les valeurs des tours de vis des
micromètres pour les deux règles, les inclinaisons de celles-ci
et celles des axes des microscopes du comparateur, afin d'être
à même de calculer l'influence que pourraient avoir, dans les
comparaisons de la journée, les variations survenues dans ces
différents éléments.

Ce système d'observations fut continué sans aucun changement pendant les neuf jours, qui furent employés à compléter
14 séries, formant un total de 140 comparaisons. Ce nombre
parut suffisant pour obtenir avec exactitude la longueur de la
règle égyptienne en fonction de la règle espagnole. Toutes les
observations, effectuées en vue de la comparaison des deux

règles, ont été réunies dans un seul tableau, inséré à la fin de l'ouvrage sous le titre : *Observations. — Comparaison des deux règles.*

99. La position des niveaux NN des règles (fig. 43, 44), se rapporte à celle de leurs vis k. On a regardé la lecture comme positive, quand ces vis étaient dirigées dans le sens des divisions croissantes des règles. Les deux niveaux sont de construction identique, sauf que le zéro du niveau espagnol est au milieu de la fiole, et que celui du niveau égyptien est à l'extrémité.

On s'est servi, pour les nivellements, des microscopes d'un même niveau nn, (fig. 46, 47, 48), dont la position se rapporte à celle de sa vis r. On a considéré les lectures comme positives quand cette vis était au nord.

A la fin de toutes les comparaisons, on fit de nouveau un nivellement général des deux règles de platine.

100. Pour avoir la valeur angulaire des parties du niveau de la règle égyptienne, et du niveau des microscopes employés aux nivellements initial et final de chaque journée, on a eu recours à une éprouvette, appartenant à l'Observatoire royal de Madrid, dont le pas de vis a une valeur angulaire de 59″,16. Le tambour de la tête de vis est divisé en soixante parties.

Qnant au niveau de la règle espagnole, il avait déjà été étudié. (Expériences faites avec l'appareil, etc. Appendice n° 1.)

Réduction des observations.

101. Dans la réduction des observations nous avons pris simplement les moyennes des pointés faits pour chaque comparaison. Nous leur avons appliqué, pour valeur des tours de vis, la moyenne des déterminations faites au commencement et à la fin de chaque jour. Nous avons adopté pour origines des lectures micrométriques les entailles centrales des peignes, auxquels, pour éviter les lectures négatives, nous avons donné la valeur 10 tours.

Soient :

p'', p' les moyennes des lectures micrométriques faites aux microscopes nord et sud sur le platine de la règle égyptienne, dans chacune des comparaisons ;

l'', l' les moyennes analogues pour le laiton ;

h'', h' les valeurs d'un tour des vis micrométriques nord et sud, en parties de la règle égyptienne ;

p la longueur de la règle de platine comprise entre les traits 510 et 39485 à une température quelconque ;

l la longueur de la règle de laiton comprise entre les traits 610 et 39385 à la même température ;

R_0 la longueur commune de p et de l, à la température $T = 12°,48$ où ces deux longueurs sont égales ;

N_0 le nombre des divisions comprises dans R_0 ;

r_0 le rapport (*) qui existe entre la dilatation de la longueur p et la différence des dilatations de l et p ;

$\theta'' = \theta' = 10^t,000$ les lectures correspondantes aux entailles centrales des peignes des micromètres ;

(*) Lors de la comparaison avec la règle espagnole, nous avons dû prendre, au lieu des traits final et initial de notre règle, ceux qui portaient le même

Nous avons les formules analogues aux équations (27) :

$$h'' \, (p'' - \vartheta'') - h' \, (p' - \vartheta') = \gamma_0, \quad \left.\begin{matrix} \\ \\ \end{matrix}\right\}$$
$$h'' \, (p'' - l'') - h' \, (p' - l') = \delta_0. \qquad (151)$$

Si l'on adopte les mêmes notations affectées de l'indice 1 pour les quantités relatives à la règle espagnole, on aura :

$$h_1'' \, (p_1'' - \vartheta_1'') - h_1' \, (p_1' - \vartheta_1') = \gamma_1, \quad \left.\begin{matrix} \\ \\ \end{matrix}\right\}$$
$$h_1'' \, (p_1'' - l_1'') - h_1' \, (p_1' - l_1') = \delta_1. \qquad (152)$$

A l'aide de ces quantités, nous formerons l'équation analogue à (76) :

$$\frac{R_0}{R_1} = 1 + \frac{\gamma_1}{N_1} - \frac{\gamma_0}{N_0} + \frac{\delta_1}{N_1} \, r_1 - \frac{\delta_0}{N_0} \, r_0, \qquad (153)$$

qui fera connaître le rapport des deux règles entre elles, en supposant négligeables les quantités du second ordre ; comme d'ailleurs l'intervalle compris entre les traits pointés sur le platine renferme le même nombre de divisions dans les deux règles espagnole et égyptienne dont on cherche le rapport, on a :

$$N_0 = N_1 ;$$

et par conséquent

$$\left(\frac{R_0}{R_1} - 1\right) N_0 = \gamma_1 - \gamma_0 + \delta_1 r_1 - \delta_0 r_0. \qquad (154)$$

---

numéro que les traits 510 et 39485 de la règle espagnole, ceux-ci ayant été choisis comme limites par MM. Ibañez et Saavedra. Mais le coefficient de dilatation r a été déterminé pour la longueur totale des deux règles de notre appareil. Nous sommes forcés d'admettre l'homogénéité des deux métaux et de prendre pour r_0, applicable à la longueur réduite, la valeur même du coefficient r.

Posons pour abréger

$$\gamma_1 - \gamma_0 + \partial_1 r_1 - \partial_0 r_0 = Q, \qquad (155)$$

nous aurons :

$$\left(\frac{R_0}{R_1} - 1\right) N_0 = Q. \qquad (156)$$

Chacune des comparaisons fournit une valeur de Q. La moyenne de leur ensemble nous donnera une valeur unique de cette quantité.

Cette valeur une fois connue, la longueur R_1 de la règle espagnole l'étant déjà, nous aurons pour la longueur cherchée de la règle égyptienne :

$$R_0 = \left(1 + \frac{Q}{N_0}\right) R_1. \qquad (157)$$

102. Du registre des observations qui se trouve à la fin de l'ouvrage, nous avons tiré les moyennes des observations relatives à chaque comparaison, que nous présentons dans le tableau suivant, sous les désignations ci-dessus :

1862 Novembre.	THERMOMÈTRES.	COMPARAISONS.	HEURE.		RÈGLE ESPAGNOLE.				
					MICROSCOPE NORD.			MICROSCOPE SUD.	
					p''_1	l''_1	h''	p'_1	l'_1
	°		h m		t	t	p	t	t
♃ 13		1	2 10		10,342	11,896	0,981	11,450	10,191
	+15,2	2	28		8,532	10,013		9,742	8,495
		3	37		8,509	9,974		9,778	8,549
	14,6	4	56		9,885	11,377		11,147	9,928
		5	3 3		9,884	11,402		11,090	9,820
	15,0	6	21		9,670	11,137		10,896	9,671
		7	31		9,653	11,082		10,908	9,690
	14,9	8	50		9,445	10,893		10,623	9,439
		9	56		9,432	10,902		10,575	9,378
	14,1	10	4 15		8,569	10,152		9,582	8,312
♀ 14		11	10 5		8,451	10,468	0,982	8,796	7,405
	12,6	12	25		9,758	11,741		10,213	8,493
		13	31		9,782	11,770		10,167	8,474
	13,0	14	51		10,497	12,507		10,909	9,253
		15	11 0		10,425	12,346		10,983	9,327
	11,0	16	19		8,437	10,255		9,251	7,686
		17	59		8,314	9,940		9,315	7,938
	14,8	18	12 14		10,327	11,897		11,359	10,053
		19	21		10,229	11,808		11,375	10,085
	11,5	20	38		8,159	9,734		9,259	7,983
		21	12 43		8,158	9,758		9,204	7,917
	14,8	22	1 1		9,553	11,181		10,601	9,331
		23	24		9,431	10,977		10,610	9,365
	15,0	24	40		8,365	9,847		9,626	8,435
		25	46		8,357	9,856		9,604	8,440
	15,4	26	2 2		8,223	9,730		9,566	8,430
		27	10		8,179	9,613		9,569	8,430
	15,5	28	25		9,117	10,529		10,552	9,446
		29	34		9,121	10,569		10,622	9,429
	15,6	30	51		9,794	11,203	0,980	11,193	10,118
♄ 15		31	10 34		10,424	12,659	0,985	10,417	8,625
	12,4	32	52		9,677	11,836		9,777	8,063
		33	59		9,636	11,748		9,815	8,098
	12,6	34	11 16		8,990	11,024		9,321	7,641
		35	38		8,884	10,848		9,339	7,751
	13,6	36	56		10,707	12,625		11,284	9,766
		37	12 2		10,657	12,505		11,319	9,836
	13,8	38	20		9,213	10,974		9,970	8,535
		39	26		9,242	11,043		9,917	8,491
	13,6	40	48		10,124	11,984		10,674	9,277

IV.

E.	RÈGLE ÉGYPTIENNE.						OBSERVATEURS.
	MICROSCOPE NORD.			MICROSCOPE SUD.			
	p''	l''	h''	p'	l'	h'	
m	t	t	p	t	t	p	
16	10,443	9,148	1,000	10,086	9,585	1,008	I.M. C.I.
21	10,445	9,139		10,130	9,659		
43	10,685	9,353		10,420	10,012		C.I. I.M.
49	10,735	9,406		10,455	10,032		
10	10,317	8,942		10,025	9,607		I.M. C.I.
15	10,353	8,967		10,084	9,643		
40	10,844	9,461		10,626	10,250		C.I. I.M.
45	10,893	9,533		10,636	10.214		
3	10.693	9,375		10,295	9,839		I.M. C.I.
8	10,747	9,436		10,317	9,859		
13	10,426	9,560	1,004	9,394	8,451	1,003	C.I. I.M.
18	10,425	9,543		9,396	8,491		
37	10,958	10,066		9.913	9,076		I.M .C.I.
43	10,976	10,084		9,943	9,099		
6	10,446	9,468		9,629	8,836		C.I. I.M.
40	10,448	9,423		9,655	8,918		
4	10,453	9,126		10,155	9,671		I.M. C.I.
8	10,480	9,150		10,202	9,704		
26	10,559	9,238		10,303	9,807		C.I. I.M.
34	10,610	9.288		10,323	9,848		
50	10,501	9,224		10,084	9,587		I.M. C.I.
54	10,511	9,240		10,097	9,596		
30	11,165	9,828		10,937	10,481		C.I. I.M.
35	11,181	9,824		10,973	10,519		
52	10,403	9,019		10,245	9.828		I.M. C.I.
57	10,409	9,010		10,232	9,869		
15	10,265	8,822		10,203	9,841		C.I. I.M.
19	10,268	8,812		10,211	9,877		
40	10,616	9,131		10,552	10,284		I.M. C.I.
45	10,640	9,436	1,000	10,577	10,323	1,008	
40	11,629	10,968	1,002	10,468	9,127	1,004	I.M. C.I.
44	11,640	10,951		10,215	9,181		
6	10,505	9,728		9,237	8,247		C.I. I.M.
10	10,480	9,683		9,235	8,297		
44	11,557	10,650		10.535	9,779		I.M. C.I.
48	11,573	10,647		10,573	9,836		
8	10,666	9,591		9,919	9,299		C.I. I.M.
12	10,649	9,548		9,945	9,340		
33	10,134	9,075		9,344	8,709		I.M .C.I.
42	10,182	9,451		9,326	8,675		

TABLE.

1862 Novembre.	THERMOMÈTRES.	COMPARAISON.	HEURE.		RÈGLE ESPAGNOLE.				
					MICROSCOPE NORD.			MICROSCOPE SUD.	
			h	m	p''_1	l''_1	h''_1	p'_1	l'_1
♄ 15		44	12	59	10,092	11,950		10,674	9,255
	+13,8°	42	1	45	9,496	11,328		10,125	8,688
		43		21	9,297	11,148		9,903	8,478
	13,8	44		41	8,965	10,801		9,585	8,201
		45		48	8,933	10,757		9,598	8,190
	13,7	46	2	6	8,980	10,806		9,618	8,214
		47		22	8,992	10,856		9,551	8,165
	13,6	48		38	9,490	11,387		9,994	8,564
		49		46	9,484	11,355	p	10,005	8,545
	13,3	50	3	4	9,573	11,443	0,988	10,072	8,647
☉ 16		51	10	6	9,529	11,745	0,981	9,493	7,621
	11,8	52		22	9,599	11,777		9,628	7,831
		53		28	9,579	11,757		9,596	7,834
	12,4	54		45	10,071	12,199		10,231	8,513
		55		52	10,014	12,089		10,259	8,539
	12,1	56	11	11	8,276	10,314		8,581	6,914
		57		20	8,244	10,283		8,555	6,893
	12,8	58		38	10,055	12,074		10,432	8,799
		59	12	13	9,994	11,904		10,433	8,833
	12,8	60		29	9,837	11,766	0,975	10,306	8,722
☾ 17		61	10	5	10,679	13,300	0,978	9,944	7,739
	10,3	62		23	9,885	12,430		9,317	7,217
		63		30	9,836	12,319		9,350	7,256
	10,7	64		46	9,729	12,118		9,358	7,349
		65		58	9,628	11,987		9,352	7,382
	11,5	66	11	45	10,972	13,275		10,820	8,937
		67		53	10,712	12,741		10,873	9,433
	12,1	68	12	10	8,220	10,269		8,370	6,651
		69		45	8,489	10,227		8,318	6,647
	12,8	70		36	10,353	12,392		10,540	8,903
		71	12	49	10,216	12,432		10,590	8,989
	12,9	72	1	5	8,323	10,171		8,801	7,259
		73		12	8,339	10,155		8,723	7,225
	12,4	74		31	8,996	10,934		9,244	7,671
		75		39	8,990	10,933		9,227	7,615
	12,0	76		55	9,432	11,418		9,558	7,954
		77	2	2	9,448	11,485		9,502	7,913
	12,3	78		20	10,444	12,518		10,470	8,844
		79		26	10,403	12,419		10,504	8,862
	12,2	80		42	8,912	10,922	0,981	9,144	7,453

XXIV.

EURE.	RÈGLE ÉGYPTIENNE.						OBSERVATEURS.
	MICROSCOPE NORD.			MICROSCOPE SUD.			
	p''	l''	h''	p'	l'	h'	
h m	t	t		t	t		
5	11,453	10,470		10,505	9,826		C.I. I.M.
9	11,466	10,467		10,531	9,861		
27	11,248	10,246		10,308	9,635		I.M. C.I.
32	11,274	10,277		10,335	9,647		
55	10,364	9,349		9,447	8,782		C.I. I.M.
59	10,383	9,382		9,444	8,756		
28	10,806	9,843		9,795	9,152		I.M. C.I.
32	10,830	9,868		9,791	9,140		
52	10,764	9,795		9,750	9,051		C.I. I.M.
57	10,777	9,848	1,000	9,754	9,050	1,004	
12	10,972	10,374	1,003	9,446	8,361	1,002	C.I. I.M.
16	10,977	10,362		9,457	8,365		
35	11,424	10,714		10,040	9,035		I.M. C.I.
39	11,409	10,685		10,093	9,066		
58	10,549	9,742		9,312	8,376		C.I. I.M.
2	10,551	9,737		9,330	8,406		
27	10,259	9,366		9,199	8,332		I.M. C.I.
31	10,254	9,371		9,216	8,364		
19	11,366	10,395		10,387	9,629		C.I. I.M.
23	11,394	10,440	0,995	10,400	9,647	1,006	
11	10,950	10,673	1,007	8,767	7,359	1,011	I.M. C.I.
16	10,943	10,637		8,789	7,399		
34	11,869	11,470		9,934	8,595		C.I. I.M.
39	11,862	11,444		9,953	8,641		
4	12,156	11,590		10,430	9,286		I.M. C.I.
8	12,144	11,569		10,468	9,328		
59	10,704	9,859		9,410	8,518		C.I. I.M.
4	10,728	9,906		9,420	8,500		
23	10,985	10,119		9,693	8,788		I.M. C.I.
30	10,968	10,137		9,708	8,824		
54	9,820	8,890		8,806	8,027		C.I. I.M.
59	9,812	8,858		8,826	8,046		
18	11,040	10,031		9,959	9,213		I.M. C.I.
25	11,120	10,418		9,941	9,155		
45	10,652	9,777		9,418	8,559		C.I. I.M.
48	10,676	9,802		9,421	8,555		
8	11,054	10,471		9,615	8,718		I.M. C.I.
14	11,059	10,468		9,628	8,710		
32	10,357	9,512		9,050	8,125		C.I. I.M.
36	10,347	9,504	1,007	9,056	8,138	1,004	

1862 Novembre.	THERMOMÈTRES.	COMPARAISON.	HEURE.		RÈGLE ESPAGNOLE.				
					MICROSCOPE NORD.			MICROSCOPE SUD.	
			h	m	$p''_,$	$l''_,$	$h''_,$	$p'_,$	$l'_,$
	°				t	t	p	t	t
♂ 18	+11,0	81	10	4	9,370	11,732	0,991	8,930	6,935
		82		17	9,720	12,024		9,381	7,435
		83		23	9,685	11,971		9,358	7,424
	11,6	84		38	10,436	12,676		10,234	8,373
		85		46	10,371	12,573		10,269	8,419
	11,4	86	11	2	10,705	12,851		10,653	8,864
		87		10	10,641	12,757		10,624	8,870
	12,6	88		26	9,833	11,858		10,005	8,321
		89		35	9,762	11,752		10,036	8,354
	12,8	90		50	10,165	12,077		10,518	8,936
		91	12	23	10,087	11,962		10,406	8,840
	13,2	92		38	10,826	12,711		11,193	9,621
		93		46	10,786	12,624		11,212	9,649
	13,2	94	1	4	9,739	11,550		10,231	8,693
		95		7	9,691	11,479		10,204	8,684
	13,7	96		23	10,085	11,849		10,625	9,183
		97		55	9,982	11,700		10,600	9,276
	13,8	98	2	9	10,573	12,266		11,254	9,871
		99		17	10,521	12,199		11,224	9,840
	14,0	100		33	10,089	11,764	0,987	10,811	9,472
♀ 19		101	10	6	10,306	12,562	0,989	10,075	8,499
	11,7	102		26	10,446	12,646		10,334	8,540
		103		38	10,389	12,525		10,378	8,583
	12,1	104		54	10,269	12,314		10,359	8,645
		105	11	1	10,194	12,227		10,336	8,643
	12,6	106		16	10,700	12,679		10,940	9,294
		107		34	10,608	12,534		10,982	9,375
	13,0	108		47	9,754	11,629		10,235	8,679
		109		54	9,713	11,555		10,204	8,654
	13,4	110	12	6	9,629	11,450		10,437	8,606
		111	12	35	9,600	11,385		10,106	8,593
	13,2	112		48	9,570	11,359		10,086	8,584
		113		54	9,519	11,316		10,044	8,546
	13,4	114	1	8	9,470	10,939		9,666	8,234
		115		14	9,159	10,915		9,675	8,233
	13,9	116		28	9,058	10,819		9,648	8,224
		117		37	9,027	10,767		9,608	8,495
	14,0	118		52	8,935	10,679		9,571	8,482
		119	2	4	8,856	10,556		9,619	8,255
	14,1	120		20	8,848	10,491	0,994	9,659	8,354

XIV.

RE.	RÈGLE ÉGYPTIENNE						OBSERVATEURS.
	MICROSCOPE NORD.			MICROSCOPE SUD.			
	p''	l'	h''	p'	l'	h'	
m	t	t	p	t	t	p	
7	11,948	11,480	1,006	10,080	8.801	1,002	C.I. I.M.
11	11,952	11,476		10,110	8,833		
29	11,410	10,835		9,585	8,434		I.M. C.I.
33	11,405	10,809		9,617	8,488		
51	12,090	11,455		10,489	9,413		C.I. I.M.
55	12,103	11,452		10,501	8,434		
15	10,947	10,200		9,513	8,531		I.M. C.I.
20	10,929	10,172		9,544	8,585		
41	11,884	10,993		10,715	9,872		C.I. I.M.
45	11,870	10,968		10,738	9,920		
28	10,939	9,944		9,850	9,079		I.M. C.I.
32	10,959	9,962		9,859	9,093		
51	10,364	9,346		9,347	8,556		C.I. I.M.
56	10,369	9,357		9,378	8,586		
42	9,934	8,867		8,951	8,222		I.M. C I.
47	9,949	8,875		8.967	8,246		
0	11,114	9,989		10,327	9,644		C.I. I.M.
4	11,146	10,013		10,326	9,656		
23	11,344	10,192		10,503	9,914		I.M. C.I.
27	11,362	10,182	1,000	10,535	9,945	1,001	
14	11,982	11,390	1,004	10,266	9,151	1,008	I.M. C.I.
18	11,990	11,403		10,306	9,182		
44	11,328	10,620		9,886	8,804		C.I. I.M.
48	11,324	10,588		9,895	8,859		
46	11,933	11,115		10,633	9,697		I.M. C.I.
40	11,936	11,098		10,651	9,738		
36	12,318	11,366		11,261	10,431		C.I. I.M.
41	12,315	11,365		11,304	10,473		
56	10,795	9,784		9,805	9,078		I.M. C.I.
0	10,821	9,797		9,823	9,103		
39	11,318	10,299		10,313	9,552		C.I. I.M.
44	11,347	10,332		10,328	9,552		
59	11,352	10,318		10,320	9,566		I.M. C.I.
3	11,364	10,338		10,338	9,591		
49	11,883	10,862		10,914	10,183		C.I. I.M.
23	11,891	10,866		10,959	10,219		
43	11,295	10,209		10,335	9,650		I.M. C.I.
47	11,304	10,215		10,351	9,666		
9	11,714	10,565		11,040	10,348		C.I. I.M.
44	11,725	10,560	1,000	11,052	10,404	1,000	

TABLEA

1862 Novembre.	THERMOMÈTRES.	COMPARAISON.	HEURE.	RÈGLE ESPAGNOLE.				
				MICROSCOPE NORD.			MICROSCOPE SUD.	
				p''_1	l''_1	h''_1	p'_1	l'_1
			h m	t	t	p	t	t
♃ 20		121	12 6	9,633	11,655	0,989	9,766	8,089
	+12,2	122	24	8,838	10,851		9.024	7,335
		123	35	8.796	10,806		8,996	7,326
	12,7	124	51	9,727	11,706		10,004	8,363
		125	1 5	9,679	11,607		10,044	8,428
	12,8	126	24	8,875	10,795		9,281	7,679
		127	33	8,852	10,762		9,233	7,650
	12,3	128	50	10,409	12,029		10,369	8,782
		129	2 12	10,151	12,099		10,335	8,704
	11,8	130	30	10,098	12,105	0,984	10,198	8,546
♀ 21		131	12 7	11,364	13,762	0,985	10,876	8,877
	11,0	132	24	11.231	13,620		10,804	8,811
		133	31	11,211	13,552		10,852	8,875
	11,0	134	49	9,656	11,923		9,426	7,491
		135	55	9,658	11,024		9,369	7,461
	10,6	136	1 13	9,797	12,437		9,416	7,491
		137	30	9,804	12,151		9,399	7,444
	10,8	138	46	8,965	11,322		8,620	6,684
		139	52	8,947	11,296		8,591	6,667
	11,2	140	2 8	10,424	12,729	0,986	10,148	8,234

IV.

| RÈGLE ÉGYPTIENNE. | | | | | | OBSERVATEURS. |
| MICROSCOPE NORD. | | | MICROSCOPE SUD. | | | |
p''	l''	h''	p'	l'	h'	
t	t	p	t	t	p	
10,100	9,351	1,010	8,725	7,677	1,004	C.I. I.M.
10,133	9,380		8,745	7,712		
11,843	11,080		10,472	9,491		I.M. C.I.
11,841	11,076		10,484	9,521		
9,322	8,457		8,109	7,189		C.I. I.M.
9,337	8,475		8,124	7,203		
11,112	10,251		9,885	8,981		I.M. C.I.
11,141	10,271		9,886	9,010		
9,311	8,501		7,949	6,967		C.I. I.M.
9.340	8,520	1,004	7,979	6,975	1,006	
12,983	12,573	1,000	10,970	9,603	1,005	I.M. C.I.
13,015	12,594		11,002	9,652		
12,403	11,883		10,582	9,290		C.I. I.M.
12,398	11,882		10,640	9,332		
13,020	12,547		11,132	9,875		I.M. C.I.
13,058	12,537		11,137	9,879		
10,273	9,774		8,359	7,099		C.I. I.M.
10,298	9,788		8,409	7,114		
11,848	11,316		10,003	8,762		I.M. C.I.
11,863	11,326	1,006	10,023	8,794	1,003	

103. En examinant le tableau des inclinaisons placé à la fin de ce chapitre, on voit que l'influence de la variation de l'inclinaison des règles, sur les quantités γ_0 et γ_1, peut être considérée comme nulle. Quant aux microscopes, la plus grande inclinaison ne donne, avec l'inclinaison moyenne, qu'une différence de $6''$; si on calcule l'influence de cette quantité sur la longueur de la règle, on trouve qu'elle produit une erreur de $0^{mm},004$, en admettant que la distance de la règle à l'axe du microscope soit de $0^m,20$, ce qui est une limite extrême. Nous pouvons donc également considérer comme nulle l'influence de la variation de l'inclinaison des microscopes.

Par conséquent, à l'aide des données précédentes et des valeurs connues de r_0 et de r_1 (*), on peut former les termes des premiers membres des équations (151) et (152), et en déduire les valeurs de

$$\gamma_0,\ \delta_0,\ \delta_0\, r_0,\ \text{relatives à la règle égyptienne},$$
$$\gamma_1,\ \delta_1,\ \delta_1\, r_1,\ \text{relatives à la règle espagnole},$$

qui sont nécessaires à la formation de l'équation (155). Ces valeurs sont consignées dans le tableau XXV.

(*) r_0 étant égal à r (voir la note de la page 159), sa valeur est $+\,0{,}918$ chap. VII, pages 136 et 138).

La valeur $r_1 = +\,0{,}905$ a été prise dans l'ouvrage espagnol. (*Expériences aites sur l'appareil*, etc., page 180.)

TABLEAU XXV.

COMPARAISONS.	RÈGLE ESPAGNOLE.				RÈGLE ÉGYPTIENNE.			
	γ_1	δ_1	$\delta_1 r_1$	$\gamma_1 + \delta_1 r_1$	γ_0	δ_0	$\delta_0 r_0$	$\gamma_0 + \delta_0 r_0$
	p	p	p	p	p	p	p	p
1	−1,116	−2,784	−2,520	−3,636	+0,357	+0,791	+0,726	+1,083
2	1,181	2,676	2,422	3,603	0,315	0,833	0,765	1,080
3	1,240	2,667	2,414	3,654	0,262	0,897	0,824	1,086
4	1,252	2,684	2,429	3,681	0,277	0,848	0,780	1,057
5	1,205	2,760	2,498	3,703	0,292	0,954	0,876	1,168
6	1,222	2,690	2,434	3,656	0,272	0,945	0,866	1,138
7	1,250	2,619	2,370	3,620	0,213	1,004	0,923	1,136
8	1,168	2,607	2,359	3,527	0,252	0,933	0,857	1,109
9	1,131	2,642	2,391	3,522	0,396	0,859	0,789	1,185
10	0,984	2,805	2,539	3,523	0,428	0,851	0,782	1,210
11	−0,311	−3,673	−3,324	−3,635	+1,034	−0,079	−0,027	+1,007
12	0,451	3,664	3,346	3,767	1,031	−0,025	−0,072	0,959
13	0,380	3,645	3,299	3,679	1,045	+0,052	+0,047	1,092
14	0,424	3,630	3,286	3,710	1,033	0,045	0,041	1,074
15	0,569	3,544	3,208	3,777	0,848	0,183	0,169	0,987
16	0,791	3,359	3,040	3,831	0,794	0.296	0,172	0,966
17	0,966	2,975	2,693	3,659	0,308	0,842	0,774	1,082
18	1,046	2 853	2,582	3,622	0,278	0,831	0,764	1,042
19	1,154	2,840	2,571	3,725	0,255	0,834	0,766	1,021
20	1,162	2,849	2,552	3,614	0,286	0,846	0,777	1,063
21	−1,010	−2,857	−2,586	−3,596	+0,417	+0,777	+0,714	+1,131
22	1,039	2,867	2,595	3,634	0,414	0,768	0,706	1,120
23	1,166	2,759	2,497	3,663	0,221	0,878	0,807	1,028
24	1,228	2,644	2,393	3,624	0,197	0,896	0,823	1,020
25	1,214	2,635	2,385	3,599	0,186	0,994	0,913	1,099
26	1,308	2,613	2,365	3,673	0,165	1,033	0,949	1,114
27	1,355	2,546	2,309	3,664	0,060	1,078	0,990	1,050
28	1,418	2,490	2,254	3,672	0,055	1,119	1,028	1,083
29	1,384	2,513	2,275	3,659	0,060	1,215	1,116	1,176
30	1,395	2,456	2,223	3,618	0,061	1,250	1,149	1,210
31	−0,001	−1,001	−3,622	−3,622	+1,464	−0,383	−0,351	+1,113
32	0,094	3,848	3,483	3,577	1,428	0,345	0,311	1,117
33	0,173	3,814	3,452	3,625	1,269	0,214	0,196	1,073
34	0,316	3,695	3,344	3,660	1,246	−0,142	−0,130	1,116
35	0,439	3,535	3,200	3,639	1,025	+0,153	+0,140	1,165
36	0,593	3,444	3,090	3,683	1,003	0,191	0,175	1,178
37	0,678	3,309	2,995	3,673	0,748	0,455	0,418	1,166
38	0,745	3,177	2,876	3,621	0,705	0,497	0,457	1,162
39	0,653	3,207	2,903	3,556	0,793	0,428	0;393	1,186
40	0,555	3,235	2,928	3,483	0,857	0,382	0,349	1,206

TABLEAU XXV.

COMPARAISONS.	RÈGLE ESPAGNOLE.				RÈGLE ÉGYPTIENNE.			
	γ_1	δ_1	$\delta_1 r_1$	$\gamma_1 + \delta_1 r_1$	γ_0	δ_0	$\delta_0 r_0$	$\gamma_0 + \delta_0 r_0$
	p	p	p	p	p	p	p	p
41	−0,584	−3.258	−2,949	−3,533	+0,946	+0,301	+0,276	+1,222
42	0,623	3,254	2,943	3,566	0,933	0,326	0,299	1,232
43	0,497	3,167	2,866	3,363	0,939	0,327	0,300	1,239
44	0,607	3,203	2,899	3,506	0,888	0,257	0,236	1,124
45	0,652	3,215	2,910	3,562	0,919	0,347	0,340	1,259
46	0,626	3,214	2,909	3,535	0,941	0,310	0,284	1,225
47	0,545	3,231	2,926	3,471	1,012	0.318	0,291	1,304
48	0,498	3,312	2,997	3,495	1,040	0,309	0,285	1,325
49	0,515	3,313	2,998	3,513	1,012	0,264	0,242	1,254
50	0,494	3,307	2,994	3,488	1,024	0,252	0,231	1,255
51	+0,047	−4,054	−3,669	−3,622	+1,520	−0,487	−0,447	+1,073
52	−0.020	3,943	3,566	3,586	1,524	0,483	0,443	1,081
53	0,008	3,906	3,535	3,543	1,388	0,295	0,270	1,118
54	0,162	3.802	3,441	3.603	1,320	0,303	0,278	1,042
55	0,246	3,766	3,408	3,654	1,235	0,135	0,123	1,112
56	0,255	3,662	3,318	3,573	1,222	−0,149	0,109	1,113
57	0,261	3,658	3,311	3,572	1,064	+0,017	+0,015	1,079
58	0,380	3,618	3,274	3,654	1,042	0,022	0,020	1,062
59	0,441	3,471	3,141	3,582	0,970	0,205	0,188	1,158
60	0,468	3,474	3.144	3,612	0,985	0,162	0,118	1,103
61	+0,720	−4,782	−4,328	−3,608	+2,202	−1,149	−1,056	+1,146
62	0,574	4,602	4,166	3,591	2,173	1,101	1,012	1,161
63	0,493	4,535	4,103	3,610	1,948	0,952	0,873	1,075
64	0,382	4,359	3,945	3,563	1,922	0,903	0,828	1,094
65	0,288	4,289	3,880	3,592	1,737	0,586	0,537	1,200
66	+0,126	4.146	3,752	3.626	1,687	0,572	0,525	1.162
67	−0,183	3,734	3.379	3,560	1,302	0.054	0,049	1,253
68	0,102	3,734	3,379	3,481	1,319	0,102	0,093	1,226
69	0,078	3,703	3,353	3,433	1,302	0,053	0,048	1,252
70	0,199	3,640	3,295	3,494	1,266	0,061	0,056	1,210
71	−0,388	−3,480	−3,149	−3,537	+1,014	+0,156	+0,143	+1,157
72	0,446	3,358	3,038	3,484	0,986	0,480	0,465	1,151
73	0,350	3,280	2,968	3,318	1,087	0,268	0,245	1,332
74	0,227	3,474	3,143	3,370	1,186	0,221	0,202	1,388
75	0,217	3,519	3,184	3,401	1,238	0,020	0,018	1,256
76	0,115	3,553	3,245	3,330	1,259	+0,012	+0,011	1,270
77	0,043	3,589	3,248	3,291	1,445	−0,009	−0,008	1,437
78	0,038	3,666	3.317	3,355	1,438	0,022	0,020	1,458
79	0,095	3,603	3,260	3,351	1,310	0,076	0,070	1,380
80	0,474	3.627	3,282	3,463	1,294	0,071	0,065	1,359

TABLEAU XXV.

COMPARAISONS.	RÈGLE ESPAGNOLE.				RÈGLE ÉGYPTIENNE.			
	γ_1	δ_1	$\delta_1 r_1$	$\gamma_1 + \delta_1 r_1$	γ_0	δ_0	$\delta_0 r_0$	$\gamma_0 + \delta_0 r_0$
	p	p	p	p	p	p	p	p
81	+0,455	—4,355	—3,946	—3,491	+1,880	—0,810	—0,743	+1,137
82	0,347	4,247	3,843	3,496	1,854	0,798	0,732	1,122
83	0,341	4,214	3,814	3,473	1,834	0,575	0,527	1,307
84	0,196	4,096	3,703	3,507	1,797	0,532	0,488	1,309
85	0,097	4,058	3,672	3,575	1,623	0,427	0,392	1,231
86	0,640	3,931	3,557	3,517	1,614	0,413	0,379	1,235
87	+0,006	3,866	3,499	3,493	1,440	0,233	0,214	1,226
88	—0,171	3,706	3,355	3,526	1,392	—0,199	—0,184	1,208
89	0,272	3,668	3,349	3,591	1,169	+0,042	+0,038	1,201
90	0,359	3,491	3,159	3,518	1,142	0,088	0,080	1,222
91	—0,320	—3,448	—3,093	—3,413	+1,089	+0,223	+0,204	+1,293
92	0,379	3,434	3,008	3,387	1,100	0,230	0,211	1,311
93	0,437	3,278	2,967	3,404	1,018	0,227	0,208	1,226
94	0,499	3,337	3,020	3,519	0,992	0,220	0.202	1,194
95	0,507	3,284	2,972	3,479	0,984	0,337	0,309	1,293
96	0,542	3,185	2,882	3,424	0,983	0,352	0,323	1,306
97	0,679	3,074	2,782	3,464	0,787	0,420	0,385	1.472
98	0,689	3,055	2,765	3,454	0,820	0,466	0,427	1,247
99	0,711	3,042	2,753	3,464	0,840	0,562	0,515	1,355
100	0,724	2,994	2,710	3,434	0,836	0,589	0,540	1,376
101	+0,228	—4,118	—3,726	—3,498	+1,722	—0,530	—0,486	+1,236
102	0,105	4,011	3,630	3,525	1,690	0,544	0,499	1,191
103	+0,005	3,913	3,544	3,536	1,448	0,380	0.348	1,100
104	—0,095	3,787	3,427	3,522	1,435	0,305	0,280	1,155
105	0,146	3,744	3,388	3,534	1,303	0,118	0,108	1,195
106	0,254	3,614	3,271	3,525	1,288	—0,078	—0,074	1,217
107	0,387	3,522	3,187	3,574	1,056	+0,119	+0,109	1,165
108	0,479	3,419	3,094	3,573	1,040	0,217	0,199	1,209
109	0,489	3,381	3,060	3,549	0,994	0,282	0,259	1,253
110	0,505	3,341	3,024	3,529	1,002	0,306	0,281	1,283
111	—0,503	—3,289	—2,977	—3,480	+1,003	+0,256	+0,235	+1,238
112	0,512	3,284	2,972	3,484	1,049	0,239	0,219	1,238
113	0,522	3,286	2,973	3,495	1,032	0,280	0,257	1,289
114	0,488	3,192	2,889	3,377	1,026	0,279	0,256	1,282
115	0,508	3,189	2,886	3,394	0,969	0,290	0,266	1,295
116	0,581	3,176	2,874	3,455	0,932	0,285	0,261	1,193
117	0,571	3,143	2,844	3,415	0,960	0,393	0,360	1,320
118	0,625	3,123	2,826	3,451	0,953	0,404	0,371	1,324
119	0,751	3,054	2,764	3,515	0,704	0,487	0,443	1,447
120	0,800	2,943	2,663	3,463	0,673	0,549	0,476	1,149

TABLEAU XXV.

COMPARAISONS.	RÈGLE ESPAGNOLE.				RÈGLE ÉGYPTIENNE.			
	γ_1	δ_1	$\delta_1 r_1$	$\gamma_1+\delta_1 r_1$	γ_0	δ_0	$\delta_0 r_0$	$\gamma_0+\delta_0 r_0$
	p	p	p	p	p	p	p	p
121	—0,127	—3,674	—3,373	—3,500	+1,382	—0,299	—0,275	+1,407
122	0,164	3,683	3,384	3,548	1,395	0,280	0,257	1,138
123	0,177	3,662	3,365	3,542	1,382	0,216	0,198	1,184
124	0,273	3,594	3,303	3,576	1,368	0,196	0,180	1,188
125	0,322	3,480	3,198	3,520	1,217	0,055	0,050	1,167
126	0,385	3,504	3,220	3,605	1,217	0,059	0,054	1,163
127	0,360	3,476	3,194	3,554	1,235	0,042	0,038	1,197
128	0,263	3,489	3,266	3,529	1.263	0,005	0,004	1,259
129	0,188	3,564	3,272	3,460	1,376	0,163	0,150	1,226
130	0,102	3,642	3,347	3,449	1,366	0,174	0,160	1.206
131	+0,459	—4,382	—4,027	—3,568	+2,018	—0,971	—0,883	+1,135
132	0,400	4,368	4,006	3,606	2,018	0,933	0,857	1,161
133	0,332	4,304	3,956	3,624	1,826	0,775	0,712	1,114
134	0,241	4,189	3,850	3.609	1,793	0,765	0,703	1,090
135	0,301	4,161	3,824	3,523	1,893	0,759	0,698	1,195
136	0,390	4,251	3,906	3.516	1,926	0,739	0,679	1,247
137	0,415	4,291	3,943	3,528	1,921	0,764	0,702	1,219
138	0,375	4,289	3,944	3,566	1,896	0,788	0,724	1,172
139	0.386	4,260	3,915	3,529	1,856	0,713	0,655	1,204
140	0,269	4,204	3,863	3,594	1,845	0,699	0,642	1,203

104. Des quantités contenues dans le tableau précédent, et en vertu de la formule (155), on a formé les 140 valeurs de Q, qui se trouvent consignées dans le tableau suivant. On a également inscrit dans ce tableau la moyenne de chaque série de 10 comparaisons.

Nous avons négligé les termes du second ordre, car en les calculant pour la 28° comparaison, où leur influence est la plus considérable, nous avons trouvé que leur somme est :

$$\frac{\overset{p}{14,315}}{N_o^{\,2}} = \frac{\overset{p}{14,315}}{(38975)^2} ;$$

quantité plus que négligeable.

TABLEAU XXVI.

COMPARAISONS.	Q (p)	COMPARAISONS.	Q (p)	COMPARAISONS.	Q (p)	COMPARAISONS.	Q (p)
1	−4,719	41	−4.745	81	−4,628	121	−4,607
2	4,681	42	4,798	82	4,618	122	4,686
3	4,740	43	4,602	83	4,780	123	4,726
4	4,738	44	4,630	84	4,816	124	4,764
5	4,871	45	4,821	85	4,806	125	4,687
6	4,803	46	4,760	86	4,752	126	4,768
7	4,754	47	4,775	87	4,719	127	4,751
8	4,636	48	4,820	88	4,734	128	4,788
9	4,707	49	4,772	89	4,798	129	4,686
10	4,733	50	4,743	90	4,740	130	4,655
11	−4,642	51	−4,695	91	−4,706	131	−4,703
12	4,726	52	4,667	92	4,698	132	4,767
13	4,771	53	4,661	93	4,630	133	4,738
14	4,784	54	4,645	94	4,713	134	4,699
15	4,764	55	4,766	95	4,772	135	4,748
16	4,797	56	4,686	96	4,730	136	4,763
17	4,741	57	4,651	97	4,638	137	4,747
18	4,664	58	4,716	98	4,701	138	4,738
19	4,746	59	4,740	99	4,819	139	4.730
20	4,677	60	4,615	100	4,840	140	4,797
21	−4,727	61	−4,754	101	−4,734		
22	4,754	62	4,752	102	4,716		
23	4,691	63	4,685	103	4.636		
24	4,644	64	4,657	104	4,677		
25	4,697	65	4,792	105	4,729		
26	4,786	66	4,788	106	4,742		
27	4,714	67	4,813	107	4,739		
28	4,754	68	4,707	108	4,782		
29	4,834	69	4,685	109	4,802		
30	4,827	70	4,704	110	4,842		
31	−4,735	71	−4,694	111	−4,718		
32	4,694	72	4,635	112	4,722		
33	4,698	73	4,650	113	4,784		
34	4,776	74	4,758	114	4,659		
35	4,804	75	4,657	115	4,629		
36	4,864	76	4,600	116	4,648		
37	4,839	77	4,728	117	4,735		
38	4,783	78	4,813	118	4,775		
39	4,742	79	4,731	119	4,662		
40	4,678	80	4,822	120	4,612		

MOYENNE
de chaque série
de dix comparaisons.

Séries.	p
I	−4,7382
II	4,7312
III	4,7425
IV	4,7610
V	4,7466
VI	4,6842
VII	4,7337
VIII	4,7088
IX	4,7391
X	4,7247
XI	4.7369
XII	4,6944
XIII	4,7117
XIV	4,7400

Moyenne générale = − 4,72785 (p)

105. La moyenne des 140 valeurs de Q est :

$$Q = - \overset{p}{4},\!72785. \qquad (158)$$

En comparant cette moyenne avec les 140 valeurs individuelles dont elle provient, et avec la moyenne de chaque
série de dix comparaisons, nous avons obtenu les différences
ou résidus suivants :

TABLEAU XXVII.

COMPARAISONS.	RÉSIDUS.	COMPARAISONS.	RÉSIDUS.	COMPARAISONS.	RÉSIDUS.	COMPARAISONS.	RÉSIDUS.
	p		p		p		p
1	+0,009	41	—0,017	81	+0,100	121	+0,121
2	+0,047	42	—0,070	82	+0,110	122	+0,042
3	—0,012	43	+0,126	83	—0,052	123	+0,002
4	—0,010	44	+0,098	84	—0,088	124	—0,036
5	—0,143	45	—0,093	85	—0,078	125	+0,041
6	—0,075	46	—0,032	86	—0,024	126	—0,040
7	—0,026	47	—0,047	87	+0,009	127	—0,023
8	—0,092	48	—0,092	88	—0,006	128	—0,060
9	+0,021	49	—0,044	89	—0,070	129	+0,043
10	—0,005	50	—0,015	90	—0,012	130	+0,073
11	+0,086	51	+0,033	91	+0,022	131	+0,025
12	+0,002	52	+0,061	92	+0,030	132	—0,039
13	—0,043	53	+0,067	93	+0,098	133	—0,040
14	—0,056	54	+0,083	94	+0,015	134	+0,029
15	—0,036	55	—0,038	95	—0,044	135	+0,010
16	—0,069	56	+0,042	96	—0,002	136	—0,035
17	—0,013	57	+0,077	97	+0,090	137	—0,019
18	+0,064	58	+0,012	98	+0,027	138	—0,040
19	—0,018	59	—0,012	99	—0,091	139	—0,002
20	+0,051	60	+0,143	100	—0,082	140	—0,069
21	+0,001	61	—0,026	101	—0,006		
22	—0,026	62	—0,024	102	+0,012		
23	+0,037	63	+0,043	103	+0,092	SÉRIES.	RÉSIDUS.
24	+0,087	64	+0,071	104	+0,051		
25	+0,035	65	—0,064	105	—0,001		
26	—0,059	66	—0,060	106	—0,014		
27	+0,014	67	—0,085	107	—0,011		
28	—0,027	68	+0,021	108	—0,054	I	—0,010
29	—0,107	69	+0,043	109	—0,074	II	—0,003
30	—0,099	70	+0,024	110	—0,084	III	—0,015
						IV	—0,033
31	—0,007	71	+0,034	111	+0,010	V	—0,019
32	+0,034	72	+0,093	112	+0,006	VI	+0,044
33	+0,030	73	+0,078	113	—0,056	VII	—0,006
34	—0,048	74	—0,030	114	+0,069	VIII	+0,019
35	—0,076	75	+0,071	115	+0,099	IX	—0,011
36	—0,133	76	+0,128	116	+0,080	X	+0,006
37	—0,111	77	+0,000	117	—0,007	XI	—0,009
38	—0,055	78	—0,085	118	—0,047	XII	+0,033
39	—0,014	79	—0,003	119	+0,066	XIII	+0,016
40	+0,050	80	—0,094	120	+0,116	XIV	—0,012

106. De ces résidus on conclut que l'erreur moyenne pour une seule comparaison est :

$$\varepsilon' = \pm \sqrt{\frac{0,5127}{140-1}} = \pm\, 0,0607,$$

et l'erreur probable :

$$E' = \pm\, 0,6745\,\varepsilon' = \pm\, 0,0409.$$

Pour un groupe de dix comparaisons, on a les erreurs moyenne et probable :

$$\varepsilon'' = \pm \sqrt{\frac{0,0058}{14-1}} = \pm\, 0,0212,$$

$$E'' = \pm\, 0,6745\,\varepsilon'' = \pm\, 0,0143.$$

Enfin pour la détermination de la valeur de Q donnée par l'ensemble des observations, on trouve :

$$\text{Erreur moyenne,} \quad \varepsilon_Q = \pm\frac{0,0607}{\sqrt{140}} = \pm\, 0,0051,$$

$$\text{Erreur probable,} \quad E_Q = \pm\, 0,0034. \tag{159}$$

107. En remplaçant Q par sa valeur (158) dans l'équation (157), et en faisant

$$N_0 = 38975,$$

nous aurons :

$$R_0 = \left(1 - \frac{4,72785}{38975}\right) R_1 = \left(1 - 0,000121305\right) R_1 ; \tag{160}$$

ou bien :

$$R_0 = 0,999878695\, R_1. \tag{161}$$

D'ailleurs, d'après la comparaison faite par les officiers espagnols avec la règle de Borda n° 1, on a :

$$R_{i} = 3898,5112^{\text{mm}}; \qquad (162)$$

par conséquent, on aura en millimètres et à la température constante $T = 12°48$, pour la valeur de la partie de la règle de platine de l'appareil égyptien, comprise entre les traits 510 et 39485 :

$$R_{o} = 3898,0383^{\text{mm}}. \qquad (163)$$

108. Cette valeur de R_o suppose que Q et R_i sont exempts d'erreur, cependant il n'en est pas ainsi; car nous venons de voir que la première de ces quantités a pour erreur moyenne $\varepsilon_0 = \pm 0,0051$; la seconde a, d'après l'ouvrage espagnol (page 180), pour erreur probable $\pm 0,0100$ qui correspond à l'erreur moyenne $\varepsilon_{R_i} = \pm 0,0148$. Il en résulte, eu égard à l'équation (157), que l'erreur moyenne de R_o est

$$\varepsilon_{R_o} = \pm \sqrt{\left[\left(1 + \frac{Q}{N_o}\right)\varepsilon_{R_i}\right]^2 + \left(\frac{R_o}{N_o}\varepsilon_Q\right)} = \pm 0.0157 \quad (164)$$

d'où l'on conclut l'erreur probable

$$E_{R_o} = \pm 0,0106. \qquad (165)$$

L'unité de toutes les erreurs est le décimillimètre.

109. Nous venons de trouver la longueur R_o à la température $12°,48$, pour l'intervalle de la règle de platine compris entre les traits 510 et 39485. Mais il convient de connaître en millimètres la longueur totale de cette règle, qui servira évidemment dans les opérations ultérieures, et pour laquelle ont été déterminées les valeurs des coefficients de dilatation. Nous avons constaté par des mesures micrométriques que les divisions gravées aux extrémités de la règle sont d'égales longueurs. En supposant que dans la partie embrassée par la graduation, la dilatation s'effectue régulièrement, il suffira d'une simple proportion pour passer de la longueur de la partie connue R_0 de la règle à sa longueur totale R.

On aura donc, pour la valeur en millimètre de la longueur totale R à la température de $12°,48$, où les deux règles de platine et de laiton sont d'égales longueurs :

$$R = \frac{N}{N_0} R_0. \tag{166}$$

et par suite :

$$R = \frac{40000 \times 3898,0383^{mm}}{38975} = 4000,5522^{mm}. \tag{167}$$

L'erreur probable de R_0 (165) étant connue, on peut à l'aide de la relation (166) obtenir facilement l'erreur probable de R, et on a :

$$\varepsilon_R = \pm 0,0108.$$

Nota. La partie de l'ouvrage contenue dans ce chapitre a été l'objet d'une communication à l'Académie des sciences de Madrid, qui en a ordonné la publication dans ses mémoires, tome II.

TABLEAU XXVIII.

Inclinaisons des Règles.

1862. Nov.	RÈGLE ESPAGNOLE.							RÈGLE ÉGYPTIENNE.				
	AVANT la comparaison.		APRÈS la comparaison.		$H'-H$	$I'-I$	$I'-I$ en arc.	AVANT. $\overline{I_1}$	APRÈS. $\overline{I'_1}$	H'_1-H_1	I'_1-I_1	I'_1-I_1 en arc.
	H heure.	I inclinaison	H' heure	I' inclinaison				inclinaison	inclinaison			
	h m	p	h m	p	h m	p	''	p	p	h m	p	''
♃ 13	11 18	+0,10	4 30	+0,50	5 12	+0,40	+4,6	—0,20	+0,47	5 12	+0,67	+7,2
♀ 14	9 13	0,40	3 24	+0,27	6 11	—0,13	—1,5	+0,55	+0,57	6 11	+0,02	+0,2
♄ 15	9 36	0,27	3 32	—0,30	5 56	—0,03	—0,3	—0,07	—0,30	5 56	—0,23	—2,5
☉ 16	9 20	0,35	2 25	+0,10	5 5	—0,25	—2,8	+0,10	+0,10	5 5	0,00	0,0
☾ 17	8 46	0,10	3 9	+0,00	6 23	—0,10	—1,1	+0,22	—0,27	6 23	—0,49	—5,2
♂ 18	9 18	0,35	2 56	+0,50	5 38	+0,15	+1,7	+1,15	+1,45	5 38	+0,30	+3,2
☿ 19	9 27	0,35	3 2	+0,35	5 35	—0,00	+0,0	+1,00	+1,25	5 35	+0,25	+2,7
♃ 20	11 27	0,37	3 3	+0,42	3 36	+0,05	+0,6	+1,35	+0,80	3 36	—0,55	—5,9
♀ 21	9 38	0.57	2 4	+0,42	4 26	—0,25	—2,8	+1,07	+0,87	4 26	—0,20	—2,1

Inclinaisons des microscopes.

1862. Nov.	MICROSCOPE NORD.							MICROSCOPE SUD.				
	AVANT la comparaison.		APRÈS la comparaison.		$h'-h$	$i'-i$	$i'-i$ en arc.	AVANT. $\overline{i_1}$	APRÈS. $\overline{i'_1}$	h'_1-h_1	i'_1-i_1	i'_1-i_1 en arc.
	h heure.	i inclinaison	h' heure	i' inclinaison				inclinaison	inclinaison			
	h m	p	h m	p	h m	p	''	p	p	h m	p	''
♃ 13	12 30	+1,00	4 37	+0,32	4 7	—0,68	—9,5	—1,15	—0,62	4 7	+0,53	+7,4
♀ 14	9 28	—0,20	3 36	+0,20	6 8	+0,40	+5,6	0,55	0,47	6 8	+0,08	+1,1
♄ 15	9 49	+0,17	3 44	—0,02	5 55	—0,19	—2,7	0,82	0.52	5 55	+0,30	+4,2
☉ 16	9 27	+0,05	2 30	—0,05	5 3	—0,10	—1,4	0,55	0,40	5 3	+0,15	+2,1
☾ 17	9 10	+0,02	4 13	—0,10	7 3	—0,12	—1,7	0,50	0,37	7 3	+0,13	+1,8
♂ 18	9 24	—0,12	3 7	—0,42	5 43	—0,30	—4,2	0,42	0,30	5 43	+0,12	+1,7
☿ 19	9 31	—0,25	3 9	—0,20	5 37	+0,05	+0,7	0,30	0,47	5 37	—0,17	—2,4
♃ 20	11 34	—0,25	3 10	—0,17	3 36	—0,08	—1,4	0,30	0,40	3 36	—0,10	—1,4
♀ 21	9 48	—0,35	2 46	—0,50	4 58	—0,15	—2,1	0.35	0,30	4 58	+0,05	+0,7

CHAPITRE X

— —

110. Dans les résultats obtenus jusqu'ici, nous nous sommes borné à déterminer les valeurs numériques des inconnues et celles des résidus que leur substitution laisse dans les équations proposées. Il convient maintenant de rechercher les causes auxquelles ces erreurs peuvent être attribuées, et la part d'influence qu'elles y exercent.

Nous avons trouvé pour r les deux valeurs suivantes, selon que l'on a supposé fixe l'intervalle des microscopes, ou que l'on a considéré la distance des mires comme invariable :

$$r = z' = + \frac{1427,08}{1555,16} = + 0,9180 \qquad (168)$$

$$r = n = + \frac{1429,92}{1555,15} = + 0,9194 \qquad (169)$$

En substituant ces valeurs dans les équations primitives, on a obtenu les résidus (n° 76 et 79) ; ces résidus, traités par la méthode des moindres carrés, donnent pour une seule équation les erreurs moyenne et probable suivantes ; dans le premier cas :

$$\text{Erreur moyenne} = \pm \sqrt{\frac{0,2997}{120 - 25}} = \pm 0,056 ;$$

$$(170)$$

$$\text{Erreur probable} = \pm 0,6745 \times 0,0562 = \pm 0,038 ;$$

et dans le second :

$$\text{Erreur moyenne} = \pm \sqrt{\frac{0.3064}{120 - 25}} = \pm 0,057,$$

$$(171)$$

$$\text{Erreur probable} = \pm 0,6745 \times 0,057 = \pm 0,038.$$

On voit donc que la petite différence des valeurs de r n'introduit aucune erreur sensible dans les résultats, puisque l'erreur probable est la même dans les deux cas.

111. Toutefois si nous considérons la valeur absolue de cette erreur, nous voyons qu'elle dépasse notablement la limite des erreurs d'observation que l'on peut commettre sur les γ. Cette anomalie ne peut tenir qu'à une réalisation incomplète des hypothèses adoptées. Or la résolution par la méthode des moindres carrés suppose que dans les équations de la forme $\xi + \delta x + \gamma = 0$, les quantités δ sont exemptes d'erreur, ce qui n'est pas tout à fait exact, puisque les δ comme les γ proviennent de l'observation ; les erreurs venant de ces deux sources se trouvent réunies dans le résultat final. En outre, nous avons admis :

1° Que l'intervalle compris entre les microscopes demeure constant, ainsi que l'intervalle compris entre les mires :

2° Que les dilatations se font régulièrement par toutes les températures et suivant une valeur unique de r ;

3° Que les règles se trouvent à chaque instant à la même température ;

4° Que les règles se sont toujours trouvées à la température du bain indiquée par la moyenne des quatre thermomètres.

112. Nous avons déjà constaté qu'une valeur unique de ξ' ne satisfait pas à toutes les équations, et il est par conséquent hors de doute que les microscopes n'ont pas gardé entre eux

une distance constante. Il semble naturel d'attribuer cette variation à une dilatation du mur.

Dans cette hypothèse, si nous considérons les vingt-quatre
valeurs de ξ' qui, à la première inspection, suivent une marche
progressive avec la température Θ de la salle, et si nous posons pour chacune d'elles une équation de la forme :

$$\xi' = \xi_0' + \delta\xi_0'\,\Theta ; \tag{172}$$

nous aurons les 24 équations suivantes, dont la résolution
fera connaître la quantité $\delta\xi_0'$ qui représente la dilatation du
mur pour 4 mètres, intervalle des microscopes :

$$
\begin{aligned}
0{,}700 &= \xi_0' + 10{,}9 . \, \delta\xi_0' \\
0{,}768 &= \xi_0' + 13{,}7 . \, \delta\xi_0' \\
1{,}239 &= \xi_0' + 15{,}8 . \, \delta\xi_0' \\
1{,}267 &= \xi_0' + 16{,}0 . \, \delta\xi_0' \\
1{,}298 &= \xi_0' + 16{,}4 . \, \delta\xi_0' \\
1{,}327 &= \xi_0' + 16{,}5 . \, \delta\xi_0' \\
1{,}280 &= \xi_0' + 18{,}9 . \, \delta\xi_0' \\
1{,}248 &= \xi_0' + 18{,}0 . \, \delta\xi_0' \\
1{,}469 &= \xi_0' + 20{,}8 . \, \delta\xi_0' \\
1{,}632 &= \xi_0' + 21{,}6 . \, \delta\xi_0' \\
1{,}662 &= \xi_0' + 21{,}0 . \, \delta\xi_0' \\
1{,}558 &= \xi_0' + 21{,}0 . \, \delta\xi_0' \\
1{,}287 &= \xi_0' + 17{,}7 . \, \delta\xi_0' \\
1{,}187 &= \xi_0' + 16{,}2 . \, \delta\xi_0' \\
1{,}209 &= \xi_0' + 16{,}9 . \, \delta\xi_0' \\
1{,}223 &= \xi_0' + 17{,}9 . \, \delta\xi_0' \\
1{,}321 &= \xi_0' + 17{,}4 . \, \delta\xi_0' \\
1{,}290 &= \xi_0' + 19{,}4 . \, \delta\xi_0' \\
1{,}517 &= \xi_0' + 19{,}8 . \, \delta\xi_0' \\
1{,}541 &= \xi_0' + 19{,}6 . \, \delta\xi_0' \\
1{,}229 &= \xi_0' + 18{,}6 . \, \delta\xi_0' \\
1{,}320 &= \xi_0' + 19{,}6 . \, \delta\xi_0' \\
1{,}375 &= \xi_0' + 19{,}0 . \, \delta\xi_0' \\
1{,}434 &= \xi_0' + 19{,}2 . \, \delta\xi_0'
\end{aligned}
\tag{173}
$$

De leur ensemble, on déduit :

$$\xi_0' = 0,155\,; \quad \delta\xi_0' = +\frac{273,41}{3364,55} = +\,0,0813\,; \qquad (174)$$

Ces valeurs introduites dans les équations ci-dessus donnent les résidus suivants :

− 0,031	− 0,100	+ 0,003	+ 0,063
− 0,190	− 0,060	+ 0,025	+ 0,103
+ 0,110	− 0,067	− 0,009	− 0,128
+ 0,122	+ 0,031	− 0,077	− 0,118
+ 0,120	+ 0,110	+ 0,062	− 0,014
+ 0,141	+ 0,006	− 0,132	+ 0,029

De ces résidus, on déduit pour une seule équation les erreurs moyenne et probable suivantes :

$$\text{Erreur moyenne} = \pm\,\overset{m\text{/}m}{0,0096}\,;$$

$$\tag{175}$$

$$\text{Erreur probable} = \pm\,\overset{m\text{/}m}{0,0065}\,;$$

Il est donc évident que l'intervalle des microscopes varie à très-peu près proportionnellement à la température Θ de la salle.

De la valeur trouvée pour $\delta\xi_0'$, on conclut que le coefficient de dilatation linéaire du mur serait de

$$0,00000203. \qquad (176)$$

Maintenant jetons un coup d'œil sur les divers coefficients de dilatation des pierres à bâtir, rapportés dans l'annuaire du bureau des longitudes. Nous voyons que tous ces coefficients sont plus forts que celui que nous venons d'obtenir. Celui qui s'en rapproche le plus est **0,0000025**. Il se rapporte à une certaine espèce de pierre calcaire blanche et a été déterminé par

Vicat. Nous ne connaissons pas la qualité des matériaux employés par M. Brunner. Comme il est admissible d'ailleurs que l'amplitude des variations de température de la masse du mur a toujours été beaucoup moindre que celle des températures indiquées par le thermomètre, le coefficient de dilatation auquel nous sommes parvenu doit être nécessairement plus faible que le coefficient vrai, et c'est ce que nous constatons effectivement. La seule chose que nous puissions conclure de cette discussion, c'est que la variation de l'intervalle compris entre les microscopes est sensiblement proportionnelle à la variation de température de la salle.

113. Les différentes valeurs de ξ, qui représentent la différence entre l'intervalle des mires et la longueur R de la règle à la température constante T, nous offrent de leur côté des variations assez fortement accusées.

Si nous reprenons les vingt-quatre valeurs individuelles de ξ et de ξ', et si nous dressons le tableau de leurs variations successives $\Delta\xi$ et $\Delta\xi'$, nous aurons :

$\Delta\xi$	$\Delta\xi'$	$\Delta\xi$	$\Delta\xi'$
+ 0,037	+ 0,068	— 0,138	— 0,101
+ 0,452	+ 0,471	— 0,067	+ 0,023
+ 0,027	+ 0,028	— 0,117	+ 0,014
— 0,005	+ 0,031	+ 0,092	+ 0,098
+ 0,079	+ 0,029	— 0,004	— 0,031
+ 0,049	— 0,047	+ 0,207	+ 0,227
+ 0,080	— 0,032	+ 0,098	+ 0,024
+ 0,202	+ 0,221	— 0,308	— 0,312
+ 0,183	+ 0,163	+ 0,028	+ 0,091
+ 0,234	+ 0,030	+ 0,107	+ 0,055
— 0,205	— 0,104	+ 0,084	+ 0,059
— 0,217	— 0,271		

En comparant dans ce tableau les nombres en regard l'un

de l'autre, on én conclut que les ξ' et les ξ ont varié en même temps de quantités, qui le plus souvent sont comparables.

Il est assez difficile d'assigner la cause véritable de cette variation. On peut l'attribuer soit à des déplacements isolés des mires et de leurs objectifs, soit à un déplacement simultané. Toutefois, les mires paraissent indépendantes du mur, tandis que leurs objectifs sont fixés à des pierres qui y sont encastrées; il semble donc naturel d'admettre que les objectifs ont éprouvé un léger mouvement qui a déplacé l'image des mires, sans qu'on puisse affirmer que les mires de leur côté n'ont pas subi un déplacement sensible, quoique moins prononcé.

En définitive, il n'y aurait aucun avantage à rapporter les lectures plutôt aux mires qu'aux zéros des peignes des microscopes qui jouissent, d'après les nivellements faits, d'une certaine stabilité. On évite même ainsi l'inconvénient d'introduire encore les erreurs provenant de l'observation des mires. C'est pour cette raison que nous avons adopté la valeur

$$r = r' = +\, 0,9180$$

qui est donnée par les observations où l'on ne fait pas intervenir les mires.

114. Il était inévitable de supposer ξ' constant pendant un certain nombre de séries, car autrement on aurait compliqué le problème par l'introduction d'un terme proportionnel à la variation de température du mur, qu'il était difficile d'apprécier. Mais si l'on remarque que les températures ont peu varié dans les intervalles où l'on a pu considérer ξ' comme constant, si l'on examine la manière dont les groupes ont été formés et les équations résolues, si enfin on tient compte de ce que les variations de températures du mur et de la règle ont eu lieu tantôt dans le même sens, tantôt en sens contraire, on se convaincra que les minimes quantités que l'on a négligées dans les ξ' n'ont dû exercer aucune influence sur le résultat final (*). Toutefois cette influence est sensible dans chaque groupe considéré en particulier, et c'est ce qui explique la grandeur relative des résidus et par suite l'erreur probable d'une seule série.

115. Examinons maintenant si la deuxième hypothèse est vérifiée, c'est-à-dire si la dilatation des règles s'est faite d'une manière régulière suivant une valeur unique de r. L'ensemble des équations de condition nous a fourni une certaine valeur de r que nous avons portée dans ces équations, après la détermination des valeurs de ξ' particulières à chaque groupe. Or, si nous considérons ceux où, pour une même valeur de ξ', la température a subi de grandes variations, nous reconnaissons à l'inspection des résidus que la valeur adoptée de r satisfait aux équations qui correspondent aux

---

(*, En effet, si au lieu de $\xi + \delta r + \gamma = 0$, nous écrivons des équations de la forme

$$\xi_0 + \frac{\Delta \xi}{\Delta \Theta} (\Theta - \Theta_0) + \delta r + \gamma = 0,$$

pour chacune des séries qui composent un groupe, la moyenne de chaque groupe sera, en divisant par le nombre n d'observations

$$\xi_0 + \frac{1}{n} \Sigma \frac{\Delta \xi}{\Delta \Theta} (\Theta - \Theta_0) - \frac{\Sigma \delta}{n} r + \frac{\Sigma \gamma}{n} = 0,$$

Si on soustrait cette équation moyenne de chacune des équations individuelles, il viendra, en désignant pour plus de simplicité les valeurs moyennes par l'indice m,

$$\frac{\Delta \xi}{\Delta \Theta} (\Theta - \Theta_m) + (\delta - \delta_m) r + (\gamma - \gamma_m) = 0;$$

Si nous multiplions chacune des équations individuelles par le coefficient

hautes comme aux basses températures. En effet, dans les groupes n° 21, 15, 16, 9, 22, 14, où la variation de température a été respectivement de 64°,7 45°,0 39°,7 19°,0 17°,2 13°,0, la substitution des inconnues ne laisse que des résidus comparables entre eux et qui ne présentent rien de systématique. Il en résulte donc que l'on peut admettre que la dilatation des règles s'est faite régulièrement.

116. Passons à la troisième hypothèse et rappelons que la résolution des équations de condition de la forme (140), établies pour les 74 dernières séries, a été présentée dans le chap. viii (n° 83) et a fourni pour valeurs des inconnues z et y :

$$z = -\frac{14369,87}{2963,47} = -4,8491 ,$$

$$\tag{177}$$

$$y = +\frac{9900,37}{25484,22} = +0,3885.$$

La substitution de ces valeurs dans les équations primitives

---

de l'inconnu n dans cette équation, conformément à la méthode des moindres carrés, et si nous faisons la somme nous obtenons :

$$\frac{\Delta\xi}{\Delta\Theta} \Sigma(\delta - \delta_m)(\Theta - \Theta_m) + \Sigma(\delta - \delta_m)^2 n + \Sigma(\delta - \delta_m)(\gamma - \gamma_m) = 0.$$

Chaque groupe fournira une équation analogue et nous aurons pour déterminer n, l'expression

$$n = -\frac{\Sigma\Sigma(\gamma - \gamma_m)(\delta - \delta_m)}{\Sigma\Sigma(\delta - \delta_m)^2} - \frac{\Sigma\Sigma(\delta - \delta_m)(\Theta - \Theta_m)}{\Sigma\Sigma(\delta - \delta_m)^2}\frac{\Delta\xi}{\Delta\Theta}.$$

Le premier terme du second membre n'est autre chose que la valeur (127) que nous avons trouvée pour n, et le second terme exprime la correction qu'il faudrait y apporter pour tenir compte des variations de ξ. Mais en vertu des considérations précédentes, le numérateur de ce terme devenant de plus en plus petit, le terme lui-même tend vers zéro.

a laissé les résidus (144), desquels on a tiré pour une seule équation les erreurs moyenne et probable suivantes :

$$\text{Erreur moyenne.} = \pm \sqrt{\frac{0,3063}{74-2}} = \pm \, 0,065 ; \tag{178}$$

$$\text{Erreur probable.} = \pm \, 0,6745 \times 0,065 = \pm \, 0,044 ;$$

à l'aide des valeurs de z et de y, on a également trouvé (n° 88) pour les valeurs des coefficients de dilatation absolue du platine et du laiton.

$$\pi = 0,000008917, \tag{179}$$

$$\lambda = 0,000018632.$$

117. Nous voyons que l'erreur probable (178) est plus considérable qu'elle ne devrait l'être ; recherchons-en la cause :

Pour cela considérons l'équation

$$z + ty + \delta = 0$$

qui exprime une relation entre les indications du thermomètre à mercure, et celles du thermomètre métallique constitué par les deux règles ; et mettons-la sous la forme

$$\frac{z}{y} + t + \frac{\delta}{y} = 0. \tag{180}$$

Le rapport $\dfrac{z}{y}$ exprime, au signe près, la température T à laquelle les deux règles sont égales ; par conséquent le rapport $\dfrac{\delta}{y}$ n'est autre chose que la température t à une constante près. On devra donc toujours retrouver les mêmes valeurs de δ, lorsque t repassera par des valeurs identiques, à moins que l'égalité de température n'ait pas toujours eu lieu. Or, cet effet se manifestera toujours avec d'autant plus d'intensité, que les variations de température du bain auront été plus rapides. Dans le cas d'une température constante, l'équilibre s'établirait plus facilement dans les deux règles. Cette considération nous conduit à partager en deux groupes les séries qui ont donné les valeurs de z et de y : le premier contient les 37 séries où t a varié entre $0°,24$ et $1°,11$ dans l'intervalle d'une série; les 37 autres constituent le 2me groupe où t a varié de quantités inférieures à $0°,24$.

En ordonnant convenablement les résidus déjà trouvés (n° 85), par la substitution des inconnues qu'a fournies l'ensemble des observations, on trouve pour une seule série les erreurs moyenne et probable suivantes :

$$1^{er} \text{ groupe.} \begin{cases} \text{Erreur moyenne} = \pm\, 0,062, \\ \text{Erreur probable} = \pm\, 0,042 ; \end{cases} \qquad (181)$$

$$2^{e} \text{ groupe.} \begin{cases} \text{Erreur moyenne} = \pm\, 0,069, \\ \text{Erreur probable} = \pm\, 0,046 ; \end{cases} \qquad (182)$$

Les erreurs probables sont, comme on le voit, les mêmes. Il s'ensuit que le thermomètre métallique indique les mêmes variations que le thermomètre à mercure, ce qui ne pourrait avoir lieu si les deux métaux n'étaient pas à la même température.

118. Il reste à rechercher si les règles se sont toujours trouvées à la température du bain donnée par la moyenne des quatre thermomètres. Les signes des résidus (144) présentent, à la simple inspection, des permanences qui semblent indiquer quelques anomalies locales. Il est donc admissible que l'hypothèse ne s'est pas toujours vérifiée, et que la température des règles s'est trouvée tantôt en avance, tantôt en retard sur la

température indiquée par les thermomètres, malgré les soins
que l'on a apportés à établir dans la masse du bain l'équilibre
de température. C'est à cette cause qu'il faut vraisemblablement
attribuer la grandeur de l'erreur probable trouvée plus haut.

Si l'on résout les équations de condition (n° 83) mises sous
la forme (180), les trois termes exprimant des températures,
les résidus seront eux-mêmes des fractions de degré centigrade, et l'on trouvera que l'erreur probable d'une seule
équation est :

$$\text{Erreur probable} = \pm\, 0°,11. \tag{183}$$

119. Quoi qu'il en soit, la différence entre les températures
accusées par les thermomètres à mercure et par le thermomètre métallique est sans importance, puisque l'erreur probable d'une seule équation ne monte qu'à $0^{mm},004$, et que les
signes des résidus, ordonnés suivant les températures, ne
présentent aucune régularité systématique; on peut donc considérer ces résidus comme des erreurs purement acciden-
telles.

Dans ce cas les numérateurs des expressions (177) représentent les poids de la détermination des inconnues z et y,
et l'on a pour erreur probable de ces quantités

$$\varepsilon_z = \pm\, \frac{0,044}{\sqrt{14369}} = \pm\, 0,0004;$$

$$\tag{184}$$

$$\varepsilon_y = \pm\, \frac{0,044}{\sqrt{9990}} = \pm\, 0,0004.$$

Nous avons démontré que la variation des ξ ne peut avoir
aucune influence sur la détermination de la valeur du coefficient de dilatation relative r. Les signes des résidus sont
d'ailleurs distribués d'une façon complétement irrégulière, et

l'erreur probable étant de $0^{mm},0038$ montre qu'ils peuvent être considérés comme imputables aux erreurs d'observations. Dans ce cas, le numérateur de l'expression (168) sera le poids de la détermination de l'inconnue r, et l'on aura pour erreur probable de cette quantité :

$$\varepsilon_r = \pm \frac{0,038}{\sqrt{1427}} = \pm 0,0010 \qquad (185)$$

Avec les erreurs probables ε_r, ε_z, ε_y, et à l'aide des formules (65) et (66) nous pouvons calculer les erreurs probables de π et de λ, et nous avons.

$$\varepsilon_\pi = \pm 0,000000013 ;$$
$$\varepsilon_\lambda = \mp 0,000000021. \qquad (186)$$

Enfin nous avons trouvé (chap. ix, page 180 et 181) que les erreurs probables des longueurs R_o et R de la régle égyptienne sont :

$$\varepsilon_{R_o} = \pm 0.0106,$$
$$\varepsilon_R = \pm 0,0108. \qquad (187)$$

Pour toutes ces erreurs, l'unité est le *décimillimètre*.

CONCLUSION

120. En résumé, de tout ce qui précède, nous déduisons pour les valeurs numériques des quantités cherchées ainsi que de leurs erreurs probables, les résultats suivants, où :

r représente le coefficient de la dilatation relative du platine et du laiton ;

π le coefficient de dilatation absolue du platine ;

λ celui du laiton ;

R_0 la longueur de la règle de platine comprise entre les traits 510 et 39485, à la température $12°,40$;

R la longueur totale de la règle à la même température

<table>
<tr><td colspan="2" align="center">Nombres.</td><td colspan="2" align="center">Erreurs probables.</td></tr>
<tr><td>r</td><td>$= 0,9180$</td><td>ε_r</td><td>$= \pm 0,001$</td></tr>
<tr><td>π</td><td>$= 0,000008917$</td><td>ε_π</td><td>$= \pm 0,000000013$</td></tr>
<tr><td>λ</td><td>$= 0,000018632$</td><td>ε_λ</td><td>$= \pm 0,000000021$</td></tr>
<tr><td>R_0</td><td>$= 3898,0384^{mm}$</td><td>ε_{R_0}</td><td>$= \pm 0,00106^{mm}$</td></tr>
<tr><td>R</td><td>$= 4000,5522$</td><td>ε_R</td><td>$= \pm 0,00108.$</td></tr>
</table>

REGISTRE

CONTENANT LES OBSERVATIONS FAITES A PARIS ET A MADRID,

POUR L'ÉTUDE ET L'ÉTALONNAGE

DE L'APPAREIL ÉGYPTIEN A MESURER LES BASES.

INITIALES DES OBSERVATEURS

MM. Yvon Villarceau. . . . . *Y. V.*

    Le colonel Carlos Ibañez. . . . . *C. I.*

    A. Tissot. . . . . *A. T.*

    De Tomaseti. . . . . *D. T.*

    Loewy. . . . . *L. O.*

    Oeltzen. . . . . *O. E.*

    F. Thirion. . . . . *F. T.*

    Baumgartner. . . . . *B. G.*

    Ismaïl Moustapha. . . . . *I. M.*

OBSERVATIONS.

Expériences de dilatation.

1862 AVRIL 18	POINTÉS SUR LES MIRES		1862 AVRIL 18	POINTÉS POUR LES VALEURS DES TOURS DE VIS			
	MICROSCOPE *OUEST*	MICROSCOPE *EST*		MICROSCOPE *OUEST* — TRAITS OBSERVÉS		MICROSCOPE *EST* — TRAITS OBSERVÉS	
				0	$0 + 3^{p}$	100	$100 + 3^{p}$

AVANT LA SÉRIE I.

1862 AVRIL 18	MICROSCOPE *OUEST*	MICROSCOPE *EST*	1862 AVRIL 18	0	$0+3^{p}$	100	$100+3^{p}$
$11^{h}\ 0^{m}$	$10{,}121$	$9{,}993$	$12^{h}\ 0^{m}$	$7{,}763$	$4{,}757$	$9{,}494$	$6{,}158$
	172	977		766	757	190	156
	122	972		752	745	182	130
	172	950		744	742	176	150
	154	973		759	744	178	162
	155	928		752	733	182	142
	149	959		A. T.		I. M.	
	155	966					
	178	950					
	172	939					
	A. T.	I M.					

Valeurs conclues des tours des vis,

$$v_1 = 0{,}997^{p} \qquad v'_1 = 0{,}989^{p}$$

1862 AVRIL 18	MICROSCOPE *OUEST*	MICROSCOPE *EST*	1862 AVRIL 18	0	$0+3^{p}$	100	$100+3^{p}$
$11\ 5$	$10{,}174$	$9{,}984$	$12\ 10$	$7{,}776$	$4{,}764$	$9{,}154$	$5{,}115$
	195	988		782	766	147	119
	201	$10{,}002$		786	765	164	112
	198	$9{,}983$		794	766	152	113
	168	$10{,}005$		777	786	138	089
	196	$9{,}975$		773	795	152	115
	210	$10{,}014$		I. M.		A. T.	
	196	$9{,}982$					
	207	950					
	177	989					
	I. M.	A. T.					

Valeurs conclues des tours des vis,

$$v_1 = 0{,}996^{p} \qquad v'_1 = 0{,}986^{p}$$

$11\ 10$	Therm. $= +10{,}5°$		$12\ 22$	Therm. $= +10{,}7°$

OBSERVATIONS.

Expériences de dilatation.

SÉRIE I.

OBSERVATIONS	1862 AVRIL 18		THERMOMÈTRES				MICROSCOPE OUEST. POINTÉS sur le		MICROSCOPE EST. POINTÉS sur le	
	h	m	N° 843	N° 844	N° 845	N° 846	PLATINE	LAITON	PLATINE	LAITON
							7,730		9,128	
1	12	35	9,41	9,46	9,41	9,44	733		124	
							734	9,580	118	11,778
2		38	43	48	46	46		562		776
							7,725	»	9,140	778
3		40	51	52	46	46	732		128	
							732	9,562	122	11,796
4		42	54	54	46	48		576		786
							7,731	»	9,126	756
5		46	60	60	52	54	724		111	
							723	9,582	106	11,736
6		48	62	62	54	56		591		726
							7,724	590	9,108	736
7		50	64	63	56	58	721		114	
							719	9,606	108	11,766
8		53	68	66	60	61		600		760
							7,741	604	9,115	756
9		55	70	68	62	64	734		096	
							736	9,592	104	11,756
10		57	74	70	64	66		588		740
							7,736	599	9,118	764
11	12	59	9,76	9,74	9,66	9,68	732		092	
							734		110	
			B. G.				A. T.		I. M.	

SÉRIE II.

OBSERVATIONS	1862 AVRIL 18		THERMOMÈTRES				MICROSCOPE OUEST. POINTÉS sur le		MICROSCOPE EST. POINTÉS sur le	
	h	m	N° 843	N° 844	N° 845	N° 846	PLATINE	LAITON	PLATINE	LAITON
							7,736		9,038	
1	1	8	9,60	9,62	9,60	9,60	746		074	
							724	9,575	067	11,677
2		10	60	63	60	61		560		706
							7,726	574	9,042	705
3		12	60	64	60	61	726		058	
							748	9,572	040	11,643
4		15	60	66	60	62		565		645
							7,728	570	9,035	648
5		17	63	67	62	64	748		065	
							720	9,566	063	11,649
6		19	67	70	64	66		576		642
							7,719	582	9,053	»
7		21	72	74	66	67	716		055	
							712	9,573	062	11,636
8		23	75	74	68	70		565		646
							7,726	568	9,033	638
9		25	79	76	70	72	716		056	
							725	9,556	054	11,653
10		26	80	76	70	72		547		648
							7,725	547	9,035	»
11	1	27	9,80	9,78	9,72	9,74	714		044	
							718		040	
			B. G.				I. M.		A. T.	

OBSERVATIONS.

Expériences de dilatation.

SÉRIE III.

OBSERVATIONS	1862 AVRIL 18	THERMOMÈTRES N° 843	N° 844	N° 845	N° 846	MICROSCOPE OUEST POINTÉS sur le — PLATINE	LAITON	MICROSCOPE EST POINTÉS sur le — PLATINE	LAITON
						7,734		9,083	
1	1h 41m	9,68	9,72	9,67	9,70	724		080	
						706	9,590	080	11,713
2	43	69	72	67	72		604		744
						7,708	601	9,073	706
3	44	71	73	68	74	716		76	
						722	9,619	076	11,683
4	46	73	77	70	74		621		690
						7,733	606	9,086	689
5	48	74	78	70	75	741		088	
						730	9,646	090	11,670
6	49	77	80	72	74		619		700
						7,734	628	9,086	678
7	51	80	82	76	76	730		084	
						736	9,621	086	11,698
8	53	81	85	79	76		620		700
						7,736	620	9,080	706
9	55	83	86	80	76	740		080	
						739	9,610	078	11,696
10	57	86	86	81	78		588		705
						7,721	595	9,100	698
11	1 59	9,88	9,89	9,84	9,78	721		100	
						728		104	
		B. G.				*A. T.*		*I. M.*	

SÉRIE IV.

OBSERVATIONS	1862 AVRIL 18	THERMOMÈTRES N° 843	N° 844	N° 845	N° 846	MICROSCOPE OUEST POINTÉS sur le — PLATINE	LAITON	MICROSCOPE EST POINTÉS sur le — PLATINE	LAITON
						7,736		9,023	
1	2h 7m	9,80	9,83	9,79	9,76	736		025	
						743	9,602	049	11,607
2	9	80	84	80	77		606		598
						7,734	608	9,025	603
3	11	81	85	81	78	730		038	
						738	9,645	030	11,599
4	13	9,84	89	85	9,78		618		605
						7,735	608	9,065	600
5	19	10,00	9,98	91	10,00	744		052	
						732	9,623	059	11,597
6	21	00	10,00	96	00		616		597
						7,736	616	9,025	605
7	23	00	00	9,98	00	738		030	
						735	9,626	031	11,595
8	25	01	01	10,00	03		626		588
						7,736	626	9,044	587
9	27	04	03	00	04	738		035	
						740	9,635	046	11,593
10	29	08	06	00	06		640		598
						7,742	636	9,018	594
11	2 31	10,10	10,06	10,00	10,07	745		048	
						744		043	
		B. G.				*I. M.*		*A. T.*	

OBSERVATIONS.

Expériences de dilatation.

SÉRIE V.

OBSERVATIONS	1862 AVRIL 18	THERMOMÈTRES N° 843	N° 844	N° 845	N° 846	MICROSCOPE OUEST. POINTÉS sur le PLATINE	LAITON	MICROSCOPE EST. POINTÉS sur le PLATINE	LAITON
		h m	°	°	°	t	t	t	t
1	3 31	10,19	10,21	10,16	10,20	7,824 831 829		9,079 075 082	
2	33	20	24	17	20		9,774 781 772		11,598 590 585
3	35	21	26	18	20	7,820 814 846		9,095 088 070	
4	37	21	28	20	22		9,790 780 745		11,595 586 598
5	39	24	30	21	21	7,819 821 804		9,082 082 090	
6	40	26	32	24	40		9,762 769 765		11,596 586 596
7	42	36	38	28	40	7,818 826 821		9,065 064 060	
8	45	38	40	29	40		9,767 769 769		11,588 584 578
9	47	40	42	30	40	7,828 828 826		9,058 053 056	
10	49	44	44	32	41		9,762 762 770		11,570 562 567
11	3 50	10,42	10,45	10,33	10,41	7,828 828 829		9,060 054 063	
		B. G.					A. T.		I. M.

SÉRIE VI.

OBSERVATIONS	1862 AVRIL 18	THERMOMÈTRES N° 843	N° 844	N° 845	N° 846	MICROSCOPE OUEST. POINTÉS sur le PLATINE	LAITON	MICROSCOPE EST. POINTÉS sur le PLATINE	LAITON
1	4 6	10,30	10,34	10,29	10,34	7,852 832 834		9,036 037 037	
2	9	32	36	31	34		9,780 784 775		11,464 476 476
3	11	33	38	32	34	7,838 826 846		9,039 039 040	
4	12	37	40	33	36		9,782 766 775		11,454 450 460
5	14	40	43	35	37	7,830 828 835		9,033 046 014	
6	16	40	44	36	38		9,763 770 770		11,461 464 449
7	18	43	45	38	39	7,828 836 832		9,038 047 027	
8	20	48	50	41	42		9,768 774 772		11,500 497 446
9	2 2	51	54	42	44	7,830 830 830		9,027 005 029	
10	23	53	53	44	45		9,780 760 772		11,437 436 427
11	4 25	10,55	10,54	10,45	10,46	7,823 824 822		9,025 042 046	
		B. G.					I. M.		A. T.

Expériences de dilatation.

APRÈS LA SÉRIE VI.

1862 AVRIL 18	POINTÉS POUR LES VALEURS DES TOURS DE VIS				1862 AVRIL 18	POINTÉS SUR LES MIRES	
	MICROSCOPE *OUEST* — TRAITS OBSERVÉS		MICROSCOPE *EST* — TRAITS OBSERVÉS			MICROSCOPE OUEST	MICROSCOPE EST
(h m)	0	0 + 3^p	100	100 + 3^p	(h m)		
5h 5m	7,865		9,030		5h 30m	10,110	10,046
		4,905		6,039		104	070
	896		049			110	063
		886		054		113	056
	877		020			123	057
		896		028		122	054
	892		044			132	036
		900		043		122	028
	886		040			122	060
		604		039		108	040
	896		031				
		898		039			
	I. M.		*A . T.*			A. T.	I. M.

Valeurs conclues des tours des vis,

$$v_1 = 1,004^{\,p} \qquad v_1' = 1,002^{\,p}$$

1862 AVRIL 18	0	0 + 3^p	100	100 + 3^p	1862 AVRIL 18	MICROSCOPE OUEST	MICROSCOPE EST
5h 45m	7,873		9,005		5h 40m	10,110	10,031
		4,866		6,026		156	004
	875		010			098	045
		874		035		128	032
	879		032			124	027
		868		034		112	050
	878		018			116	027
		873		045		104	000
	873		015			134	070
		880		040		116	025
	882		019				
		887		054			
	A. T.		*I M.*			I. M.	A. T.

Valeurs conclues des tours des vis,

$$v_1 = 0,998^{\,p} \qquad v_1' = 1,007^{\,p}$$

| 5. 5 | Therm. = + 11,7° | | | | 5 50 | Therm. = + 10,5° | |

OBSERVATIONS.

Expériences de dilatation.

1862 AVRIL 18	POINTÉS SUR LES MIRES		1862 AVRIL 18	POINTÉS POUR LES VALEURS DES TOURS DE VIS			
	MICROSCOPE OUEST	MICROSCOPE EST		MICROSCOPE OUEST TRAITS OBSERVÉS		MICROSCOPE EST TRAITS OBSERVÉS	
				0	$0 + 3^p$	100	$100 + 3^p$
AVANT LA SÉRIE VII.							
$11^h\ 45^m$	$10,112$	$10,031$	$12^h\ 0^m$	$8,221$	$5,209$	$9,472$	$6,482$
	108	054		218	204	456	455
	133	042		210	209	450	440
	147	042		226	216	473	444
	128	044		241	213	454	457
	133	022		242	214	466	468
	134	054					
	121	034		A. T.		I. M.	
	145	054					
	122	056					
	A. T.	I. M.					

Valeurs conclues des tours des vis,

$$v_1 = 0,995^p \qquad \| \qquad v'_1 = 0,998^p$$

1862 AVRIL 18	MICROSCOPE OUEST	MICROSCOPE EST	1862 AVRIL 18	0	$0 + 3^p$	100	$100 + 3^p$
$11\ 30$	$10,160$	$10,046$	$12\ 10$	$8,262$	$5,289$	$9,447$	$6,384$
	156	045		258	278	427	432
	126	020		284	256	409	424
	156	048		252	258	379	415
	150	035		250	272	394	407
	170	039		254	276	404	418
	170	046					
	170	036		A. T.		I. M.	
	174	040					
	168	044					
	I. M.	A. T.					

Valeurs conclues des tours des vis,

$$v_1 = 1,004^p \qquad \| \qquad v'_1 = 1,002^p$$

$11\ 36$	Therm. $= + 12,7°$	$12\ 13$	Therm. $= + 13,7°$

OBSERVATIONS.

Expériences de dilatation.

Headers: OBSERVATIONS — 1862 AVRIL 20 (h, m) — THERMOMÈTRES (N° 843, N° 844, N° 845, N° 846) — MICROSCOPE OUEST, POINTÉS sur le (PLATINE, LAITON) — MICROSCOPE EST, POINTÉS sur le (PLATINE, LAITON).

SÉRIE VII.

OBSERVATIONS	AVRIL 20 h	m	N° 843	N° 844	N° 845	N° 846	OUEST PLATINE	OUEST LAITON	EST PLATINE	EST LAITON
							8,278		9,410	
1	12	58	10,94	10,97	10,94	11,04	273		420	
							276	10.287	410	11,725
2	1	00	11,00	11,00	96	06		225		718
							8,251	203	9,410	732
3		1	00	00	98	08	252		395	
							254	10,222	402	11,716
4		2	01	03	14,00	10		198		729
							8,255	211	9,394	712
5		4	04	06	00	10	252		396	
							265	10,241	406	11,716
6		5	10	09	06	16		184		722
							8,264	213	9,396	710
7		6	15	13	08	20	261		398	
							281	10,214	384	11,708
8		8	19	17	11	22		230		715
							8,291	242	9,391	706
9		10	22	20	15	26	289		398	
							298	10,236	390	11,710
10		11	24	24	18	28		249		710
							8,273	232	9,410	703
11		13	28	25	20	30	289		395	
							»	10,259	406	11,729
12	1	14	11,32	11,30	11,26	11,34		253		719
								254		719

B. G.   A. T.   I. M.

SÉRIE VIII.

OBSERVATIONS	AVRIL 20 h	m	N° 843	N° 844	N° 845	N° 846	OUEST PLATINE	OUEST LAITON	EST PLATINE	EST LAITON
							8,314		9,389	
1	1	21	11,44	11,40	11,34	11,41	315		385	
							342	10,270	375	11,700
2		22	46	40	36	45		258		701
							8,326	276	9,366	677
3		24	50	42	38	48	320		353	
							335	10,279	404	11,686
4		25	50	42	40	52		280		686
							8,324	280	9,366	680
5		27	54	44	42	54	340		356	
							340	10,272	370	11,678
6		28	54	46	44	56		268		672
							8,346	268	9,355	662
7		30	56	46	44	56	348		374	
							344	10,276	364	11,673
8		31	56	48	46	58		298		663
							8,350	288	9,364	669
9		33	58	50	46	58	342		359	
							346	10,276	374	11,628
10		35	59	52	48	58		274		664
							8,366	278	9,356	636
11		36	60	52	48	58	352		357	
							355	10,292	355	11,634
12	1	38	11,64	11,53	11,50	11,60		298		621
								295		625

B. G.   I. M.   A. T.

OBSERVATIONS.

Expériences de dilatation.

SÉRIE IX.

OBSERVATIONS	1862 AVRIL 20 (h. m.)	N° 843	N° 844	N° 845	N° 846
1	2 43	12,00	11,98	11,94	11,98
2	44	00	12,00	97	12,03
3	46	00	00	98	04
4	47	02	00	98	06
5	48	02	04	98	08
6	50	04	02	11,98	08
7	51	06	04	12,00	10
8	53	06	05	02	12
9	54	08	06	02	12
10	55	08	06	04	12
11	57	10	08	06	14
12	2 58	12,12	12,10	12,07	12,16
	B. G.				

	MICROSCOPE OUEST — POINTÉS sur le		MICROSCOPE EST — POINTÉS sur le	
	PLATINE	LAITON	PLATINE	LAITON
	8,380	10,405	9,312	11,448
	382	401	298	440
	379	417	295	450
	8,384	10,400	9,290	11,424
	371	408	305	426
	371	412	295	425
	8,389	10,441	9,302	11,405
	394	396	286	398
	390	430	288	405
	8,398	10,438	9,277	11,446
	408	438	276	402
	400	437	296	406
	8,408	10,424	9,286	11,406
	391	447	284	440
	389	449	285	398
	8,387	10.444	9,272	11,385
	399	454	272	385
	400	438	272	375
	A. T.		I. M.	

SÉRIE X.

OBSERVATIONS	1862 AVRIL 20 (h. m.)	N° 843	N° 844	N° 845	N° 846
1	3 5	12,18	12,16	12,10	12,20
2	6	20	18	12	22
3	8	22	19	13	24
4	10	23	20	14	24
5	11	24	20	14	26
6	13	24	20	16	26
7	14	24	20	16	26
8	15	26	20	18	28
9	17	26	21	18	28
10	19	30	24	20	30
11	21	32	24	20	32
12	3 22	12,32	12,24	12,20	12,32
	B. G.				

	MICROSCOPE OUEST — POINTÉS sur le		MICROSCOPE EST — POINTÉS sur le	
	PLATINE	LAITON	PLATINE	LAITON
	8,424	10,449	9,271	11,370
	430	449	271	397
	429	450	271	371
	8,424	10,466	9,236	11,372
	429	456	244	378
	428	460	263	381
	8,418	10,446	9,263	11,350
	408	454	259	349
	416	454	261	350
	8,428	10,428	9,262	11,350
	440	430	255	345
	434	424	264	353
	8,429	10,450	9,245	11,341
	424	450	265	344
	429	445	259	339
	8,440	10,459	9,237	11,321
	440	470	249	343
	438	464	312	321
	I. M.		A. T.	

Expériences de dilatation.

1862 AVRIL 20	MICROSCOPE *OUEST* — 0	MICROSCOPE *OUEST* — $0 + 3^p$	MICROSCOPE *EST* — 100	MICROSCOPE *EST* — $100 + 3^p$	1862 AVRIL 20	POINTÉS SUR LES MIRES — MICROSCOPE *OUEST*	POINTÉS SUR LES MIRES — MICROSCOPE *EST*
		APRÈS LA SÉRIE X.					
$3^h\ 27^m$	8,463	5,442	9,274	6,254	$4^h\ 20^m$	10,155	10,052
	442	438	254	237		160	045
	464	444	270	233		130	075
	450	451	272	232		126	062
	482	445	258	230		119	080
	452	452	264	229		120	078
	A. T.		*I. M.*			165	062
						152	065
						150	060
						127	048
						A. T.	*I. M.*

Valeurs conclues des tours de vis,

$$v_1 = 0{,}995^p \qquad v'_1 = 0{,}991^p$$

1862 AVRIL 20	MICROSCOPE *OUEST* — 0	MICROSCOPE *OUEST* — $0 + 3^p$	MICROSCOPE *EST* — 100	MICROSCOPE *EST* — $100 + 3^p$	1862 AVRIL 20	POINTÉS SUR LES MIRES — MICROSCOPE *OUEST*	POINTÉS SUR LES MIRES — MICROSCOPE *EST*
3 40	8,479	5,489	9,251	6,249	4 27	10,190	10,064
	482	480	239	248		205	050
	489	476	221	238		196	049
	474	478	246	223		213	068
	472	476	243	245		198	068
	472	484	235	244		198	047
	I. M.		*A. T.*			212	054
						204	040
						202	061
						218	050
						I. M.	*A. T.*

Valeurs conclues des tours de vis,

$$v_1 = 1{,}004^p \qquad v'_1 = 1{,}004^p$$

3 55	Therm. $= + 13{,}8°$				4 32	Therm. $= + 14{,}6°$	

OBSERVATIONS.

Expériences de dilatation.

1862 AVRIL 21	POINTÉS SUR LES MIRES		1862 AVRIL 21	POINTÉS POUR LES VALEURS DES TOURS DE VIS			
	MICROSCOPE OUEST	MICROSCOPE EST		MICROSCOPE OUEST TRAITS OBSERVÉS		MICROSCOPE EST TRAITS OBSERVÉS	
				0	$0 + 3^p$	100	$100 + 3^p$
				AVANT LA SÉRIE XI.			
$10^h\ 30^m$	$10,126$	$10,054$	$12^h\ 45^m$	$12,234$	$9,239$	$10,254$	$7,284$
	122	032		219	243	254	293
	133	050		232	231	266	284
	139	051		224	212	262	275
	136	034		232	228	268	288
	125	032		223	214	256	284
	128	056		A. T.		I. M.	
	134	046					
	118	036		Valeurs conclues des tours de vis,			
	122	062		$v_1 = 1^p,001$		$v'_1 = 1^p,008$	
	A. T.	I. M.					
$10^h\ 40^m$	$10,152$	$10,017$	$12^h\ 25^m$	$12,206$	$9,207$	$10,285$	$7,314$
	152	038		202	195	289	320
	183	026		198	211	279	333
	165	015		188	204	296	335
	156	045		183	190	293	316
	171	027		180	199	282	338
	151	039		I. M.		A. T.	
	148	042					
	180	000		Valeurs conclues des tours de vis,			
	170	021		$v_1 = 1^p,002$		$v'_1 = 1^p,012$	
	I. M.	A. T.					
$10^h\ 50^m$	Therm. $= +14°,9$		$12^h\ 35^m$	Therm. $= +15°,6.$			

Expériences de dilatation.

SÉRIE XI.

OBSERVATIONS	1862 AVRIL 21	THERMOMÈTRES N° 843	N° 844	N° 845	N° 846	MICROSCOPE OUEST. POINTÉS sur le — PLATINE	LAITON	MICROSCOPE EST. POINTÉS sur le — PLATINE	LAITON
1	1h 4m	18,96	19,08	19,10	18,90	9,193		7,662	
						494		650	
						184	12,743	662	8,257
2	6	96	08	10	90		762		264
						9,184	761	7,658	256
3	7	94	06	08	87	184		672	
						186	12,757	654	8,255
4	8	92	04	06	84		736		246
						9,187	744	7,684	250
5	10	90	02	04	82	187		665	
						491	12,745	666	8,256
6	11	90	02	04	82		730		246
						9,175	728	7,675	250
7	12	88	02	06	80	172		674	
						476	12,731	684	8,258
8	14	86	04	05	80		734		255
						9,164	741	7,667	259
9	15	85	00	02	78	159		661	
						160	12,729	666	8,260
10	16	84	00	02	78		722		256
						9,158	728	7,685	258
11	18	84	00	00	78	450		666	
						175	12,722	666	8,266
12	1h 19m	18,84	19,00	19,00	18,78		723		258
							723		264
		B. G.				*A. T.*		*I. M.*	

SÉRIE XII.

OBSERVATIONS	1862 AVRIL 21	THERMOMÈTRES N° 843	N° 844	N° 845	N° 846	MICROSCOPE OUEST. POINTÉS sur le — PLATINE	LAITON	MICROSCOPE EST. POINTÉS sur le — PLATINE	LAITON
1	1h 24m	18,82	18,94	18,98	18,78	9,139		7,646	
						139		706	
						139	12,673	690	8,269
2	26	82	94	98	78		674		278
						9,126	674	7,668	276
3	27	82	92	98	78	139		659	
						136	12,671	669	8,279
4	29	82	92	97	76		672		281
						9,132	670	7,700	260
5	30	82	92	96	74	136		667	
						132	12,670	665	8,277
6	31	82	92	94	74		682		286
						9,129	668	7,708	300
7	33	82	90	91	72	136		701	
						128	12,665	691	8,304
8	34	80	88	90	70		656		306
						9,136	656	7,688	288
9	35	80	88	88	70	132		684	
						134	12,644	677	8,296
10	37	80	86	88	70		662		307
						9,119	654	7,710	303
11	38	78	86	88	68	119		678	
						124	12,646	688	8,314
12	1h 39m	18,78	18,86	18,86	18,68		642		319
							642		295
		B. G.				*I. M.*		*A. T.*	

OBSERVATIONS.

Expériences de dilatation.

OBSERVATIONS	1862 AVRIL 21		THERMOMÈTRES N° 843	N° 844	N° 845	N° 846	MICROSCOPE *OUEST.* POINTÉS sur le — PLATINE	LAITON	MICROSCOPE *EST.* POINTÉS sur le — PLATINE	LAITON
SÉRIE XIII.										
							9,111		7,724	
1	1h	51m	18,68°	18,78°	18,76°	18,58°	104		728	
							102	12,604	728	8,373
2		52	66	76	76	56		605		370
							9,092	618	7,736	370
3		54	66	74	74	54	098		734	
							092	12,593	736	8,367
4		55	64	72	72	54		599		372
							9,088	609	7,726	362
5		57	64	71	70	52	083		722	
							092	12,590	730	8,382
6	1	59	62	70	70	52		573		374
							9,092	594	7,744	379
7	2	00	62	68	68	50	072		732	
							072	12,554	742	8,388
8		1	60	66	66	48		562		394
							9,079	573	7,744	392
9		2	60	65	64	48	082		750	
							066	12,559	745	8,409
10		3	60	64	64	46		557		405
							9,069	558	7,750	406
11		5	58	64	63	46	064		744	
							070	12,550	750	8,398
12	2	6	18,56	18,62	18,61	18,46		549		412
								543		406
			B. G.				*A. T.*		*I. M.*	
SÉRIE XIV.										
							9,066		7,732	
1	2	10	18,52	18,60	18,58	18,42	058		750	
							059	12,525	756	8,436
2		11	52	60	58	42		516		415
							9,053	520	7,754	432
3		13	50	58	56	40	059		748	
							055	12,515	750	8,435
4		14	49	55	54	40		506		442
							9,046	508	7,762	458
5		15	48	54	52	40	046		774	
							045	12,506	777	8,460
6		16	46	52	52	38		502		447
							9,041	504	7,768	464
7		18	46	52	50	36	034		776	
							036	12,488	772	8,454
8		19	44	50	50	36		487		473
							9,034	488	7,764	476
9		20	44	50	48	36	032		780	
							036	12,475	778	8,488
10		22	42	48	48	34		486		478
							9,034	472	7,792	488
11		23	40	48	46	32	028		784	
							032	12,463	776	8,486
12	2	24	18,40	18,46	18,44	18,32		466		488
								462		492
			B. G.				*I. M.*		*A. T.*	

Expériences de dilatation.

SÉRIE XV.

OBSERVATIONS	1862 AVRIL 21	THERMOMÈTRES N° 843	N° 844	N° 845	N° 846	MICROSCOPE OUEST POINTÉS sur le PLATINE	LAITON	MICROSCOPE EST POINTÉS sur le PLATINE	LAITON
1	2ʰ 45ᵐ	18,16	18,26	18,24	18,40	8,962 962		7,819 822	
2	47	16	26	24	08	961	12,370 370	820	8,600 596
3	48	14	24	23	08	8,952 960	350	7,834 818	610
4	50	12	23	20	08	946	12,373 351	826	8,642 612
5	51	12	22	20	06	8,943 946	359	7,821 824	606
6	53	10	20	18	06	945	12,359 342	828	8,622 608
7	54	10	20	16	06	8,940 939	334	7,822 828	619
8	55	08	18	14	04	942	12,322 330	822	8,626 634
9	57	08	16	13	02	8,936 940	329	7,818 818	631
10	58	08	16	12	00	935	12,317 320	818	8,648 648
11	2 59	05	16	12	02	8,930 932	324	7,841 836	649
12	3 1	18,04	18,14	18,12	18,02	930	12,310 311 313	840	8,644 651 644
		B. G.				*A. T.*		*I. M.*	

SÉRIE XVI.

OBSERVATIONS	1862 AVRIL 21	THERMOMÈTRES N° 843	N° 844	N° 845	N° 846	MICROSCOPE OUEST POINTÉS sur le PLATINE	LAITON	MICROSCOPE EST POINTÉS sur le PLATINE	LAITON
1	3ʰ 6ᵐ	18,00	18,11	18,06	18,00	8,907 943		7,847 823	
2	8	18,00	08	04	17,98	943	12,263 263	853	8,652 664
3	9	17,98	06	04	96	8,906 909	266	7,842 844	667
4	10	98	05	02	94	909	12,248 249	847	8,658 650
5	11	98	04	02	93	8,915 940	248	7,856 845	680
6	13	98	04	02	92	913	12,257 260	862	8,683 669
7	14	98	02	18,00	92	8,906 900	260	7,862 857	665
8	15	96	00	17,98	90	908	12,246 246	858	8,679 674
9	16	96	18,00	98	88	8,896 898	246	7,856 855	693
10	18	94	17,98	96	86	895	12,236 236	872	8,720 746
11	19	92	98	96	86	8,890 888	236	7,859 876	746
12	3 21	17,92	17,98	17,96	17,86	889	12,216 220 218	865	8,716 723 717
		B. G.				*I. M.*		*A. T.*	

OBSERVATIONS.

Expériences de dilatation.

SÉRIE XVII.

OBSERVATIONS	1862 AVRIL 21		THERMOMÈTRES				MICROSCOPE OUEST. POINTÉS sur le		MICROSCOPE EST. POINTÉS sur le	
	h	m	N° 843	N° 344	N° 845	N° 846	PLATINE	LAITON	PLATINE	LAITON
							8,851		7,910	
1	3	50	17,66	17,73	17,73	17,64	853		925	
							849	12,143	930	8,816
2		52	64	72	71	64		142		828
							8,842	150	7,926	838
3		53	64	72	70	62	845		927	
							814	12,140	926	8,833
4		54	64	72	70	62		139		836
							8,834	133	7,924	846
5		55	64	72	70	60	841		932	
							840	12,134	938	8,849
6		57	64	70	68	60		133		851
							8,833	133	7,933	853
7		58	64	70	68	60	838		934	
							836	12,129	938	8,843
8		59	62	70	68	60		122		858
							8,832	124	7,937	855
9	4	1	62	70	68	60	837		940	
							828	12,118	936	8,870
10		2	62	68	66	58		122		876
							7,832	116	7,939	885
11		3	62	66	65	56	828		946	
							831	12,122	941	878
12	4	4	17,62	17,66	17,64	17,56		119		887
								116		876
			B. G.				Y. V.		A. T.	

SÉRIE XVIII.

OBSERVATIONS	1862 AVRIL 21		THERMOMÈTRES				MICROSCOPE OUEST. POINTÉS sur le		MICROSCOPE EST. POINTÉS sur le	
	h	m	N° 843	N° 344	N° 845	N° 846	PLATINE	LAITON	PLATINE	LAITON
							8,820		7,940	
1	4	7	17,60	17,64	17,62	17,52	843		940	
							817	12,440	942	8,880
2		8	60	64	62	52		410		890
							8,804	125	7,942	891
3		10	58	62	60	52	806		944	
							813	12,419	946	8,900
4		11	58	62	60	50		101		903
							8,804	105	7,942	903
5		12	56	62	60	50	807		950	
							802	12,089	942	8,902
6		13	56	60	58	50		086		902
							8,794	087	7,940	906
7		15	56	60	58	48	793		950	
							802	12,078	920	8,940
8		16	56	60	58	48		082		920
							8,805	065	7,944	920
9		17	56	58	58	48	796		952	
							803	12,073	950	8,910
10		18	54	58	56	48		079		917
							8,798	068	7,950	920
11		19	54	58	56	46	792		953	
							804	12,072	958	8,922
12	4	20	17,52	17,56	17,54	17,46		069		927
								068		920
			B. G.				A. T.		Y. V.	

OBSERVATIONS.

Expériences de dilatation.

1862 AVRIL 21	POINTÉS POUR LES VALEURS DES TOURS DE VIS				1862 AVRIL 21	POINTÉS SUR LES MIRES	
	MICROSCOPE *OUEST* TRAITS OBSERVÉS		MICROSCOPE *EST* TRAITS OBSERVÉS			MICROSCOPE OUEST	MICROSCOPE EST
	0	0 + 3^{p}	100	100 + 3^{p}			
APRÈS LA SÉRIE XVIII.							
4^{h} 30^{m}	8,836		8,021		5^{h} 4^{m}	10,113	10,062
		5,830		5,003		099	072
	815		000			084	086
		826		015		100	046
	812		014			089	047
		805		040		092	060
	795		006			099	053
		795		035		105	074
	805		013			110	054
		806		034		109	072
	803		000				
		827		040			
	A. T.		I. M.			A. T.	I. M.

Valeurs conclues des tours de vis,

$$v_1 = 1,001^{p} \qquad v_1' = 1,003^{p}$$

1862 AVRIL 21	MICROSCOPE *OUEST* 0	0 + 3^{p}	MICROSCOPE *EST* 100	100 + 3^{p}	1862 AVRIL 21	MICROSCOPE OUEST	MICROSCOPE EST
4 40	8,795		8,000		5 12	10,134	10,065
		5,853		5,025		171	055
	814		003			139	067
		836		035		156	045
	813		027			130	067
		826		044		145	065
	821		048			146	069
		830		030		139	080
	814		022			142	081
		815		054		120	068
	816		004				
		830		025			
	I. M.		A. T.			I. M.	A. T.

Valeurs conclues des tours de vis,

$$v_1 = 1,007^{p} \qquad v_1' = 1,007^{p}$$

4 54	Therm. $= + 16,4°$	5 19	Therm. $= + 16,0°$

OBSERVATIONS.

Expériences de dilatation.

1862 AVRIL 22	POINTÉS SUR LES MIRES		1862 AVRIL 22	POINTÉS POUR LES VALEURS DES TOURS DE VIS			
	MICROSCOPE OUEST	MICROSCOPE EST		MICROSCOPE OUEST TRAITS OBSERVÉS		MICROSCOPE EST TRAITS OBSERVÉS	
				0	$0 + 3^p$	100	$100 + 3^p$
			AVANT LA SÉRIE XIX.				
$10^h\ 30^m$	10,109	10,020	$11^h\ 25^m$	8,796	5,803	8,254	5,272
	103	016		795	807	242	260
	116	024		802	799	235	261
	108	016		798	812	244	269
	094	046		802	806	250	266
	094	036		804	805	251	263
	123	033					
	108	020		A. T.		I. M.	
	090	044					
	094	030					
	A. T.	I. M.					

Valeurs conclues des tours de vis,

$$v_1 = 1^p,002 \qquad v'_1 = 1^p,007$$

1862 AVRIL 22	MICROSCOPE OUEST	MICROSCOPE EST	1862 AVRIL 22	0	$0 + 3^p$	100	$100 + 3^p$
$10\ 37$	10,146	10,023	$11\ 32$	8,804	5,802	8,261	5,272
	132	037		795	802	268	254
	132	021		806	808	266	265
	138	035		847	816	264	259
	136	024		794	810	254	267
	126	022		805	808	255	262
	139	038					
	152	022		I. M.		A. T.	
	152	026					
	135	034					
	I. M	A. T.					

Valeurs conclues des tours de vis,

$$v_1 = 1^p,002 \qquad v'_1 = 1^p,001$$

$10\ 45$	Therm. $= + 15°,2$	$11\ 40$	Therm. $= + 15°,8.$

OBSERVATIONS.

Expériences de dilatation.

<table>
<thead>
<tr>
<th rowspan="3">OBSERVATIONS</th>
<th colspan="2">1862
AVRIL 22</th>
<th colspan="4">THERMOMÈTRES</th>
<th colspan="2">MICROSCOPE OUEST.
POINTÉS
sur le</th>
<th colspan="2">MICROSCOPE EST.
POINTÉS
sur le</th>
</tr>
<tr>
<th>h</th><th>m</th>
<th>N° 843</th><th>N° 844</th><th>N° 845</th><th>N° 846</th>
<th>PLATINE</th><th>LAITON</th><th>PLATINE</th><th>LAITON</th>
</tr>
</thead>
<tbody>
<tr><td colspan="11" style="text-align:center">SÉRIE XIX.</td></tr>

<tr><td>1</td><td>11</td><td>42</td><td>16,36</td><td>16,48</td><td>16,44</td><td>16,36</td>
<td rowspan="2">8,763
753
752</td><td rowspan="2">12,883
887
906</td><td rowspan="2">8,214
210
212</td><td rowspan="2">9,527
538
520</td></tr>
<tr><td>2</td><td></td><td>43</td><td>36</td><td>48</td><td>44</td><td>36</td></tr>

<tr><td>3</td><td></td><td>44</td><td>36</td><td>46</td><td>44</td><td>36</td>
<td rowspan="2">8,739
753
747</td><td rowspan="2">12,908
893
906</td><td rowspan="2">8,218
226
222</td><td rowspan="2">9,534
544
540</td></tr>
<tr><td>4</td><td></td><td>46</td><td>36</td><td>46</td><td>42</td><td>34</td></tr>

<tr><td>5</td><td></td><td>47</td><td>36</td><td>46</td><td>42</td><td>34</td>
<td rowspan="2">8,760
755
754</td><td rowspan="2">12,906
896
890</td><td rowspan="2">8,234
225
228</td><td rowspan="2">9,534
524
540</td></tr>
<tr><td>6</td><td></td><td>50</td><td>36</td><td>44</td><td>40</td><td>34</td></tr>

<tr><td>7</td><td></td><td>52</td><td>36</td><td>44</td><td>40</td><td>34</td>
<td rowspan="2">8,752
763
739</td><td rowspan="2">12,893
884
902</td><td rowspan="2">8,227
226
226</td><td rowspan="2">9,552
548
548</td></tr>
<tr><td>8</td><td></td><td>53</td><td>34</td><td>42</td><td>40</td><td>34</td></tr>

<tr><td>9</td><td></td><td>54</td><td>34</td><td>42</td><td>40</td><td>34</td>
<td rowspan="2">8,739
743
748</td><td rowspan="2">12,889
898
895</td><td rowspan="2">8,226
224
225</td><td rowspan="2">9,550
540
554</td></tr>
<tr><td>10</td><td></td><td>56</td><td>34</td><td>42</td><td>40</td><td>32</td></tr>

<tr><td>11</td><td></td><td>57</td><td>34</td><td>42</td><td>38</td><td>32</td>
<td rowspan="2">8,743
737
750</td><td rowspan="2">12,890
897
896</td><td rowspan="2">8,230
235
232</td><td rowspan="2">9,544
545
543</td></tr>
<tr><td>12</td><td>11</td><td>59</td><td>16,34</td><td>16,40</td><td>16,38</td><td>16,32</td></tr>

<tr><td></td><td></td><td></td><td colspan="4" style="text-align:center">B. G.</td><td colspan="2" style="text-align:center">A. T.</td><td colspan="2" style="text-align:center">I. M.</td></tr>

<tr><td colspan="11" style="text-align:center">SÉRIE XX.</td></tr>

<tr><td>1</td><td>12</td><td>4</td><td>16,34</td><td>16,40</td><td>16,38</td><td>16,32</td>
<td rowspan="2">8,780
774
780</td><td rowspan="2">11,894
886
893</td><td rowspan="2">8,246
254
249</td><td rowspan="2">9,571
575
552</td></tr>
<tr><td>2</td><td></td><td>5</td><td>32</td><td>40</td><td>36</td><td>30</td></tr>

<tr><td>3</td><td></td><td>6</td><td>32</td><td>38</td><td>36</td><td>30</td>
<td rowspan="2">8,780
772
779</td><td rowspan="2">11,891
886
888</td><td rowspan="2">8,234
257
267</td><td rowspan="2">9,569
982
550</td></tr>
<tr><td>4</td><td></td><td>8</td><td>32</td><td>38</td><td>36</td><td>30</td></tr>

<tr><td>5</td><td></td><td>9</td><td>32</td><td>38</td><td>36</td><td>30</td>
<td rowspan="2">8,777
767
777</td><td rowspan="2">11,892
890
892</td><td rowspan="2">8,251
259
248</td><td rowspan="2">9,593
593
582</td></tr>
<tr><td>6</td><td></td><td>10</td><td>32</td><td>38</td><td>36</td><td>30</td></tr>

<tr><td>7</td><td></td><td>12</td><td>32</td><td>38</td><td>36</td><td>30</td>
<td rowspan="2">8,755
755
758</td><td rowspan="2">11,898
894
896</td><td rowspan="2">8,257
257
268</td><td rowspan="2">9,594
606
579</td></tr>
<tr><td>8</td><td></td><td>13</td><td>32</td><td>38</td><td>36</td><td>30</td></tr>

<tr><td>9</td><td></td><td>14</td><td>32</td><td>36</td><td>34</td><td>28</td>
<td rowspan="2">8,768
762
765</td><td rowspan="2">11,890
894
892</td><td rowspan="2">8,259
258
266</td><td rowspan="2">9,587
585
589</td></tr>
<tr><td>10</td><td></td><td>16</td><td>32</td><td>36</td><td>34</td><td>28</td></tr>

<tr><td>11</td><td></td><td>17</td><td>32</td><td>36</td><td>34</td><td>28</td>
<td rowspan="2">8,766
756
762</td><td rowspan="2">11,900
892
904</td><td rowspan="2">8,261
249
259</td><td rowspan="2">9,583
608
599</td></tr>
<tr><td>12</td><td>12</td><td>18</td><td>16,32</td><td>16,36</td><td>16,34</td><td>16,28</td></tr>

<tr><td></td><td></td><td></td><td colspan="4" style="text-align:center">B. G.</td><td colspan="2" style="text-align:center">I. M.</td><td colspan="2" style="text-align:center">A. T.</td></tr>
</tbody>
</table>

c

Expériences de dilatation.

1862 AVRIL 22	POINTÉS SUR LES MIRES — MICROSCOPE *OUEST*	MICROSCOPE *EST*	1862 AVRIL 22	POINTÉS POUR LES VALEURS DES TOURS DE VIS — MICROSCOPE *OUEST* (TRAITS OBSERVÉS) 0	0 + 3^p	MICROSCOPE *EST* (TRAITS OBSERVÉS) 100	100 + 3^p
				AVANT LA SÉRIE XXI.			
1^h 15^m	10,128	10,072	2^h 45^m	12,854		9,924	
	123	082		855	9,862	916	6,921
	127	072		849	856	938	928
	120	086		852	874	906	936
	128	065		843	859	934	940
	127	071		850	863	944	942
	131	052			860		934
	123	066					
	124	058					
	129	046			A. T.		I. M.
	A. T.	I. M.					

Valeurs conclues des tours de vis,

$$v_1 = 1,004 \qquad v'_1 = 1,002$$

1862 AVRIL 22	MICROSCOPE *OUEST*	MICROSCOPE *EST*	1862 AVRIL 22	0	0 + 3^p	100	100 + 3^p
1^h 26^m	10,141	10,059	2^h 50^m	12,839		9,941	
	138	089		841	9,866	944	6,958
	159	070		853	863	949	951
	159	066		845	872	951	959
	159	077		853	860	954	955
	146	056		850	866	968	970
	135	049			863		967
	165	059					
	165	064			I. M.		A. T.
	132	073					
	I. M	A. T.					

Valeurs conclues des tours de vis,

$$v_1 = 1,005 \qquad v'_1 = 1,002$$

31 5	Therm. = + 16°,5		3 00	Therm. = + 17°,0

OBSERVATIONS.

Expériences de dilatation.

OBSERVATIONS	1862 AVRIL 22	THERMOMÈTRES				MICROSCOPE *OUEST*. POINTÉS sur le		MICROSCOPE *EST*. POINTÉS sur le	
		N° 843	N° 844	N° 845	N° 846	PLATINE	LAITON	PLATINE	LAITON
SÉRIE XXI.									
1	3h 12m	22,91	23,06	23,05	22,86	9,771 785	13,757	6,984 983	6,500
2	14	89	05	01	84	782	771 764	990	505 510
3	16	87	04	23,00	82	9,754 770	13,767	7,011 002	6,510
4	17	86	23,03	22,98	80	751	762 754	010	510 514
5	18	84	22,99	98	78	9,764 760	13,747	7,025 028	6,532
6	19	81	98	98	78	755	730 728	040	532 544
7	21	79	98	96	75	9,751 750	13,749	7,033 033	6,546
8	22	77	97	93	71	737	724 707	028	543 536
9	23	73	96	91	70	9,750 742	13,703	7,016 024	6,571
10	24	71	93	89	68	732	697 707	048	576 570
11	25	69	91	88	66	9,737 739	13,699	7,035 028	6,588
12	3h 26m	22,67	22,89	22,85	22,66	738	704 684	031	588 580
			B. G.				*A. T.*		*I. M.*
SÉRIE XXII.									
1	3h 32m	22,55	22,77	22,70	22,54	9,723 718	13,640	7,041 026	6,639
2	34	53	74	68	52	718	642 634	043	637 646
3	35	54	71	67	49	9,712 706	13,615	7,064 053	6,645
4	36	48	69	66	46	700	610 645	048	649 647
5	37	48	67	64	46	9,704 709	13,603	7,066 058	6,667
6	38	47	66	62	44	702	596 606	048	676 678
7	40	46	64	60	44	9,661 672	13,559	7,056 074	6,683
8	42	44	61	60	42	666	588 587	072	706 689
9	43	42	60	59	40	9,672 663	13,564	7,078 074	6,701
10	44	40	57	55	37	665	574 564	073	703 709
11	45	39	53	51	34	9,656 668	13,560	7,066 073	6,729
12	3h 46m	22,37	22,52	22,48	22,34	668	550 553	088	713 723
			B. G.				*I. M.*		*A. T.*

OBSERVATIONS.

Expériences de dilatation.

SÉRIE XXIII.

OBSERVATIONS	1862 AVRIL 22	THERMOMÈTRES				MICROSCOPE *OUEST.* POINTÉS sur le		MICROSCOPE *EST.* POINTÉS sur le	
		N° 843	N° 844	N° 845	N° 846	PLATINE	LAITON	PLATINE	LAITON
1	4 02	22,09	22,26	22,22	22,08	9,570 561 562	13,404 402 406	7,131 144 130	6,850 842 848
2	03	07	24	19	05				
3	04	06	22	16	02	9,560 544 534	13,415 395 378	7,144 134 139	6,873 863 869
4	05	03	21	13	00				
5	07	01	17	10	00	9,543 548 532	13,408 382 374	7,144 130 145	6,902 890 898
6	08	00	15	10	00				
7	09	21 98	12	07	98	9,528 518 535	13,361 348 350	7,154 146 151	6,918 916 920
8	11	97	10	05	95				
9	12	95	08	03	91	9,515 527 510	13,344 351 316	7,170 160 161	6,923 914 916
10	13	94	05	00	88				
11	14	92	04	00	88	9,482 516 492	13,317 308 300	7,163 156 166	6,942 942 934
12	4 15	21,90	22,01	22,00	18,86				
				B. G.			A. T.		I. M.

SÉRIE XXIV.

OBSERVATIONS	1862 AVRIL 22	THERMOMÈTRES				MICROSCOPE *OUEST.* POINTÉS sur le		MICROSCOPE *EST.* POINTÉS sur le	
		N° 843	N° 844	N° 845	N° 846	PLATINE	LAITON	PLATINE	LAITON
1	4 19	21,84	21,96	21,90	21,80	9,502 500 496	13,286 280 291	7,162 168 161	6,964 959 958
2	20	79	93	88	78				
3	22	78	92	85	75	9,483 474 480	13,298 284 276	7,178 163 180	6,985 993 992
4	23	75	89	83	72				
5	24	73	87	81	70	9,484 480 494	13,266 264 265	7,167 179 163	6,995 984 983
6	25	71	85	78	70				
7	26	68	82	75	68	9,465 465 465	13,258 252 253	7,176 167 186	7,000 6,998 7,009
8	27	67	80	73	66				
9	28	66	79	72	64	9,460 460 448	13,250 240 245	7,190 180 178	6,998 916 7.032
10	29	63	76	70	62				
11	30	62	73	67	60	9,450 440 445	13,224 221 226	7,172 177 201	7,045 045 035
12	4 32	21,60	21,72	21,66	21,58				
				B. G.			I. M.		A. T.

Expériences de dilatation.

1862 AVRIL 22	POINTÉS POUR LES VALEURS DES TOURS DE VIS				1862 AVRIL 22	POINTÉS SUR LES MIRES	
	MICROSCOPE *OUEST* TRAITS OBSERVÉS		MICROSCOPE *EST* TRAITS OBSERVÉS			MICROSCOPE OUEST	MICROSCOPE EST
	0	$0 + 3^p$	100	$100 + 3^p$			
			APRÈS LA SÉRIE XXIV.				
$4^h\ 40^m$	9,388		7,254		$5^h\ 25^m$	10.088	10,164
		6,398		4,256		107	140
	377		246			103	152
		408		259		094	143
	388		246			074	146
		410		250		107	134
	374		246			080	124
		400		252		092	124
	366		259			088	158
		383		249		091	156
	378		246				
		394		244			
	A. T.		*I. M.*			*A. T.*	*I. M.*

Valeurs conclues des tours de vis,

$$v_1 = 1,006 \qquad v'_1 = 1,001$$

1862 AVRIL 22	MICROSCOPE *OUEST*		MICROSCOPE *EST*		1862 AVRIL 22	MICROSCOPE OUEST	MICROSCOPE EST
	0	$0 + 3^p$	100	$100 + 3^p$			
$4\ 50$	9,360		7,266		$5\ 30$	10,144	10,123
		6,379		4,241		128	116
	352		262			132	121
		374		252		106	111
	372		272			116	121
		359		254		132	112
	356		268			126	098
		348		252		131	093
	354		247			119	108
		366		259		119	097
	348		249				
		348		257			
	I. M.		*A. T.*			*I. M.*	*A. T.*

Valeurs conclues des tours de vis,

$$v_1 = 1,003 \qquad v'_1 = 0,997$$

$4\ 58$	Therm. $= + 17,0°$	$5\ 40$	Therm. $= + 16,6°$

OBSERVATIONS.

Expériences de dilatation.

1862 AVRIL 23	POINTÉS SUR LES MIRES		1862 AVRIL 23	POINTÉS POUR LES VALEURS DES TOURS DE VIS			
				MICROSCOPE *OUEST* TRAITS OBSERVÉS		MICROSCOPE *EST* TRAITS OBSERVÉS	
	MICROSCOPE OUEST	MICROSCOPE EST		0	$0 + 3^p$	100	$100 + 3^p$
			AVANT LA SÉRIE XXV.				
10ʰ 45ᵐ	10,106	10,034	4ʰ 20ᵐ	14,224	11,230	9.222	6,251
	119	038		221	218	231	242
	109	033		219	219	247	247
	108	036		227	219	236	269
	106	016		201	201	247	266
	091	052		191	198	256	275
	093	042		A. T.		I. M.	
	100	024					
	090	024					
	088	031					
	A. T.	I. M.					

Valeurs conclues des tours de vis,

$$r_1 = 1,001 \qquad v'_1 = 1,005$$

1862 AVRIL 23	MICROSCOPE OUEST	MICROSCOPE EST	1862 AVRIL 23	0	$0 + 3^p$	100	$100 + 3^p$
10 55	10,132	10,016	1 27	14.190	11,216	9,272	6,293
	112	009		179	195	288	306
	129	008		168	175	279	292
	104	007		145	160	329	287
	136	008		154	175	319	306
	134	001		156	175	303	328
	126	005		I. M.		A. T.	
	128	9,998					
	133	994					
	121	10,008					
	I. M.	A. T.					

Valeurs conclues des tours de vis,

$$v_1 = 1,006 \qquad v'_1 = 1,001$$

12 35	Therm. $= + 16,6$		1 33	Therm. $= + 16.6$			

OBSERVATIONS.

Expériences de dilatation.

SÉRIE XXV.

OBSERVATIONS	1862 AVRIL 23 — h	m	THERMOMÈTRES N° 843	N° 844	N° 845	N° 846	MICROSCOPE OUEST POINTÉS sur le PLATINE	LAITON	MICROSCOPE EST POINTÉS sur le PLATINE	LAITON
							10,485		6,895	
1	2	25	25,36	25,59	25,55	25,30	491		886	
							493	15,019	890	6,104
2		26	33	57	51	27		004		108
							10,479	004	6,872	100
3		28	29	53	49	23	459		862	
							454	14,994	862	6,115
4		29	26	52	48	20		999		108
							10,450	991	6,872	104
5		30	25	50	46	17	462		868	
							461	14,988	862	6,106
6		31	22	50	46	14		990		100
							10,433	991	6,887	100
7		32	20	49	45	12	440		874	
							430	14,978	874	6,108
8		33	20	47	44	10		965		102
							10,442	971	6,864	102
9		34	18	43	41	08	436		864	
							420	14,974	860	6,128
10		35	16	39	39	08		970		121
							10,459	979	6,884	121
11		36	16	33	36	08	443		885	
							442	14,981	880	6,132
12	2	37	25,16	25,31	25,34	25,08		971		141
								961		136
		B. G.					*A. T.*		*I. M.*	

SÉRIE XXVI.

OBSERVATIONS	1862 AVRIL 23 — h	m	THERMOMÈTRES N° 843	N° 844	N° 845	N° 846	MICROSCOPE OUEST POINTÉS sur le PLATINE	LAITON	MICROSCOPE EST POINTÉS sur le PLATINE	LAITON
							10,441		6,906	
1	2	42	25,16	25,25	25,28	25,05	440		900	
							441	14,922	905	6,154
2		43	15	24	26	04		915		150
							10,426	916	6,922	162
3		44	13	22	24	04	424		935	
							424	14,918	932	6,172
4		45	12	22	24	04		910		179
							10,429	912	6,933	190
5		46	09	20	22	02	415		934	
							418	14,908	932	6,198
6		48	05	20	20	00		912		182
							10,414	904	6,942	195
7		49	02	19	17	00	422		938	
							406	14,895	948	6,200
8		50	01	17	13	00		886		207
							10,406	885	6,944	204
9		52	00	15	09	24,97	400		951	
							406	14,864	952	6,223
10		53	00	12	08	93		872		219
							10,396	874	6,954	240
11		54	24,97	10	08	90	398		948	
							394	14,876	964	6,224
12	2	56	24,94	25,08	25,06	24,89		870		247
								876		238
		B. G.					*I. M.*		*A. T.*	

OBSERVATIONS.

Expériences de dilatation.

SÉRIE XXVII.

Thermomètres :

OBSERVATIONS	1862 AVRIL 23 (h)	(m)	N° 843	N° 844	N° 845	N° 846
1	3	04	24,79	24,92	24,90	24.68
2		06	75	90	88	66
3		07	71	90	86	66
4		08	69	90	83	63
5		09	66	90	79	62
6		11	64	90	78	58
7		12	61	89	76	56
8		13	59	85	73	53
9		14	55	84	69	49
10		16	52	82	66	46
11		17	50	79	63	44
12	3	18	24,47	24,77	24,60	24,42

B. G.

Microscope Ouest / Microscope Est, pointés :

MICROSCOPE OUEST — PLATINE	MICROSCOPE OUEST — LAITON	MICROSCOPE EST — PLATINE	MICROSCOPE EST — LAITON
10,286	14,768	6,952	6,310
304	775	951	305
306	770	952	305
10,292	14,750	6,954	6,299
276	753	968	306
282	753	958	304
10,290	14,726	6,970	6,326
284	725	977	324
293	736	972	326
10,269	14,710	6,982	6,346
273	713	986	358
271	694	984	354
10,256	14,699	6,996	6,379
261	694	996	370
256	700	999	380
10,248	14,670	7,006	6,394
245	667	004	394
232	672	002	396

A. T.   J. M.

SÉRIE XXVIII.

Thermomètres :

OBSERVATIONS	1862 AVRIL 23 (h)	(m)	N° 843	N° 844	N° 845	N° 846
1	3	44	23,67	23,85	23,80	23,64
2		46	63	82	77	61
3		48	60	80	74	56
4		49	58	78	71	53
5		50	57	76	68	50
6		51	53	74	66	48
7		52	50	72	64	46
8		53	47	71	61	,46
9		54	44	69	58	44
10		56	41	66	58	42
11		57	40	64	58	40
12	3	58	23,39	23,63	23,55	23,37

B. G.

Microscope Ouest / Microscope Est, pointés :

MICROSCOPE OUEST — PLATINE	MICROSCOPE OUEST — LAITON	MICROSCOPE EST — PLATINE	MICROSCOPE EST — LAITON
10,040	14,298	7,077	6,708
037	298	074	704
039	294	070	700
10,035	14,278	7,098	6,708
030	273	079	725
034	271	087	719
10,022	14,254	7,098	6,732
016	249	085	759
022	232	093	732
10,014	14,244	7,109	6,761
004	214	117	748
002	235	087	744
9,995	14,224	7,095	6,792
998	220	098	777
999	226	109	782
9,986	14,202	7,118	6,787
985	206	135	797
988	206	128	786

B. G.   I. M.   A. T.

OBSERVATIONS.

Expériences de dilatation.

SÉRIE XXIX.

OBSERVATIONS	1862 AVRIL 23	THERMOMÈTRES				MICROSCOPE OUEST. POINTÉS sur le		MICROSCOPE EST. POINTÉS sur le	
		N° 843	N° 844	N° 845	N° 846	PLATINE	LAITON	PLATINE	LAITON
						t 9,890		t 7,131	
1	4 06	23,27	23,33	23,29	23,26	894		131	
						881	t 14,056	136	t 6,895
2	07	21	29	28	24		042		888
						9,879	049	7,135	891
3	08	20	27	26	21	870		126	
						881	14,039	130	6,910
4	10	17	24	23	17		033		900
						9,869	026	7,156	904
5	11	12	22	20	13	861		148	
						867	14,009	149	6,905
6	12	06	19	17	08		008		909
						9,867	014	7,165	920
7	13	02	16	14	05	875		168	
						873	13,996	156	6,935
8	14	00	14	11	02		990		932
						9,862	996	7,167	940
9	15	23,00	10	08	23,00	845		175	
						850	13,991	180	6,950
10	16	22,95	08	06	22,98		983		962
						9,838	985	7,172	955
11	17	93	05	04	93	847		166	
						840	13,981	171	6,980
12	4 18	22,89	23,03	23,01	22,89		971		976
							961		974
		B. G.				*A. T.*		*I. M.*	

SÉRIE XXX.

OBSERVATIONS	1862 AVRIL 23	THERMOMÈTRES				MICROSCOPE OUEST. POINTÉS sur le		MICROSCOPE EST. POINTÉS sur le	
		N° 843	N° 844	N° 845	N° 846	PLATINE	LAITON	PLATINE	LAITON
						9,848		7,196	
1	4 21	22,83	22,98	22,96	22,82	850		204	
						856	13,952	195	7,048
2	22	80	98	93	80		942		046
						9,844	940	7,199	029
3	23	79	95	90	77	846		201	
						838	13,942	212	7,049
4	25	77	93	89	73		932		042
						9,833	938	7,226	058
5	26	73	89	86	70	836		223	
						834	13,926	215	7,066
6	27	69	88	84	68		928		071
						9,828	932	7,224	064
7	29	66	86	81	65	820		222	
						820	13,924	238	7,089
8	30	63	83	77	62		914		099
						9,816	918	7,227	090
9	31	61	80	75	60	814		239	
						820	13,904	234	7,111
10	32	60	78	72	58		894		122
						9,805	910	7,235	105
11	33	60	77	70	56	815		240	
						810	13,883	244	7,132
12	4 35	22,57	22,75	22,67	22,54		887		111
							882		114
		B. G.				*I. M.*		*A. T.*	

OBSERVATIONS.

Expériences de dilatation.

1862 AVRIL 23	POINTÉS POUR LES VALEURS DES TOURS DE VIS				1862 AVRIL 23	POINTÉS SUR LES MIRES	
	MICROSCOPE OUEST (TRAITS OBSERVÉS)		MICROSCOPE EST (TRAITS OBSERVÉS)			MICROSCOPE OUEST	MICROSCOPE EST
	0	$0 \div 3^r$	100	$100 \div 3^r$			
			APRÈS LA SÉRIE XXX.				
$4^h\ 38^m$	9.801		7,286		$5^h\ 0^m$	10.063	9,982
		6,812		4,263		078	975
	785		284			068	970
		800		273		068	970
	802		277			070	948
		801		275		072	948
	802		285			070	970
		813		262		068	979
	800		293			069	985
		800		272		068	966
	804		284				
		811		268			
	A. T.		J. M.			A. T.	J. M.

Valeurs conclues des tours de vis.

$$v_1 = 1,002 \qquad v'_1 = 0,995$$

1862 AVRIL 23	MICROSCOPE OUEST		MICROSCOPE EST		1862 AVRIL 23	MICROSCOPE OUEST	MICROSCOPE EST
	0	$0 \div 3^r$	100	$100 \div 3^r$			
$4\ 45$	9.808		7,298		$5\ 5$	10,056	9,975
		6,821		4.264		046	978
	794		298			065	980
		812		291		066	980
	800		286			072	990
		815		268		069	983
	812		310			078	981
		818		320		070	977
	812		323			080	973
		822		320		075	960
	820		326				
		805		321			
	I. M.		A. T.			I. M.	A. T.

Valeurs conclues des tours de vis,

$$v_1 = 1,003 \qquad v'_1 = 0,999$$

$4\ 37$	Therm. $= + 16,7^\circ$	$5\ 42$	Therm. $= + 16,7^\circ$

Expériences de dilatation.

1862 AVRIL 25	POINTÉS SUR LES MIRES		1862 AVRIL 25	POINTÉS POUR LES VALEURS DES TOURS DE VIS			
				MICROSCOPE *OUEST* TRAITS OBSERVÉS		MICROSCOPE *EST* TRAITS OBSERVÉS	
	MICROSCOPE *OUEST*	MICROSCOPE *EST*		0	$0+3^p$	100	$100+3^p$
			AVANT LA SÉRIE XXXI.				
$12^h\ 26^m$	10,163	9,992	$1^h\ 40^m$	5,099		4,792	
	148	993			8,120		7,844
	151	995		069		828	
	160	996			098		840
	161	978		053		854	
	159	997			078		842
	165	980		038		824	
	166	998			072		874
	162	980		036		850	
	165	986			068		878
				014		882	
					065		875
	A. T.	I. M.		A. T.		I. M.	

Valeurs conclues des tours de vis,

$$v_1 = 0^p,987 \qquad v_1' = 0^p,995$$

1862 AVRIL 25	MICROSCOPE OUEST	MICROSCOPE EST	1862 AVRIL 25	0	$0+3^p$	100	$100+3^p$
12 40	10,150	40,036	1 50	5,029		4,897	
	168	060·			8,066		7,914
	160	044		011		900	
	171	051			069		919
	153	035		004		922	
	167	022			040		932
	148	047		4,985		920	
	146	044			044		924
	148	002		993		928	
	150	032			033		942
				974		940	
					030·		940
	I. M.	A. T.		I. M.		A. T.	

Valeurs conclues des tours de vis,

$$v_1 = 0^p,983 \qquad v_1' = 0^p,998$$

12 45	Therm. $= +18°,2$		1 00	Therm. $= +18°,5$.			

OBSERVATIONS.

Expériences de dilatation.

OBSERVATIONS	1862 AVRIL 25 (b)	(m)	THERMOMÈTRES N° 843	N° 844	N° 845	N° 846	MICROSCOPE *OUEST* POINTÉS sur le PLATINE	LAITON	MICROSCOPE *EST* POINTÉS sur le PLATINE	LAITON
							SÉRIE XXXI.			
							4,752		5,023	
1	2	19	42,22	42,47	42,55	42,48	730		018	
							736	11,639	028	10,014
2		20	16	44	54	46		632		008
							4,745	630	5,051	018
3		22	17	42	52	38	744		068	
							702	11,600	060	10,036
4		23	16	42	40	20		616		038
							4,681	614	5,045	048
5		25	13	41	29	18	675		065	
							675	11,550	078	10,068
6		26	11	38	28	12		564		058
							4,653	553	5,084	054
7		27	10	33	29	08	631		088	
							649	11,543	088	10,104
8		28	08	32	29	08		540		106
							4,624	530	5,115	100
9		29	05	29	26	06	618		115	
							615	11,519	096	10,144
10		30	02	27	26	00		500		145
							4,601	494	5,128	140
11		32	42 00	19	26	42,00	597		121	
							600	11,482	126	10,162
12	2	33	41,99	42,15	42,25	41,98		471		152
								478		152
			B. G.				*A. T.*		*I. M.*	
							SÉRIE XXXII.			
							4,600		5,112	
1	2	37	41,85	42,00	42,13	41,80	606		110	
							604	11,408	100	10,213
2		39	81	00	10	80		384		198
							4,578	374	5,094	206
3		40	79	00	07	78	576		117	
							580	11,350	090	10,208
4		41	73	00	01	73		350		224
							4,564	364	5,437	225
5		43	72	42.00	41,99	70	550		144	
							550	11,318	160	10,239
6		44	71	41,99	98	65		320		210
							4,547	314	5,105	242
7		46	67	91	95	64	538		105	
							540	11,294	100	10,230
8		47	62	85	88	58		286		261
							4,525	298	5,148	253
9		48	57	82	76	56	538		150	
							536	11,220	162	10,305
10		51	51	75	75	50		226		299
							4,475	223	5,166	308
11		53	40	64	66	46	460		181	
							462	11,210	164	10,308
12	2	54	41,38	41,64	41,63	41,42		210		325
								204		329
			B. G.				*I. M.*		*A. T.*	

Expériences de dilatation.

APRÈS LA SÉRIE XXXII.

1862 AVRIL 25	POINTÉS POUR LES VALEURS DES TOURS DE VIS — MICROSCOPE *OUEST* TRAITS OBSERVÉS 0	$0+3^p$	MICROSCOPE *EST* TRAITS OBSERVÉS 99	$99+3^p$
$3^h\,00^m$	4,361	7,438	5,172	8,216
	339	434	189	235
	344	405	186	242
	359	404	202	220
	324	386	193	244
	330	376	210	245
	A. T.		*I. M.*	

Valeurs conclués des tours de vis,

$$v_1 = 0,977 \qquad v'_1 = 0,988$$

1862 AVRIL 25	POINTÉS SUR LES MIRES — MICROSCOPE OUEST	MICROSCOPE EST
$3^h\,17^m$	10,200	10,026
	224	016
	212	020
	212	012
	210	018
	203	022
	205	000
	205	012
	220	020
	209	000
	A. T.	*I. M.*

1862 AVRIL 25	MICROSCOPE *OUEST* TRAITS OBSERVÉS 0	$0+3^p$	MICROSCOPE *EST* TRAITS OBSERVÉS 99	$99+3^p$
$3\,08$	4,344	7,388	5,190	8,218
	332	386	208	193
	321	370	202	239
	320	344	202	210
	299	354	199	206
	304	346	203	210
	I M.		*A. T.*	

Valeurs conclues des tours de vis,

$$v_1 = 0,984 \qquad v'_1 = 0,996$$

1862 AVRIL 25	MICROSCOPE OUEST	MICROSCOPE EST
$3\,23$	10,220	10,015
	195	022
	199	028
	183	035
	214	042
	204	028
	205	023
	220	056
	198	10,002
	203	9.988
	I. M.	*A. T.*

$3\,14$	Therm. $= +18,8°$		$3\,28$	Therm. $= +18,9°$

OBSERVATIONS.

Expériences de dilatation.

SÉRIE XXXIII.

OBSERVATIONS	1862 AVRIL 25	THERMOMÈTRES				MICROSCOPE *OUEST.* POINTÉS sur le		MICROSCOPE *EST.* POINTÉS sur le	
		N° 843	N° 844	N° 845	N° 846	PLATINE	LAITON	PLATINE	LAITON
						4,846		6,252	
1	3 58	39,57	39,71	39,83	39,56	847		258	
						840	11,417	265	11,994
2	3 59	55	70	80	54		417		12,006
						4,824	411	6,293	004
3	4 00	49	70	75	50	814		293	
						808	11,370	287	12,010
4	01	48	69	71	48		375		020
						4,845	370	6,294	010
5	02	45	63	59	44	815		294	
						802	11,369	294	12,034
6	03	42	62	52	45		342		048
						4,799	344	6,302	033
7	05	40	59	52	44	810		302	
						813	11,321	302	12,066
8	06	39	57	51	42		301		050
						4,787	319	6,308	062
9	07	37	53	49	39	780		310	
						772	11,280	300	12,067
10	08	33	48	48	31		271		086
						4,776	257	6,305	087
11	10	27	44	44	30	754		310	
						753	11,263	316	12,100
12	4 11	39,25	39,40	39,44	39,29		263		106
							270		102
		B. G.				A. T.		I. M.	

SÉRIE XXXIV.

OBSERVATIONS	1862 AVRIL 25	THERMOMÈTRES				MICROSCOPE *OUEST.* POINTÉS sur le		MICROSCOPE *EST.* POINTÉS sur le	
		N° 843	N° 844	N° 845	N° 846	PLATINE	LAITON	PLATINE	LAITON
						4,755		6,322	
1	4 13	39,16	39,37	39,25	39,20	853		318	
						760	11,212	311	12,165
2	14	13	32	23	17		206		160
						4,739	200	6,333	161
3	15	12	29	22	13	735		349	
						745	11,191	348	12,170
4	16	12	27	22	10		199		182
						4,714	182	6,345	192
5	17	09	25	22	08	705		338	
						705	11,172	325	12,193
6	18	05	24	20	08		474		212
						4,697	465	6,311	184
7	19	02	17	20	06	698		322	
						705	11,148	339	12,229
8	21	00	11	18	04		158		218
						4,708	138	6,343	234
9	22	00	08	15	39,00	703		344	
						705	11,118	351	12,245
10	23	39,00	06	07	38,98		128		220
						4,673	122	6,343	256
11	24	38,95	06	05	94	682		359	
						679	11,112	338	12,256
12	4 25	38,94	39,06	39,03	38,91		100		276
							102		260
		B. G.				I. M.		A. T.	

Expériences de dilatation.

OBSERVATIONS	1862 AVRIL 25		THERMOMÈTRES				MICROSCOPE *OUEST* POINTÉS sur le		MICROSCOPE *EST* POINTÉS sur le	
	h	m	N° 843	N° 844	N° 845	N° 846	PLATINE	LAITON	PLATINE	LAITON
			°	°	°	°	t	t	t	t

SÉRIE XXXV.

OBS.	h	m	N° 843	N° 844	N° 845	N° 846	OUEST PLATINE	OUEST LAITON	EST PLATINE	EST LAITON
1	4	29	38,78	38,98	38,98	38,80	4,603	11,021	6,370	12,302
2		30	78	98	98	78	603	024	366	306
							592	025	376	296
3		31	76	95	97	75	4,575	11,000	6,376	12,323
4		32	73	90	92	74	589	005	373	308
							591	002	378	312
5		33	69	86	89	71	4,589	10,990	6,376	12,338
6		34	65	83	84	68	571	991	379	335
							569	982	369	334
7		35	62	79	80	66	4,560	10,970	6,395	12,386
8		36	61	71	75	64	569	980	380	378
							552	982	389	388
9		37	59	67	70	60	4,558	10,970	6,396	12,386
10		39	54	65	67	56	550	968	395	390
							554	958	396	394
11		40	49	61	63	53	4,532	10,942	6,404	12,406
12	4	44	38,44	38,60	38,61	38,49	523	930	406	403
							521	949	404	406
			B. G.				A. T.		I. M.	

SÉRIE XXXVI.

OBS.	h	m	N° 843	N° 844	N° 845	N° 846	OUEST PLATINE	OUEST LAITON	EST PLATINE	EST LAITON
1	4	47	38,27	38,38	38,40	38,30	4,511	10,877	6,425	12,480
2		48	25	37	40	28	512	884	425	480
							513	871	420	469
3		49	22	34	38	26	4,459	10,854	6,418	12,518
4		50	20	33	31	22	463	851	438	521
							466	848	428	522
5		52	18	31	28	22	4,448	10,834	6,448	12,510
6		53	17	28	26	20	440	826	442	485
							458	826	426	534
7		54	13	25	22	15	4,408	10,773	6,428	12,543
8		55	07	20	20	12	413	765	445	528
							414	776	425	551
9		57	03	16	20	09	4,400	10,760	6,438	12,555
10		58	02	12	19	08	395	756	456	579
							398	762	444	589
11	4	59	01	11	15	06	4,485	10,746	6,447	12,590
12	5	00	38,00	38,10	38,13	38,04	380	743	464	605
							375	746	433	648
			B. G.				I. M.		A. T.	

Expériences de dilatation.

POINTÉS POUR LES VALEURS DES TOURS DE VIS

Tours de vis — 1862 AVRIL 25

1862 AVRIL 25	MICROSCOPE *OUEST* — 0	MICROSCOPE *OUEST* — $0+3^p$	MICROSCOPE *EST* — 99	MICROSCOPE *EST* — $99+3^p$
APRÈS LA SÉRIE XXXVI.				
$5^h\ 10^m$	4,275		6,482	
		7,320		9,488
	243		484	
		317		506
	261		478	
		322		522
	269		514	
		307		550
	251		505	
		305		564
	250		513	
		307		537
	A. T.		*I. M.*	

Valeurs conclues des tours de vis,

$$v_1 = 0,981^p \qquad v'_1 = 0,983^p$$

1862 AVRIL 25	MICROSCOPE *OUEST* — 0	MICROSCOPE *OUEST* — $0+3^p$	MICROSCOPE *EST* — 99	MICROSCOPE *EST* — $99+3^p$
$5\ \ 15$	4,254		6,533	
		7,303		9,548
	252		528	
		294		528
	226		505	
		287		543
	243		532	
		298		565
	216		522	
		264		563
	240		527	
		269		559
	I. M.		*A. T.*	

Valeurs conclues des tours de vis,

$$v_1 = 0,985^p \qquad v'_1 = 0,990^p$$

$5\ \ 23$ Therm. $= +19,3°$.

POINTÉS SUR LES MIRES

1862 AVRIL 25	MICROSCOPE OUEST	MICROSCOPE EST
$5\ \ 26$	10.243	10,060
	253	040
	257	035
	263	032
	261	042
	243	038
	252	028
	250·	054
	242	028
	252	040
	A. T.	*I. M.*
$5\ \ 32$	10,255	10,041
	236	029
	240	044
	241	045
	238	032
	226	033
	235	068
	252	052
	228	044
	228	058
	I. M.	*A. T.*
$5\ \ 38$	Therm. $= +19,3°$	

Expériences de dilatation.

1862 AVRIL 28	POINTÉS SUR LES MIRES — MICROSCOPE *OUEST*	MICROSCOPE *EST*	1862 AVRIL 28	MICROSCOPE *OUEST* — TRAITS OBSERVÉS : 0	0 — 3^{p}	MICROSCOPE *EST* — TRAITS OBSERVÉS : 99	99 — 3^{p}
			AVANT LA SÉRIE XXXVII.				
10^{h} 50^{m}	10,154	9,983	11^{h} 34^{m}	8,748		9,090	
	163	990			44,774	096	12,114
	140	972		763	778	100	100
	159	984		738	775	106	123
	157	982		751	786	124	129
	135	979		749	765	102	160
	165	968		744	781		136
	152	998		A. T.		I. M.	
	167	982					
	163	965					
	A. T.	I. M.					

Valeurs conclues des tours de vis,

$$v_1 = 0{,}989^{\mathrm{p}} \qquad\Big\| \qquad v'_1 = 0{,}993^{\mathrm{p}}$$

1862 AVRIL 28	MICROSCOPE *OUEST*	MICROSCOPE *EST*	1862 AVRIL 28	TRAITS : 0	0 — 3^{p}	TRAITS : 99	99 — 3^{p}
11^{h} 00^{m}	10,185	9,963	11^{h} 44^{m}	8,763		9,159	
	193	972			44,800	189	12,212
	188	964		756	788	183	218
	204	936		736	774	200	242
	202	915		724	776	209	254
	203	933		723	778	913	262
	187	978		716	768		281
	203	936		I. M.		A. T.	
	194	962					
	206	936					
	I. M.	A. T.					

Valeurs conclues des tours de vis,

$$v_1 = 0{,}985^{\mathrm{p}} \qquad\Big\| \qquad v'_1 = 0{,}983^{\mathrm{p}}$$

11^{h} 13^{m}	Therm. $= +17{,}7^{\circ}$	11^{h} 50^{m}	Therm. $= +18{,}0^{\circ}$

E

OBSERVATIONS.

Expériences de dilatation.

SÉRIE XXXVII.

OBSERVATIONS	1862 AVRIL 28		THERMOMÈTRES				MICROSCOPE *OUEST*. POINTÉS sur le		MICROSCOPE *EST*. POINTÉS sur le	
	h	m	N° 843	N° 844	N° 845	N° 846	PLATINE	LAITON	PLATINE	LAITON
			°	°	°	°	t	t	t	t
1	12	00	41,65	41,70	41,80	41,60	8,679 659 661		9,262 278 276	
2		02	53	59	75	46		10,893 888 892		40,040 042 046
3		03	43	50	67	40	8,643 642 634		9,306 296 312	
4		05	38	42	61	34		10,853 848 845		10,071 064 074
5		07	30	34	50	28	8,619 597 609		9,324 318 336	
6		08	23	29	44	24		10,808 799 795		10,146 130 146
7		10	17	25	37	11	8,612 601 598		9,346 350 348	
8		12	08	21	30	41,05		10,781 797 779		10,169 164 166
9		13	41,00	20	24	40,96	8,598 590 597		9,396 390 398	
10		15	40,98	19	19	87		10,770 757 758		20,224 234 226
11		16	86	13	18	80	8,580 587 574		9,423 450 439	
12	12	18	40,81	41,08	41,15	40,70		10,737 724 747		10,278 272 282
					B. G.			*A. T.*		*I. M.*

SÉRIE XXXVIII.

OBSERVATIONS	1862 AVRIL 28		THERMOMÈTRES				MICROSCOPE *OUEST*. POINTÉS sur le		MICROSCOPE *EST*. POINTÉS sur le	
	h	m	N° 843	N° 844	N° 845	N° 846	PLATINE	LAITON	PLATINE	LAITON
1	2	19	37,03	36,64	36,57	36,84	8,360 370 355		40,700 700 713	
2		21	36,91	54	35,97	69		9,686 689 672		12,293 312 282
3		23	80	65	36,17	62	8,347 341 338		40,695 697 707	
4		24	79	76	29	60		9,663 662 672		12,302 287 290
5		25	78	80	29	60	8,326 324 330		10,713 708 716	
6		26	79	75	14	52		9,653 647 646		12,298 312 328
7		27	79	69	00	54	8.341 338 336		40,724 732 728	
8		28	79	67	03	57		9,638 639 640		12,330 343 347
9		30	80	64	02	60	8,354 336 340		40,760 754 750	
10		31	80	69	09	60		9,651 660 658		12,346 347 365
11		32	80	72	13	64	8,336 340 340		40,754 783 772	
12	2	33	36,80	36,71	36,20	36,60		9,663 673 655		12,389 374 382
					B. G.			*I. M.*		*A. T.*

Expériences de dilatation.

1862 AVRIL 28	POINTÉS POUR LES VALEURS DES TOURS DE VIS				1862 AVRIL 28	POINTÉS SUR LES MIRES	
	MICROSCOPE *OUEST* TRAITS OBSERVÉS		MICROSCOPE *EST* TRAITS OBSERVÉS			MICROSCOPE *OUEST*	MICROSCOPE *EST*
	0	$0 - 3^p$	99	$99 - 3^p$			
	APRÈS LA SÉRIE XXXVIII.						
$2^h\,40^m$	8,336		10,795		$2^h\,56^m$	10,233	9,925
		11,369		13,825		247	922
	327		812			211	942
		368		835		238	910
	368		805			200	949
		380		834		252	920
	348		820			229	917
		400		846		240	934
	356		836			235	956
		404		865		225	929
	338		832				
		381		849			
	A. T.		*I. M.*			*A. T.*	*I. M.*

Valeurs conclues des tours de vis,

$$v_1 = 0,989 \qquad v'_1 = 0,992$$

1862 AVRIL 28	MICROSCOPE *OUEST* 0	$0 - 3^p$	MICROSCOPE *EST* 99	$99 - 3^p$	1862 AVRIL 28	MICROSCOPE *OUEST*	MICROSCOPE *EST*
$2\,47$	8,397		10,878		$3\,03$	10,276	9,890
		11,440		13,890		266	896
	378		882			232	894
		420		878		242	912
	388		897			286	912
		434		900		256	917
	402		900			267	915
		425		945		262	888
	385		907			276	915
		445		934		268	915
	387		896				
		447		940			
	I M.		*A. T.*			*I. M.*	*A. T.*

Valeurs conclues des tours de vis,

$$v_1 = 0,988 \qquad v'_1 = 0,995$$

$2\,53$	Therm. $= +18,2°$				$3\,10$	Therm. $= +18,2°$	

OBSERVATIONS.

Expériences de dilatation.

OBSERVATIONS	1862 AVRIL 28	THERMOMÈTRES N° 843	N° 844	N° 845	N° 846	MICROSCOPE *OUEST.* POINTÉS sur le PLATINE	LAITON	MICROSCOPE *EST.* POINTÉS sur le PLATINE	LAITON
					SÉRIE XXXIX.				
1	4 53	33,80	34,00	33,90	33,70	7,734 720 746		11,318 310 342	
2	55	77	33,97	87	65		8,382 387 395		13,576 586 596
3	56	66	91	81	54	7,728 718 726		11,315 314 306	
4	58	60	88	73	44		8,378 381 381		13,600 584 588
5	4 59	49	89	67	40	7,707 702 717		11,302 308 309	
6	5 00	48	89	64	44		8,370 359 348		13,595 586 588
7	02	57	90	66	44	7,711 720 700		11,308 306 304	
8	03	60	88	68	44		8,348 365 357		13,602 582 598
9	04	62	85	68	44	7,700 665 699		11,318 308 310	
10	06	64	81	68	44		8,339 348 348		13,614 615 613
11	07	61	72	68	40	7,692 700 705		11,325 316 324	
12	5 08	33,60	33,69	33,63	33,40		8,342 343 342		13,626 618 610
		B. G.				*A. T.*		*I. M.*	
					SÉRIE XL.				
1	5 12	33,46	33,69	33,57	33,39	7,748 730 714		11,375 384 374	
2	13	44	69	56	40		8,334 318 324		13,686 670 679
3	14	43	68	56	40	7,736 736 736		11,387 396 393	
4	15	41	65	59	40		8,336 332 328		13,691 694 694
5	16	40	64	60	40	7,726 723 726		11,411 386 392	
6	17	40	64	60	40		8,335 336 345		13,692 716 719
7	19	40	64	57	40	7,745 760 752		11,404 412 401	
8	20	40	65	55	38		8,346 338 336		13,710 722 729
9	21	39	66	54	34	7,746 744 746		11,444 425 410	
10	22	38	63	49	32		8,332 340 332		13,720 736 736
11	23	35	59	48	30	7,744 744 742		11,444 424 442	
12	5 25	33,32	33,54	33,44	33,28		8,334 325 334		13,761 760 745
		B. G.				*I. M.*		*A. T.*	

Expériences de dilatation.

1862 AVRIL 28	POINTÉS POUR LES VALEURS DES TOURS DE VIS				1862 AVRIL 28	POINTÉS SUR LES MIRES	
	MICROSCOPE *OUEST*		MICROSCOPE *EST*			POINTÉS	
	TRAITS OBSERVÉS		TRAITS OBSERVÉS			MICROSCOPE *OUEST*	MICROSCOPE *EST*
	0	0 — 3^p	99	99 — 3^p			

APRÈS LA SÉRIE XL.

1862 AVRIL 28	MICROSCOPE OUEST — 0	0 — 3^p	MICROSCOPE EST — 99	99 — 3^p
5^h 30^m	7,740^t	10,809^t	11,455^t	11,479^t
	750	824	460	496
	760	824	464	480
	752	821	460	506
	738	817	470	504
	762	788	475	505
	A. T.		*I. M.*	

Valeurs conclues des tours de vis,

$$v_1 = 0^p{,}980 \qquad \| \qquad v'_1 = 0^p{,}990$$

1862 AVRIL 28	MICROSCOPE OUEST	MICROSCOPE EST
5^h 45^m	10,236^t	9,934^t
	236	942
	240	941
	240	932
	241	922
	214	922
	238	915
	214	930
	236	950
	238	921
	A. T.	*I. M.*

1862 AVRIL 28	MICROSCOPE OUEST — 0	0 — 3^p	MICROSCOPE EST — 99	99 — 3^p
5 36	7,778	10,818	11,489	11,495
	760	845	514	527
	775	825	501	520
	789	824	504	538
	784	815	519	545
	778	806	515	544
	I. M.		*A. T.*	

Valeurs conclues des tours de vis,

$$v_1 = 0^p{,}986 \qquad \| \qquad v'_1 = 0^p{,}994$$

1862 AVRIL 28	MICROSCOPE OUEST	MICROSCOPE EST
5 51	10,278	9,942
	276	950
	265	919
	255	949
	260	948
	262	964
	255	945
	266	944
	260	933
	250	941
	I. M.	*A. T.*

5 40	Therm. $= + 18^\circ{,}0.$	5 56	Therm. $= + 18^\circ{,}3$

OBSERVATIONS.

Expériences de dilatation.

1862 1er MAI	POINTÉS SUR LES MIRES — MICROSCOPE *OUEST*	MICROSCOPE *EST*	1862 1er MAI	POINTÉS POUR LES VALEURS DES TOURS DE VIS — MICROSCOPE *OUEST* TRAITS OBSERVÉS — 0	0 − 3ᵖ	MICROSCOPE *EST* TRAITS OBSERVÉS — 99	99 + 3ᵖ
				AVANT LA SÉRIE XLI.			
$4^h\ 47^m$	10,292	9,958	$4^h\ 47^m$	6,276		11,212	
	303	966			9.320	208	8,240
	280	984		274	333	229	246
	263	962		285	344	229	260
	262	952		282	337	220	253
	278	970		292	339	245	266
	273	955		288	346		276
	260	962		A. T.		I. M.	
	291	960					
	284	956					
	A. T.	I. M.		Valeurs conclues des tours de vis.			
				$v_1 = 0{,}983^p$		$v'_1 = 1{,}009^p$	
$4^h\ 26^m$	10,320	9,978	$4^h\ 57^m$	6.322		11,232	
	304	976			9,358	230	8,227
	320	974		312	356	240	235
	295	966		340	342	249	226
	290	956		324	354	25 8	233
	310	966		314	360	256	249
	308	973		304	370		264
	300	963		I. M.		A. T.	
	293	957					
	286	972		Valeurs conclues des tours de vis,			
	I. M.	A. T.		$v_1 = 0{,}986^p$		$v'_1 = 0{,}997^p$	
$4^h\ 34^m$	Therm. $= +19{,}3$		$5^h\ 02^m$	Therm. $= +19{,}5$			

OBSERVATIONS.

Expériences de dilatation.

SÉRIE XLI.

1862 — MAI 1er — THERMOMÈTRES — Observateur : *B. G.*

OBSERVATIONS	h	m	N° 843	N° 844	N° 845	N° 846
1	5	03	30,44	30,61	30,50	30,36
2		05	42	60	50	32
3		07	40	60	50	31
4		08	40	60	49	26
5		09	38	60	47	24
6		10	37	59	46	22
7		12	35	57	42	20
8		13	34	56	42	18
9		15	34	56	42	16
10		16	34	54	40	14
11		17	33	52	40	14
12	5	48	30,32	30,52	30,40	30,12

MICROSCOPES — POINTÉS sur le platine et le laiton — Ouest : *A. T.* ; Est : *I. M.*

MICROSCOPE OUEST — PLATINE	MICROSCOPE OUEST — LAITON	MICROSCOPE EST — PLATINE	MICROSCOPE EST — LAITON
6,287		11,273	
295		282	
292	6,300	276	14,150
	310		158
6,293	296	11,290	151
292		288	
303	6,305	298	14,165
	295		170
6,306	297	11,304	164
298		314	
280	6,293	308	14,198
	289		182
6,288	288	11,318	182
299		302	
297	6,284	314	14,192
	280		182
6,308	296	11,332	190
300		322	
283	6,301	320	14,206
	298		218
6,299	290	11,335	214
298		332	
299	6,267	320	14,215
	266		218
	262		212

SÉRIE XLII.

1862 — MAI 1er — THERMOMÈTRES — Observateur : *B. G.*

OBSERVATIONS	h	m	N° 843	N° 844	N° 845	N° 846
1	5	28	30,11	30,29	30,22	30,04
2		30	09	28	20	30,00
3		31	05	25	16	29,91
4		32	03	22	12	86
5		33	30,01	19	12	84
6		35	29,99	16	10	80
7		36	98	12	08	78
8		37	94	10	06	74
9		38	90	08	03	70
10		40	88	08	00	68
11		41	86	08	00	66
12	5	42	29,86	30,08	30,00	29,66

MICROSCOPES — POINTÉS sur le platine et le laiton — Ouest : *I. M.* ; Est : *A. T.*

MICROSCOPE OUEST — PLATINE	MICROSCOPE OUEST — LAITON	MICROSCOPE EST — PLATINE	MICROSCOPE EST — LAITON
6,276		11,313	
278		320	
270	6,178	310	14,326
	170		337
6,261	172	11,336	343
258		335	
264	6,162	320	14,334
	163		325
6,254	166	11,333	347
254		323	
256	6,143	328	14,327
	165		339
6,238	134	11,330	338
230		358	
228	6,136	352	14,348
	140		346
6,230	130	11,352	358
224		364	
228	6,120	360	14,355
	106		353
6,216	109	11,354	362
215		352	
216	6,102	357	14,376
	107		373
	110		375

Expériences de dilatation.

1862 1er MAI	POINTÉS POUR LES VALEURS DES TOUR DE VIS				1862 1er MAI	POINTÉS SUR LES MIRES	
	MICROSCOPE *OUEST* TRAITS OBSERVÉS		MICROSCOPE *EST* TRAITS OBSERVÉS			MICROSCOPE *OUEST*	MICROSCOPE *EST*
	0	$0 - 3^r$	99	$99 + 3^r$			

APRÈS LA SÉRIE XXXLII.

1862 1er MAI	MICR. OUEST 0	0 − 3ᵣ	MICR. EST 99	99 + 3ᵣ	1862 1er MAI	MIRES OUEST	MIRES EST
$5^h\ 45^m$	6,356		11,408		$6^h\ 05^m$	10,269	9,995
		9,411		8,416		267	982
	376		402				
		365		428		282	979
	379		396				
		392		417		283	986
	371		406				
		417		421		283	955
	386		397				
		399		443		258	955
	384		396				
		396		438		247	956
						271	995
	A. T.		I. M.			287	988
						262	975

Valeurs conclues des tours de vis.

$$v_1 = 0,995 \qquad v_1' = 1,007$$

						A. T.	I. M.
$5^h\ 51^m$	6,218		11,165		$6^h\ 13^m$	10,295	10,007
		9,249		8,205		295	9,989
	212		159				
		242		205		296	988
	196		157				
		241		209		296	997
	206		154				
		238		224		288	989
	196		163				
		250		205		304	963
	205		160				
		236		203		297	988
						295	984
	I. M.		A. T.			310	980
						296	970

Valeurs conclues des tours de vis.

$$v_1 = 0,987 \qquad v_1' = 1,020$$

						I. M.	A. T.
$5^h\ 59^m$	Therm. $= + 20°,8$				$6^h\ 17^m$	Therm. $= + 20°,0$	

Expériences de dilatation.

1862 MAI 3	POINTÉS SUR LES MIRES		1862 MAI 3	POINTÉS POUR LES VALEURS DES TOURS DE VIS			
	MICROSCOPE *OUEST*	MICROSCOPE *EST*		MICROSCOPE *OUEST* TRAITS OBSERVÉS		MICROSCOPE *EST* TRAITS OBSERVÉS	
				0	$0 - 3^p$	99	$99 - 3^p$
AVANT LA SÉRIE XLIII.							
$11^h\ 11^m$ — $10,255$	$10,255$	$10,045$	$11^h\ 51^m$	$10,304$		$7,715$	
	256	020			$13,326$		$10,765$
				293		740	
	226	020			345		750
				332		735	
	275	030			339		800
				289		775	
	265	035			331		800
				295		810	
	246	015			334		840
				290		840	
	267	030			330		850
	265	030		I. M.		D. T.	
	258	015					
	269	015					
	I. M.	D. T.		Valeurs conclues des tours de vis,			
				$v_1 = 0,991^p$		$v'_1 = 0,992^p$	
$11\ 19$	$10,250$	$9,963$	$2\ 0$	$10,285$		$7,884$	
	250	972			$13,345$		$10,956$
				340		906	
	240	964			348		958
				310		922	
	240	936			333		950
				300		908	
	240	945			331		972
				300		904	
	240	933			330		976
				255		932	
	250	978			330		962
	250	936		D. T.		I. M.	
	250	962					
	250	936		Valeurs conclues des tours de vis,			
	D. T.	I. M.		$v_1 = 0,984^p$		$v'_1 = 0,984^p$	
$11\ 25$	Therm. $= +20,6°$		$2\ 7$	Therm. $= +20,8°$			

OBSERVATIONS.

Expériences de dilatation.

SÉRIE XLIII.

OBSERVATIONS	1862 MAI 3 (h)	(m)	THERMOMÈTRES N° 843	N° 844	N° 845	N° 846	MICROSCOPE OUEST. POINTÉS sur le PLATINE	LAITON	MICROSCOPE EST. POINTÉS sur le PLATINE	LAITON
			°	°	°	°	10,085		8,045	
1	2	19	49,67	49,58	49,84	49,60	090		055	
							086	13,900	056	7,480
2		21	51	47	80	44		942		490
							10,108	914	8,125	200
3		22	43	44	79	40	121		125	
							121	13,921	130	7,253
4		23	36	41	71	40		926		260
							10,126	928	8,150	250
5		24	33	39	67	38	118		160	
							120	13,940	170	7,324
6		25	32	38	66	38		932		311
							10,154	925	8,200	322
7		26	33	41	66	32	152		210	
							154	13,931	220	7,350
8		27	30	45	66	28		932		351
							10,171	931	8,265	351
9		28	29	48	63	23	181		264	
							180	13,936	260	7,430
10		30	34	45	60	26		953		445
							10,170	942	8,304	430
11		31	30	38	60	22	174		300	
							162	13,946	300	7,476
12	2	32	49,26	49,34	49,60	49,20		954		490
								940		476
			B. G.				I. M.		D. T.	

SÉRIE XLIV.

OBSERVATIONS	1862 MAI 3 (h)	(m)	THERMOMÈTRES N° 843	N° 844	N° 845	N° 846	MICROSCOPE OUEST. POINTÉS sur le PLATINE	LAITON	MICROSCOPE EST. POINTÉS sur le PLATINE	LAITON
							10,455		8,335	
1	2	40	48,98	49,05	49,49	48,98	448		355	
							450	13,840	345	7,629
2		41	88	48,88	15	80		850		640
							10,430	850	8,380	636
3		42	79	84	05	74	430		370	
							440	13,845	360	7,647
4		43	70	75	00	68		835		643
							10,100	800	8,360	650
5		44	62	74	00	60	445		375	
							420	13,782	378	7,664
6		45	57	69	49,00	60		780		645
							10,067	790	8,384	672
7		46	53	77	48,98	60	070		380	
							075	13,761	376	7,686
8		47	49	70	89	60		750		684
							10,064	762	8,384	688
9		49	45	64	80	60	050		389	
							051	13,740	389	7,726
10		50	44	62	84	56		750		730
							10,050	750	8,429	726
11		51	44	64	84	50	040		426	
							040	13,738	445	7,786
12	2	52	48,42	48,64	48,84	48,48		745		789
								756		780
			B. G.				D. T.		I. M.	

Expériences de dilatation.

SÉRIE XLV.

1862, MAI 3

OBS.	h	m	N° 843	N° 844	N° 845	N° 846	MICROSCOPE OUEST — pointés sur le PLATINE	MICROSCOPE OUEST — pointés sur le LAITON	MICROSCOPE EST — pointés sur le PLATINE	MICROSCOPE EST — pointés sur le LAITON
			°	°	°	°				
							9,944		8,723	
1	3	14	47,25	47,45	47,64	47,40	931		723	
							945	13,344	720	8,275
2		15	24	40	60	40		332		275
							9,976		8,785	
								322		270
3		16	24	40	60	32	975		790	
							970	13,384	800	8,344
								381		350
4		17	26	46	60	28	10,008		8,838	
								388		355
							9,992		830	
5		18	26	42	60	20				
							10,000	13,396	840	8,420
								376		400
6		19	25	35	53	22	10,031		8,880	
								386		410
							016		880	
7		20	20	28	44	24	010	13,402	900	8,460
								408		470
8		21	17	28	44	21	10,040	407	8,926	455
							040		930	
9		22	16	28	48	21	036	13,400	942	8,476
								405		472
10		23	17	28	50	17	10,045	405	8,947	480
							046		952	
11		25	20	25	50	16	043	13,383	960	8,525
								394		530
12	3	26	47,20	47,20	47,48	47,18				
								390		532
			B. G.				*I. M.*		*D. T.*	

SÉRIE XLVI.

OBS.	h	m	N° 843	N° 844	N° 845	N° 846	OUEST PLATINE	OUEST LAITON	EST PLATINE	EST LAITON
							10,100		9,200	
1	3	42	46,35	46,48	46,71	46,44	095		204	
							102	13,230	190	8,952
2		43	28	48	68	34		240		965
							10,141		9,238	
								230		951
3		44	26	48	68	30	150		241	
							135	13,250	242	8,985
								230		984
4		45	22	47	68	28	10,090		9,255	
								230		985
							090		255	
5		47	20	45	67	26				
							080	13,230	256	9,040
								240		034
6		48	22	44	65	26	10,100		9,303	
								220		046
							070		300	
7		49	26	44	64	26	080	12,230	304	9,084
								230		075
8		50	26	44	62	26	10,080	232	9,320	078
							072		322	
9		51	25	38	60	26	074	13,222	324	9,118
								234		130
10		52	19	26	60	20	10,090	216	9,350	122
							090		342	
11		53	16	22	56	17	090	13,226	354	9,153
								230		156
12	3	54	46,15	46,22	46 52	46,15				
								232		160
			B. G.				*D. T.*		*I. M.*	

OBSERVATIONS.

Expériences de dilatation.

1862 MAI 3	POINTÉS POUR LES VALEURS DES TOUR DE VIS				1862 MAI 3	POINTÉS SUR LES MIRES	
	MICROSCOPE *OUEST* TRAITS OBSERVÉS		MICROSCOPE *EST* TRAITS OBSERVÉS			MICROSCOPE OUEST	MICROSCOPE EST
	0	0 — 3^p	99	99 — 3^p			

APRÈS LA SÉRIE XLVI.

Premier bloc

1862 MAI 3	MICROSCOPE *OUEST* — 0	0 — 3^p	MICROSCOPE *EST* — 99	99 — 3^p
4^h 30^m	10,455		9,920	
		13,215		12,920
	454		910	
		185		924
	470		900	
		470		931
	433		900	
		163		940
	155		900	
		182		940
	171		900	
		202		955
	I. M.		*D. T.*	

Valeurs conclues des tours de vis.

$$v_1 = 0,991^p \qquad v'_1 = 1,003^p$$

1862 MAI 3	MICROSCOPE OUEST	MICROSCOPE EST
4^h 47^m	10,300	10,012
	280	018
	311	010
	305	015
	308	015
	304	020
	330	020
	330	020
	327	013
	304	012
	I. M.	*D. T.*

Deuxième bloc

1862 MAI 3	MICROSCOPE *OUEST* — 0	0 — 3^p	MICROSCOPE *EST* — 99	99 — 3^p
4^h 36^m	10,190		10,010	
		13,252		13,075
	226		025	
		250		076
	190		036	
		252		112
	189		036	
		253		098
	212		050	
		260		107
	199		060	
		251		144
	D. T.		*I. M.*	

Valeurs conclues des tours de vis.

$$v_1 = 0,982^p \qquad v'_1 = 1,980^p$$

1862 MAI 3	MICROSCOPE OUEST	MICROSCOPE EST
4^h 55^m	10,318	10,017
	307	017
	320	025
	328	018
	305	016
	300	024
	316	016
	320	020
	330	020
	315	012
	D. T.	*I. M.*

4^h 43^m	Therm. = + 21,0°	5^h 00^m	Therm. = + 21,0°

Expériences de dilatation.

POINTÉS SUR LES MIRES

1862 MAI 4	MICROSCOPE OUEST	MICROSCOPE EST
AVANT LA SÉRIE XLVII.		
1h 33m	10,246	9,996
	235	968
	243	985
	256	986
	242	990
	260	965
	249	966
	240	986
	240	974
	242	992
	A. T.	*I. M.*
1h 40m	10,286	10,010
	266	9,992
	264	974
	300	999
	280	974
	366	970
	254	985
	288	984
	272	10,014
	295	9,987
	I. M.	*A. T.*
1h 50m	Therm. = + 20,8	

POINTÉS POUR LES VALEURS DES TOURS DE VIS

1862 MAI 4	MICROSCOPE OUEST — TRAITS OBSERVÉS		MICROSCOPE EST — TRAITS OBSERVÉS	
	0	0 − 3^{p}	99	99 + 3^{p}
2h 55m	7,643	10,630	13,213	10,282
	583	637	268	306
	605	626	305	338
	596	631	316	322
	603	646	322	366
	595	655	354	382
	A. T.		*I. M.*	

Valeurs conclues des tours de vis,

$$v_1 = 0,988^{\mathrm{p}} \qquad \| \qquad v'_1 = 1,007^{\mathrm{p}}$$

1862 MAI 4	MICROSCOPE OUEST — TRAITS OBSERVÉS		MICROSCOPE EST — TRAITS OBSERVÉS	
	0	0 − 3^{p}	99	99 + 3^{p}
3h 5m	7,635	10,648	13,643	10,638
	630	655	672	661
	622	636	674	687
	635	640	689	724
	624	642	711	730
	638	644	731	734
	I. M.		*A. T.*	

Valeurs conclues des tours de vis,

$$v_1 = 0,995^{\mathrm{p}} \qquad \| \qquad v'_1 = 1,004^{\mathrm{p}}$$

1862 MAI 4	
3h 12m	Therm. = + 21,0

OBSERVATIONS.

Expériences de dilatation.

1862 — MAI 4

SÉRIE XLVII.

Thermomètres :

OBSERVATIONS	h	m	N° 843	N° 844	N° 845	N° 846
1	3	40	51,22	54,36	54,38	54,26
2		41	17	27	33	20
3		43	09	23	27	16
4		44	03	20	23	08
5		45	54,00	12	14	01
6		46	53,93	05	10	54,00
7		47	86	54,02	05	53,93
8		48	78	53,94	54,00	86
9		49	76	85	53,94	84
10		51	68	79	85	74
11		52	62	77	80	68
12	3	53	53,58	53,68	53,73	53,64

B. G.

Microscope OUEST et Microscope EST, pointés sur le platine et sur le laiton :

MICROSCOPE OUEST — PLATINE	MICROSCOPE OUEST — LAITON	MICROSCOPE EST — PLATINE	MICROSCOPE EST — LAITON
7,522	12,143	14,122	12,397
536	140	136	407
500	139	136	414
7,497	12,119	14,163	12,470
503	117	164	486
510	122	164	478
7,515	12,097	14,192	12,552
510	095	198	549
497	088	195	576
7,540	12,060	14,240	12,652
530	057	235	626
507	063	234	644
7,511	12,030	14,286	12,685
517	029	288	685
507	020	289	699
7,535	12,030	14,323	12,737
504	022	328	741
645	043	316	766

A. T.   I. M.

SÉRIE XLVIII.

Thermomètres :

OBSERVATIONS	h	m	N° 843	N° 844	N° 845	N° 846
1	3	56	53,41	53,56	53,60	53,54
2		57	34	46	51	46
3		58	26	36	46	40
4	3	59	22	32	42	35
5	4	0	18	32	34	30
6		01	15	28	31	28
7		02	05	10	23	20
8		04	53,00	05	17	11
9		05	52,97	04	11	06
10		06	89	02	06	02
11		07	84	53,00	04	53,00
12	4	08	52,79	52,92	53,00	52,90

B. G.

Microscope OUEST et Microscope EST, pointés sur le platine et sur le laiton :

MICROSCOPE OUEST — PLATINE	MICROSCOPE OUEST — LAITON	MICROSCOPE EST — PLATINE	MICROSCOPE EST — LAITON
7,522	11,973	14,394	12,828
523	960	390	837
526	973	396	855
7,520	11,953	14,438	12,900
517	947	435	900
536	953	432	925
7,530	11,944	14,469	12,955
536	932	465	967
532	918	472	977
7,514	11,908	14,520	13,018
514	906	492	044
510	895	508	040
7,502	11,888	14,563	13,100
510	882	580	104
503	876	565	115
7,509	11,862	14,611	13,158
506	856	645	160
504	862	620	169

I. M.   A. T.

Expériences de dilatation.

SÉRIE XLIX.

OBSERVATIONS	1862 MAI 4 h	m	THERMOMÈTRES N° 843	N° 844	N° 845	N° 846	MICROSCOPE OUEST. POINTÉS sur le PLATINE	LAITON	MICROSCOPE EST. POINTÉS sur le PLATINE	LAITON
							6,063		13,715	
1	4	34	51,50	51,69	51,77	51,64	057		725	
							062	10,172	708	12,550
2		35	48	63	67	56		153		555
							6,053	167	13,740	559
3		37	46	59	61	52	062		740	
							059	10,132	740	12,587
4		38	41	51	58	47		124		599
							6,041	120	13,765	597
5		39	36	44	50	40	044		770	
							048	10,079	772	12,615
6		40	30	39	46	34		091		606
							5,990	095	13,776	620
7		42	25	36	40	26	990		782	
							6,002	10,034	770	12,653
8		43	21	27	40	24		034		668
							5,969	035	13,800	670
9		44	16	20	29	18	990		806	
							996	9,977	795	12,702
10		46	06	18	20	10		983		708
							5,954	970	13,832	710
11		47	02	10	16	04	952		826	
							962	9,952	826	12,736
12	4	48	51,00	51,03	51,06	51,00		939		748
								945		759
			B. G.				*A. T.*		*I. M.*	

SÉRIE L.

OBSERVATIONS	1862 MAI 4 h	m	THERMOMÈTRES N° 843	N° 844	N° 845	N° 846	MICROSCOPE OUEST. POINTÉS sur le PLATINE	LAITON	MICROSCOPE EST. POINTÉS sur le PLATINE	LAITON
							5,933		13,866	
1	4	52	50,84	50,85	50,96	50,86	946		847	
							920	9,858	839	12,784
2		53	72	82	87	76		852		795
							5,900	846	13,882	812
3		54	66	76	80	66	918		869	
							902	9,832	874	12,843
4		56	60	71	76	62		826		835
							5,900	804	13,909	841
5		57	54	65	69	58	900		880	
							885	9,793	883	12,868
6		58	50	60	63	52		796		893
							5,876	790	13,893	890
7	4	59	48	54	.59	48	870		915	
							872	9,756	907	12,907
8	5	00	44	48	58	46		748		923
							5,868	755	13,920	925
9		01	36	43	48	42	863		922	
							865	9,726	929	12,959
10		02	30	40	40	36		720		953
							5,866	714	13,959	967
11		03	27	40	40	31	860		937	
							864	9,716	955	13,017
12	5	05	50,22	50,30	50,34	50,28		708		017
								698		045
			B. G.				*I. M.*		*A. T.*	

OBSERVATIONS.

Expériences de dilatation.

APRÈS LA SÉRIE I.

Pointés pour les valeurs des tours de vis

1862 MAI 4	MICROSCOPE OUEST — TRAITS OBSERVÉS		MICROSCOPE EST — TRAITS OBSERVÉS	
	0	$0 - 3^p$	99	$99 + 3^p$
$5^h\ 10^m$	5,843		14,038	
		8,882		14,073
	844		052	
		873		111
	822		088	
		877		104
	830		086	
		887		121
	834		102	
		854		124
	834		112	
		871		118
	A. T.		*I. M.*	

Valeurs conclues des tours de vis,

$$v_1 = 0^p,986 \qquad v'_1 = 1^p,007$$

Pointés sur les mires

1862 MAI 4	MICROSCOPE OUEST	MICROSCOPE EST
$5^h\ 30^m$	10.218	9,948
	229	971
	245	952
	235	965
	222	952
	223	969
	257	974
	214	966
	243	956
	234	964
	A. T.	*I. M.*

Pointés pour les valeurs des tours de vis

1862 MAI 4	MICROSCOPE OUEST — TRAITS OBSERVÉS		MICROSCOPE EST — TRAITS OBSERVÉS	
	0	$0 - 3^p$	99	$99 + 3^p$
$5\ 18$	5,859		14,125	
		8,878		14,165
	868		150	
		884		180
	857		177	
		864		207
	852		197	
		872		223
	850		205	
		890		217
	871		246	
		876		247
	I. M.		*A. T.*	

Valeurs conclues des tours de vis,

$$v_1 = 0^p,994 \qquad v'_1 = 1^p,005$$

Pointés sur les mires

1862 MAI 4	MICROSCOPE OUEST	MICROSCOPE EST
$5\ 35$	10,262	9,967
	250	920
	250	946
	245	941
	256	954
	246	945
	259	942
	268	928
	253	936
	256	966
	I. M.	*A. T.*

$5\ 24$	Therm. $= +21°,2$.	$5\ 40$	Therm. $= +21°,2$

Expériences de dilatation.

| 1862 MAI 4 | POINTÉS SUR LES MIRES | | 1862 MAI 4 | POINTÉS POUR LES VALEURS DES TOURS DE VIS | | | |
| | MICROSCOPE *OUEST* | MICROSCOPE *EST* | | MICROSCOPE *OUEST* TRAITS OBSERVÉS | | MICROSCOPE *EST* TRAITS OBSERVÉS | |
				0	$0 - 3^p$	99	$99 - 3^p$
			AVANT LA SÉRIE LI.				
$9^h\,54^m$ soir.	$10,405^t$	$9,895^t$	$10^h\,40^m$ soir	$7,510^t$	$10,560^t$	$10,000^t$	$12,986^t$
	405	896		509		9,986	
					549		12,990
	402	892		500		10,000	
					538		13.006
	407	882		510		9,996	
					558		046
	410	883		497		10,005	
					549		023
	419	892		490		10,000	
					551		036
	409	883					
	400	885		O. E.		I. M.	
	420	888					
	428	878		Valeurs conclues des tours de vis,			
				$v_1 = 0,983^p$		$v_1' = 0,997^p$	
	O. E.	I. M.					
$9\;58$	$10,408$	$9,886$	$10\;49$	$9,490$	$10,540$	$10,045$	$13,040$
	412	906		495		012	
					530		038
	410	918		485		035	
					520		049
	418	895		478		019	
					508		031
	423	880		475		030	
					502		049
	408	909		472		041	
					492		050
	432	892					
	416	884		I. M.		O. E.	
	426	889					
	400	900		Valeurs conclues des tours de vis,			
				$v_1 = 0,988^p$		$v_1' = 0,994^p$	
	I. M.	O. E.					
$10\;03$	Therm. $= +21^\circ,0$		$10\;55$	Therm. $= +21^\circ,0$.			

Expériences de dilatation.

SÉRIE LI.

OBSERVATIONS	1862 MAI 4 (h m)	N° 843	N° 844	N° 845	N° 846	MICROSCOPE OUEST PLATINE	MICROSCOPE OUEST LAITON	MICROSCOPE EST PLATINE	MICROSCOPE EST LAITON
1	11 06	37,36	37,48	37,58	37,50	7,416		10,100	
	soir.					413		103	
2	08	29	46	53	45	414	8,600	103	11,620
							610		648
3	09	28	44	52	42	7,376	606	10,123	648
						391		110	
4	10	27	42	51	40	386	8,574	099	11,638
							606		625
5	11	24	38	48	38	7,372	574	10,110	625
						362		094	
6	12	20	36	48	36	366	8,586	103	11,645
							589		640
7	13	16	33	44	32	7,350	577	10,147	640
						360		128	
8	14	12	31	43	30	350	8,572	110	11,661
							564		660
9	15	10	28	39	28	7,357	555	10,125	665
						338		132	
10	16	08	26	36	28	346	8,548	130	11,680
							538		684
11	17	08	24	33	26	7,332	530	10,122	684
						322		440	
12	11 48	37,07	37,22	37,31	37,26	318	8,503	425	11,693
							502		690
							542		690
		B. G.				*I. M.*		*O. E.*	

SÉRIE LII.

OBSERVATIONS	1862 MAI 4 (h m)	N° 843	N° 844	N° 845	N° 846	MICROSCOPE OUEST PLATINE	MICROSCOPE OUEST LAITON	MICROSCOPE EST PLATINE	MICROSCOPE EST LAITON
1	11 25	37,00	37,06	37,16	37,08	7,241		10,185	
						225		493	
2	26	36,94	37,00	14	08	260	8,448	200	11,753
							430		764
3	27	90	36,96	12	06	7,253	430	10,486	768
						245		495	
4	28	89	94	10	04	240	8,372	498	11,782
							392		786
5	29	86	94	06	01	7,240	360	10,215	785
						240		205	
6	30	83	94	03	37,01	245	8,365	212	11,810
							390		792
7	31	82	94	00	36,98	7,257	375	10,231	820
						245		220	
8	32	80	92	37,00	94	250	8,382	220	11,832
							389		840
9	33	80	90	36,98	91	7,228	370	10,225	836
						226		230	
10	34	78	88	98	88	248	8,366	235	11,856
							370		850
11	35	73	84	99	84	7,250	360	10,254	856
						243		245	
12	11 36	36,70	36,83	36,93	36,82	223	8,360	240	11,885
							370		880
							365		886
		B. G.				*O. E.*		*I. M.*	

Expériences de dilatation.

SÉRIE LIII.

OBSERVATIONS	1862 MAI 5	N° 843	N° 844	N° 845	N° 846	MICROSCOPE *OUEST* POINTÉS sur le — PLATINE	LAITON	MICROSCOPE *EST* POINTÉS sur le — PLATINE	LAITON
1	0h 14m matin.	35,84	36,00	36,06	36,00	7,150		10,431	
						166		453	
2	15	80	35,99	04	35,96	150	8,110	444	12,260
							106		261
3	16	78	96	36,02	94	7,162	116	10,470	262
						155		451	
4	17	77	92	35,99	92	122	8,125	420	12,280
							112		262
5	18	75	90	98	90	7,136	104	10,462	266
						143		449	
6	19	71	89	98	88	144	8,085	473	12,280
							089		295
7	20	70	88	96	86	7,140	082	10,494	280
						132		461	
8	21	68	86	95	86	120	8,092	475	12,313
							070		299
9	22	66	84	92	85	7,166	070	10,506	292
						156		480	
10	23	66	82	91	82	162	8,068	479	12,330
							068		318
11	24	66	79	90	80	7,138	076	10,506	340
						146		461	
12	0 25	35,62	35,70	35,86	35,72	144	8,058	508	12,360
							062		350
							050		359
		B. G.				*I. M.*		*O. E.*	

SÉRIE LIV.

OBSERVATIONS	1862 MAI 5	N° 843	N° 844	N° 845	N° 846	MICROSCOPE *OUEST* POINTÉS sur le — PLATINE	LAITON	MICROSCOPE *EST* POINTÉS sur le — PLATINE	LAITON
1	0 29	35,57	35,68	35,77	35,68	7,098		10,590	
						122		534	
2	30	53	66	75	68	110	8,040	588	12,411
							020		406
3	31	50	60	72	68	7,120	020	10,587	390
						100		586	
4	32	48	59	70	62	110	8,014	586	12,421
							005		423
5	33	46	58	68	60	7,121	020	10,614	425
						110		642	
6	34	43	56	66	58	120	8,000	642	12,457
							000		436
7	35	41	55	65	56	7,130	010	10,616	444
						108		616	
8	36	40	54	62	54	109	8,010	642	12,491
							000		472
9	37	38	49	62	52	7,124	7,976	10,636	472
						130		642	
10	38	38	46	60	50	112	8,000	642	12,500
							7,990		500
11	39	34	42	57	48	7,107	980	10,659	509
						098		638	
12	0 40	35,30	35,40	35,54	35,48	110	7,980	635	12,532
							971		524
							970		545
		B. G.				*O. E.*		*I. M.*	

OBSERVATIONS.

Expériences de dilatation.

1862 MAI 5	MICROSCOPE OUEST — 0	MICROSCOPE OUEST — $0-3^p$	MICROSCOPE EST — 99	MICROSCOPE EST — $99-3^p$	1862 MAI 5	POINTÉS SUR LES MIRES — MICROSCOPE OUEST	POINTÉS SUR LES MIRES — MICROSCOPE EST
		TRAITS OBSERVÉS	TRAITS OBSERVÉS				
	APRÈS LA SÉRIE LIV.						
$0^h\ 45^m$ matin.	7,110	10,181	10,672	13,697	$1^h\ 10$ matin.	10,402	9,928
	080	180	685	725		418	931
	100	180	695	705		400	922
	111	471	684	724		420	922
	110	470	700	730		440	930
	070	168	615	725		431	935
	O. E.		*I. M.*			430	928
						434	916
						433	926
						442	944
						O. E.	*I. M.*
	Valeurs conclues des tours de vis,						
	$v_1 = 0,984$		$v'_1 = 0,993$				
$0\ 51$	7,172	10,270	10,830	13,850	$1\ 15$	10,412	9,910
	226	268	820	850		414	921
	199	250	820	860		430	941
	228	260	820	860		426	961
	210	252	845	840		416	960
	208	259	843	879		442	960
	I. M.		*O. E.*			440	935
						418	955
						428	938
						418	913
						I. M.	*O. E.*
	Valeurs conclues des tours de vis,						
	$v_1 = 0,982$		$v'_1 = 0,991$				
$1\ 00$	Therm. $= +21,0°$				$1\ 20$	Therm. $= +21,0°$	

Expériences de dilatation.

AVANT LA SÉRIE LV.

1862 MAI 5	POINTÉS SUR LES MIRES	
	MICROSCOPE *OUEST*	MICROSCOPE *EST*
2 15ᵐ soir.	10,399	10,046
	394	066
	388	054
	386	036
	403	044
	392	040
	400	048
	395	038
	410	034
	408	054
	A. T.	*I. M.*

1862 MAI 5	POINTÉS POUR LES VALEURS DES TOURS DE VIS			
	MICROSCOPE *OUEST* TRAITS OBSERVÉS		MICROSCOPE *EST* TRAITS OBSERVÉS	
	0	0 − 3ᵖ	99	99 − 3ᵖ
2 45ᵐ soir.	5,843	8,872	10,498	13,524
	832	875	488	548
	808	856	475	518
	807	851	484	506
	815	863	482	526
	818	870	489	534
	A. T.		*I. M.*	

Valeurs conclues des tours de vis,

$$v_1 = 0{,}984^{\mathrm{p}} \qquad \| \qquad v'_1 = 0{,}992^{\mathrm{p}}$$

1862 MAI 5	POINTÉS SUR LES MIRES	
	MICROSCOPE *OUEST*	MICROSCOPE *EST*
2 23	10,408	10,040
	388	035
	395	037
	404	044
	409	040
	408	046
	396	055
	425	045
	418	034
	425	040
	I. M.	*A. T.*

1862 MAI 5	POINTÉS POUR LES VALEURS DES TOURS DE VIS			
	MICROSCOPE *OUEST* TRAITS OBSERVÉS		MICROSCOPE *EST* TRAITS OBSERVÉS	
	0	0 − 3ᵖ	99	99 − 3ᵖ
2 50	5,832	8,855	10,500	13,492
	828	858	500	499
	836	862	494	500
	842	872	496	535
	828	882	501	545
	838	885	510	528
	I. M.		*A. T.*	

Valeurs conclues des tours de vis,

$$v_1 = 0{,}989^{\mathrm{p}} \qquad \| \qquad v'_1 = 0{,}994^{\mathrm{p}}$$

2 30	Therm. $= + 20°,8$	2 54	Therm. $= + 20°,9$

OBSERVATIONS.

Expériences de dilatation.

OBSERVATIONS	1862 MAI 5		THERMOMÈTRES				MICROSCOPE *OUEST.* POINTÉS sur le		MICROSCOPE *EST.* POINTÉS sur le	
	h	m	N° 843	N° 844	N° 845	N° 846	PLATINE	LAITON	PLATINE	LAITON
			°	°	°	°	5,796		10,514	
1	2	55	31.64	31.80	31,83	31.73	794		512	
							795	5,938	520	13,245
2		57	64	78	82	70		937		235
							5,787	927	10,513	236
3		58	61	74	80	68	792		518	
							770	5,923	521	13,235
4		59	60	69	80	66		909		232
							5,787	922	10,522	342
5	3	00	58	66	78	66	763		522	
							783	5,914	522	13,246
6		01	57	65	76	64		900		244
							5.770	908	10,556	240
7		02	55	65	74	62	765		546	
							776	5,908	548	13,210
8		03	52	64	73	62		901		246
							5,772	902	10,542	242
9		05	52	61	71	60	765		536	
							767	5,890	532	13,268
10		06	50	64	70	60		884		254
							5.776	899	10,526	364
11		07	48	64	67	60	753		534	
							762	5,882	532	13,275
12	3	08	31,48	31,60	31,64	31,60		883		262
								880		268
				B. G.			A. T.		I. M.	

SÉRIE LV.

(The SÉRIE LV title appears above the data block above.)

SÉRIE LVI.

OBSERVATIONS	1862 MAI 5		THERMOMÈTRES				MICROSCOPE *OUEST.* POINTÉS sur le		MICROSCOPE *EST.* POINTÉS sur le	
	h	m	N° 843	N° 844	N° 845	N° 846	PLATINE	LAITON	PLATINE	LAITON
							5,788		10,548	
1	3	11	31,44	31,54	31,60	31,54	771		540	
							780	5,853	525	13,216
2		12	44	54	60	52		858		311
							5,786	852	10,538	307
3		13	40	52	58	50	766		528	
							773	5,836	550	13,318
4		14	40	52	58	50		840		307
							5,750	838	10,550	306
5		15	40	50	58	50	748		542	
							761	5,844	548	13,320
6		16	39	50	58	48		832		320
							5,766	835	10,548	338
7		17	38	50	58	46	765		552	
							765	5,810	557	13,321
8		18	38	50	58	46		830		325
							5,762	828	10,552	338
9		19	36	48	58	40	756		562	
							754	5,826	563	13,315
10		20	36	48	54	36		825		315
							5,756	815	10,583	325
11		21	36	48	50	36	749		575	
							746	5,803	568	13,350
12	3	22	31,34	31,46	31,48	31,36		810		355
								806		344
				B. G.			I. M.		A. T.	

OBSERVATIONS.

Expériences de dilatation.

OBSERVATIONS	1862 MAI 5	THERMOMÈTRES				MICROSCOPE *OUEST.* POINTÉS sur le		MICROSCOPE *EST.* POINTÉS sur le	
		N° 843	N° 844	N° 845	N° 846	PLATINE	LAITON	PLATINE	LAITON
SÉRIE LVII.									
						4,743		9,733	
1	3 42	31,06	31,20	31,24	31,20	738		715	
						738	4,783	723	12,516
2	43	02	20	24	20		777		520
						4,744	789	9,734	516
3	44	02	18	22	17	749		726	
						760	4,744	744	12,532
4	45	01	16	21	15		789		538
						4,752	776	9,733	543
5	46	00	14	20	12	755		721	
						751	4,774	744	12,540
6	47	00	14	20	12		772		534
						4,739	771	9,742	536
7	48	00	12	18	10	727		752	
						724	4,762	740	12,544
8	49	31,00	12	18	08		760		546
						4,742	769	9,762	550
9	50	30,97	08	18	06	729		748	
						748	4,764	750	12,572
10	51	96	08	16	06		742		562
						4,741	762	9,768	576
11	52	94	06	16	04	749		748	
						750	4,755	758	12,584
12	3 53	30,94	31,06	31,16	31,04		748		594
							744		582
		B. G.				*A. T.*		*I. M.*	
SÉRIE LVIII.									
						4,764		9,770	
1	3 55	30,90	31,04	31,09	31,02	750		742	
						775	4,726	748	12,621
2	56	89	02	08	02		744		597
						4,754	754	9,771	611
3	57	87	00	07	00	762		772	
						746	4,723	772	12,627
4	58	86	00	06	00		732		642
						4,752	726	9,763	633
5	3,59	84	31,00	06	31,00	752		787	
						752	4,730	809	12,639
6	4,00	84	30,98	04	30,98		722		652
						4,755	712	9,783	663
7	01	84	98	04	98	755		788	
						756	4,715	790	12,634
8	02	83	98	31,00	94		716		636
						4,745	704	9,786	637
9	03	80	97	18	91	726		784	
						735	4,716	771	12,652
10	04	79	94	18	89		705		663
						4,750	716	9,784	652
11	05	78	94	18	86	768		785	
						775	4,698	783	12,658
12	4 06	30,78	30,92	31,16	30,86		678		660
							705		660
		B. G.				*I. M.*		*A. T.*	

OBSERVATIONS.

Expériences de dilatation.

OBSERVATIONS	1862 MAI 5	THERMOMÈTRES				MICROSCOPE *OUEST.* POINTÉS sur le		MICROSCOPE *EST.* POINTÉS sur le	
		N° 843	N° 844	N° 845	N° 846	PLATINE	LAITON	PLATINE	LAITON

SÉRIE LIX.

OBS.	MAI 5	N° 843	N° 844	N° 845	N° 846	OUEST PLATINE	OUEST LAITON	EST PLATINE	EST LAITON
1	5 10	29,88	30,06	30,04	30,00	5,805 807 805	5,659 642 651	11,264 272 274	14,288 292 298
2	11	88	04	04	00				
3	12	87	04	02	00	5,843 811 809	5,650 629 648	11,276 273 282	14,298 294 292
4	13	86	02	02	30,00				
5	14	86	30,00	30,00	29,94	5,818 788 806	5,627 635 647	11,274 280 284	14,314 302 312
6	15	85	29,94	29,98	92				
7	16	84	90	97	89	5,825 800 805	5,644 635 627	11,280 294 286	14,318 308 326
8	17	84	89	96	86				
9	18	84	88	96	86	5,797 808 799	5,625 634 631	11,294 294 291	14,332 330 339
10	19	84	88	96	86				
11	20	84	88	96	84	5,790 772 791	5,620 624 605	11,296 288 302	14,335 332 324
12	5 21	29,84	29,86	29,96	29,84				
		B. G.				*A. T.*		*I. M.*	

SÉRIE LX.

OBS.	MAI 5	N° 843	N° 844	N° 845	N° 846	OUEST PLATINE	OUEST LAITON	EST PLATINE	EST LAITON
1	5 23	29,84	29,84	29,92	29,80	5,814 840 796	5,594 588 592	11,292 301 287	14,338 339 340
2	24	83	84	91	80				
3	25	82	84	90	80	5,800 808 812	5,569 584 592	11,308 340 302	14,342 358 355
4	26	82	84	89	80				
5	27	80	82	88	78	5,816 814 795	5,582 595 574	11,349 306 318	14,377 357 354
6	28	80	80	90	74				
7	29	80	80	88	74	5,792 796 790	5,572 562 562	11,342 306 328	14,355 365 368
8	30	79	79	88	72				
9	31	78	78	88	72	5,789 772 792	5,572 562 568	11,312 327 329	14,374 362 385
10	32	78	78	88	72				
11	33	76	72	87	70	5,790 784 788	5,564 566 561	11,306 331 325	14,385 370 387
12	5 34	29,73	29,72	29,84	29,69				
		B. G.				*I. M.*		*A. T.*	

Expériences de dilatation.

POINTÉS POUR LES VALEURS DES TOURS DE VIS

APRÈS LA SÉRIE LX.

1862 MAI 5	MICROSCOPE *OUEST* TRAITS OBSERVÉS 0	0 — 3^p	MICROSCOPE *EST* TRAITS OBSERVÉS 99	99 — 3^p
5^h 35^m	5,760		11,331	
		8,820		11,356
	756		336	
		819		336
	745		346	
		813		356
	752		325	
		801		351
	729		327	
		794		342
	749		342	
		807		352
	A. T.		*I. M.*	

Valeurs conclues des tours de vis,

$$v_1 = 0,980^p \qquad \| \qquad v_1' = 0,995$$

1862 MAI 5	MICROSCOPE *OUEST* TRAITS OBSERVÉS 0	0 — 3^p	MICROSCOPE *EST* TRAITS OBSERVÉS 99	99 — 3^p
5 43	5,790		11,313	
		8,808		11,367
	765		334	
		782		347
	766		330	
		800		362
	755		327	
		804		347
	756		325	
		816		333
	778		330	
		816		343
	I. M.		*A. T*	

Valeurs conclues des tours de vis,

$$v_1 = 0,988^p \qquad \| \qquad v_1' = 0,992^p$$

5 48 || Therm. $= + 21°,1$.

POINTÉS SUR LES MIRES

1862 MAI 5	MICROSCOPE OUEST	MICROSCOPE EST
5 50	10,443	9,994
	423	10,000
	422	10,012
	440	9,976
	447	9,979
	416	9,984
	428	9,976
	430	10,006
	435	10,008
	449	10,002
	A. T.	*I. M.*
5 56	10,476	9,998
	480	10,002
	486	018
	452	10,026
	488	9,997
	456	9,999
	442	10,012
	464	015
	446	015
	464	024
	I. M.	*A. T.*
6 0		Therm. $= + 21°,6$

OBSERVATIONS.

Expériences de dilatation.

| 1862 MAI 9 | POINTÉS SUR LES MIRES | | 1862 MAI 9 | POINTÉS POUR LES VALEURS DES TOURS DE VIS | | | |
| | MICROSCOPE OUEST | MICROSCOPE EST | | MICROSCOPE OUEST — TRAITS OBSERVÉS | | MICROSCOPE EST — TRAITS OBSERVÉS | |
				0	$0 + 3^p$	100	$100 + 5^p$
				AVANT LA SÉRIE LXI.			
12 35	10,384	9,942	1 50	12,323		12,282	
	350	960		313	9,371	283	7,320
	333	964		328	337	290	308
	343	966		336	344	266	303
	371	972		334	376	275	293
	352	940		348	337		280
	387	960			368		
	365	960					
	354	974					
	341	956					
	A. T.	I. M.		A. T.		I. M.	

Valeurs conclues des tours de vis,

$$v_1 = 1{,}008^p \qquad v_1' = 1{,}004^p$$

1862 MAI 9	MICROSCOPE OUEST	MICROSCOPE EST	1862 MAI 9	0	$0 + 3^p$	100	$100 + 5^p$
12 45	10,390	9,957	1 58	12,345		12,294	
	440	954		358	9,369	285	7,274
	445	958		366	382	283	284
	390	973		334	370	292	288
	412	944		360	370	303	274
	420	940		366	366	300	265
	426	945		371	374		274
	409	936					
	380	948					
	390	938					
	I. M.	A. T.		I. M.		A. T.	

Valeurs conclues des tours de vis,

$$v_1 = 1{,}003^p \qquad v_1' = 0{,}994^p$$

| 1 00 | Therm. $= + 17{,}2^\circ$ | | 2 05 | Therm. $= + 17{,}7^\circ$ | | | |

Expériences de dilatation.

SÉRIE LXI.

OBSERVATIONS	1862 MAI 9	N° 843	N° 844	N° 845	N° 846	MICROSCOPE *OUEST.* POINTÉS sur le PLATINE	LAITON	MICROSCOPE *EST.* POINTÉS sur le PLATINE	LAITON
1	2ʰ 22ᵐ	16,48	16,48	16,46	16,49	12,321 304 314	9,527 517 511	12,261 259 261	7,895 888 903
2	23	48	48	46	50				
3	24	48	48	46	50	12,321 305 321	9,520 519 521	12,254 261 262	7,883 892 895
4	25	50	48	46	50				
5	26	50	48	46	50	12,314 320 315	9,520 520 520	12,252 261 272	7,904 898 902
6	27	50	48	46	50				
7	28	50	48	46	51	12,330 336 345	9,524 517 521	12,264 262 266	7,892 912 923
8	29	50	48	46	52				
9	30	50	48	46	52	12,330 334 347	9,538 521 521	12,254 268 266	7,902 900 906
10	32	50	48	46	52				
11	33	50	48	46	52	12,330 321 330	9,523 528 530	12,262 264 252	7,898 902 900
12	2 34	16,50	16,48	36,46	16,52				
			B. G.				*A. T.*		*I. M.*

SÉRIE LXII.

OBSERVATIONS	1862 MAI 9	N° 843	N° 844	N° 845	N° 846	MICROSCOPE *OUEST.* POINTÉS sur le PLATINE	LAITON	MICROSCOPE *EST.* POINTÉS sur le PLATINE	LAITON
1	2ʰ 37ᵐ	16,52	16,50	16,46	16,54	12,352 352 360	9,532 540 537	12,265 270 271	7,868 869 850
2	38	52	50	46	54				
3	40	52	50	46	54	12,360 358 368	9,538 522 533	12,272 254 268	7,869 871 870
4	41	52	50	46	54				
5	42	52	50	46	54	12,345 343 340	9,534 522 532	12,270 260 263	7,863 875 872
6	43	54	50	46	55				
7	45	54	52	48	56	12,366 360 357	9,520 536 526	12,264 267 259	7,868 850 880
8	46	54	52	48	57				
9	47	54	52	48	56	12,352 354 344	9,528 535 536	12,258 258 265	7,868 863 874
10	48	54	52.	48	56				
11	49	54	52	48	56	12,333 336 342	9,516 548 516	12,263 260 265	7,859 861 845
12	2 50	16,54	16,52	16,48	16,56				
			B. G.				*I. M.*		*A. T.*

OBSERVATIONS.

Expériences de dilatation.

SÉRIE LXIII.

OBSERVATIONS	1862 MAI 9 — h	m	THERMOMÈTRES N° 843	N° 844	N° 845	N° 846	MICROSCOPE *OUEST.* POINTÉS sur le — PLATINE	LAITON	MICROSCOPE *EST.* POINTÉS sur le — PLATINE	LAITON
1	3	31	16,62	16,58	16,52	16,64	11,630 642		11,528 503	
2		33	62	58	52	64	631	8,833 832	517	7,165 152
3		34	62	58	52	64	11,636 642	831	11,532 525	158
4		36	62	58	52	64	627	8,833 844	525	7,169 154
5		37	62	58	52	64	11,635 627	833	11,528 532	162
6		38	62	58	52	64	621	8,833 831	532	7,170 148
7		42	64	58	54	66	11,622 622	832	11,520 520	157
8		43	64	58	54	66	627	8,837 828	521	7,148 168
9		44	61	58	54	66	11,645 645	828	11,528 542	168
10		45	64	60	54	66	645	8,838 828	528	7,182 172
11		46	64	60	54	66	11,639 634	834	11,538 540	178
12	3	47	16,64	16,60	16,54	16,66	629	8,829 838 827	536	7,168 180 172

B. G. — A. T. — I. M.

SÉRIE LXIV.

OBSERVATIONS	1862 MAI 9 — h	m	THERMOMÈTRES N° 843	N° 844	N° 845	N° 846	MICROSCOPE *OUEST.* POINTÉS sur le — PLATINE	LAITON	MICROSCOPE *EST.* POINTÉS sur le — PLATINE	LAITON
1	3	51	16,64	16,60	16,54	16,66	11,675 678		11,540 533	
2		52	64	60	54	66	682	8,840 838	535	7,164 152
3		54	64	60	54	66	11,668 686	840	11,548 538	161
4		55	64	60	54	66	682	8,834 846	563	7,182 153
5		56	64	60	54	66	11,672 661	836	11,535 538	167
6		57	64	60	54	66	671	8,828 838	535	7,166 174
7	3	59	64	60	54	66	11,664 664	836	11,547 531	167
8	4	00	66	60	56	68	664	8,832 826	537	7,150 152
9		01	66	60	56	68	11,665 658	828	11,523 543	154
10		02	66	60	56	68	659	8,832 825	547	7,167 159
11		03	66	60	56	68	11,655 642	823	11,534 541	157
12	4	05	16,66	16,60	16,56	16,68	650	8,834 841 832	543	7,172 152 154

B. G. — I. M. — A. T.

Expériences de dilatation.

1862 MAI 9	POINTÉS SUR LES MIRES		1862 MAI 9	POINTÉS POUR LES VALEURS DES TOURS DE VIS			
	MICROSCOPE *OUEST*	MICROSCOPE *EST*		MICROSCOPE *OUEST* TRAITS OBSERVÉS		MICROSCOPE *EST* TRAITS OBSERVÉS	
				0	$0 + 3^{\mathrm{p}}$	100	$100 + 5^{\mathrm{p}}$
			APRÈS LA SÉRIE LXIV.				
$4^{\mathrm{h}}\ 15^{\mathrm{m}}$	$10,366$	$9,930$	$4^{\mathrm{h}}\ 40^{\mathrm{m}}$	$10,725$		$10,630$	
	371	935			$7,771$	638	$5,633$
	380	930		711	778	644	646
	384	929		711	775	643	646
	384	923		720	776	628	644
	364	913		723	774	628	640
	372	925		720	778		632
	358	930		A. T.		I. M.	
	369	932					
	374	930					
	A. T.	I. M.					

Valeurs conclues des tours de vis,

$$v_1 = 1^{\mathrm{p}},022 \qquad \| \qquad v'_1 = 1^{\mathrm{p}},002$$

1862 MAI 9	MICROSCOPE *OUEST*	MICROSCOPE *EST*	1862 MAI 9	0	$0 + 3^{\mathrm{p}}$	100	$100 + 5^{\mathrm{p}}$
$4^{\mathrm{h}}\ 20^{\mathrm{m}}$	$10,391$	$9,932$	$4^{\mathrm{h}}\ 50^{\mathrm{m}}$	$10,749$		$10,631$	
	404	921			$7,789$	638	$5,618$
	400	922		740	766	635	610
	408	922		741	770	645	611
	416	920		732	770	645	627
	410	903		746	780	639	612
	394	935		738	780		642
	384	919		I. M.		A. T.	
	389	925					
	397	926					
	I. M.	A. T.					

Valeurs conclues des tours de vis,

$$v_1 = 1^{\mathrm{p}},011 \qquad \| \qquad v'_1 = 0^{\mathrm{p}},995$$

$4^{\mathrm{h}}\ 25^{\mathrm{m}}$	Therm. $= +17^{\circ},8$	$5^{\mathrm{h}}\ 10^{\mathrm{m}}$	Therm. $= +17^{\circ},6$

OBSERVATIONS.

Expériences de dilatation.

| 1862 MAI 11 | POINTÉS SUR LES MIRES | | 1862 MAI 11 | POINTÉS POUR LES VALEURS DES TOUR DE VIS | | | |
| | MICROSCOPE *OUEST* | MICROSCOPE *EST* | | MICROSCOPE *OUEST* TRAITS OBSERVÉS | | MICROSCOPE *EST* TRAITS OBSERVÉS | |
(h m)			(h m)	0	$0+3^p$	100	$100+5^p$
				AVANT LA SÉRIE LXV.			
8 45	10,377	9,963	9 10	11,821	8,857	12,135	7,175
	355	958		843	870	134	169
	349	962		818	866	140	166
	361	964		816	870	126	166
	380	958		824	876	140	171
	358	965		827	864	128	170
	366	974					
	377	959		A. T.		I. M.	
	382	978					
	382	952					
				Valeurs conclues des tours de vis.			
	A. T.	I. M.		$v_1 = 1^p,003$		$v'_1 = 1^p,007$	
8 53	10,382	9,982	9 18	11,866	8,872	12,149	7,154
	384	960		865	877	148	145
	382	977		859	875	159	131
	390	968		852	864	149	148
	385	993		854	876	157	150
	374	988		854	876	156	147
	396	963					
	405	957		I. M.		A. T.	
	380	973					
	384	964		Valeurs conclues des tours de vis.			
	I. M.	A. T.		$v_1 = 1^p,005$		$v'_1 = 0^p,999$	
9 00	Therm. $= +15°,0$		9 28	Therm. $= +15°,2$			

Expériences de dilatation.

SÉRIE LXV.

OBSERVATIONS	1862 MAI 11	THERMOMÈTRES N° 843	N° 844	N° 845	N° 846	MICROSCOPE OUEST POINTÉS sur le PLATINE	LAITON	MICROSCOPE EST POINTÉS sur le PLATINE	LAITON
1	9h 29m	14,60	14,64	14,64	14,60	11,859	8,733	12,146	8,071
						832	723	133	074
2	30	60	64	64	60	858	726	138	065
3	31	60	64	64	60	11,839	8,726	12,100	8,076
						840	731	144	088
4	32	60	64	64	60	835	730	126	080
5	33	60	64	64	60	11,838	8,718	12,128	8,082
						824	718	144	092
6	34	60	64	64	62	826	719	142	086
7	36	60	64	64	62	11,839	8,735	12,132	8,096
						827	717	120	095
8	37	60	64	64	62	800	736	132	077
9	38	60	64	64	62	11,808	8,724	12,126	8,092
						838	737	128	074
10	39	60	64	64	62	824	727	122	079
11	40	60	64	64	62	11,827	8,725	12,126	8,075
						830	731	119	060
12	9h 42m	16,60	16,64	16,64	16,62	826	735	134	062
	B. G.					A. T.		I. M.	

SÉRIE LXVI.

OBSERVATIONS	1862 MAI 11	THERMOMÈTRES N° 843	N° 844	N° 845	N° 846	MICROSCOPE OUEST POINTÉS sur le PLATINE	LAITON	MICROSCOPE EST POINTÉS sur le PLATINE	LAITON
1	9h 44m	14,60	14,64	14,64	14,62	11,842	8,726	12,131	8,052
						872	736	145	053
2	45	60	64	64	62	852	722	148	032
3	46	60	64	64	63	11,846	8,748	12,147	8,064
						860	732	127	044
4	47	62	64	64	62	864	736	131	069
5	48	62	64	64	62	11,853	8,729	12,129	8,068
						840	739	144	035
6	50	62	64	64	62	848	722	138	069
7	51	62	64	64	62	11,862	8,728	12,148	8,048
						853	736	145	038
8	52	62	65	65	63	867	740	138	050
9	53	62	66	66	64	11,878	8,740	12,139	8,024
						868	730	133	049
10	55	62	66	66	64	867	745	132	033
11	56	63	66	66	64	11,865	8,720	12,131	8,049
						869	740	142	065
12	9h 57m	14,64	14,66	14,66	14,64	864	735	144	080
	B. G.					I. M.		A. T.	

OBSERVATIONS.

Expériences de dilatation.

1862 MAI 11	POINTÉS POUR LES VALEURS DES TOURS DE VIS				1862 MAI 11	POINTÉS SUR LES MIRES	
	MICROSCOPE OUEST (TRAITS OBSERVÉS)		MICROSCOPE EST (TRAITS OBSERVÉS)			MICROSCOPE OUEST	MICROSCOPE EST
	0	0 + 3ᵖ	100	100 + 5ᵖ			
APRÈS LA SÉRIE LXVI.							
$10^h\ 00^m$	11,822	8,853	12,148	7,180	$10^h\ 15^m$	10,325	9,960
	814	850	148	174		348	970
	823	846	150	160		357	936
	840	852	138	168		343	940
	830	855	140	159		348	940
	814	867	150	164		358	946
	A. T.		I. M.			351	954
						380	970
						364	956
						363	970
						A. T.	I. M.

Valeurs conclues des tours de vis,

$$v_1 = 1^p,010 \qquad v_1' = 1^p,004$$

1862 MAI 11	MICROSCOPE OUEST 0	0 + 3ᵖ	MICROSCOPE EST 100	100 + 5ᵖ	1862 MAI 11	MIRES OUEST	MIRES EST
$10^h\ 05^m$	11,856	8,875	12,142	7,140	$10^h\ 20^m$	10,404	9,965
	872	872	134	136		390	943
	879	875	143	139		400	972
	865	869	163	151		420	936
	867	872	153	146		402	934
	863	880	142	160		396	961
	I. M.		A. T.			422	953
						406	970
						410	970
						420	973
						I. M.	A. T.

Valeurs conclues des tours de vis,

$$v_1 = 1^p,001 \qquad v_1' = 1^p,001$$

| $10^h\ 11^m$ | Therm. = + 15°,3 | | | | $10^h\ 26^m$ | Therm. = + 15°,5 | |

OBSERVATIONS.

Expériences de dilatation.

1862 MAI 11	POINTÉS SUR LES MIRES — MICROSCOPE OUEST	MICROSCOPE EST	1862 MAI 11	TOURS DE VIS — MICROSCOPE OUEST — 0	0 + 3ᵖ	MICROSCOPE EST — 100	100 − 3ᵖ
				AVANT LA SÉRIE LXVII.			
1ʰ 55ᵐ	10.414	9,986	2ʰ 25ᵐ	12,544	9,576	8,226	11,226
	403	952		521	593	210	225
	388	960		534	579	204	238
	409	986		512	576	205	248
	390	960		514	579	205	245
	423	961		545	571	218	242
	419	945					
	407	940					
	396	938					
	418	956		A. T.		I. M.	
	A. T.	I. M.					

Valeurs conclues des tours de vis,

$$v_1 = 1{,}014^{\mathrm{p}} \qquad v_1' = 0{,}991^{\mathrm{p}}$$

1862 MAI 11	MICROSCOPE OUEST	MICROSCOPE EST	1862 MAI 11	0	0 + 3ᵖ	100	100 − 3ᵖ
2ʰ 5ᵐ	10,430	9,976	3ʰ 30ᵐ	12,526	9,582	8,238	11,220
	412	947		524	580	227	252
	414	945		514	574	243	263
	421	930		529	583	249	259
	415	959		516	564	251	252
	413	949		512	582	259	265
	440	920					
	435	936		I. M.		A. T.	
	446	936					
	436	949					
	I. M.	A. T.					

Valeurs conclues des tours de vis,

$$v_1 = 1{,}021^{\mathrm{p}} \qquad v_1' = 0{,}998^{\mathrm{p}}$$

2ʰ 10ᵐ	Therm. = + 16,1°		2ʰ 35ᵐ	Therm. = + 16,4°

Expériences de dilatation.

SÉRIE LXVII.

OBSERVATIONS	1862 MAI 11		THERMOMÈTRES N° 843	THERMOMÈTRES N° 844	THERMOMÈTRES N° 845	THERMOMÈTRES N° 846	MICROSCOPE OUEST. POINTÉS sur le PLATINE	MICROSCOPE OUEST. POINTÉS sur le LAITON	MICROSCOPE EST. POINTÉS sur le PLATINE	MICROSCOPE EST. POINTÉS sur le LAITON
	h	m	°	°	°	°	t		t	
							12,495		8,227	
1	2	38	27,62	27,78	27,84	27,68	480	t	248	
							496	11,868	232	11,726
2		39	62	75	84	68		877		724
							12,518	878	8,244	720
3		40	62	74	82	68	509		246	
							486	11,858	250	11,725
4		42	60	74	80	67		867		728
							12,487	858	8,248	734
5		43	58	72	78	66	488		252	
							519	11,857	248	11,734
6		44	58	72	77	66		851		752
							12,484	857	8,253	746
7		45	56	70	76	63	463		263	
							487	11,844	251	11,754
8		46	53	68	73	64		845		762
							12,481	838	8,248	742
9		47	49	67	69	60	481		250	
							478	11,825	246	11,752
10		48	48	66	66	60		827		735
							12,468	829	8,260	772
11		50	46	64	64	58	460		252	
							465	11,847	252	11,778
12	2	51	27,46	27,62	27,64	27,58		813		778
								821		766
			B. G.				A. T.		I. M.	

SÉRIE LXVIII.

OBSERVATIONS	1862 MAI 11		N° 843	N° 844	N° 845	N° 846	PLATINE (OUEST)	LAITON (OUEST)	PLATINE (EST)	LAITON (EST)
							12,462		8,290	
1	2	53	27,44	27,60	27,62	27,54	458		286	
							452	11,786	283	11,736
2		55	42	58	62	54		778		748
							12,456	776	8,309	757
3		56	42	55	60	48	446		314	
							442	11,775	343	11,765
4		57	40	54	60	48		772		771
							12,451	766	8,321	781
5		58	40	53	58	48	458		303	
							462	11,768	322	11,778
6	2	59	37	51	55	46		762		788
							12,460	752	8,318	793
7	3	00	36	48	54	46	460		307	
							466	11,750	323	11,793
8		01	36	48	54	46		752		774
							12,454	750	8,334	806
9		02	34	46	48	42	446		326	
							438	11,736	328	11,797
10		03	32	44	46	40		754		810
							12,445	746	8,324	845
11		05	31	41	43	38	426		338	
							426	11,735	328	11,828
12	3	06	27,30	27,40	27,40	27,38		735		839
								735		807
			B. G.				I. M.		A. T.	

Expériences de dilatation.

APRÈS LA SÉRIE LXVIII.

1862 MAI 11	POINTÉS POUR LES VALEURS DES TOURS DE VIS				1862 MAI 11	POINTÉS SUR LES MIRES	
	MICROSCOPE *OUEST* (TRAITS OBSERVÉS)		MICROSCOPE *EST* (TRAITS OBSERVÉS)			MICROSCOPE *OUEST*	MICROSCOPE *EST*
	0	0 + 3ᵖ	100	100 − 3ᵖ			
$5^h\ 15^m$	12,387	9,462	8,320	11,370	$3^h\ 30^m$	10,369	9,962
	399	454	334	366		360	958
	380	454	326	372		337	952
	388	443	335	368		340	965
	386	438	323	383		367	954
	384	443	336	360		345	968
						353	972
						350	976
						374	956
						348	936
	A. T.		*I. M.*			*A. T.*	*I. M.*

Valeurs conclues des tours de vis,

$$v_1 = 1^p,022 \qquad v_1' = 0^p,988$$

1862 MAI 11	POINTÉS POUR LES VALEURS DES TOURS DE VIS				1862 MAI 11	POINTÉS SUR LES MIRES	
	MICROSCOPE *OUEST*		MICROSCOPE *EST*			MICROSCOPE *OUEST*	MICROSCOPE *EST*
	0	0 + 3ᵖ	100	100 − 3ᵖ			
$3^h\ 20^m$	12,380	9,436	8,375	11,368	$3^h\ 34^m$	10,375	9,960
	366	442	366	375		382	960
	358	435	376	389		369	974
	388	436	357	384		372	943
	378	422	373	395		395	960
	373	438	382	395		382	953
						406	935
						396	940
						409	957
						378	970
	I. M.		*A. T.*			*I. M.*	*A. T.*

Valeurs conclues des tours de vis,

$$v_1 = 1^p,021 \qquad v_1' = 0^p,996$$

$3^h\ 25^m$	Therm. $= +16,9°$				$3^h\ 40^m$	Therm. $= +16,9°$	

OBSERVATIONS.

Expériences de dilatation.

| 1862 MAI 11 | POINTÉS SUR LES MIRES | | 1862 MAI 11 | POINTÉS POUR LES VALEURS DES TOUR DE VIS | | | |
| | MICROSCOPE *OUEST* | MICROSCOPE *EST* | | MICROSCOPE *OUEST* TRAITS OBSERVÉS | | MICROSCOPE *EST* TRAITS OBSERVÉS | |
				0	$0+3^p$	100	$100-3^p$
			AVANT LA SÉRIE LXIX.				
$3^h\ 27^m$	10,369	9,962	$3^h\ 45^m$	11,847		7,934	
	360	958			8,889		10,972
	337	952		829		946	
	340	965			891		980
	367	951		846		946	
	345	968			887		974
	353	972		839		955	
	350	976			896		980
	371	956		829		942	
	348	936			883		986
				844		938	
					890		950
	A. T.	*I. M.*		*A. T.*		*I. M.*	

Valeurs conclues des tours de vis.

$$v_1 = 1^p,046 \qquad \| \qquad v'_1 = 0^p,989$$

1862 MAI 11	MICROSCOPE *OUEST*	MICROSCOPE *EST*	1862 MAI 11	0	$0+3^p$	100	$100-3^p$
$3\ 35$	10,375	9,960	$3\ 54$	11,838		7,960	
	382	960			8,890		10,979
	369	974		835		951	
	372	943			872		983
	395	960		830		967	
	382	953			874		999
	406	935		825		972	
	396	940			893		999
	409	957		850		955	
	378	970			886		989
				838		959	
					885		988
	I. M.	*A. T.*		*I. M.*		*A. T.*	

Valeurs conclues des tours de vis.

$$v_1 = 1^p,017 \qquad \| \qquad v'_1 = 0^p,988$$

| $3\ 39$ | Therm. $= +16,9°$ | | $4\ 00$ | Therm. $= +16,9$ | | | |

Expériences de dilatation.

SÉRIE LXIX.

OBSERVATIONS	1862 MAI 11	THERMOMÈTRES N° 843	N° 844	N° 845	N° 846	MICROSCOPE OUEST — PLATINE	OUEST — LAITON	MICROSCOPE EST — PLATINE	EST — LAITON
						(t) 11,791		(t) 7,955	
1	4 03	26,54	26,66	26,75	26,64	783		961	
						784	(t) 10,950	940	(t) 11,620
2	04	52	66	74	64		945		622
						11,772	940	7,955	623
3	05	52	66	74	63	819		945	
						784	10,931	962	11,644
4	06	50	64	72	60		942		636
						11,815	941	7,972	632
5	07	50	62	72	60	797		963	
						755	10,922	968	11,656
6	08	48	60	70	60		919		641
						11,790	918	7,980	656
7	09	47	60	69	60	789		992	
						781	10,918	984	11,664
8	10	46	58	68	60		920		676
						11,791	917	7,993	654
9	11	44	56	66	60	782		983	
						784	10,909	980	11,676
10	12	43	54	64	58		909		660
						11,768	907	7,989	666
11	13	40	52	64	58	779		980	
						789	10,942	988	11,683
12	4 14	26,40	26,52	26,62	26,58		897		676
							906		690
		B. G.				*A. T.*		*I. M.*	

SÉRIE LXX.

OBSERVATIONS	1862 MAI 11	THERMOMÈTRES N° 843	N° 844	N° 845	N° 846	MICROSCOPE OUEST — PLATINE	OUEST — LAITON	MICROSCOPE EST — PLATINE	EST — LAITON
						11,776		8,005	
1	4 17	26,36	26,46	26,60	26,52	791		040	
						790	10,876	009	11,655
2	18	34	46	58	50		877		654
						11,786	872	8,008	673
3	19	32	46	56	48	775		018	
						776	10,873	032	11,690
4	20	30	44	54	48		868		673
						11,774	859	8,027	690
5	21	29	44	51	46	773		036	
						773	10,862	035	11,673
6	22	26	41	50	44		855		674
						11,774	860	8,026	692
7	23	24	39	48	41	786		040	
						763	10,852	052	11,702
8	24	24	38	48	40		844		699
						11,777	846	8,042	702
9	25	22	38	46	40	772		045	
						764	10,838	049	11,694
10	26	22	38	46	40		837		709
						11,743	842	8,059	700
11	27	20	38	46	40	762		070	
						763	10,838	063	11,738
12	4 28	26,20	26,38	26,46	26,40		830		749
							826		720
		B. G.				*I. M.*		*A. T.*	

Expériences de dilatation.

APRÈS LA SÉRIE LXX.

POINTÉS POUR LES VALEURS DES TOURS DE VIS

1862 MAI 11	MICROSCOPE *OUEST* — TRAITS OBSERVÉS : 0	0 + 3^p	MICROSCOPE *EST* — TRAITS OBSERVÉS : 100	100 − 3^p
$4^h\ 35^m$	11,740		8,046	
	8,784			11,094
	719		052	
		789		076
	731		034	
		785		085
	745		023	
		793		093
	744		050	
		775		085
	730		038	
		759		084
	A. T.		*I. M.*	

Valeurs conclues des tours de vis,

$$v_1 = 1^p,017 \qquad v'_1 = 0^p,984$$

1862 MAI 11	MICROSCOPE *OUEST* — TRAITS OBSERVÉS : 0	0 + 3^p	MICROSCOPE *EST* — TRAITS OBSERVÉS : 100	100 − 3^p
$4^h\ 40^m$	11,725		8,060	
	8,792			11,084
	744		060	
		776		082
	725		088	
		780		078
	732		078	
		762		080
	734		072	
		776		091
	722		084	
		772		089
	I. M.		*A. T.*	

Valeurs conclues des tours de vis,

$$v_1 = 1^p,017 \qquad v'_1 = 0^p,998$$

$4^h\ 45^m$	Therm. $= +16°,8$

POINTÉS SUR LES MIRES

1862 MAI 11	MICROSCOPE OUEST	MICROSCOPE EST
$4^h\ 53^m$	10,338	9,936
	324	957
	338	960
	321	945
	319	952
	327	940
	345	954
	327	936
	353	966
	329	952
	A. T.	*I. M.*
$4^h\ 59^m$	10,328	9,963
	322	948
	329	967
	338	962
	346	938
	352	942
	335	962
	325	945
	338	946
	349	943
	I. M.	*A. T.*
$5^h\ 04^m$	Therm. $= +16°,8$

Expériences de dilatation.

1862 MAI 12	POINTÉS SUR LES MIRES		1862 MAI 12	POINTÉS POUR LES VALEURS DES TOURS DE VIS			
	MICROSCOPE *OUEST*	MICROSCOPE *EST*		MICROSCOPE *OUEST* TRAITS OBSERVÉS		MICROSCOPE *EST* TRAITS OBSERVÉS	
				0	$0 + 3^{p}$	100	$100 + 5^{p}$

AVANT LA SÉRIE LXXI.

^{h} ^{m}	^{t}	^{t}	^{h} ^{m}	^{t}	^{t}	^{t}	^{t}
12 25	10,322	9,998	1 33	12,522		11,720	
	335	998		546	9,558	740	6,733
	325	985		525	556	716	740
	324	9,980		538	572	708	732
	316	10,000		528	578	711	726
	309	9,990		526	578	710	735
	332	9,999			580		726
	340	10,003		A. T.		I. M.	
	350	012					
	329	010					
	A. T.	I. M.					

Valeurs conclues des tours de vis,

$$v_1 = 1,012^{p} \qquad \| \qquad v'_1 = 1,003^{p}$$

^{h} ^{m}	^{t}	^{t}	^{h} ^{m}	^{t}	^{t}	^{t}	^{t}
12 33	10,346	10,043	1 40	12,560		11,699	
	340	045		565	9,585	681	6,708
	350	049		570	600	695	699
	360	028		553	598	714	704
	363	049		553	582	715	712
	358	025		545	594	703	713
	360	017			604		718
	345	024		I. M.		A. T.	
	350	005					
	358	008					
	I. M.	A. T.					

Valeurs conclues des tours de vis,

$$v_1 = 1,011^{p} \qquad \| \qquad v'_1 = 1,001^{p}$$

12 37	Therm. $= + 16,0^{\circ}$		1 45	Therm. $= + 16,0^{\circ}$	

OBSERVATIONS.

Expériences de dilatation.

SÉRIE LXXI.

OBSERVATIONS	1862 MAI 12	THERMOMÈTRES N° 843	N° 844	N° 845	N° 846	MICROSCOPE OUEST. POINTÉS — PLATINE	LAITON	MICROSCOPE EST. POINTÉS — PLATINE	LAITON
						12,525		11,695	
1	1 20	18,20	18,26	18,26	18,20	532		691	
						531	10,007	702	6,890
2	21	17	26	26	17		013		872
						12,538	012	11,696	883
3	22	13	24	26	14	520		704	
						532	10,009	710	6,881
4	23	12	24	26	14		011		894
						12,529	009	11,696	882
5	24	12	24	26	14	531		690	
						533	10,010	686	6,892
6	25	12	24	26	14		012		870
						12,519	010	11,695	885
7	26	12	22	24	14	530		686	
						522	9,995	689	6,898
8	27	12	22	24	14		10,015		896
						12,531	003	11,716	890
9	28	12	22	24	14	529		690	
						520	10,002	709	6,888
10	29	12	22	24	14		007		898
						12,526	9,981	11,715	890
11	30	12	22	24	14	518		692	
						541	10,011	702	6,878
12	1 31	18,12	18,22	18,24	18,14		011		890
							013		904
		B. G.				*A. T.*		*I. M.*	

SÉRIE LXXII.

OBSERVATIONS	1862 MAI 12	THERMOMÈTRES N° 843	N° 844	N° 845	N° 846	MICROSCOPE OUEST. POINTÉS — PLATINE	LAITON	MICROSCOPE EST. POINTÉS — PLATINE	LAITON
						12,576		11,697	
1	1 48	18,10	18,20	18,22	18,13	566		706	
						550	9,985	698	6,889
2	49	10	20	22	12		994		886
						12,559	10,000	11,704	906
3	50	10	20	22	12	562		699	
						562	9,986	697	6,905
4	51	10	18	22	12		989		901
						12,572	990	11,709	896
5	52	10	18	22	12	543		717	
						555	9,994	710	6,906
6	53	08	18	22	12		993		898
						12,559	988	11,713	900
7	54	08	18	22	10	563		718	
						572	9,994	716	6,918
8	55	08	18	20	10		984		921
						12,566	992	11,710	902
9	56	08	18	20	10	572		706	
						550	9,999	709	6,913
10	57	08	18	20	10		998		908
						12,564	988	11,708	919
11	58	08	18	20	09	575		699	
						553	9,980	706	6,907
12	1 59	18,08	18,18	18,20	18,08		998		915
							998		900
		B. G.				*I. M.*		*A. T.*	

Expériences de dilatation.

1862 MAI 12	POINTÉS SUR LES MIRES		1862 MAI 12	POINTÉS POUR LES VALEURS DES TOURS DE VIS			
	MICROSCOPE *OUEST*	MICROSCOPE *EST*		MICROSCOPE *OUEST* TRAITS OBSERVÉS		MICROSCOPE *EST* TRAITS OBSERVÉS	
				0	$0 - 7^p$	98	$98 + 5^p$

AVANT LA SÉRIE LXXIII.

1862 MAI 12	MICROSCOPE *OUEST*	MICROSCOPE *EST*	1862 MAI 12	0	$0-7^p$	98	$98+5^p$
$4^h\ 15^m$	10.325	$10,000$	$4^h\ 52^m$	$6,396$		$8,592$	
	315	$9,972$			$13,408$		$3,625$
	320	996		364		602	
					405		636
	334	996		384		602	
					404		634
	314	$10,046$		372		610	
					400		670
	311	016		388		650	
					407		682
	312	$9,990$		376		672	
					403		710
	326	$10,006$			A. T.		I. M.
	313	016					
	315	002					
	A. T.	I. M.					

Valeurs conclues des tours de vis,

$$v_1 = 0,995^p \qquad v'_1 = 1,006^p$$

1862 MAI 12	MICROSCOPE *OUEST*	MICROSCOPE *EST*	1862 MAI 12	0	$0-7^p$	98	$98+5^p$
$4^h\ 21^m$	$10,365$	$10,008$	$4^h\ 56^m$	$6,391$		$8,824$	
	323	9.996			$13,435$		$3,808$
	321	$10,002$		402		844	
					426		838
	350	$9,996$		402		863	
					436		856
	326	$10,003$		386		881	
					394		890
	360	$9,988$		386		948	
					412		932
	360	981		387		944	
					406		971
	336	988			I. M.		A. T.
	340	997					
	372	997					
	I. M.	A. T.					

Valeurs conclues des tours de vis,

$$v_1 = 0,997^p \qquad v'_1 = 0,998^p$$

$4^h\ 26^m$	Therm. $= + 17°,6$		$5^h\ 6^m$	Therm. $= + 17°,7$			

OBSERVATIONS.

Expériences de dilatation.

SÉRIE LXXIII.

OBSERVATIONS	1862 MAI 12		THERMOMÈTRES				MICROSCOPE *OUEST*. POINTÉS sur le		MICROSCOPE *EST*. POINTÉS sur le	
	b	m	N° 843	N° 844	N° 845	N° 846	PLATINE	LAITON	PLATINE	LAITON
			°	°	°	°	6,290		9,414	
1	5	16	63,60	63,68	63,84	63,76	280		121	
							265	12,701	141	5,511
2		18	54	65	81	69		696		519
							6,301	708	9,169	514
3		19	46	54	65	55	290		182	
							294	12,688	182	5,616
4		20	39	48	57	44		674		633
							6,294	683	9,214	624
5		22	28	38	43	30	300		222	
							275	12,661	236	5,720
6		23	18	27	36	26		646		710
							6,277	641	9,274	734
7		25	11	17	27	19	289		278	
							270	12,622	285	5,818
8		26	63,02	09	19	09		627		836
							6,257	629	9,330	826
9		28	62,93	63,01	63,07	63,00	265		338	
							264	12,577	350	5,908
10		29	83	62,91	62,97	62.89		559		928
							6,275	554	9,396	960
11		31	70	81	87	81	268		394	
							268	12,510	416	6,022
12	5	32	62,60	62,69	62,79	62,68		504		022
								545		022
			B. G.				A. T.		I. M.	

SÉRIE LXXIV.

OBSERVATIONS	b	m	N° 843	N° 844	N° 845	N° 846	PLATINE (Ouest)	LAITON (Ouest)	PLATINE (Est)	LAITON (Est)
							6,279		9,481	
1	5	35	62,38	62,47	62,57	62,43	286		504	
							286	12,422	541	6,143
2		37	30	34	43	36		428		174
							6,278	426	9,557	162
3		39	21	26	39	30	272		563	
							264	12,446	602	6,229
4		40	14	17	29	20		428		251
							6,272	408	9,652	270
5		41	62,06	13	19	14	270		652	
							270	12,392	659	6,307
6		42	61,99	62,05	15	08		374		343
							6,236	410	9,688	314
7		44	87	61,96	62,03	62,00	245		747	
							250	12,359	722	6,367
8		45	79	86	61,96	61,91		350		396
							6,257	363	9,748	412
9		46	73	76	87	79	254		775	
							262	12,356	755	6,484
10		48	66	70	79	68		325		493
							6,243	329	9,800	522
11		50	53	62	68	60	260		800	
							246	12,280	837	6,608
12	5	51	61,43	61,54	61,60	61,52		272		605
								285		646
			B. G.				I. M.		A. T.	

Expériences de dilatation.

1862 MAI 12	POINTÉS POUR LES VALEURS DES TOURS DE VIS				1862 MAI 12	POINTÉS SUR LES MIRES	
	MICROSCOPE *OUEST* TRAITS OBSERVÉS		MICROSCOPE *EST* TRAITS OBSERVÉS			MICROSCOPE *OUEST*	MICROSCOPE *EST*
	0	0 − 7^p	98	98 + 5^p			
APRÈS LA SÉRIE LXXIV.							
5^h 56^m	6,233		9,968		6^h 15^m	10,282	10,040
		13,233		5,032		288	056
	229		9,990			298	061
		245		046		311	045
	212		10,014			288	030
		225		090		321	056
	214		048			308	049
		229		092		294	042
	208		071			305	050
		235		124		300	045
	192		084				
		238		150			
	A. T.		I. M.			A. T.	I. M.

Valeurs conclues des tours de vis,

$$v_1 = 0,996^{\,p} \qquad \| \qquad v_1' = 1,009^{\,p}$$

1862 MAI 12	POINTÉS POUR LES VALEURS DES TOURS DE VIS				1862 MAI 12	POINTÉS SUR LES MIRES	
6 04	6,205		10,113		6 27	10,335	10,044
		13,228		5,167		318	039
	215		135			315	057
		232		150		322	057
	210		145			326	048
		235		176		302	050
	210		144			320	051
		220		198		316	055
	198		179			332	055
		214		214		328	050
	200		197				
		230		220			
	I. M.		A. T.			I. M.	A. T.

Valeurs conclues des tours de vis,

$$v_1 = 0,997^{\,p} \qquad \| \qquad v_1' = 1,005^{\,p}$$

6 11	Therm. $= +18°,0.$				6 37	Therm. $= +18°,0$	

Expériences de dilatation.

1862 JUIN 27	POINTÉS SUR LES MIRES MICROSCOPE *OUEST*	MICROSCOPE *EST*	1862 JUIN 27	POINTÉS POUR LES VALEURS DES TOUR DE VIS — MICROSCOPE *OUEST* TRAITS OBSERVÉS 0	0 + 5^p	MICROSCOPE *EST* TRAITS OBSERVÉS 100	100 + 5^p
				AVANT LA SÉRIE LXXV.			
$1^h\ 04^m$	10,279	10,087	$2^h\ 30^m$	10,530	5,547	10,172	5,197
	271	104		524	541	182	200
	280	084		522	531	174	195
	270	102		520	555	182	190
	271	113		530	547	184	194
	273	082		520	555	172	195
	270	108					
	271	096					
	273	105					
	271	101					
	A. T.	*I. M.*		*A. T.*		*I. M.*	
				Valeurs conclues des tours de vis.			
				$v_1 = 1^p{,}005$		$v'_1 = 1^p{,}001$	
$1^h\ 10^m$	10,274	10,112	$2^h\ 41^m$	10,551	5,576	10,183	5,189
	272	114		559	566	170	185
	282	107		542	568	168	193
	292	100		540	554	173	188
	290	117		552	568	174	178
	271	103		552	572	168	186
	286	108					
	290	095					
	287	105					
	270	102					
	I. M.	*A. T.*		*I. M.*		*A. T.*	
				Valeurs conclues des tours de vis.			
				$v_1 = 1^p{,}003$		$v'_1 = 1^p{,}003$	
$1^h\ 47^m$	Therm. $= +18{,}6$		$2^h\ 48^m$	Therm. $= +18{,}4$			

Expériences de dilatation.

SÉRIE LXXV.

OBSERVATIONS	1862 JUIN 27	THERMOMÈTRES				MICROSCOPE OUEST. POINTÉS sur le		MICROSCOPE EST. POINTÉS sur le	
		N° 843	N° 844	N° 845	N° 846	PLATINE	LAITON	PLATINE	LAITON
						10,538		10,166	
1	2h 53m	17,36	17,39	17,29	17,26	535		166	
						534	11,291	164	9,158
2	54	36	40	29	27		300		152
						10,529	298	10,172	146
3	56	37	40	32	31	542		170	
						535	11,291	163	9,137
4	57	38	40	33	31		298		142
						10,556	280	10,170	144
5	2h 59	38	40	34	32	548		162	
						542	11,297	166	9,149
6	3h 00	39	40	34	32		290		136
						10,556	290	10,163	148
7	01	39	40	32	32	567		164	
						566	11,285	162	9,150
8	02	39	40	34	32		306		150
						10,550	297	10,160	150
9	03	40	40	33	33	546		159	
						555	11,320	159	9,135
10	04	42	40	32	33		297		146
						10,550	290	10,154	136
11	06	42	40	34	33	554		160	
						551	11,302	158	9,142
12	3h 07	17,42	17,40	17,34	17,32		309		132
							311		141
		L. O.				*A. T.*		*I. M.*	

SÉRIE LXXVI.

OBSERVATIONS	1862 JUIN 27	THERMOMÈTRES				MICROSCOPE OUEST. POINTÉS sur le		MICROSCOPE EST. POINTÉS sur le	
		N° 843	N° 844	N° 845	N° 846	PLATINE	LAITON	PLATINE	LAITON
						10,584		10,164	
1	3h 13	17,43	17,42	17,35	17,36	568		154	
						584	11,322	150	9,104
2	14	44	42	36	36		305		110
						10,564	312	10,159	102
3	16	44	42	37	36	576		156	
						574	11,306	154	9,100
4	17	44	43	39	38		308		098
						10,574	306	10,151	099
5	18	44	44	37	39	583		162	
						576	11,325	160	9,083
6	19	45	43	37	38		298		082
						10,562	320	10,148	082
7	21	46	44	39	40	583		157	
						564	11,304	156	9,094
8	22	46	44	41	42		299		088
						10,579	308	10,154	093
9	23	46	44	39	42	585		144	
						572	11,319	154	9,089
10	24	46	44	40	42		316		070
						10,582	316	10,142	065
11	25	46	44	44	42	576		143	
						572	11,314	144	9,075
12	3h 27	17,46	17,44	17,41	17,42		315		072
							318		076
		L. O.				*I. M.*		*A. T.*	

OBSERVATIONS.

Expériences de dilatation.

1862 JUIN 27	POINTÉS POUR LES VALEURS DES TOURS DE VIS				1862 JUIN 27	POINTÉS SUR LES MIRES	
	MICROSCOPE *OUEST* — TRAITS OBSERVÉS		MICROSCOPE *EST* — TRAITS OBSERVÉS			MICROSCOPE *OUEST*	MICROSCOPE *EST*
	0	$0 + 5^p$	100	$100 + 5^p$			
				APRÈS LA SÉRIE LXXVI.			
$3^h\ 32^m$	$10,563$		$10,170$		$4^h\ 40^m$	$10,277$	$10,105$
		$5,575$		$5,165$		279	099
	568		158			288	110
		573		162		270	116
	561		150			280	110
		579		162		270	102
	568		150			270	107
		583		168		278	094
	576		149			283	097
		587		148		277	108
	570		133				
		591		155			
	A. T.		*I. M.*			*A. T.*	*I. M.*

Valeurs conclues des tours de vis,

$$v_1 = 1^p,003 \qquad v_1' = 1^p,002$$

1862 JUIN 27	MICROSCOPE OUEST 0	$0 + 5^p$	MICROSCOPE EST 100	$100 + 5^p$	1862 JUIN 27	MIRES OUEST	MIRES EST
$3\ \ 40$	$10,578$		$10,162$		$4\ \ 15$	$10,266$	$10,124$
		$5,603$		$5,168$		275	121
	582		152			277	118
		611		168		276	112
	583		138			283	113
		614		166		293	119
	580		139			294	120
		598		170		290	110
	585		142			279	110
		618		170		290	101
	590		143				
		604		161			
	I. M.		*A. T.*			*I. M.*	*A. T.*

Valeurs conclues des tours de vis,

$$v_1 = 1^p,004 \qquad v_1' = 1^p,004$$

$3\ \ 50$	Therm. $= + 17^\circ,2$		$4\ \ 20$	Therm. $= + 17^\circ,4$

OBSERVATIONS.

Expériences de dilatation.

1862 JUIN 29	POINTÉS SUR LES MIRES — MICROSCOPE *OUEST*	POINTÉS SUR LES MIRES — MICROSCOPE *EST*	1862 JUIN 29	MICROSCOPE *OUEST* TRAITS OBSERVÉS — 0	MICROSCOPE *OUEST* TRAITS OBSERVÉS — 0 – 5^p	MICROSCOPE *EST* TRAITS OBSERVÉS — 98	MICROSCOPE *EST* TRAITS OBSERVÉS — 98 + 5^p
				POINTÉS POUR LES VALEURS DES TOURS DE VIS			
				AVANT LA SÉRIE LXXVII.			
$1^h\ 20^m$	40,273	40,048	$2^h\ 0^m$	8,570	13,586	12,820	7,853
	273	033		556	578	805	850
	260	052		538	552	810	834
	250	046		548	558	844	868
	275	030		548	535	832	878
	276	048		490	517	835	886
	266	059					
	280	044		A. T.		I. M.	
	283	054					
	273	046					
				Valeurs conclues des tours de vis.			
	A. T.	I. M.		$v_1 = 0{,}993^p$		$v_1' = 1{,}008^p$	
$1\ 25$	40,265	40,045	$2\ 15$	8,490	13,520	12,839	7,921
	286	038		465	493	883	955
	276	052		456	496	918	983
	279	054		476	494	940	8,009
	286	055		480	498	959	052
	285	052		485	490	972	067
	284	040					
	275	041		I. M.		A. T.	
	273	049					
	280	048					
				Valeurs conclues des tours de vis,			
	I. M.	A. T.		$v_1 = 0{,}995^p$		$v_1' = 1{,}015^p$	
$1\ 30$	Therm. $= +18{,}0°$		$2\ 22$	Therm. $= +18{,}2°$			

OBSERVATIONS.

Expériences de dilatation.

SÉRIE LXXVII.

OBSERVATIONS	1862 JUIN 29		THERMOMÈTRES				MICROSCOPE *OUEST.* POINTÉS sur le		MICROSCOPE *EST.* POINTÉS sur le	
	h	m	N° 843	N° 844	N° 845	N° 846	PLATINE	LAITON	PLATINE	LAITON
1	2	40	57,45	57,53	57,44	57,51	8,444		13,376	
							460		376	
							461	11,161	390	8,570
2		42	37	43	39	44		162		576
							8,478	162	13,440	590
3		43	26	36	30	35	464		446	
							471	11,145	434	8,650
4		44	21	30	23	27		155		666
							8,481	142	13,506	685
5		46	14	22	13	22	448		510	
							463	11,129	493	8,736
6		47	57,04	15	57,06	15		133		759
							8,468	123	13,565	766
7		48	56,96	57,05	56,99	57,04	464		565	
							464	11,109	550	8,840
8		50	85	56,98	94	56,98		089		855
							8,476	098	13,590	873
9		52	80	85	83	87	463		620	
							460	11,067	649	8,947
10		53	74	80	76	82		063		964
							8,457	072	13,684	955
11		55	63	74	66	73	465		708	
							444	11,043	690	9,038
12	2	56	56,59	56,60	56,59	56,65		042		055
								047		062
				L. O.				*A. T.*		*I. M.*

SÉRIE LXXVIII.

OBSERVATIONS	1862 JUIN 29		THERMOMÈTRES				MICROSCOPE *OUEST.* POINTÉS sur le		MICROSCOPE *EST.* POINTÉS sur le	
	h	m	N° 843	N° 844	N° 845	N° 846	PLATINE	LAITON	PLATINE	LAITON
1	3	14	55,59	55,65	55,61	55,66	8,403		13,993	
							412		14,012	
							395	10,864	029	9,654
2		16	49	54	54	59		857		663
							8,412	856	14,073	665
3		17	43	44	45	50	420		064	
							416	10,858	079	9,722
4		18	37	43	40	44		843		748
							8,435	838	14,129	762
5		20	31	40	34	36	400		130	
							405	10,830	147	9,822
6		21	26	35	27	27		840		832
							8,420	828	14,160	840
7		22	16	23	22	24	402		460	
							412	10,816	478	9,906
8		24	05	17	12	17		803		920
							8,412	810	14,229	940
9		25	55,00	12	05	10	403		230	
							404	10,799	220	9,984
10		26	54,97	55,04	55,01	55,03		796		990
							8,406	796	14,246	10,042
11		27	96	54,98	54,99	54,99	408		248	
							398	10,775	263	10,075
12	3	28	54,89	54,96	54,92	54,93		782		059
								766		063
				L. O.				*I. M.*		*A. T.*

OBSERVATIONS.

Expériences de dilatation.

SÉRIE LXXIX.

OBSERVATIONS	1862 JUIN 29 (h)	(m)	THERMOMÈTRES N° 843	N° 844	N° 845	N° 846	MICROSCOPE OUEST. POINTÉS sur le PLATINE	LAITON	MICROSCOPE EST. POINTÉS sur le PLATINE	LAITON
1	5	18	49,64	49,76	49,68	49,72	7,233 246 238		15,110 110 120	
2		20	62	67	64	65		8,991 994 988		12,318 312 323
3		22	56	62	56	58	7,210 222 237		15,159 158 153	
4		23	46	56	50	54		8,979 968 965		12,372 396 400
5		24	42	48	44	45	7,236 238 228		15,200 200 200	
6		26	36	39	37	41		8,954 952 944		12,465 478 482
7		28	24	33	25	32	7,233 225 237		15,256 255 270	
8		30	20	30	21	26		8,941 931 927		12,564 580 586
9		31	14	21	15	19	7,223 222 230		15,302 314 319	
10		32	06	18	08	09		8,932 929 914		12,655 667 682
11		34	49,02	14	02	04	7,213 242 225		15,352 336 339	
12	5	35	48,97	49,04	49,00	49,02		8,912 902 914		12,714 727 735
				L. O.				*A. T.*		*J. M.*

SÉRIE LXXX.

OBSERVATIONS	1862 JUIN 29 (h)	(m)	THERMOMÈTRES N° 843	N° 844	N° 845	N° 846	MICROSCOPE OUEST. POINTÉS sur le PLATINE	LAITON	MICROSCOPE EST. POINTÉS sur le PLATINE	LAITON
1	5	45	48,58	48,61	48,57	48,62	7,244 230 249		15,464 469 475	
2		46	56	58	52	58		8,861 858 859		12,990 13,002 001
3		47	49	57	45	52	7,251 244 236		15,473 487 497	
4		48	42	49	44	45		8,839 846 836		13,068 068 063
5		49	38	42	36	42	7,235 236 242		15,529 529 532	
6		51	31	37	27	36		8,846 854 836		13,155 159 144
7		53	25	30	24	31	7,236 237 248		15,577 610 608	
8		54	20	25	17	23		8,846 823 831		13,224 219 234
9		55	14	22	11	17	7,234 243 242		15,629 639 644	
10		57	07	18	06	07		8,814 823 832		13,253 276 281
11		58	03	14	48,03	04	7,233 237 231		15,672 669 673	
12	5	59	48,00	48,05	47,99	48,00		8,808 784 788		13,313 339 342
				L. O.				*I. M.*		*A. T.*

OBSERVATIONS.

Expériences de dilatation.

1862 JUIN 29	POINTÉS POUR LES VALEURS DES TOURS DE VIS				1862 JUIN 29	POINTÉS SUR LES MIRES	
	MICROSCOPE *OUEST* TRAITS OBSERVÉS		MICROSCOPE *EST* TRAITS OBSERVÉS			MICROSCOPE *OUEST*	MICROSCOPE *EST*
	0	0 — 5^p	98	98 + 5^p			

APRÈS LA SÉRIE LXXX.

	MICROSCOPE OUEST		MICROSCOPE EST			MIRES OUEST	MIRES EST
6^h 05^m	7,202		15,780		6^h 28^m	10,215	10,010
	205	12,250	822	10,830		217	029
	194	256	812	838		218	015
	211	244	855	875		210	021
	202	259	864	895		228	004
	192	257	878	926		213	006
		270		926		223	006
	A. T.		I. M.			219	010
						210	026
						204	018
						A. T.	I. M.

Valeurs conclues des tours de vis,

$$v_1 = 0{,}989^p \qquad v'_1 = 1{,}007^p$$

6^h 14^m	7,190		15,883		6^h 35^m	10,206	10,023
	202	12,236	910	10,947		200	045
	217	242	908	980		230	045
	226	266	934	10,989		205	023
	198	240	938	11,015		203	042
	206	238	949	031		216	040
		229		048		214	032
	I. M.		A. T.			219	022
						225	028
						223	027
						I. M.	A. T.

Valeurs conclues des tours de vis,

$$v_1 = 0{,}994^p \qquad v'_1 = 1{,}015^p$$

| 6^h 19^m | Therm. = + 18,1° | | | | 6^h 38^m | Therm. = + 18,1° | |

Expériences de dilatation.

1862 JUIN 29	POINTÉS SUR LES MIRES		1862 JUIN 29	POINTÉS POUR LES VALEURS DES TOURS DE VIS			
	MICROSCOPE *OUEST*	MICROSCOPE *EST*		MICROSCOPE *OUEST* TRAITS OBSERVÉS		MICROSCOPE *EST* TRAITS OBSERVÉS	
				0	$0 - 5^p$	99	$99 + 5^p$
AVANT LA SÉRIE LXXXI.							
$9^h\ 10^m$ soir.	10.210	10,007	$9^h\ 50^m$ soir.	9,315		10,940	
	200	013		307	11.365	910	5,946
	202	002		311	356	920	930
	203	040		318	347	942	953
	224	009		312	348	949	958
	228	012		314	351	923	951
	230	002			340		962
	208	008		A. T.		I. M.	
	219	005					
	222	012					
	A. T.	I. M.		Valeurs conclues des tours de vis, $v_1 = 0^p,992$ $\parallel$ $v_1' = 1^p,007$			
9 18	10,222	10,006	10 00	9,314		10,940	
	228	013		325	14,334	922	5,955
	202	016		308	316	924	960
	223	019		314	333	936	960
	213	013		295	335	929	964
	236	016		302	314	933	966
	218	010			340		964
	231	019		I. M.		A. T.	
	210	009					
	228	013		Valeurs conclues des tours de vis, $v_1 = 0^p,996$ $\parallel$ $v_1' = 1^p,006$			
	I. M.	A. T.					
9 22	Therm. $= +17,4^\circ$		10 05	Therm. $= +17,4^\circ$			

OBSERVATIONS.

Expériences de dilatation.

SÉRIE LXXXI.

OBSERVATIONS	1862 JUIN 29	THERMOMÈTRES				MICROSCOPE OUEST. POINTÉS sur le		MICROSCOPE EST. POINTÉS sur le	
		N° 843	N° 844	N° 845	N° 846	PLATINE	LAITON	PLATINE	LAITON
1	10 09 soir.	39,14	39,23	39,22	39,26	9,268		10,972	
						271		972	
						264	9,858	964	11,089
2	10	10	21	22	26		848		074
						9,281	857	10,976	094
3	11	06	18	24	26	289		969	
						237	9,849	972	11,134
4	14	03	15	23	23		843		430
						9,275	839	11,000	118
5	15	02	13	24	23	252		10,998	
						273	9,834	11,001	11,465
6	16	04	10	17	21		837		152
						9,278	826	11,004	163
7	17	39,00	07	15	17	272		10,997	
						232	9,821	11,002	11,478
8	19	38,98	05	12	13		810		448
						9,259	832	11,006	181
9	20	98	04	08	10	264		037	
						245	9,827	027	11,496
10	21	98	04	06	06		824		219
						9,259	828	11,024	207
11	22	98	02	04	04	251		035	
						243	9,830	047	11,228
12	10 23	38,96	39,00	39,02	39,03		819		232
							827		244
		L. O.				*A. T.*		*I. M.*	

SÉRIE LXXXII.

OBSERVATIONS	1862 JUIN 29	THERMOMÈTRES				MICROSCOPE OUEST. POINTÉS sur le		MICROSCOPE EST. POINTÉS sur le	
		N° 843	N° 844	N° 845	N° 846	PLATINE	LAITON	PLATINE	LAITON
1	10 27	38,85	38,94	38,94	38,96	9,273		11,089	
						294		093	
						265	9,827	089	11,288
2	28	83	88	92	94		844		224
						9,286	828	11,092	320
3	29	79	83	86	91	285		100	
						295	9,812	121	11,344
4	30	76	79	84	85		825		342
						9,283	840	11,131	352
5	31	73	74	81	82	284		152	
						276	9,830	138	11,384
6	32	67	72	76	78		816		380
						9,277	808	11,179	399
7	34	64	67	73	76	270		160	
						273	9,818	166	11,450
8	36	61	64	66	70		803		443
						9,269	805	11,202	459
9	38	57	59	64	65	264		191	
						262	9,815	193	11,482
10	39	54	56	62	64		805		470
						9,264	804	11,209	483
11	40	51	53	58	62	265		202	
						273	9,805	219	11,515
12	10 42	38,47	38,50	38,55	38,59		797		518
							787		510
		L. O.				*I. M.*		*A. T.*	

Expériences de dilatation.

SÉRIE LXXXIII.

OBSERVATIONS	1862 JUIN 30	THERMOMÈTRES N° 843	N° 844	N° 845	N° 846	MICROSCOPE *OUEST.* POINTÉS sur le PLATINE	LAITON	MICROSCOPE *EST.* POINTÉS sur le PLATINE	LAITON
						8,989		11,916	
1	0 28	35,76	35,78	35,84	35,90	988		922	
matin.						991	9,152	912	12,965
2	30	73	78	76	88		152		954
						8,979	157	11,923	960
3	31	70	67	76	86	978		914	
						978	9,150	912	12,970
4	32	68	58	75	84		151		975
						8,978	120	11,935	975
5	34	66	61	73	82	969		931	
						980	9,133	921	12,990
6	35	66	70	72	78		143		978
						8,962	120	11,920	994
7	37	66	72	72	73	959		920	
						959	9,117	944	13,005
8	38	64	71	72	74		111		001
						8,945	122	11,915	005
9	39	63	70	72	73	932		935	
						949	9,094	931	13,026
10	40	62	63	72	72		082		026
						8,923	095	11,952	020
11	42	59	65	68	66	944		962	
						928	9,093	946	13,054
12	0 43	35,57	35,54	35,64	35,69		087		048
							086		036
		L. O.				*A. T.*		*I. M.*	

SÉRIE LXXXIV.

OBSERVATIONS	1862 JUIN 30	THERMOMÈTRES N° 843	N° 844	N° 845	N° 846	MICROSCOPE *OUEST.* POINTÉS sur le PLATINE	LAITON	MICROSCOPE *EST.* POINTÉS sur le PLATINE	LAITON
						8,926		12,122	
1	1 02	34,78	34,82	34,84	34,88	914		119	
						905	8,994	113	13,438
2	03	77	60	84	85		994		459
						8,897	988	12,142	442
3	05	76	60	79	86	900		135	
						900	8,972	139	13,468
4	06	76	59	68	84		970		463
						8,900	974	12,161	467
5	08	73	59	67	83	878		159	
						887	8,972	157	13,479
6	09	69	58	64	78		972		478
						8,876	960	12,169	475
7	10	66	66	64	79	883		157	
						864	8,956	167	13,480
8	11	66	64	60	78		960		495
						8,862	966	12,176	497
9	13	64	65	57	78	868		161	
						882	8,935	175	13,505
10	15	64	74	62	72		955		507
						8,864	932	12,155	508
11	16	65	78	61	73	870		177	
						859	8,943	176	13,544
12	1 17	34,65	34,71	34,59	34,72		942		509
							938		514
		L. O.				*I. M.*		*A. T.*	

OBSERVATIONS.

Expériences de dilatation.

1862 JUIN 30	POINTÉS POUR LES VALEURS DES TOURS DE VIS				1862 JUIN 30	POINTÉS SUR LES MIRES	
	MICROSCOPE *OUEST*		MICROSCOPE *EST*			MICROSCOPE *OUEST*	MICROSCOPE *EST*
	TRAITS OBSERVÉS		TRAITS OBSERVÉS				
	0	0...12	99	99...			
— APRÈS LA SÉRIE LXXXIV.							
1 25 matin.	8,810		12,200		1 45 matin.	10,167	9,990
	810	13,829	208	7,2?7		163	982
		829		2?6		172	10,000
	796		204			177	006
		832		238		169	9,995
	815		206			168	990
		832		238		158	990
	809		203			167	988
		827		242		167	991
	802		218			170	990
		829		244			
	A. T.		*I. M.*			*A. T.*	*I. M.*

Valeurs conclues des tours de vis,

$$v_1 = 0^r,996 \qquad v'_1 = 1^r,008$$

1862 JUIN 30	MICROSCOPE *OUEST*		MICROSCOPE *EST*		1862 JUIN 30	MICROSCOPE *OUEST*	MICROSCOPE *EST*
1 32	8,805		12,224		1 50	10,174	9,999
	799	13,810	213	7,267		185	10,002
		813		258		186	10,006
	806		213			188	9,997
		813		236		176	10,006
	803		223			177	9,995
		803		245		177	10,006
	790		224			187	9,999
		800		249		183	10,000
	785		238			180	10,006
		804		247			
	I. M.		*A. T.*			*I. M.*	*A. T.*

Valeurs conclues des tours de vis,

$$v_1 = 0^r,998 \qquad v'_1 = 1^r,005$$

1 35	Therm. $= +18°,0$.	1 58	Therm. $= +18°,0$

Expériences de dilatation.

1862 JUILLET 8	POINTÉS SUR LES MIRES MICROSCOPE OUEST	MICROSCOPE EST	1862 JUILLET 8	MICROSCOPE OUEST — TRAITS OBSERVÉS 0	0 — 5″	MICROSCOPE EST — TRAITS OBSERVÉS 98	97 + 5^p
				AVANT LA SÉRIE LXXXV.			
9 40	10,279	10,035	10 45	8,181	13,222	8,210	13,229
	252	034		153	222	216	245
	253	024		157	195	215	249
	258	029		143	196	241	255
	245	029		125	163	238	254
	253	024		123	142	233	263
	250	026		A. T.		I. M.	
	253	032					
	250	038					
	254	040					
	A. T.	I. M.					
9 52	10,270	10,034	10 55	8,078	13,094	8,201	13,251
	274	024		031	076	223	247
	274	027		034	060	231	249
	290	028		043	055	220	256
	286	037		005	044	227	256
	289	035		7,995	008	220	250
	294	032		I. M.		A. T.	
	278	033					
	272	034					
	276	026					
	I. M.	A. T.					
9 56	Therm. = + 19,2°		11 01	Therm. = + 19,6°			

Valeurs conclues des tours de vis (avant la série LXXXV),

$$v_1 = 0{,}991^p \qquad \| \qquad v'_1 = 0{,}996^p$$

Valeurs conclues des tours de vis (série suivante),

$$v_1 = 0{,}993^p \qquad \| \qquad v'_1 = 0{,}994^p$$

OBSERVATIONS.

Expériences de dilatation.

SÉRIE LXXXV.

OBSERVATIONS	1862 JUILLET		THERMOMÈTRES				MICROSCOPE OUEST. POINTÉS sur le		MICROSCOPE EST. POINTÉS sur le	
	h	m	N° 843	N° 844	N° 845	N° 846	PLATINE	LAITON	PLATINE	LAITON
							7,915		8,264	
1	11	05	70,65	70,66	70,63	70,55	912		264	
							897	11,000	268	8,648
2		06	54	57	53	45		10,989		656
							7,838	995	8,290	674
3		08	38	46	40	31	817		290	
							841	11,008	288	8,738
4		10	29	36	30	23		11,042		725
							7,812	10,986	8,280	730
5		11	21	27	22	13	810		280	
							803	10,940	290	8,780
6		12	11	16	11	06		913		790
							7,783	949	8,302	790
7		14	70,02	07	70,05	70,00	750		305	
							742	10,851	302	8,840
8		15	69,97	70,00	67,97	69,92		850		840
							7,739	850	8,318	860
9		16	89	69,94	89	87	705		314	
							702	10,808	335	8,894
10		17	81	86	78	79		789		940
							7,680	775	8,346	908
11		18	70	74	71	70	668		349	
							642	10,738	330	8,951
12	11	20	69,62	69,67	69,65	69,63		710		968
								744		975
				F. T.			A. T.		I. M.	

SÉRIE LXXXVI.

OBSERVATIONS	1862 JUILLET		THERMOMÈTRES				MICROSCOPE OUEST. POINTÉS sur le		MICROSCOPE EST. POINTÉS sur le	
	h	m	N° 843	N° 844	N° 845	N° 846	PLATINE	LAITON	PLATINE	LAITON
							7,599		8,329	
1	11	22	69,37	69,47	69,43	69,43	587		339	
							584	10,605	336	9,016
2		23	31	39	33	38		592		004
							7,560	578	8,364	025
3		24	26	33	27	34	543		360	
							540	10,560	349	9,080
4		25	18	25	18	28		515		059
							7,488	522	8,364	105
5		26	69,41	45	41	18	510		369	
							492	10,475	367	9,130
6		27	68,99	69,06	69,02	11		453		136
							7,454	457	8,368	130
7		29	95	68,98	68,93	69,00	444		369	
							436	10,390	368	9,189
8		30	88	93	88	68,95		366		185
							7,398	360	8,402	197
9		31	79	83	75	84	389		385	
							376	10,295	406	9,232
10		32	74	75	70	77		306		224
							7,345	300	8,417	248
11		33	61	68	65	67	344		387	
							332	10,235	423	9,292
12	11	34	68,53	68,60	68,55	68,57		220		305
								230		285
				F. T.			J. M.		A. T.	

Expériences de dilatation.

SÉRIE LXXXVII.

OBSERVATIONS	1862 JUILLET 8		THERMOMÈTRES				MICROSCOPE *OUEST.* POINTÉS sur le		MICROSCOPE *EST.* POINTÉS sur le	
			N° 843	N° 844	N° 845	N° 846	PLATINE	LAITON	PLATINE	LAITON
	h	m	°	°	°	°	t		t	
1	11	42	68,04	68,11	68,07	68,04	7,461		8,450	
							483		465	
2		43	67,96	68,02	68,00	68,00	153	10,012	456	9,485
								9,997		495
3		44	88	67,94	67,92	67,92	7,118	994	8,455	494
							102		470	
4		45	80	86	84	84	103	9,949	476	9,534
								936		570
5		46	72	77	73	77	7,064	920	8,485	566
							079		493	
6		48	63	70	65	67	061	9,888	482	9,616
								858		642
7		49	56	61	57	56	7,044	856	8,514	650
							023		510	
8		50	47	50	48	46	006	9,829	508	9,668
								798		676
9		51	36	41	40	33	6,975	807	8,494	692
							965		494	
10		53	30	35	33	28	949	9,734	512	9,726
								739		732
11		54	22	27	25	23	6,944	738	8,544	734
							924		533	
12	11	55	67,15	67,20	67,15	67,12	909	9,672	524	9,782
								668		798
								687		808
			F. T.				*A. T.*		*I. M.*	

SÉRIE LXXXVIII.

OBSERVATIONS	1862 JUILLET 8		THERMOMÈTRES				MICROSCOPE *OUEST.* POINTÉS sur le		MICROSCOPE *EST.* POINTÉS sur le	
			N° 843	N° 844	N° 845	N° 846	PLATINE	LAITON	PLATINE	LAITON
1	12	01	66,68	66,79	66,74	66,74	6,796		8,538	
							804		551	
2		02	61	71	68	68	798	9,448	541	9,942
								434		959
3		03	54	61	57	56	6,759	435	8,575	961
							758		582	
4		04	46	52	50	46	753	9,375	557	9,993
								346		10,011
5		06	37	43	41	36	6,692	356	8,570	9,995
							686		582	
6		07	32	35	34	30	684	9,281	570	10,043
								286		071
7		09	27	29	26	21	6,639	255	8,589	078
							649		606	
8		10	16	20	14	12	655	9,198	612	10,134
								182		121
9		11	09	14	08	05	6,608	175	8,642	155
							585		644	
10		12	66,02	66,06	66,02	66,00	597	9,144	633	10,184
								122		189
11		13	65,95	65,98	65,97	65,94	6,564	122	8,660	198
							566		625	
12	12	14	65,86	65,93	65,88	65,85	554	9,082	654	10,241
								080		257
								070		219
			F. T.				*I. M.*		*A. T.*	

OBSERVATIONS.

Expériences de dilatation.

1862 JUILLET 8	POINTÉS POUR LES VALEURS DES TOURS DE VIS				1862 JUILLET 8	POINTÉS SUR LES MIRES	
	MICROSCOPE *OUEST*		MICROSCOPE *EST*				
	TRAITS OBSERVÉS		TRAITS OBSERVÉS			MICROSCOPE OUEST	MICROSCOPE EST
	0	$0 - 5^p$	98	$97 + 5^p$			

APRÈS LA SÉRIE LXXXVIII.

1862 JUILLET 8	OUEST 0	OUEST $0-5^p$	EST 98	EST $97+5^p$	1862 JUILLET 8	MIRES OUEST	MIRES EST
$12^h\ 20^m$	6,464		8,688		$12^h\ 40^m$	10,224	10,054
		11,497		13,726		222	055
	437		696			216	040
		466		740		217	056
	400		700			225	046
		459		734		217	054
	388		705			215	045
		435		728		222	044
	359		713			220	050
		404		750		227	057
	339		700				
		381		741			
	A. T.		*I. M.*			*A. T.*	*I. M.*

Valeurs conclues des tours de vis,

$$v_1 = 0,\!989^p \qquad v'_1 = 0,\!994^p$$

1862 JUILLET 8	OUEST 0	OUEST $0-5^p$	EST 98	EST $97+5^p$	1862 JUILLET 8	MIRES OUEST	MIRES EST
$12\ 28$	6,264		8,692		$12\ 45$	10,243	10,059
		11,269		13,729		233	044
	240		695			235	048
		264		750		234	057
	206		718			234	064
		230		759		238	053
	190		713			230	036
		224		766		232	057
	179		729			236	049
		210		744		234	049
	178		737				
		197		750			
	I. M.		*A. T.*			*I. M.*	*A. T.*

Valeurs conclues des tours de vis,

$$v_1 = 0,\!993^p \qquad v'_1 = 0,\!994^p$$

$12\ 32$	Therm. $= +19^\circ,\!6$				$12\ 48$	Therm. $= +19^\circ,\!7$	

Expériences de dilatation.

| 1862 JUILLET 8 | POINTÉS SUR LES MIRES | | 1862 JUILLET 8 | POINTÉS POUR LES VALEURS DES TOURS DE VIS | | | |
| | MICROSCOPE *OUEST* | MICROSCOPE *EST* | | MICROSCOPE *OUEST* TRAITS OBSERVÉS | | MICROSCOPE *EST* TRAITS OBSERVÉS | |
(h m)			(h m)	0	$0 - 5^p$	98	$97 + 5^p$
				AVANT LA SÉRIE LXXXIX.			
3 40	10.257	10,050	4 50	6,072	11,118	13,929	8,947
	262	040		049	129	928	955
	243	036		074	129	922	975
	246	045		066	107	950	964
	245	054		068	128	955	974
	249	036		072	112	953	960
	251	038					
	243	052		A. T.		I. M.	
	240	053					
	239	040					
	A. T.	I. M.					

Valeurs conclues des tours de vis,

$$v_1 = 0^p,990 \qquad v'_1 = 1^p,005$$

1862 JUILLET 8	MICROSCOPE *OUEST*	MICROSCOPE *EST*	1862 JUILLET 8	OUEST: 0	OUEST: $0-5^p$	EST: 98	EST: $97+5^p$
3 46	10,244	10,032	4 58	6,066	11,081	13,946	8,992
	252	046		040	080	947	8,988
	262	035		034	078	954	9,000
	240	053		026	068	969	004
	236	051		035	062	953	040
	244	040		033	060	972	021
	255	046					
	266	047		I. M.		A. T.	
	230	056					
	229	056					
	I. M.	A. T.					

Valeurs conclues des tours de vis,

$$v_1 = 0^p,993 \qquad v'_1 = 1^p,008$$

| 3 50 | Therm. $= + 19°,6$ | | 5 04 | Therm. $= + 20°,2$ | | | |

OBSERVATIONS.

Expériences de dilatation.

SÉRIE LXXXIX.

OBSERVATIONS	1862 JUILLET 8 (h m)	THERMOMÈTRES N° 843	N° 844	N° 845	N° 846
1	5 09	50,01	50,12	50,15	50,05
2	10	49,97	12	10	00
3	12	95	10	08	00
4	13	91	05	05	50,00
5	14	90	50,02	50,04	49,98
6	15	85	49,98	49,99	92
7	16	82	97	93	88
8	17	79	94	90	84
9	18	74	86	76	76
10	20	72	84	72	74
11	21	68	77	71	71
12	5 22	49,61	49,73	49,70	49,68
		F. T.			

MICROSCOPE OUEST — POINTÉS sur le PLATINE	LAITON	MICROSCOPE EST — POINTÉS sur le PLATINE	LAITON
9,356		7,317	
372		341	
350	9,948	326	13,264
	953		279
9,347	951	7,327	285
358		340	
337	9,934	349	13,293
	933		300
9,344	937	7,360	310
342		365	
336	9,912	349	13,330
	917		333
9,327	909	7,378	330
322		360	
314	9,886	375	13,356
	880		364
9,293	884	7,386	360
303		383	
300	9,862	400	13,387
	843		380
9,282	859	7,395	394
287		388	
262	9,832	388	13,410
	833		405
	828		425
A. T.		I. M.	

SÉRIE XC.

OBSERVATIONS	1862 JUILLET 8 (h m)	THERMOMÈTRES N° 843	N° 844	N° 845	N° 846
1	5 26	49,45	49,58	49,53	49,50
2	27	40	53	48	46
3	28	35	47	46	44
4	30	31	45	40	39
5	31	24	41	34	33
6	32	17	35	29	27
7	33	13	29	27	21
8	34	10	25	24	17
9	35	07	21	19	13
10	36	05	18	15	10
11	37	49,00	15	12	06
12	5 38	48,97	49,10	49,06	49,02
		F. T.			

MICROSCOPE OUEST — POINTÉS sur le PLATINE	LAITON	MICROSCOPE EST — POINTÉS sur le PLATINE	LAITON
9,235		7,474	
227		465	
224	9,745	474	13,484
	750		513
9,244	736	7,497	507
228		492	
245	9,717	484	13,503
	709		529
9,210	712	7,479	527
196		494	
198	9,685	503	13,563
	687		564
9,175	670	7,497	573
174		493	
173	9,653	494	13,612
	653		644
9,156	654	7,500	600
152		508	
158	9,639	500	13,647
	625		633
9,144	622	7,500	654
130		516	
127	9,593	526	13,668
	588		689
	573		689
I. M.		A. T.	

Expériences de dilatation.

OBSERVATIONS	1862 JUILLET 8 (h)	(m)	N° 843	N° 844	N° 845	N° 846	MICROSCOPE *OUEST* POINTÉS sur le PLATINE	LAITON	MICROSCOPE *EST* POINTÉS sur le PLATINE	LAITON
							**SÉRIE XCI.**			
1	7	22	44,66	44,74	44,72	44,69	11,419		11,358	
							427		359	
							426	11,327	354	8,732
2		24	60	76	72	68		338		728
							11,417	329	11,340	742
3		25	58	75	72	68	419		356	
							389	11,343	353	8,744
4		26	56	73	72	66		316		743
							11,399	324	11,350	737
5		27	54	76	72	66	410		351	
							420	11,323	352	8,754
6		28	44	76	72	66		326		760
							11,411	348	11,355	758
7		30	42	75	72	64	411		370	
							396	11,307	370	8,776
8		32	47	72	72	66		317		780
							11,400	317	11,356	782
9		33	50	72	72	66	445		370	
							390	11,327	380	8,814
10		34	51	71	72	66		360		844
							11,450	365	11,430	848
11		35	54	65	68	62	444		439	
							450	11,340	430	8,850
12	7	36	44,53	44,64	44,66	44,59		360		870
								350		884
						F. T.	*A. T.*		*I. M.*	
							**SÉRIE XCII.**			
1	7	44	44,33	44,54	44,51	44,44	11,466		11,538	
							458		540	
							456	11,270	549	8,959
2		45	29	52	46	40		280		961
							11,450	264	11,540	944
3		47	28	48	46	38	444		553	
							436	11,263	560	8,984
4		48	25	45	43	38		235		973
							11,435	251	11,561	971
5		49	24	37	38	36	425		556	
							434	11,235	570	9,000
6		50	24	32	36	34		228		8,996
							11,440	238	11,589	8,990
7		52	22	30	31	28	420		570	
							405	11,216	563	9,021
8		53	19	29	27	25		211		012
							11,416	216	11,562	021
9		54	18	25	21	20	405		574	
							419	11,205	583	9,038
10		55	17	24	15	20		200		051
							11,380	203	11,643	048
11		56	15	24	14	20	492		673	
							490	11,301	700	9,182
12	7	58	44,09	44,21	44,12	44,14		290		179
								283		173
						F. T.	*I. M.*		*A. T.*	

OBSERVATIONS.

Expériences de dilatation.

SÉRIE XCIII.

OBSERVATIONS	1862 JUILLET 8		THERMOMÈTRES				MICROSCOPE OUEST. POINTÉS sur le		MICROSCOPE EST. POINTÉS sur le	
	h	m	N° 843	N° 844	N° 845	N° 846	PLATINE	LAITON	PLATINE	LAITON
							11,172		12,040	
1	8	52	42,03	42,07	42,23	42,12	137		040	
							148	10,768	044	10,075
2		53	02	01	24	08		759		100
							11,137	760	12,044	082
3		55	02	00	22	06	127		056	
							150	10,753	049	10,103
4		56	03	06	21	02		742		114
							11,146	754	12,040	118
5		57	03	07	18	00	125		049	
							130	10,748	044	10,114
6		58	01	08	16	00		752		137
							11,137	753	12,060	143
7	8	59	00	05	15	00	130		065	
							132	10,740	056	10,155
8	9	00	00	02	14	42,00		731		142
							11,147	729	12,166	149
9		02	00	02	13	41,95	137		077	
							123	10,725	082	10,156
10		03	00	02	11	93		735		174
							11,149	727	12,066	185
11		04	42,00	02	08	92	130		060	
							114	10,745	072	10,482
12	9	05	41,97	42,01	42,05	41,92		714		178
								711		206
			F. T.					A. T.		I. M.

SÉRIE XCIV.

OBSERVATIONS	1862 JUILLET 8		THERMOMÈTRES				MICROSCOPE OUEST. POINTÉS sur le		MICROSCOPE EST. POINTÉS sur le	
	h	m	N° 843	N° 844	N° 845	N° 846	PLATINE	LAITON	PLATINE	LAITON
							11,134		12,179	
1	9	10	41,83	41,86	41,98	41,86	119		185	
							126	10,694	185	10,235
2		11	80	87	98	84		674		234
							11,125	673	12,190	240
3		12	78	93	95	82	118		190	
							130	10,666	188	10,264
4		13	73	92	92	78		664		242
							11,130	666	12,193	268
5		14	70	88	89	78	116		193	
							092	10,663	198	10,265
6		15	66	86	86	76		646		264
							11,086	642	12,199	265
7		17	65	84	83	72	098		198	
							085	10,634	197	10,283
8		18	62	82	80	72		624		292
							11,099	632	12,201	288
9		19	61	81	77	67	100		220	
							088	10,619	215	10,310
10		20	59	78	74	64		616		305
							11,068	615	12,207	309
11		21	57	76	71	58	077		210	
							072	10,588	218	10,329
12	9	22	41,56	41,75	41,69	41,56		580		325
								584		326
			F. T.				I. M.		A. T.	

Expériences de dilatation.

1862 JUILLET 8	POINTÉS POUR LES VALEURS DES TOURS DE VIS				1862 JUILLET 8	POINTÉS SUR LES MIRES	
	MICROSCOPE *OUEST* TRAITS OBSERVÉS		MICROSCOPE *EST* TRAITS OBSERVÉS			MICROSCOPE *OUEST*	MICROSCOPE *EST*
	0	0 − 5	99	99 + 5^p			
APRÈS LA SÉRIE XCIV.							
$9^h\ 45^m$	11,032		12,314		$10^h\ 05^m$	10,203	10,020
		16,091		7,402		209	028
	039		330			210	010
		088		400		219	019
	048		323			208	011
		080		388		213	022
	11,010		331			215	029
		080		396		204	032
	10,999		334			209	035
		068		380		209	040
	997		334				
		059		395			
	A. T.		*I. M.*			*A. T.*	*I. M.*

Valeurs conclues des tours de vis,

$$v_1 = 0,\!987^p \qquad \| \qquad v_1' = 1,\!013^p$$

1862 JUILLET 8	0	0 − 5	99	99 + 5^p	1862 JUILLET 8	MICROSCOPE OUEST	MICROSCOPE EST
$9^h\ 50^m$	11,029		12,370		$10^h\ 11^m$	10,220	10,023
		16,045		7,380		240	019
	016		406			220	029
		045		380		206	028
	023		398			220	019
		035		392		222	029
	008		419			225	005
		024		401		215	023
	11,002		409			210	032
		010		390		215	012
	10,996		409				
		006		403			
	I. M.		*A. T.*			*I. M.*	*A. T.*

Valeurs conclues des tours de vis,

$$v_1 = 0,\!996^p \qquad \| \qquad v_1' = 0,\!998^p$$

$9^h\ 56^m$	Therm. $= +19,\!8°$				$10^h\ 14^m$	Therm. $= +19,\!8°$	

OBSERVATIONS.

Expériences de dilatation.

1862 JUILLET 9	POINTÉS SUR LES MIRES		1862 JUILLET 9	POINTÉS POUR LES VALEURS DES TOURS DE VIS			
	MICROSCOPE *OUEST*	MICROSCOPE *EST*		MICROSCOPE *OUEST* — TRAITS OBSERVÉS		MICROSCOPE *EST* — TRAITS OBSERVÉS	
				0	$0 + 5^p$	100	$100 - 5^p$
— AVANT LA SÉRIE XCV.							
$8^h\ 25^m$	10,259	10,005	$9^h\ 10^m$	12,030	7,097	7,891	12,928
	257	000		030	074	902	941
	258	9,989		012	068	916	946
	259	10,014		033	088	916	949
	271	9,990		044	077	905	938
	255	10,006		045	068	906	945
	261	006					
	257	008		A. T.		I. M.	
	258	9,994					
	268	10,000					
	A. T.	I. M.					

Valeurs conclues des tours de vis,

$$v_1 = 1^p,012 \qquad \| \qquad v'_1 = 0^p,993$$

1862 JUILLET 9	MICROSCOPE *OUEST*	MICROSCOPE *EST*	1862 JUILLET 9	0	$0 + 5^p$	100	$100 - 5^p$
$8^h\ 32^m$	10,292	10,012	$9^h\ 17^m$	12,035	7,086	7,913	12,919
	276	009		036	078	922	923
	283	006		045	080	932	949
	276	014		048	068	934	921
	260	005		036	076	920	924
	278	009		042	082	934	936
	284	008		I. M.		A. T.	
	295	043					
	277	044					
	284	000					
	I. M.	A. T.					

Valeurs conclues des tours de vis,

$$v_1 = 1^p,007 \qquad \| \qquad v'_1 = 1^p,004$$

$8^h\ 36^m$	Therm. $= +19^\circ,4$	$9^h\ 22^m$	Therm. $= +19^\circ,4$.

Expériences de dilatation.

OBSERVATIONS	1862 JUILLET 9 — h	m	THERMOMÈTRES N° 843	N° 844	N° 845	N° 846	MICROSCOPE *OUEST.* POINTÉS sur le PLATINE	LAITON	MICROSCOPE *EST.* POINTÉS sur le PLATINE	LAITON

SÉRIE XCV.

OBS	h	m	N° 843	N° 844	N° 845	N° 846	OUEST PLATINE	OUEST LAITON	EST PLATINE	EST LAITON
			°	°	°	°	12,012		7,921	
1	9	25	28,05	28,14	28,28	28,16	009		930	
							009	9,547	944	9,325
2		26	03	11	28	14		542		342
							12,022	554	7,955	343
3		27	02	10	27	13	021		948	
							006	9,546	938	9,338
4		28	02	09	26	12		538		332
							12,018	532	7,951	324
5		29	00	08	26	12	11,998		964	
							12,000	9,535	946	9,349
6		30	00	08	26	12		528		332
							12,014	535	7,945	330
7		31	00	08	24	10	013		960	
							011	9,530	949	9,346
8		32	28,00	08	22	08		519		348
							12,009	529	7,956	350
9		33	27,99	06	18	07	017		951	
							016	9,545	954	9,350
10		35	96	04	18	06		513		349
							12,008	514	7,960	349
11		36	94	02	16	05	11,992		966	
							12,016	9,521	970	9,353
12	9	37	27,92	28,02	28,16	28,05		513		359
								504		366
			F. T.				*A. T.*		*I. M.*	

SÉRIE XCVI.

OBS	h	m	N° 843	N° 844	N° 845	N° 846	OUEST PLATINE	OUEST LAITON	EST PLATINE	EST LAITON
							12,022		7,978	
1	9	43	27,86	28,00	28,10	28,00	010		979	
							010	9,477	984	9,386
2		44	86	28,00	08	00		466		400
							11,995	466	7,988	407
3		45	84	27,97	08	28,00	12,005		989	
							013	9,472	989	9,398
4		47	84	96	07	27,98		462		407
							12,009	464	7,987	404
5		48	82	95	04	96	004		8,002	
							009	9,449	7,985	9,415
6		49	80	94	04	96		443		443
							11,990	450	8,010	410
7		50	79	94	02	94	12,008		7,999	
							11,988	9,456	8,004	9,412
8		51	78	92	02	92		448		410
							11,999	445	8,027	435
9		53	76	92	00	92	996		042	
							998	9,429	042	9,410
10		54	76	91	00	90		433		419
							11,995	439	8,012	439
11		55	76	92	00	90	12,000		005	
							11,996	9,418	046	9,438
12	9	56	27,74	27,92	28,00	27,90		422		438
								428		427
			F. T.				*I. M.*		*A. T.*	

M

Expériences de dilatation.

1862 JUILLET 9	POINTÉS POUR LES VALEURS DES TOURS DE VIS				1862 JUILLET 9	POINTÉS SUR LES MIRES	
	MICROSCOPE *OUEST*		MICROSCOPE *EST*			MICROSCOPE *OUEST*	MICROSCOPE *EST*
	TRAITS OBSERVÉS		TRAITS OBSERVÉS				
^{h} ^{m}	0	$0 + 5^p$	100	$100 - 5^p$	^{h} ^{m}		

APRÈS LA SÉRIE XCVI.

1862 JUILLET 9	0	$0+5^p$	100	$100-5^p$	1862 JUILLET 9	OUEST	EST
9 58	11,968		8,004		10 15	10,283	10,003
		6,998		13,032		265	019
	966		006			283	015
		997		040		285	006
	951		040			262	10,005
		993		048		288	9,993
	957		013			268	9,992
		6,997		040		273	10,020
	963		010			288	10,000
		7,002		040		287	9,996
	963		010				
		6,998		049			
	A. T.		*J. M.*			*A. T.*	*I. M.*

Valeurs conclues des tours de vis,

$$v_1 = 1^p,007 \qquad v'_1 = 0^p,994$$

1862 JUILLET 9	0	$0+5^p$	100	$100-5^p$	1862 JUILLET 9	OUEST	EST
10 07	11,970		8,034		10 22	10,269	10,008
		6,984		13,019		284	003
	965		043			280	017
		986		019		272	000
	963		029			288	019
		986		028		282	014
	965		028			282	017
		973		028		282	018
	956		035			278	017
		976		046		279	019
	945		029				
		964		023			
	I. M.		*A. T.*			*I. M.*	*A. T.*

Valeurs conclues des tours de vis,

$$v_1 = 1^p,004 \qquad v'_1 = 1^p,002$$

| 10   12 | Therm. $= + 19,2°$ | | | | 10   25 | Therm. $= + 19,4°$ | |

Expériences de dilatation.

| 1862 JUILLET 9 | POINTÉS SUR LES MIRES | | 1862 JUILLET 9 | POINTÉS POUR LES VALEURS DES TOURS DE VIS | | | |
| | MICROSCOPE *OUEST* | MICROSCOPE *EST* | | MICROSCOPE *OUEST* TRAITS OBSERVÉS | | MICROSCOPE *EST* TRAITS OBSERVÉS | |
				0	$0 + 5^p$	100	$100 - 5^p$
			AVANT LA SÉRIE XCVII.				
$12^h\ 45^m$	10,282	10,016	$1^h\ 5^m$	11,812	6,849	9,046	14,052
	292	012		804	849	050	068
	292	006		807	841	049	070
	232	016		806	850	058	080
	281	003		811	856	049	082
	281	020		815	861	060	090
	289	026		A. T.		I. M.	
	299	015					
	295	009					
	296	006					
	A. T.	I. M.					

Valeurs conclues des tours de vis,

$$v_1 = 1^p,008 \qquad \| \qquad v'_1 = 0^p,996$$

1862 JUILLET 9	MICROSCOPE *OUEST*	MICROSCOPE *EST*	1862 JUILLET 9	0	$0 + 5^p$	100	$100 - 5^p$
$12^h\ 49^m$	10,292	10,043	$1^h\ 10^m$	11,812	6,846	9,073	14,067
	286	040		818	842	076	069
	295	034		816	837	099	058
	309	033		809	833	087	077
	299	043		816	841	076	076
	276	040		800	836	096	080
	309	032		I. M.		A. T.	
	340	029					
	306	032					
	300	043					
	I. M.	A. T.					

Valeurs conclues des tours de vis,

$$v_1 = 1^p,006 \qquad \| \qquad v'_1 = 1^p,003$$

$12^h\ 52^m$	Therm. $= + 19°,5$	$1^h\ 16^m$	Therm. $= + 19°,5$

OBSERVATIONS.

Expériences de dilatation.

SÉRIE XCVII.

OBSERVATIONS	1862 JUILLET 9	THERMOMÈTRES N° 843	N° 844	N° 845	N° 846
1	1 16	24,08	24,14	24,12	24,14
2	17	08	13	12	12
3	18	06	12	09	10
4	19	05	11	07	08
5	20	03	09	06	08
6	21	01	07	04	06
7	22	24,00	06	03	04
8	23	23,98	05	02	03
9	24	98	03	00	24,02
10	25	98	02	00	23,99
11	26	98	00	00	98
12	1 27	23,98	24,00	24,00	23,98
	F. T.				

MICROSCOPE OUEST. POINTÉS sur le PLATINE	LAITON	MICROSCOPE EST. POINTÉS sur le PLATINE	LAITON
11,776	8,515	9,105	11,253
779	512	088	249
782	509	080	246
11,794	8,521	9,106	11,262
785	498	095	253
788	513	090	246
11,785	8,509	9,108	11,274
777	497	114	255
779	492	119	256
11,773	8,480	9,106	11,279
765	478	119	270
760	499	125	289
11,772	8,488	9,122	11,289
763	488	130	292
765	484	136	289
11,773	8,470	9,128	11,312
754	463	137	298
772	460	122	285
A. T.		I. M.	

SÉRIE XCVIII.

OBSERVATIONS	1862 JUILLET 9	THERMOMÈTRES N° 843	N° 844	N° 845	N° 846
1	1 29	23,90	23,95	23,94	23,92
2	30	88	94	92	92
3	32	86	92	89	92
4	33	84	91	87	88
5	34	81	88	86	86
6	35	78	87	85	86
7	36	78	84	80	84
8	37	76	83	80	82
9	38	74	81	78	80
10	39	73	79	78	80
11	40	72	78	74	78
12	1 41	23,70	23,76	23,73	23,77
	F. T.				

MICROSCOPE OUEST. POINTÉS sur le PLATINE	LAITON	MICROSCOPE EST. POINTÉS sur le PLATINE	LAITON
11,766	8,428	9,164	11,322
764	438	161	330
762	406	154	340
11,762	8,402	9,149	11,350
756	409	162	348
760	400	162	349
11,719	8,386	9,159	11,344
746	362	167	367
754	378	165	339
11,744	8,375	9,179	11,360
745	374	188	369
737	374	188	368
11,748	8,353	9,187	11,381
725	366	174	388
734	368	200	382
11,736	8,354	9,189	11,386
727	350	190	385
745	344	190	389
I. M.		A. T.	

Expériences de dilatation.

1862 JUILLET 9	POINTÉS POUR LES VALEURS DES TOURS DE VIS				1862 JUILLET 9	POINTÉS SUR LES MIRES	
	MICROSCOPE *OUEST* TRAITS OBSERVÉS		MICROSCOPE *EST* TRAITS OBSERVÉS			MICROSCOPE *OUEST*	MICROSCOPE *EST*
^{h} ^{m}	0	$0 + 5^p$	100	$100 - 5^p$	^{h} ^{m}		
			APRÈS LA SÉRIE XCVIII.				
4 45	11,699		9,199		2 0	10,297	10,024
		6,774		14,220		317	10,010
	709		189			297	9,994
		758		210		318	10,010
	706		185			300	003
		763		222		295	012
	702		198			290	019
		774		222		298	018
	711		193			298	018
		773		210		298	026
	692		193				
		752		213			
	A. T.		*I. M.*			*F. T.*	*I. M.*

Valeurs conclues des tours de vis,

$$v_1 = 1,009^p \qquad \| \qquad v_1' = 0,995^p$$

1862 JUILLET 9	MICROSCOPE *OUEST*		MICROSCOPE *EST*		1862 JUILLET 9	MICROSCOPE *OUEST*	MICROSCOPE *EST*
1 50	11,715		9,214		2 4	10,320	10,031
		6,730		14,212		319	042
	703		208			316	049
		744		185		314	049
	696		228			326	038
		744		200		325	039
	708		214			326	036
		736		207		320	045
	692		219			323	044
		720		199		316	039
	698		209				
		736		203			
	I. M.		*A. T.*			*I. M.*	*F. T.*

Valeurs conclues des tours de vis,

$$v_1 = 1,007^p \qquad \| \qquad v_1' = 1,002^p$$

| 1 55 | Therm. $= +19,7°$ | | | | 2 10 | Therm. $= +19,7°$ | |

Expériences de dilatation.

1862 JUILLET 9	POINTÉS SUR LES MIRES		1862 JUILLET 9	POINTÉS POUR LES VALEURS DES TOURS DE VIS			
	MICROSCOPE *OUEST*	MICROSCOPE *EST*		MICROSCOPE *OUEST* TRAITS OBSERVÉS		MICROSCOPE *EST* TRAITS OBSERVÉS	
				0	$0 + 5^p$	100	$100 - 5^p$

AVANT LA SÉRIE XCIX.

h m	t	t	h m	t	t	t	t
5 25	10,321	10,096	5 59	11,594		10,018	
	341	070		604	6,625	014	14,996
	335	072		618	640	009	999
	336	060		605	629	026	992
	336	086		583	624	014	15,007
	337	079		600	618	046	14,999
	327	085			625		14,999
	326	071					
	338	063			*I. M.*	*A. T.*	
	224	064					
	A. T.	*I. M.*					

Valeurs conclues des tours de vis.

$$v_1 = 1^p{,}005 \qquad \| \qquad v_1' = 1^p{,}003$$

h m	t	t	h m	t	t	t	t
5 32	10,344	10,064	6 5	11,564		10,029	
	335	081		558	6,608	016	15,033
	352	067		563	608	005	024
	315	061		562	612	014	030
	343	070		556	602	022	035
	330	061		573	588	009	032
	344	071			597		024
	334	069					
	324	067			*A. T.*	*I. M.*	
	338	064					
	I. M.	*A. T.*					

Valeurs conclues des tours de vis,

$$v_1 = 1^p{,}007 \qquad \| \qquad v_1' = 0^p{,}996$$

5 40	Therm. $= + 20^\circ{,}6$	6 10	Therm. $= + 20^\circ{,}6.$

Expériences de dilatation.

SÉRIE XCIX.

OBSERVATIONS	1862 JUILLET 9	THERMOMÈTRES				MICROSCOPE *OUEST.* POINTÉS sur le		MICROSCOPE *EST.* POINTÉS sur le	
		N° 843	N° 844	N° 845	N° 846	PLATINE	LAITON	PLATINE	LAITON
						11,529		10,023	
1	6 15	21,34	21,42	21,37	21,36	551		010	
						553	7,712	016	12,737
2	16	34	42	36	35		713		730
						11,554	728	10,008	730
3	17	34	41	35	36	554		016	
						566	7,701	006	12,731
4	18	34	40	34	34		708		726
						11,542	711	10,045	725
5	20	34	38	34	34	541		005	
						550	7,719	048	12,713
6	21	34	38	34	34		721		734
						11,542	729	10,026	738
7	22	34	38	34	34	543		020	
						564	7,710	014	12,755
8	23	34	38	34	34		702		746
						11,558	711	10,012	742
9	24	32	37	34	32	551		023	
						540	7,711	019	12,752
10	25	32	36	32	32		712		760
						11,559	703	10,036	750
11	27	32	36	32	32	550		045	
						548	7,702	026	12,743
12	6 28	21,32	21,36	21,32	21,32		710		752
							700		743
		F. T.				*A. T.*		*I. M.*	

SÉRIE C.

OBSERVATIONS	1862 JUILLET 9	THERMOMÈTRES				MICROSCOPE *OUEST.* POINTÉS sur le		MICROSCOPE *EST.* POINTÉS sur le	
		N° 843	N° 844	N° 845	N° 846	PLATINE	LAITON	PLATINE	LAITON
						11,562		10,035	
1	6 32	21,31	21,34	21,32	21,32	544		050	
						556	7,672	036	12,768
2	33	30	34	32	32		683		768
						11,545	670	10,046	779
3	34	30	34	32	32	545		042	
						554	7,666	039	12,763
4	35	30	34	32	30		662		752
						11,562	662	10,043	766
5	36	30	34	32	30	563		043	
						550	7,670	058	12,775
6	37	29	34	32	30		654		772
						11,549	670	10,047	760
7	39	28	33	30	28	551		050	
						554	7,649	057	12,769
8	40	26	32	30	28		669		762
						11,557	656	10,045	775
9	41	26	32	30	28	555		039	
						554	7,669	044	12,771
10	42	26	32	30	27		674		770
						11,554	662	10,051	780
11	43	26	32	28	26	549		045	
						550	7,660	040	12,781
12	6 44	21,26	21,32	21,28	21,26		672		750
							665		770
		F. T.				*I. M.*		*A. T.*	

Expériences de dilatation.

1862 JUILLET 9	POINTÉS POUR LES VALEURS DES TOUR DE VIS				1862 JUILLET 9	POINTÉS SUR LES MIRES	
	MICROSCOPE *OUEST*		MICROSCOPE *EST*			MICROSCOPE *OUEST*	MICROSCOPE *EST*
	TRAITS OBSERVÉS		TRAITS OBSERVÉS				
(h m)	0	0 + 5^p	100	100 − 5^p	(h m)		

APRÈS LA SÉRIE C.

1862 JUILLET 9 (h m)	OUEST · 0	OUEST · 0 + 5^p	EST · 100	EST · 100 − 5^p	1862 JUILLET 9 (h m)	MIRES OUEST	MIRES EST
6 50	11,512		10,052		7 45	10,290	10,040
		6,554		15,049		296	045
	513		034			293	038
		548		040		285	039
	519		030			301	038
		566		044		292	040
	533		030			283	034
		565		050		283	044
	526		032			295	036
		561		045		303	042
	518		032				
		559		044			
	A. T.		*I. M.*			*A. T.*	*I. M.*

Valeurs conclues des tours de vis.

$$v_1 = 1^p,007 \qquad \| \qquad v'_1 = 0^p,998$$

1862 JUILLET 9 (h m)	OUEST · 0	OUEST · 0 + 5^p	EST · 100	EST · 100 − 5^p	1862 JUILLET 9 (h m)	MIRES OUEST	MIRES EST
7 0	11,554		10,030		7 20	10,309	10,052
		6,568		15,045		288	052
	532		043			300	052
		559		043		308	056
	548		012			283	051
		555		034		285	052
	537		039			282	061
		549		032		294	040
	549		034			296	042
		566		0?3		294	053
	547		044				
		557		041			
	I. M.		*A. T.*			*I. M.*	*A. T.*

Valeurs conclues des tours de vis.

$$v_1 = 1^p,002 \qquad \| \qquad v'_1 = 1^p,000$$

| 7 9 | Therm. $= +\,20,6$ | | | | 7 24 | Therm. $= +\,20°,6$ | |

Expériences de dilatation.

1862	POINTÉS SUR LES MIRES		1862	POINTÉS POUR LES VALEURS DES TOURS DE VIS			
	MICROSCOPE *OUEST*	MICROSCOPE *EST*		MICROSCOPE *OUEST* TRAITS OBSERVÉS		MICROSCOPE *EST* TRAITS OBSERVÉS	
JUILLET 12			JUILLET 12	0	$0 + 5^p$	100	$100 - 5^p$
				AVANT LA SÉRIE CI.			
h m	t	t	h m	t	t	t	t
8 55	10,307	10,015	9 35	10,532		10,236	
	309	10,000		505	5,529	232	15,244
	297	9,996		516	544	236	240
	293	986		519	533	246	246
	302	989		523	523	228	238
	307	10,019		517	530	225	244
	294	002			523		246
	299	004		$A.\ T.$		$I.\ M.$	
	307	020					
	290	009		Valeurs conclues des tours de vis,			
				$v_1 = 1,002^p$		$v_1' = 0,998^p$	
	$A.\ T.$	$I.\ M.$					
9 0	10,314	9,974	9 49	10,516		10,229	
	310	984		524	5,542	232	15,234
	310	980		520	546	227	223
	316	980		525	555	223	229
	310	983		532	550	233	225
	306	970		532	554	238	236
	315	987			553		239
	323	978		$I.\ M.$		$A.\ T.$	
	303	972					
	313	978		Valeurs conclues des tours de vis,			
				$v_1 = 1,005^p$		$v_1' = 1,000^p$	
	$I.\ M.$	$A.\ T.$					
9 6	Therm. $= +17,2°$		9 55	Therm. $= +17,5°$			

OBSERVATIONS.

Expériences de dilatation.

SÉRIE CI.

OBSERVATIONS	1862 JUILLET 12	N° 843	N° 844	N° 845	N° 846	MICROSCOPE OUEST. POINTÉS sur le PLATINE	LAITON	MICROSCOPE EST. POINTÉS sur le PLATINE	LAITON
						10,529		10,240	
1	9ʰ 58ᵐ	17,00	16,92	16,96	17,04	521		240	
						525	5,938	232	13,970
2	9 59	00	92	96	04		931		993
						10,524	930	10,233	980
3	10 00	00	92	96	04	528		235	
						530	5,929	232	13,980
4	01	00	92	97	04		913		990
						10,525	923	10,252	990
5	03	00	92	98	04	520		240	
						533	5,929	238	13,995
6	04	00	92	98	04		931		975
						10,533	928	10,241	982
7	05	00	92	98	04	535		232	
						539	5,929	244	13,986
8	06	00	92	98	04		937		984
						10,525	928	10,236	980
9	07	00	92	98	04	544		238	
						546	5,933	243	13,993
10	09	00	92	98	04		920		984
						10,549	934	10,230	982
11	10	00	92	98	04	537		230	
						544	5,933	245	13,986
12	10 11	17,00	16,92	16,98	17,04		922		14,000
							932		13,993
			F. T.				A. T.		I. M.

SÉRIE CII.

OBSERVATIONS	1862 JUILLET 12	N° 843	N° 844	N° 845	N° 846	MICROSCOPE OUEST. POINTÉS sur le PLATINE	LAITON	MICROSCOPE EST. POINTÉS sur le PLATINE	LAITON
						10,544		10,241	
1	10 14	17,00	16,92	16,98	17,04	536		240	
						535	5,930	251	13,975
2	15	04	92	16,98	05		938		980
						10,520	934	10,232	978
3	16	02	92	17,00	04	540		240	
						540	5,935	240	13,980
4	17	02	92	00	04		940		983
						10,540	937	10,229	977
5	18	02	92	00	04	531		235	
						532	5,939	228	13,979
6	19	02	92	00	04		939		972
						10,520	930	10,230	973
7	21	03	92	00	04	530		219	
						533	5,926	234	13,969
8	22	04	92	00	04		930		971
						10,532	941	10,251	972
9	23	04	92	00	04	541		237	
						535	5,940	234	13,982
10	24	04	92	00	04		944		968
						10,539	940	10,239	972
11	25	04	92	00	04	536		226	
						536	5,942	240	13,979
12	10 27	17,04	16,92	17,00	17,04		934		972
							940		969
			F. T.				I. M.		A. T.

Expériences de dilatation.

	POINTÉS POUR LES VALEURS DES TOURS DE VIS					POINTÉS SUR LES MIRES	
1862	MICROSCOPE *OUEST*		MICROSCOPE *EST*		**1862**		
JUILLET 12	TRAITS OBSERVÉS		TRAITS OBSERVÉS		JUILLET 12	MICROSCOPE *OUEST*	MICROSCOPE *EST*
	0	$0 + 5^p$	100	$100 - 5^p$			
			APRÈS LA SÉRIE CII.				
$10^h\ 30^m$	10,511		10,244		$10^h\ 50^m$	10,262	10,003
		5,560		15,249		278	010
	542		245			286	010
		567		261		281	005
	546		245			284	003
		582		270		283	013
	556		245			281	009
		568		270		282	008
	547		244			293	000
		563		282		290	000
	548		232				
		567		266			
	A. T.		*I. M.*			*A. T.*	*I. M.*

Valeurs conclues des tours de vis,

$$v_1 = 1^p{,}004 \qquad \| \qquad v_1' = 0^p{,}995$$

	POINTÉS POUR LES VALEURS DES TOURS DE VIS					POINTÉS SUR LES MIRES	
	0	$0 + 5^p$	100	$100 - 5^p$		MICR. OUEST	MICR. EST
$10\ 35$	10,540		10,247		$10\ 53$	10,300	9,989
		5,570		15,240		290	10,008
	540		245			288	9,983
		576		233		293	982
	549		250			288	9,996
		578		230		296	10,000
	544		260			304	9,989
		580		239		298	990
	556		256			302	990
		580		249		302	992
	543		254				
		585		235			
	I. M.		*A. T.*			*I. M.*	*A. T.*

Valeurs conclues des tours de vis,

$$v_1 = 1^p{,}006 \qquad \| \qquad v_1' = 1^p{,}003$$

$10\ 42$	Therm. $= +17^{\circ}{,}6.$	$10\ 57$	Therm. $= +17^{\circ}{,}8$

OBSERVATIONS.

Expériences de dilatation.

AVANT LA SÉRIE CIII.

1862 JUILLET 12	POINTÉS SUR LES MIRES		1862 JUILLET 12	POINTÉS POUR LES VALEURS DES TOURS DE VIS			
	MICROSCOPE *OUEST*	MICROSCOPE *EST*		MICROSCOPE *OUEST* (TRAITS OBSERVÉS)		MICROSCOPE *EST* (TRAITS OBSERVÉS)	
				0	0 — 5^p	98	98 — 5^p
$1^h\ 35^m$	10,284	10,002	$2^h\ 15^m$	11,512		6,798	
	280	019			16,540		11,850
	286	011		483		825	
	279	022			514		850
	279	010		493		839	
	278	015			537		882
	270	016		481		860	
	266	015			508		890
	287	9,998		449		876	
	264	10,009			472		890
				468		879	
					477		913
	A. T.	*I. M.*		*A. T.*		*I. M.*	

Valeurs conclues des tours de vis.

$$v_1 = 0,995^p \qquad v'_1 = 0,991^p$$

1862 JUILLET 12	POINTÉS SUR LES MIRES		1862 JUILLET 12	POINTÉS POUR LES VALEURS DES TOURS DE VIS			
	MICROSCOPE *OUEST*	MICROSCOPE *EST*		MICROSCOPE *OUEST*		MICROSCOPE *EST*	
				0	0 — 5^p	98	98 — 5^p
$1^h\ 40^m$	10,268	9,985	$2^h\ 25^m$	11,426		6,932	
	285	976			16,490		11,953
	270	981		412		955	
	286	987			481		952
	286	984		434		988	
	280	990			485		969
	286	995		424		7,000	
	288	987			452		982
	273	980		448		007	
	284	982			440		12,047
				388		016	
					430		029
	I. M.	*A. T.*		*I. M.*		*A. T.*	

Valeurs conclues des tours de vis,

$$v_1 = 0,990^p \qquad v'_1 = 1,002^p$$

$1^h\ 43^m$	Therm. $= + 18,7^\circ$		$2^h\ 31^m$	Therm. $= + 19,4^\circ$			

Expériences de dilatation.

OBSERVATIONS	1862 JUILLET 12	THERMOMÈTRES				MICROSCOPE *OUEST.* POINTÉS sur le		MICROSCOPE *EST.* POINTÉS sur le	
		N° 843	N° 844	N° 845	N° 846	PLATINE	LAITON	PLATINE	LAITON
SÉRIE CIII.									
1	2 43	82,20	82,22	82,16	82,30	11,508 528		7,456 478	
2	44	11	13	82,06	20	523	12,849	466	11,385
3	45	82,03	82,03	81,95	08	11,490 502	847 852	7,526 524	382 400
4	47	81,97	81,94	83	82,00	501	12,799	532	11,460
5	48	86	81	74	81,92	11,507 532	771 787	7,645 656	485 495
6	49	75	73	65	82	525	12,816	649	11,656
7	51	60	61	50	72	11,475 502	800 848	7,709 695	704 683
8	52	50	51	43	60	490	12,752	712	11,745
9	53	40	41	35	47	11,482 478	710 743	7,703 739	749 760
10	54	30	31	25	40	476	12,752	735	11,892
11	55	23	22	16	31	11,492 527	744 725	7,833 845	922 936
12	2 56	81,13	81,09	81,03	81,19	503	12,740 687 670	839	11,996 11,990 12,040
			F. T.			A. T.		I. M.	
SÉRIE CIV.									
1	3 02	80,64	80,66	80,56	80,72	11,463 458		8,007 032	
2	03	54	56	47	62	454	12,575	022	12,311
3	04	49	49	37	57	11,414 403	565 543	8,025 065	308 305
4	05	38	39	29	48	375	12,501	024	12,399
5	07	29	28	18	40	11,402 451	495 545	8,158 152	452 452
6	08	19	16	07	26	426	12,504	153	12,539
7	09	09	07	80,00	47	11,403 370	486 483	8,471 189	542 548
8	10	80,01	80,00	79,91	80,01	364	12,434	179	12,627
9	11	79,94	79,90	79	79,94	11,355 333	404 384	8,202 208	627 644
10	12	84	82	73	84	349	12,400	223	12,753
11	13	69	73	63	76	11,362 364	426 390	8,288 271	743 772
12	3 14	79,64	79,65	79,54	79,72	350	12,366 355 330	305	12,849 852 877
			F. T.			I. M.		A. T.	

Expériences de dilatation.

OBSERVATIONS	1862 JUILLET 12	THERMOMÈTRES				MICROSCOPE *OUEST.* POINTÉS sur le		MICROSCOPE *EST.* POINTÉS sur le	
		N° 843	N° 844	N° 845	N° 846	PLATINE	LAITON	PLATINE	LAITON
					SÉRIE CV.				
1	3 39	76,85	76,90	76,86	76,89	10,792 785 797		8,784 810 838	
2	40	80	82	79	75		11,417 421 415		14,198 203 218
3	41	76	72	73	69	10,807 794 793		8,845 843 842	
4	42	72	69	66	68		11,384 359 377		14,242 247 244
5	44	66	65	58	58	10,826 817 841		8,970 949 944	
6	46	54	58	51	58		11,391 401 396		14,369 374 369
7	47	48	53	47	56	10,803 810 800		8,975 966 982	
8	48	33	44	36	47		11,360 360 353		14,419 424 435
9	49	27	37	31	37	10,834 823 821		9,036 078 088	
10	51	15	30	22	30		11,371 367 363		14,549 549 566
11	52	07	25	14	24	10,828 797 841		9,086 106 089	
12	3 53	76,00	76,17	76,06	76,18		11,338 348 325		14,613 618 635
				F. T.			*A. T.*		*I. M.*
					SÉRIE CVI.				
1	3 55	75,88	76,01	75,93	76,01	10,755 746 790		9,106 111 137	
2	56	75	75,91	82	75,92		11,310 316 276		14,792 831 828
3	58	65	84	72	84	10,810 796 780		9,218 207 227	
4	3 59	59	73	67	79		11,255 245 232		14,900 884 909
5	4 00	54	64	55	70	10,773 763 763		9,219 245 262	
6	01	48	56	49	65		11,198 480 476		14,926 943 950
7	03	39	47	39	50	10,786 804 777		9,330 329 329	
8	04	31	38	30	39		11,213 466 476		15,062 065 100
9	05	24	31	24	32	10,794 745 747		9,347 347 377	
10	06	13	21	75,12	25		11,142 124 127		15,459 169 189
11	08	75,03	10	74,98	12	10,730 727 710		9,384 387 402	
12	4 09	74,96	75,00	74,94	75,00		11,136 119 094		15,376 374 387
				F. T.			*I. M.*		*A. T.*

Expériences de dilatation.

1862 JUILLET 12	POINTÉS POUR LES VALEURS DES TOURS DE VIS				1862 JUILLET 12	POINTÉS SUR LES MIRES	
	MICROSCOPE *OUEST* TRAITS OBSERVÉS		MICROSCOPE *EST* TRAITS OBSERVÉS			MICROSCOPE *OUEST*	MICROSCOPE *EST*
	0	$0 - 5^p$	98	$98 - 5^p$			
APRÈS LA SÉRIE CVI.							
4^b 15^m	$10,760$		$9,510$		4^h 35^m	$10,232$	$10,042$
		$15,773$		$14,515$		231	035
	714		513			243	024
		738		543		246	028
	738		530			246	030
		742		538		246	023
	707		545			247	024
		741		623		256	045
	702		630			244	036
		743		651		255	036
	678		635				
		703		668			
	A. T.		I. M.			A. T.	I. M.

Valeurs conclues des tours de vis,

$$v_1 = 0,\overset{p}{9}96 \qquad v'_1 = 0,\overset{p}{9}96$$

1862 JUILLET 12	MICROSCOPE *OUEST*		MICROSCOPE *EST*		1862 JUILLET 12	MICROSCOPE *OUEST*	MICROSCOPE *EST*
	0	$0 - 5^p$	98	$98 - 5^p$			
4 20	$10,662$		$9,656$		4 40	$10,254$	$10,019$
		$15,710$		$14,681$		257	009
	635		668			254	027
		685		720		250	029
	632		692			250	029
		676		685		238	034
	626		707			261	022
		668		747		255	020
	684		751			249	045
		744		777		261	025
	645		787				
		686		787			
	I. M.		A. T.			I. M.	A. T.

Valeurs conclues des tours de vis,

$$v_1 = 0,\overset{p}{9}94 \qquad v'_1 = 1,\overset{p}{0}00$$

4 27	Therm. $= + 19,\overset{o}{5}$	4 43	Therm. $= + 19,\overset{o}{5}$

OBSERVATIONS.

Expériences de dilatation.

OBSERVATIONS	1862 JUILLET 12		THERMOMÈTRES				MICROSCOPE *OUEST.* POINTÉS sur le		MICROSCOPE *EST.* POINTÉS sur le	
	h	m	N° 843	N° 844	N° 845	N° 846	PLATINE	LAITON	PLATINE	LAITON

SÉRIE CVII.

OBS.	h	m	N° 843	N° 844	N° 845	N° 846	OUEST PLATINE	OUEST LAITON	EST PLATINE	EST LAITON
							10,285		11,130	
1	5	17	69.30	69,44	69,34	69,44	267		124	
							258	10,009	105	8,658
2		18	29	44	32	42		10,006		671
							10,251	9,994	11,128	684
3		20	23	45	33	36	234		123	
							239	9,963	118	8,698
4		21	18	39	32	34		968		698
							10,219	971	11,139	703
5		22	16	32	24	28	234		138	
							212	9,919	148	8,730
6		23	15	27	19	25		926		720
							10,190	903	11,146	712
7		25	13	23	13	20	188		145	
							190	9,890	152	8,738
8		26	09	15	07	12		878		768
							10,153	863	11,180	764
9		28	69,02	07	69,00	69,06	146		170	
							147	9,842	171	8,844
10		29	68,88	69,00	68,96	68,99		821		810
							10,120	832	11,182	806
11		30	74	68.94	87	92	427		182	
							415	9,841	182	8,826
12	5	34	68,65	68,90	68,84	68,88		795		836
								793		846
				F. T.				*A. T.*		*I. M.*

SÉRIE CVIII.

OBS.	h	m	N° 843	N° 844	N° 845	N° 846	OUEST PLATINE	OUEST LAITON	EST PLATINE	EST LAITON
							10,032		11,247	
1	5	35	68,39	68,65	68,56	68,66	030		199	
							035	9,702	225	8,935
2		36	36	55	49	56		694		975
							10,024	686	11,224	979
3		38	29	48	44	50	002		233	
							010	9,650	215	9,018
4		39	27	44	37	41		642		022
							9,985	626	11,230	032
5		40	16	32	28	37	988		230	
							967	9,589	243	9,033
6		41	09	28	24	34		566		058
							9,972	580	11,275	068
7		43	07	23	17	26	940		275	
							944	9,544	250	9,086
8		44	68,00	15	07	20		530		116
							9,926	513	11,271	130
9		45	67,90	07	68,00	43	935		283	
							916	9,550	283	9,208
10		46	86	68,00	67,96	04		532		239
							9,958	536	11,352	240
11		48	82	67,94	88	68,00	949		380	
							945	9,510	354	9,272
12	5	49	67,72	67,86	67,77	67,92		488		287
								484		289
				F. T.				*I. M.*		*A. T.*

Expériences de dilatation.

SÉRIE CIX.

Thermomètres — 1862, JUILLET 12 :

OBSERVATIONS	1862 JUILLET 12	THERMOMÈTRES			
		N° 843	N° 844	N° 845	N° 846
1	6h 25m	64°,76	64°,85	64°,86	64°,80
2	27	74	82	82	80
3	28	66	77	70	72
4	29	64	76	74	72
5	30	62	72	73	68
6	32	57	68	66	60
7	33	54	67	66	56
8	35	52	63	61	56
9	36	52	57	57	56
10	38	47	55	52	46
11	39	45	48	47	43
12	6h 40m	64,39	64,43	64,40	64,36
		F. T.			

Microscopes (pointés sur le platine et le laiton) :

MICROSCOPE OUEST PLATINE	MICROSCOPE OUEST LAITON	MICROSCOPE EST PLATINE	MICROSCOPE EST LAITON
9,430		11,940	
430		927	
434	8,582	916	10,704
	572		700
9,436	554	11,932	692
433		12,008	
440	8,619	026	10,821
	610		820
9,440	622	12,033	830
443		032	
442	8,589	030	10,850
	587		882
9,421	587	12,073	863
425		082	
408	8,590	072	10,910
	589		965
9,443	620	12,159	968
441		145	
442	8,584	166	11,005
	585		040
9,433	593	12,168	022
444		178	
460	8,546	180	11,042
	550		053
	542		066
A. T.		*I. M.*	

SÉRIE CX.

OBSERVATIONS	1862 JUILLET 12	THERMOMÈTRES			
		N° 843	N° 844	N° 845	N° 846
1	6h 44m	64,05	64,24	64,17	64,20
2	46	63,99	15	12	17
3	47	94	11	07	08
4	48	90	07	03	05
5	49	84	64,01	64,00	64,00
6	50	75	63,99	63,97	63,96
7	51	68	94	87	92
8	52	65	89	84	92
9	53	60	84	77	84
10	54	57	76	74	78
11	55	52	70	65	72
12	6h 56m	63,54	63,67	63,58	63,64
		F. T.			

MICROSCOPE OUEST PLATINE	MICROSCOPE OUEST LAITON	MICROSCOPE EST PLATINE	MICROSCOPE EST LAITON
9,486		12,271	
478		278	
485	8,562	260	11,213
	550		240
9,465	545	12,290	239
442		300	
447	8,520	293	11,263
	549		285
9,435	521	12,317	265
430		306	
448	8,475	310	11,305
	466		300
9,409	471	12,323	302
428		327	
411	8,470	320	11,374
	501		388
9,470	499	12,379	394
462		395	
466	8,478	393	11,442
	480		442
9,462	476	12,413	462
457		442	
456	8,462	429	11,491.
	443		489
	429		495
I. M.		*A. T.*	

Expériences de dilatation.

1862 JUILLET 12	POINTÉS POUR LES VALEURS DES TOURS DE VIS				1862 JUILLET 12	POINTÉS SUR LES MIRES	
	MICROSCOPE *OUEST*		MICROSCOPE *EST*			MICROSCOPE *OUEST*	MICROSCOPE *EST*
	TRAITS OBSERVÉS		TRAITS OBSERVÉS				
	0	$0 - 5^{\mathrm{p}}$	98	$98 + 5^{\mathrm{p}}$			

APRÈS LA SÉRIE CX.

1862 JUILLET 12	MICROSCOPE OUEST (0)	MICROSCOPE OUEST ($0-5^p$)	MICROSCOPE EST (98)	MICROSCOPE EST ($98+5^p$)	1862 JUILLET 12	POINTÉS SUR LES MIRES — OUEST	POINTÉS SUR LES MIRES — EST
$7^{\mathrm{h}}\ 00^{\mathrm{m}}$ soir.	9,421		12,566		$7^{\mathrm{h}}\ 25^{\mathrm{m}}$ soir.	10,218	10,050
		14,472		7,635		217	069
	444		586				
		462		624		208	064
	443		590				
		459		649		228	047
	403		609				
		458		638		208	068
	405		619				
		438		654		224	055
	390		648			227	068
		427		656		223	059
	A. T.		I. M.			235	055
						225	045

Valeurs conclues des tours de vis,

$$v_1 = 0,991^{\mathrm{p}} \qquad v_1' = 1,008^{\mathrm{p}}$$

(Colonne POINTÉS SUR LES MIRES : A. T. | I. M.)

1862 JUILLET 12	MICROSCOPE OUEST (0)	MICROSCOPE OUEST ($0-5^p$)	MICROSCOPE EST (98)	MICROSCOPE EST ($98+5^p$)	1862 JUILLET 12	POINTÉS SUR LES MIRES — OUEST	POINTÉS SUR LES MIRES — EST
$7\ 10$	9,426		12,644		$7\ 27$	10,226	10,041
		14,464		7,644		214	040
	432		710				
		484		727		216	036
	446		738				
		460		744		229	027
	440		740				
		465		748		219	038
	499		739				
		438		760		224	050
	369		753			342	036
		424		787		240	041
	I. M.		A. T.			224	040
						224	047

Valeurs conclues des tours de vis,

$$v_1 = 0,989^{\mathrm{p}} \qquad v_1' = 0,999^{\mathrm{p}}$$

(Colonne POINTÉS SUR LES MIRES : I. M. | A. T.)

$7\ 18$	Therm. $= +19,8^{\circ}$.				$7\ 30$	Therm. $= +19,6^{\circ}$.	

Expériences de dilatation.

1862 JUILLET 12	POINTÉS SUR LES MIRES		1862 JUILLET 12	POINTÉS POUR LES VALEURS DES TOURS DE VIS			
				MICROSCOPE *OUEST* TRAITS OBSERVÉS		MICROSCOPE *EST* TRAITS OBSERVÉS	
	MICROSCOPE *OUEST*	MICROSCOPE *EST*		0	$0 + 5^p$	99	$99 - 5^p$
AVANT LA SÉRIE CXI.							
$9^h\,35^m$ soir.	10,253	10,046	$10^h\,10^m$ soir.	10,947	5,928	7,763	12,778
	267	042		915	920	769	788
	253	045		908	948	770	795
	249	054		901	913	770	806
	250	053		922	949	766	800
	251	050		904	927	775	800
	251	026		A. T.		I. M.	
	247	056					
	253	041					
	253	041					
	A. T.	I. M.					

Valeurs conclues des tours de vis,

$$v_1 = 1,002 \qquad \| \qquad v'_1 = 0,995$$

1862 JUILLET 12	MICROSCOPE *OUEST*	MICROSCOPE *EST*	1862 JUILLET 12	0	$0 + 5^p$	99	$99 - 5^p$
$9\,40$	10,270	10,008	$10\,47$	10,930	5,944	7,820	12,881
	248	035		940	945	840	880
	240	030		920	939	862	880
	267	048		920	936	862	908
	249	023		945	923	877	904
	243	048		920	924	882	903
	252	023		I. M.		A. T.	
	258	048					
	250	027					
	253	026					
	I. M.	A. T.					

Valeurs conclues des tours de vis,

$$v_1 = 1,003 \qquad \| \qquad v'_1 = 0,994$$

| $9\,45$ | Therm. $= +20,2°$ | | $10\,23$ | Therm. $= +20,2$ | | | |

Expériences de dilatation.

OBSERVATIONS	1862 JUILLET 12	THERMOMÈTRES				MICROSCOPE *OUEST.* POINTÉS sur le		MICROSCOPE *EST.* POINTÉS sur le	
		N° 843	N° 844	N° 845	N° 846	PLATINE	LAITON	PLATINE	LAITON
						SÉRIE CXI.			
						10,869		7,868	
1	40 28	52,70	52,83	52,76	52,84	858		880	
	soir.					859	8,550	875	10,000
2	29	66	76	74	76		541		9.985
						10,842	549	7.890	10,000
3	30	61	72	71	72	842		890	
						837	8.511	890	10.019
4	31	57	68	67	66		523		016
						10,830	523	7,902	006
5	32	54	64	63	64	812		910	
						838	8,492	905	10.026
6	33	50	57	56	57		479		036
						10,792	479	7,890	042
7	34	46	55	52	52	801		914	
						797	8,449	916	10,086
8	36	44	51	48	48		455		080
						10,787	435	7,916	078
9	37	36	47	44	44	787		919	
						780	8,421	917	10,106
10	38	33	42	39	40		409		120
						10,767	405	7.918	119
11	39	29	35	37	38	760		932	
						746	8,375	920	10,143
12	10 40	52,26	52,33	52,33	52,35		369		130
							368		145
		F. T.				*A. T.*		*I. M.*	
						SÉRIE CXII.			
						10,802		8,047	
1	10 44	52,04	52,17	52,13	52.22	795		046	
						780	8,404	047	10,270
2	45	00	40	08	48		387		285
						10,788	396	8,059	286
3	46	52,00	04	63	14	788		061	
						770	8,376	051	10,309
4	47	51,98	52,01	00	07		372		300
						10,780	359	8.062	307
5	48	95	51,98	52,00	52,00	764		077	
						768	8,330	060	10,306
6	50	92	94	51,97	51,96		336		324
						10,760	330	8,079	330
7	51	87	92	89	88	752		081	
						754	8,314	101	10,368
8	52	81	88	86	87		300		378
						10,734	304	8,082	361
9	53	75	84	81	84	729		084	
						736	8,281	097	10,402
10	54	71	75	75	80		265		400
						10,719	256	8,413	396
11	55	67	72	72	77	704		112	
						736	8,309	136	10,496
12	10 56	51,59	51,67	51,67	51,72		295		306
							290		528
		F. T.				*I. M.*		*A. T.*	

Expériences de dilatation.

1862 JUILLET 12	POINTÉS POUR LES VALEURS DES TOURS DE VIS				1862 JUILLET 12	POINTÉS SUR LES MIRES	
	MICROSCOPE *OUEST* TRAITS OBSERVÉS		MICROSCOPE *EST* TRAITS OBSERVÉS			MICROSCOPE *OUEST*	MICROSCOPE *EST*
	0	$0 + 5^p$	99	$99 - 5^p$			
			APRÈS LA SÉRIE CXII.				
$11^h\ 05^m$ soir.	$10,729^t$	5.719^t	$8,240^t$	$13,256^t$	$11^h\ 25^m$ soir.	$10,238^t$	$10,030^t$
	689	702	236	261		239	046
	701	697	238	259		242	023
	687	684	234	260		237	028
	693	665	245	292		241	027
	681	667	308	325		243	016
	A. T.		*I. M.*			241	012
						238	016
						240	025
	Valeurs conclues des tours de vis,					238	020
	$v_1 = 0,999^p$		$v_1' = 0,997^p$			*A. T.*	*I. M.*
$11\ 12$	$10,740$	$5,725$	$8,320$	$13,342$	$11\ 29$	$10,235$	$10,038$
	686	726	338	353		233	038
	693	695	334	360		228	029
	680	697	360	354		230	037
	674	688	356	360		243	033
	658	700	350	372		236	027
	I M.		*A. T.*			234	037
						255	037
	Valeurs conclues des tours de vis,					227	028
	$v_1 = 1,005^p$		$v_1' = 0,998^p$			245	029
						I. M.	*A. T.*
$11\ 19$	Therm. $= +20,5^\circ$				$11\ 32$	Therm. $= +20,0^\circ$	

OBSERVATIONS.

Expériences de dilatation.

1862 JUILLET 13	POINTÉS SUR LES MIRES		1862 JUILLET 13	POINTÉS POUR LES VALEURS DES TOURS DE VIS			
	MICROSCOPE *OUEST*	MICROSCOPE *EST*		MICROSCOPE *OUEST* — TRAITS OBSERVÉS		MICROSCOPE *EST* — TRAITS OBSERVÉS	
				0	$0 + 5^p$	100	$100 + 5^p$

AVANT LA SÉRIE CXIII.

1862 JUILLET 13	*OUEST*	*EST*	1862 JUILLET 13	0	$0+5^p$	100	$100+5^p$
$8^h\ 45^m$	10,290	10,008	$10^h\ 00^m$	14,257		8,550	
	291	002			9,292		3,566
	293	022		250		556	
	290	023			293		570
	284	007		262		569	
	291	026			283		570
	285	016		282		585	
	297	020			292		578
	293	016		279		576	
	290	028			308		596
				266		562	
					284		580
	A. T.	*I. M.*		A. T.		I. M.	

Valeurs conclues des tours de vis.

$$v_1 = 1^p,005 \qquad\qquad v'_1 = 1^p,002$$

1862 JUILLET 13	*OUEST*	*EST*	1862 JUILLET 13	0	$0+5^p$	100	$100+5^p$
$8^h\ 50^m$	10,292	9,986	$10^h\ 07^m$	14,254		8,593	
	303	10,009			9,296		3,551
	285	9,984		265		600	
	290	990			298		565
	289	9,989		240		575	
	289	10,004			304		539
	296	9,994		256		598	
	296	985			300		574
	280	987		259		595	
	280	983			290		561
				246		599	
					299		583
	I. M.	*A. T.*		I. M.		A. T.	

Valeurs conclues des tours de vis,

$$v_1 = 1^p,009 \qquad\qquad v'_1 = 0^p,994$$

$8^h\ 53^m$	Therm. $= +18,4^\circ$	$10^h\ 13^m$	Therm. $= +19,0^\circ$

OBSERVATIONS.

Expériences de dilatation.

SÉRIE CXIII.

Microscope Ouest pointés sur le platine et le laiton ; Microscope Est pointés sur le platine et le laiton. Thermomètres en degrés (°) ; heures et minutes. Les lectures des microscopes sont groupées par trois (t).

OBSERVATIONS	1862 JUILLET 13 (h. m.)	N° 843 (°)	N° 844 (°)	N° 845 (°)	N° 846 (°)	MICROSCOPE OUEST — PLATINE (t)	MICROSCOPE OUEST — LAITON (t)	MICROSCOPE EST — PLATINE (t)	MICROSCOPE EST — LAITON (t)
1	10 16	32,32	32,40	22,44	32,38	14,257 239 261	9,192 200 188	8,610 612 640	5,940 938 928
2	17	32	39	38	38				
3	18	30	38	37	36	14,231 238 245	9,188 194 189	8,595 600 636	5,936 940 946
4	20	28	37	36	35				
5	21	28	36	36	34	14,243 243 233	9,157 168 173	8,622 610 616	5,956 946 962
6	22	27	36	34	34				
7	23	22	35	34	32	14,240 255 250	9,182 175 170	8,642 632 640	5,966 955 978
8	25	17	35	32	32				
9	26	15	34	32	27	14,225 228 220	9,147 152 143	8,628 628 644	5,973 989 976
10	27	11	32	29	25				
11	28	08	31	28	24	14,228 222 217	9,138 147 148	8,655 659 662	5,980 978 988
12	10 29	32,07	32,30	32,27	32,22				
	F. T.					*A. T.*		*I. M.*	

SÉRIE CXIV.

OBSERVATIONS	1862 JUILLET 13 (h. m.)	N° 843 (°)	N° 844 (°)	N° 845 (°)	N° 846 (°)	MICROSCOPE OUEST — PLATINE (t)	MICROSCOPE OUEST — LAITON (t)	MICROSCOPE EST — PLATINE (t)	MICROSCOPE EST — LAITON (t)
1	10 34	32,00	32,23	32,11	32,18	14,192 200 209	9,116 112 100	8,657 653 661	6,044 5,998 6,004
2	35	00	20	11	18				
3	36	00	19	09	18	14,203 186 196	9,085 092 088	8,660 668 673	6,017 044 045
4	37	00	18	09	14				
5	38	00	16	09	14	14,182 176 180	9,082 080 084	8,665 661 665	6,033 020 019
6	39	00	14	08	10				
7	41	32,00	14	08	10	14,165 189 184	9,084 076 076	8,680 673 670	6,060 048 036
8	42	31,99	12	08	07				
9	43	97	12	06	05	14,175 185 176	9,059 069 060	8,692 678 702	6,059 038 060
10	44	93	09	06	02				
11	45	92	07	04	00	14,167 170 170	9,054 051 044	8,684 688 680	6,056 060 055
12	10 47	31,92	32,05	32,02	32,00				
	F. T.					*I. M.*		*A. T.*	

OBSERVATIONS.

Expériences de dilatation.

1862 JUILLET 13	POINTÉS POUR LES VALEURS DES TOUR DE VIS				1862 JUILLET 13	POINTÉS SUR LES MIRES	
	MICROSCOPE *OUEST* TRAITS OBSERVÉS		MICROSCOPE *EST* TRAITS OBSERVÉS			MICROSCOPE *OUEST*	MICROSCOPE *EST*
	0	$0+5^p$	100	$100+5^p$			
			APRÈS LA SÉRIE CXIV.				
$10^h\ 55^m$	$14,140$		$8,709$		$11^h\ 20^m$	$10,268$	$10,015$
		$9,153$		$3,705$		265	023
	154		745			268	015
		163		700		267	014
	130		745			265	014
		152		710		263	025
	138		745			275	023
		149		700		269	032
	119		745			268	028
		148		710		258	025
	126		702				
		151		700			
	A. T.		*I. M.*			*A. T.*	*I. M.*

Valeurs conclues des tours de vis.

$$v_1 = 1,004^p \qquad v_1' = 0,999^p$$

1862 JUILLET 13	0	$0+5^p$	100	$100+5^p$	1862 JUILLET 13	OUEST	EST
$11\ 0$	$14,104$		$8,745$		$11\ 25$	$10,280$	$10,008$
		$9,135$		$3,688$		288	004
	106		692			282	002
		134		705		276	007
	106		745			272	007
		144		694		276	003
	092		729			268	$9,994$
		133		693		265	$9,987$
	095		725			268	$10,008.$
		135		693		262	024
	090		720				
		140		700			
	I. M.		*A. T.*			*I. M.*	*A. T.*

Valeurs conclues des tours de vis.

$$v_1 = 1,007^p \qquad v_1' = 0,996^p$$

| $11\ 10$ | Therm. $= + 19,0$ | | | | $11\ 28$ | Therm. $= + 19,2^o$ | |

Expériences de dilatation.

1862 JUILLET 13 (h m)	POINTÉS SUR LES MIRES — MICROSCOPE *OUEST*	MICROSCOPE *EST*	1862 JUILLET 13 (h m)	POINTÉS POUR LES VALEURS DES TOURS DE VIS — MICROSCOPE *OUEST* TRAITS OBSERVÉS — 0	0 + 5^p	MICROSCOPE *EST* TRAITS OBSERVÉS — 100	100 + 5^p
				AVANT LA SÉRIE CXV.			
2 30	10,300	10,030	3 0	13,100		9,112	
					8.205		4.119
	290	021		473		119	
					195		129
	285	021		480		130	
					188		128
	289	035		474		148	
					212		118
	282	031		469		144	
					202		146
	284	036		168		136	
					202		147
	283	036			*A. T.*		*I. M.*
	294	034					
	280	022					
	294	034		Valeurs conclues des tours de vis,			
				$v_1 = 1,006^{p}$		$v'_1 = 1,000^{p}$	
	A. T.	*I. M.*					
2 34	10,285	10,021	3 5	13,140		9,130	
					8,168		4,133
	286	011		161		133	
					164		133
	284	006		140		148	
					169		159
	286	007		151		163	
					169		154
	285	003		145		142	
					158		150
	299	013		150		160	
					165		161
	302	000			*I. M.*		*A. T.*
	276	009					
	276	011		Valeurs conclues des tours de vis,			
	294	019		$v_1 = 1,004^{p}$		$v'_1 = 1,000^{p}$	
	I. M.	*A. T.*					
2 38	Therm. = + 19,2°		3 10	Therm. = + 19,2°			

OBSERVATIONS.

Expériences de dilatation.

SÉRIE CXV.

OBSERVATIONS	1862 JUILLET 13		THERMOMÈTRES				MICROSCOPE *OUEST.* POINTÉS sur le		MICROSCOPE *EST.* POINTÉS sur le	
	h	m	N° 843	N° 844	N° 845	N° 846	PLATINE	LAITON	PLATINE	LAITON
			°	°	°	°	^{t}13,438		^{t}9,464	
1	3	42	27,82	27,89	27,87	27,84	132		150	
							138	^{t}7,343	164	^{t}7,455
2		43	76	87	86	83		352		455
							13,438	345	9,164	461
3		45	74	85	83	78	144		170	
							129	7,331	170	7,466
4		46	73	82	78	78		342		475
							13,122	308	9,172	468
5		47	72	75	74	73	123		176	
							134	7,343	179	7,485
6		48	70	74	73	72		309		493
							13,105	314	9,183	489
7		49	68	73	71	70	110		184	
							102	7,273	185	7,496
8		20	66	72	69	68		303		495
							13,090	264	9,498	492
9		21	63	69	67	66	104		196	
							108	7,268	193	7,522
10		22	61	67	64	65		288		533
							13,100	267	9,495	529
11		23	57	65	62	64	084		196	
							099	7,252	198	7,562
12	3	24	27,55	27,61	27,56	27,58		252		555
								250		545
			F. T.				*A. T.*		*I. M.*	

SÉRIE CXVI.

OBSERVATIONS	1862 JUILLET 13		THERMOMÈTRES				MICROSCOPE *OUEST.* POINTÉS sur le		MICROSCOPE *EST.* POINTÉS sur le	
	h	m	N° 843	N° 844	N° 845	N° 846	PLATINE	LAITON	PLATINE	LAITON
							13,050		9,207	
1	3	28	27,43	27,48	27,46	27,47	060		198	
							065	7,183	193	7,569
2		30	39	48	44	46		170		588
							13,059	169	9,206	575
3		31	37	43	38	41	056		204	
							044	7,166	213	7,611
4		32	34	40	36	36		173		635
							13,053	165	9,224	627
5		33	31	36	33	34	046		220	
							046	7,152	222	7,632
6		34	29	34	32	32		145		649
							13,030	146	9,237	648
7		35	27	34	28	30	026		241	
							034	7,123	226	7,661
8		36	26	29	27	27		420		660
							13,005	440	9,246	659
9		37	22	27	24	26	026		234	
							008	7,125	239	7,674
10		38	17	26	22	24		402		687
							12,993	440	9,241	675
11		39	15	23	16	20	13,015		245	
							002	7,096	242	7,705
12	3	40	27,13	27,17	27,14	27,16	078			676
							079			678
			F. T.				*I. M.*		*A. T.*	

OBSERVATIONS.

Expériences de dilatation.

1862 JUILLET 13	POINTÉS POUR LES VALEURS DES TOURS DE VIS				1862 JUILLET 13	POINTÉS SUR LES MIRES	
	MICROSCOPE *OUEST* TRAITS OBSERVÉS		MICROSCOPE *EST* TRAITS OBSERVÉS			MICROSCOPE *OUEST*	MICROSCOPE *EST*
	0	$0 + 5^p$	100	$100 + 5^p$			
	APRÈS LA SÉRIE CXVI.						
3ʰ 50ᵐ	12,955		9,272		4ʰ 5ᵐ	10,288	10,030
		7,990		4,275		275	023
	966		273			286	030
		972		280		276	022
	950		281			291	042
		971		284		283	036
	955		275			270	024
		971		280		272	030
	950		270			275	025
		969		295		274	025
	940		275				
		968		293			
	A. T.		*I. M.*			*A. T.*	*I. M.*

Valeurs conclues des tours de vis,

$$v_1 = 1^p,005 \qquad v'_1 = 1^p,002$$

1862 JUILLET 13	MICROSCOPE *OUEST* 0	$0 + 5^p$	MICROSCOPE *EST* 100	$100 + 5^p$	1862 JUILLET 13	MICROSCOPE *OUEST*	MICROSCOPE *EST*
3ʰ 56ᵐ	12,942		9,280		4ʰ 10ᵐ	10,280	10,021
		7,944		4,290		274	021
	949		281			270	018
		934		290		280	028
	945		296			268	018
		940		302		275	021
	932		302			288	007
		922		302		283	020
	925		304			276	028
		928		294		284	040
	924		309				
		942		302			
	I M.		*A. T.*			*I. M.*	*A. T.*

Valeurs conclues des tours de vis,

$$v_1 = 0^p,999 \qquad v'_1 = 1^p,000$$

| 4ʰ 0ᵐ | Therm. $= + 19°,4$ | | | | 4ʰ 13ᵐ | Therm. $= + 19°,6$ | |

OBSERVATIONS.

Expériences de dilatation.

1862	POINTÉS SUR LES MIRES		1862	POINTÉS POUR LES VALEURS DES TOURS DE VIS			
JUILLET 16	MICROSCOPE *OUEST*	MICROSCOPE *EST*	JUILLET 16	MICROSCOPE *OUEST* TRAITS OBSERVÉS		MICROSCOPE *EST* TRAITS OBSERVÉS	
				0	$0 + 5^p$	100	$100 - 5^p$
AVANT LA SÉRIE CXVII.							
$1^h\ 40^m$	10,342	9,988	$2^h\ 15^m$	13,208	8,223	6,221	11,246
	309	10,010		203	233	230	249
	292	000		221	217	218	248
	305	10,005		222	213	226	240
	312	9,987		221	214	225	245
	310	10,000		213	212	224	250
	303	9,992					
	293	10,046					
	296	019					
	297	043					
				A. T.		*I. M.*	
	A. T.	*I. M.*		Valeurs conclues des tours de vis.			
				$v_1 = 1,001$		$v'_1 = 0,995$	
$1\ 12$	10,333	9,988	$2\ 22$	13,216	8,218	6,238	11,253
	319	959		216	220	228	250
	314	970		202	208	230	270
	314	988		192	218	253	268
	324	997		200	186	238	258
	307	989		186	200	241	263
	316	981					
	313	975		*I. M.*		*A. T.*	
	316	980					
	317	991		Valeurs conclues des tours de vis,			
	I. M.	*A. T.*		$v_1 = 1,002$		$v'_1 = 0,997$	
$1\ 45$	Therm. $= + 19°,3$		$2\ 27$	Therm. $= + 19°,4$			

Expériences de dilatation.

OBSERVATIONS	1862 JUILLET 16	THERMOMÈTRES N° 843	N° 844	N° 845	N° 846	MICROSCOPE *OUEST.* POINTÉS sur le PLATINE	LAITON	MICROSCOPE *EST.* POINTÉS sur le PLATINE	LAITON
						SÉRIE CXVII.			
						13,487		6,252	
1	2ʰ 34ᵐ	35,94	36,04	36,00	36,00	463		259	
						466	7,648	269	11,651
2	32	86	01	00	00		624		656
						13,188	617	6,260	662
3	33	85	00	36,00	00	456		260	
						178	7,606	264	11,682
4	34	84	00	35,93	00		606		670
						13,194	611	6,266	672
5	35	84	36,00	98	36,00	169		274	
						449	7,612	264	11,680
6	36	79	35,97	95	35,98		593		680
						13,144	608	6,270	682
7	38	74	93	91	94	433		280	
						446	7,565	272	11,693
8	39	70	91	88	92		559		696
						13,149	566	8,284	680
9	40	67	87	86	90	123		280	
						131	7,568	280	11,700
10	41	66	84	84	87		569		716
						13,121	557	6,291	717
11	42	64	82	82	83	117		285	
						122	7,556	282	11,737
12	2 44	35,63	35,79	35,84	35,80		542		738
							552		740
			F. T.			*A. T.*		*I. M.*	
						SÉRIE CXVIII.			
						13,102		6,300	
1	2 51	35,52	35,66	35,66	35,68	109		294	
						116	7,476	325	11,789
2	52	50	64	64	68		482		797
						13,076	465	6,323	805
3	53	47	58	62	65	080		316	
						079	7,442	315	11,820
4	55	45	57	59	64		455		849
						13,075	464	6,324	803
5	56	43	55	58	60	088		321	
						070	7,420	328	11,823
6	57	39	53	55	56		439		824
						13,066	446	6,333	822
7	2 59	35	54	53	52	064		331	
						069	7,426	333	11,857
8	3 00	34	47	54	52		406		853
						13,069	444	6,346	838
9	04	32	40	48	50	046		339	
						042	7,419	335	11,843
10	02	30	37	46	48		412		870
						13,054	408	6,351	858
11	03	28	34	44	46	042		343	
						044	7,392	339	11,897
12	3 05	35,26	35,30	35,40	35,44		390		879
							385		892
			F. T.			*I. M.*		*A. T.*	

Expériences de dilatation.

1862 JUILLET 16	POINTÉS pour les valeurs des TOUR DE VIS				1862 JUILLET 16	POINTÉS sur les mires	
	MICROSCOPE *OUEST* TRAITS OBSERVÉS		MICROSCOPE *EST* TRAITS OBSERVÉS			MICROSCOPE OUEST	MICROSCOPE EST
	0	$0 + 5^p$	100	$100 - 5^p$			

APRÈS LA SÉRIE CXVIII.

1862 JUILLET 16	0	$0 + 5^p$	100	$100 - 5^p$	1862 JUILLET 16	MICROSCOPE OUEST	MICROSCOPE EST
$3^h\ 10^m$	13,028	8,037	6,350	11,374	$3\ 30$	10,304	9,995
	023	034	344	354		300	993
	005	010	336	356		286	990
	001	014	350	378		291	10,004
	001	038	340	360		300	006
	12,992	043	342	369		285	009
						295	006
	A. T.		*I. M.*			288	009
						296	013
						287	006
						A. T.	*I. M.*

Valeurs conclues des tours de vis.

$$v_1 = 1,004^p \qquad v_1' = 0,995^p$$

1862 JUILLET 16	0	$0 + 5^p$	100	$100 - 5^p$	1862 JUILLET 16	MICROSCOPE OUEST	MICROSCOPE EST
$3\ 16$	12,982	7,986	6,338	11,366	$3\ 35$	10,299	9,991
	982	980	351	359		298	994
	956	966	359	363		296	10,003
	946	959	373	373		296	9,995
	964	975	363	370		298	995
	945	952	373	367		296	988
						289	991
	I. M.		*A. T.*			296	993
						294	997
						286	979
						I. M.	*A. T.*

Valeurs conclues des tours de vis.

$$v_1 = 1,002^p \qquad v_1' = 0,999^p$$

| $3\ 22$ | Therm. $= + 19,4$ | | | | $3\ 40$ | Therm. $= + 19,5^\circ$ | |

Expériences de dilatation.

AVANT LA SÉRIE CXIX.

1862 JUILLET 16	POINTÉS SUR LES MIRES MICROSCOPE OUEST	MICROSCOPE EST	1862 JUILLET 16	MICROSCOPE OUEST 0	0 + 5^p	MICROSCOPE EST 100	100 + 5^p
5 40	10,308	10,040	5 40	13,886	8,913	9,708	4,698
	280	9,994		899	945	717	685
	287	9,995		887	902	716	708
	284	10,002		878	907	725	698
	285	008		882	908	715	710
	288	005		889	917	728	704
	298	002		A. T.		I. M.	
	294	012					
	295	030					
	307	020					
	A. T.	I M.					

Valeurs conclues des tours de vis,

$$v_1 = 1^p,005 \qquad v'_1 = 0^p,996$$

1862 JUILLET 16	POINTÉS SUR LES MIRES MICROSCOPE OUEST	MICROSCOPE EST	1862 JUILLET 16	MICROSCOPE OUEST 0	0 + 5^p	MICROSCOPE EST 100	100 + 5^p
5 47	10,285	9,994	5 48	13,880	8,904	11,722	4,690
	290	9,996		899	892	733	689
	280	10,001		884	876	749	705
	286	007		875	874	744	710
	284	010		859	871	750	697
	276	007		862	862	740	709
	290	003		I. M.		A. T.	
	287	10,010					
	275	9,993					
	296	998					
	I. M.	A. T.					

Valeurs conclues des tours de vis,

$$v_1 = 1^p,004 \qquad v'_1 = 0^p,992$$

| 5 20 | Therm. = + 19°,6 | | 5 55 | Therm. = + 19°,6. | | | |

OBSERVATIONS.

Expériences de dilatation.

SÉRIE CXIX.

OBSERVATIONS	1862 JUILLET 16 (h)	(m)	THERMOMÈTRES N° 843	N° 844	N° 845	N° 846	MICROSCOPE OUEST POINTÉS sur le PLATINE	LAITON	MICROSCOPE EST POINTÉS sur le PLATINE	LAITON
							13,823		9,762	
1	5	57	28,08	28,16	28,14	28,12	840		746	
							834	7,545	748	7,349
2		58	07	15	14	10		502		334
							13,821	516	9,736	350
3	5	59	05	13	10	08	813		745	
							824	7,500	754	7,350
4	6	00	01	09	08	06		483		346
							13,820	487	9,754	345
5		01	00	08	05	02	821		750	
							810	7,472	746	7,352
6		02	28,00	05	02	00		484		364
							13,793	484	9,764	363
7		03	27,97	28,02	00	00	811		764	
							797	7,474	755	7,367
8		04	93	27,98	28,00	28,00		463		360
							13,795	467	9,760	366
9		05	92	98	27,98	27,96	805		759	
							775	7,443	760	7,394
10		06	89	97	97	93		448		382
							13,790	444	9,768	393
11		07	87	95	93	90	775		776	
							773	7,416	764	7,394
12	6	08	27,83	27,91	27,90	27,87		418		406
								412		394
				F. T.				*A. T.*		*I. M.*

SÉRIE CXX.

OBSERVATIONS	1862 JUILLET 16 (h)	(m)	THERMOMÈTRES N° 843	N° 844	N° 845	N° 846	MICROSCOPE OUEST POINTÉS sur le PLATINE	LAITON	MICROSCOPE EST POINTÉS sur le PLATINE	LAITON
							13,761		9,774	
1	6	11	27,75	27,83	27,80	27,78	753		772	
							748	7,336	776	7,453
2		12	71	81	77	78		328		439
							13,750	326	9,804	453
3		13	69	77	74	73	744		790	
							756	7,305	803	7,464
4		14	68	75	71	70		336		467
							13,725	292	9,787	475
5		16	64	71	68	68	731		814	
							728	7,282	793	7,464
6		17	64	68	66	64		286		486
							13,725	279	9,806	487
7		18	58	64	64	60	729		806	
							723	7,245	802	7,481
8		19	55	63	60	60		258		484
							13,712	256	9,807	500
9		20	53	59	57	60	711		803	
							721	7,234	814	7,509
10		21	51	57	54	56		228		520
							13,694	224	9,827	527
11		22	47	54	51	52	696		849	
							696	7,206	804	7,542
12	6	23	27,45	27,52	27,48	27,48		214		548
								217		535
				F. T.				*I. M.*		*A. T.*

Expériences de dilatation.

POINTÉS POUR LES VALEURS DES TOURS DE VIS

1862 JUILLET 16	MICROSCOPE *OUEST* TRAITS OBSERVÉS		MICROSCOPE *EST* TRAITS OBSERVÉS	
	0	$0 + 5^p$	100	$100 + 5^p$

APRÈS LA SÉRIE CXX.

1862 JUILLET 16	0	$0 + 5^p$	100	$100 + 5^p$
6 25	13,688		9,842	
		8,690		4,804
	665		840	
		682		818
	667		826	
		684		840
	665		842	
		668		826
	650		828	
		684		829
	659		828	
		663		831
	A. T.		I. M.	

Valeurs conclues des tours de vis,

$$v_1 = 1^p,002 \qquad v'_1 = 0^p,998$$

1862 JUILLET 16	0	$0 + 5^p$	100	$100 + 5^p$
6 33	13,616		9,838	
		8,624		4,843
	606		850	
		631		832
	606		868	
		616		849
	606		855	
		616		849
	608		861	
		616		835
	594		868	
		616		848
	I M.		A. T.	

Valeurs conclues des tours de vis,

$$v_1 = 1^p,003 \qquad v'_1 = 0^p,996$$

| 6 39 | Therm. $= + 19^{\circ},6$ | | | |

POINTÉS SUR LES MIRES

1862 JUILLET 16	MICROSCOPE OUEST	MICROSCOPE EST
6 45	10,262	10,046
	270	000
	279	012
	271	014
	261	016
	270	015
	265	005
	267	009
	268	009
	259	019
	A. T.	I. M.

1862 JUILLET 16	MICROSCOPE OUEST	MICROSCOPE EST
6 48	10,275	9,986
	270	997
	272	10,010
	265	010
	250	9,983
	262	991
	270	990
	268	990
	280	10,010
	285	011
	I. M.	A. T.

| 6 55 | Therm. $= + 19^{\circ},6$ | |

OBSERVATIONS.

Expériences de dilatation.

NIVELLEMENT DES MICROSCOPES

1862	HEURES	MICROSCOPE *EST* LECTURES DU NIVEAU placé		INCLINAISON en		MICROSCOPE *OUEST* LECTURES DU NIVEAU placé		INCLINAISON en		OBSERVATEURS
		A DROITE	A GAUCHE	PARTIES	ARC	A DROITE	A GAUCHE	PARTIES	ARC	
Avril 6	h. m. 12 0	+ 0,2 27,0	— 29,0 2,0	—0,95	— 8,4	+ 1,5 28,7	— 28,0 1,0	+0,30	+ 2,7	A. T.
17	12 45	7,0 34,7	32,8 5,1	+0,95	+ 8,4	7,0 34,6	33,2 5,8	0,65	5,8	A. T.
17	5 07	7,2 35,0	30,0 2,2	+2,50	+22,3	7,5 35,2	33,6 5,7	0,85	7,6	A. T.
22	5 50	6,0 31,5	31,5 6,0	0,00	0,0	6,3 32,0	29,7 4,0	1,15	10,3	A. T.
23	5 15	3,0 29,0	29,0 3,0	0,00	0,0	3,0 29,0	28,0 2,0	0,50	4,5	A. T.
26	5 02	1,7 26,7	28,8 3,8	—1,05	— 9,4	2,3 27,3	25,6 0,6	0,85	7,6	A. T.
28	5 58	0,0 25,7	25,7 0,0	0,00	0,0	1,0 26,7	25,7 0,0	0,50	4,5	A. T.
Mai 1	6 17	7,0 32,5	33,8 7,3	—0,40	— 3,6	6,2 34,8	34,4 6,0	0,45	1,3	A. T.
4	5 41	7,8 32,4	32,3 7,7	+0,05	+ 0,4	14,1 38,9	38,7 14,0	0,08	0,7	A. T.

$$1^p = 8,94''$$

Expériences de dilatation.

NIVELLEMENT DE LA RÈGLE PLACÉE DANS LE BAIN.

1862	HEURES	LECTURE DU NIVEAU. POSITION DIRECTE	INVERSE	INCLINAISON EN PARTIES	ARC.	1862	HEURES	LECTURE DU NIVEAU. POSITION DIRECTE	INVERSE	INCLINAISON EN PARTIES	ARC.	OBSERVATEURS.
Avril 18	11 40	$+$ 12,0 36,3	$-$ 34,6 10,3	$+$ 0,8	$+$ 9,1	Mai 1er	4 45	$+$ 16,0 35,1	$-$ 32,4 13,4	$+$ 1,3	$+$ 14,1	I.M.
	5 25	12,2 36,0	34,0 10,3	1,0	10,4		6 0	12,8 35,1	34,5 14,0	0,6	6,4	I.M.
20	11 56	12,0 35,5	34,0 10,7	0,7	7,5	3	1 40	16,0 34,4	31,2 12,6	1,6	17,6	I.M.
	3 55	11,5 33,5	32,2 10,0	0,7	7,5		4 45	16,8 36,0	32,8 13,8	1,5	16,0	I.M.
21	11 20	14,3 34,0	29,4 9,8	2,3	24,4	4	2 10	15,2 35,1	35,8 14,0	$+$ 0,1	$+$ 1,3	I.M.
	5 00	14,2 35,4	30,4 9,2	2,5	26,7		5 25	19,7 38,6	40,1 21,7	$-$ 0,9	$-$ 9,6	I.M.
22	11 5	14,1 35,6	30,8 9,3	2,4	25,7		10 32	18,7 38,2	40,4 21,0	$-$ 1,1	$-$ 12,0	I.M.
	2 42	14,1 33,6	28,9 9,4	2,3	25,4		1 2	18,7 38,2	40,4 21,0	$-$ 1,1	$-$ 12,0	I.M.
	5 2	14,4 34,3	30,0 10,0	2,2	23,3	5	2 34	17,3 33,7	29,5 13,1	$+$ 2,1	$+$ 22,5	I.M.
23	1 17	15,0 33,0	28,2 10,3	2,4	25,4		5 48	12,6 29,4	32,5 15,8	1,6	17,1	I.M.
	4 50	15,0 34,8	30,5 10,7	$+$ 2,3	$+$ 24,6	9	1 0	13,3 29,7	32,0 11,8	0,2	2,1	A.T.
25	1 40	12,2 32,3	33,0 13,1	$-$ 0,4	$-$ 4,3		6 50	14,0 35,3	33,0 11,9	1,1	11,8	A.T.
	3 35	14,0 29,8	30,4 15,8	$-$ 0,6	$-$ 6,4	11	9 8	13,3 35,7	34,9 12,7	0,3	3,7	A.T.
	5 20	13,9 31,2	30,5 15,4	$-$ 0,8	$-$ 8,6		2 15	14,7 33,2	34,6 13,4	0,8	8,6	A.T
28	11 27	17,4 38,0	30,2 10,0	$+$ 3,8	$+$ 40,7		3 20	14,7 33,3	34,5 13,8	0,7	7,5	A.T.
	1 28	17,8 38,0	34,6 11,1	3,3	35,3		4 45	16,0 35,0	32,2 13,2	1,4	15,0	A.T.
	5 43	18,2 38,6	32,1 11,9	$+$ 3,2	$+$ 34,2	12	12 55	13,0 34,2	33,8 12,5	$+$ 0,2	$+$ 2,3	A.T.

OBSERVATIONS.

Expériences de dilatation.

NIVELLEMENT DE LA RÈGLE PLACÉE DANS LE BAIN.

1862	HEURE.	LECTURE DU NIVEAU. POSITION. DIRECTE	INVERSE	INCLINAISON EN PARTIE.	ARC.	1862	HEURE.	POSITION. DIRECTE	INVERSE	INCLINAISON EN PARTIE.	ARC.	OBSERVATEUR.
Mai 12	6 10	$+$ 13,6 33,9	$-$ 33.8 13,5	$+$ 0,1	$+$ 0,3	Juil. 9	5 50	$+$ 14,0 34,0	$+$ 29.9 9,0	$+$ 2,5	$+$ 26,7	A.T.
Juin 27	1 44	15,2 35,6	29.6 9,4	3,0	32,3		6 55	15,0 34,0	28,4 9,3	2,8	30,2	A.T.
	4 10	14,5 35,3	30,0 9,0	2,7	28,9	12	9 25	12,9 34,2	31,0 10,0	1,5	16,3	A.T.
29	1 30	13,2 34,9	25,0 6,5	3,6	39,1		10 40	13.2 34,5	30.9 9,5	1,8	19,5	A.T.
	6 10	14,0 34,3	28 8 8,7	2,7	28,9		2 0	14,0 34,0	39,0 10,5	0,4	4,0	A.T.
	9 20	12,9 34,0	29,4 8,9	2,0	21,1		4 25	14,0 33.5	28,9 9,5	2,3	24,3	A T.
	1 40	15,6 34,6	27,0 11,0	$+$ 2,3	$+$ 24,6		7 20	15,0 34,6	29.0 9,5	2,8	29,7	A.T.
Juil. 8	10 40	12,0 24,0	27.0 18,0	$-$ 3,0	$-$ 32,1		11 10	13,0 34,5	28.6 10,0	1,5	15,8	A T
	12 30	14,2 33,7	29,7 10 2	$+$ 2,0	$+$ 21,4	13	9 55	13,0 33,7	30.0 9,2	1,9	20,1	A.T.
	4 40	14,2 33,8	29,0 9,3	$-$ 2,4	25,9		11 5	13.5 34,5	29,6 9,6	1,9	20,8	A.T.
	9 35	15,0 34,8	28.0 9,0	$+$ 3,2	$+$ 34.2		2 50	13,0 33,0	30,0 10,0	1,5	16,0	A.T.
9	9 0	9,3 28,1	33.9 14,0	$-$ 2,6	$-$ 28,0	16	2 40	12,5 34,3	29,5 9,8	1,1	12,0	A.T.
	10 10	15 0 33,0	28.0 10,0	$+$ 2,5	$+$ 26,7		3 20	14.2 34,1	29,8 10,0	2,1	22,7	A.T.
	1 0	14,4 34.5	29.0 9,4	2,7	28,9		5 30	14,3 34,2	25.2 6,0	4,3	46,2	A.T.
9	1 55	13,5 33,5	29.0 9,0	$+$ 2,2	$+$ 24,1		6 40	14,9 34,1	29,0 9,5	$+$ 2,6	27,8	A.T.

$$1^{\text{p}} = 10'',7$$

Expériences de dilatation.

NIVELLEMENT PAR PARTIE DE LA RÈGLE ÉGYPTIENNE RETIRÉE DU BAIN

1862	HEURES	NUMÉRO DES COUSSINETS.	NIVEAU LECTURE.	NIVEAU MOYENNE.	1862	HEURES	NUMÉRO DES COUSSINETS.	NIVEAU LECTURE.	NIVEAU MOYENNE.
Mai 26	h. m. 12 30	1 2	$+14{,}0^{\text{p}}$ 35,0	$+24{,}5^{\text{p}}$	Juillet 20	m. h. 10 41	1 2	$-37{,}8^{\text{p}}$: 18,8 : (1)	$-28{,}3^{\text{p}}$
		2 3	14,3 35,5	24,9			2 3	32,4 13,3	22,8
		3 4	14,1 35,1	24,6			3 4	32,0 12,8	22,4
		4 5	14.8 35,7	25,2			4 5	32.0 13,0	22,5
		5 6	14,7 35,7	25,2			5 6	33,0 13,3	23,1
		6 7	13,6 34,6	24,1			6 7	31,3 11,5	21,4
		7 8	15,4 36,2	23,8			7 8	29,5 9,8	19,6
		8 9	15,4 36,2	25,8			8 9	33,2 13,5	23,3
		9 10	17,0 37,8	27,4			9 10	28,7 9,4	19,1
		10 11	15,5 36,3	25,9			10 11	30,2 11,0	20,6
		11 12	18,7 39,3	29,0			11 12	29,9 10,6	20,2
		12 13	18,8 39,4	24,1			12 13	29,2 9,2	19,2
		13 14	(1) 23,2 : 43,9 :	33,5			13 14	(1) 37,3 : 18,3 :	27,8
		A. T.					I. M.		

(1) La peau des poches gêne l'observation.

Comparaison des deux Règles.

RÈGLE ESPAGNOLE. — 1862 NOVEM. 13 — MICROSC. *NORD* POINTÉS sur le (PLATINE | LAITON) — MICROSC. *SUD* POINTÉS sur le (PLATINE | LAITON)

COMPARAISONS	OBSERVATIONS	h.	m.	NORD PLATINE	NORD LAITON	SUD PLATINE	SUD LAITON
				t. 10,356		t. 11,450	
1	1	2	8	355	t.	455	t.
				345	11,891	452	10,198
	2		10		902		198
				10,335	895	11,443	186
	3		11	334		450	
				328		450	
					10,024		8,506
2	4		27		025		511
				8,532	028	9,736	507
	5		28	535		742	
				528	10,002	748	8,489
	6		29		002		479
					9,996		476

Th. = + 15°,2   *I. M.*   *C. I.*

RÈGLE ÉGYPTIENNE. — 1862 NOVEM. 13 — MICROSC. *NORD* POINTÉS sur le (PLATINE | LAITON) — MICROSC. *SUD* POINTÉS sur le (PLATINE | LAITON)

OBSERVATIONS	h.	m.	NORD PLATINE	NORD LAITON	SUD PLATINE	SUD LAITON
			t. 10,432		t 10,071	
4	2	14	440	t.	073	t.
			439	9,130	080	9,580
5		16		160		584
			10,448	155	10,094	590
6		17	452		099	
			449		100	
				9,155		9,630
1		20		132		638
			10,450	140	10,124	641
2		21	440		130	
			445	9,140	137	9,678
3		22		135		683
				137		685

I. M.   *C. I.*

RÈGLE ESPAGNOLE

COMPARAISONS	OBSERVATIONS	h.	m.	NORD PLATINE	NORD LAITON	SUD PLATINE	SUD LAITON
				8,514		9,787	
3	1	2	35	517		782	
				510	9,976	770	8,554
	2		37		975		554
				8,509	972	9,777	540
	3		39	502		779	
				502		776	
					11,368		9,924
4	4		55		368		932
				9,882	370	11,142	926
	5		56	887		150	
				887	11,381	146	9,922
	6		57		387		936
					388		926

Th. = + 14°,6   *C. I.*   *I. M.*

RÈGLE ÉGYPTIENNE

OBSERVATIONS	h.	m.	NORD PLATINE	NORD LAITON	SUD PLATINE	SUD LAITON
			10,669		10,422	
4	2	42	676		408	
			678	9,353	408	10,043
5		43		350		046
			10,690	356	10,422	008
6		45	697		426	
			700		436	
				9,408		10,034
1		47		402		032
			10,744	404	10,457	025
2		48	733		452	
			734	9,409	455	10,027
3		50		403		033
				410		044

C. I.   *I. M.*

RÈGLE ESPAGNOLE

COMPARAISONS	OBSERVATIONS	h.	m.	NORD PLATINE	NORD LAITON	SUD PLATINE	SUD LAITON
				9,892		11,104	
5	1	3	1	896		096	
				896	11,406	094	9,849
	2		3		400		821
				9,880	400	11,088	849
	3		4	860		080	
				882		082	

I. M.   *C. I.*

RÈGLE ÉGYPTIENNE

OBSERVATIONS	h.	m.	NORD PLATINE	NORD LAITON	SUD PLATINE	SUD LAITON
			10,307		10,011	
4	3	9	312		017	
			313	8,937	017	9,606
5		10		945		608
			10,322	945	10,038	608
6		11	320		036	
			328		033	

I. M.   *C. I.*

OBSERVATIONS.

Comparaison des deux Règles.

Colonnes de gauche : **RÈGLE ESPAGNOLE** — colonnes de droite : **RÈGLE ÉGYPTIENNE**. Pour chaque règle : MICROSC. NORD (pointés sur le PLATINE / LAITON) et MICROSC. SUD (pointés sur le PLATINE / LAITON). Les heures sont en h. m.

COMPARAISONS	OBS. (Esp.)	1862 Nov. 13	Nord·Platine (Esp.)	Nord·Laiton (Esp.)	Sud·Platine (Esp.)	Sud·Laiton (Esp.)	OBS. (Égypt.)	1862 Nov. 13	Nord·Platine (Égypt.)	Nord·Laiton (Égypt.)	Sud·Platine (Égypt.)	Sud·Laiton (Égypt.)
6				11,156		9,676				8,958		9,610
	4	3 20		164		672	1	3 13		972		631
			9,687	156	10,890	670			10,352	975	10,078	640
	5	21	657		897		2	13	356		083	
			665	11,111	900	9,674			350	8,968	084	9,644
	6	22		120		666	3	16		963		651
				118		670				968		652
Th. = + 15°,0				I. M.		C. l.				I. M.		C. l.
7			9,654		10,916				10,829		10,637	
	1	3 29	660		912		4	38	838		623	
			657	11,089	908	9,698			836	9,463	618	10,250
	2	31		078		685	5	40		457		247
			9,649	080	10,906	688			10,857	462	10,630	254
	3	32	649		905		6	41	854		622	
			648		903				853		627	
8				10,882		9,444				9,504		10,222
	4	49		890		441	1	43		508		228
			9,445	892	10,622	446			10,894	514	10,630	213
	5	50	441		622		2	45	890		643	
			449	10,896	626	9,432			897	9,352	636	10,210
	6	52		896		435	3	46		360		205
				900		428				360		205
Th. = + 14°.9				C. l.		I. M.				C. l.		I. M.
9			9,445		10,578				10,670		10,291	
	1	3 55	430		572		4	4 2	674		299	
			440	10,900	580	9,373			684	9,368	302	9,836
	2	56		898		380	5	3		381		838
			9,436	908	10,573	380			10,708	376	10,292	842
	3	58	422		573		6	5	710		294	
			420		573				710		291	
10				10,088		8,390				9,422		9,861
	4	4 13		086		380	1	7		426		862
			8,570	076	9,580	377			10,746	426	10,311	870
	5	15	564		580		2	8	742		320	
			573	10,176	587	8,240			754	9,447	320	9,854
	6	20		190		244	3	9		454		850
				176		244				440		857
Th. = + 14°,1				I. M.		C. l.				I. M.		C. l.

OBSERVATIONS.

Comparaison des deux Règles.

RÈGLE ESPAGNOLE.

COMPARAISONS	OBSERVATIONS	1862 NOVEM. 14 (h. m.)	MICROSC. NORD — PLATINE	MICROSC. NORD — LAITON	MICROSC. SUD — PLATINE	MICROSC. SUD — LAITON
11			t.		t.	
			8,466		8,806	
	1	10 4	465	t.	796	t.
			462	10,475	798	7,116
	2	5		468		098
			8,442	464	8,785	102
	3	7	439		797	
			433		796	
12				11,730		8,488
	4	23		740		482
			9,763	740	10,240	92
	5	25	758		240	
			754	11,748	220	8,496
	6	26		747		500
				744		502
Th. = +12°,6			*C. I.*		*I. M.*	
13			9,784		10,467	
	1	10 29	809		465	
			796	11,775	464	8,469
	2	31		765		477
			9,778	770	10,464	477
	3	32	765		171	
			760		172	
14				12,518		9,242
	4	49		520		250
			10,500	522	10,904	252
	5	51	502		911	
			490	12,495	913	9,257
	6	52		498		260
				490		258
Th. = +13°,0			*I. M.*		*C. I.*	
15			10,440		10,980	
	1	10 59	440		982	
			436	12,348	980	9,322
	2	11 0		348		324
			10,411	342	10,986	334
	3	11 1	412		982	
			413		990	
			C. I.		*I. M.*	

RÈGLE ÉGYPTIENNE.

OBSERVATIONS	1862 NOVEM. 14 (h. m.)	MICROSC. NORD — PLATINE	MICROSC. NORD — LAITON	MICROSC. SUD — PLATINE	MICROSC. SUD — LAITON
		t.		t.	
		10,421		9,402	
4	10 11	429	t.	382	t.
		429	9,569	388	8,452
5	13		557		450
		10,432	554	9,402	450
6	14	428		396	
		425		396	
			9,533		8,484
1	16		540		482
		10,420	537	9,388	496
2	18	425		394	
		430	9,554	406	8,505
3	20		549		492
			546		492
		C. I.		*I. M.*	
		10,950		9,904	
4	10 35	955		904	
		954	10,064	897	9,071
5	37		068		079
		10,964	066	9,920	079
6	38	962		927	
		965		934	
			10,082		9,097
1	41		080		099
		10,970	084	9,945	099
2	43	970		943	
		988	10,085	940	9,100
3	44		084		098
			090		100
		I. M.		*C. I.*	
		10,448		9,612	
4	11 4	456		616	
		411	9,474	614	8,836
5	6		470		838
		10,452	460	9,653	834
6	7	458		633	
		450		648	
		C. I.		*I. M.*	

OBSERVATIONS.

Comparaison des deux Règles.

Both column groups are headed **RÈGLE ESPAGNOLE** (left half and right half). Within each: MICROSC. *NORD* and MICROSC. *SUD*, each *pointés sur le* PLATINE / LAITON. (The small "t." marks above the columns denote the temperature readings.)

Comparaison 16 — Th. = + 14°,0

COMP.	OBS.	1862 NOV. 14 (h. m.)	NORD PLATINE	NORD LAITON	SUD PLATINE	SUD LAITON	OBS.	1862 NOV. 14 (h. m.)	NORD PLATINE	NORD LAITON	SUD PLATINE	SUD LAITON
16				10,307		7,690				9,432		8,893
	4	11 17		296		680	1	11 9		428		900
			8,438	290	9,252	674			10,449	424	9,658	903
	5	19	435		250		2	10	447		658	
			438	10,242	251	7,682			447	9,425	648	8,932
	6	21		215		693	3	11		420		935
				209		700				410		946

Th. = + 14°,0 — left: *C. I.* (Nord) / *I. M.* (Sud); right: *C. I.* (Nord) / *I. M.* (Sud)

Comparaisons 17 et 18 — Th. = + 14°,8

COMP.	OBS.	1862 NOV. 14 (h. m.)	NORD PLATINE	NORD LAITON	SUD PLATINE	SUD LAITON	OBS.	1862 NOV. 14 (h. m.)	NORD PLATINE	NORD LAITON	SUD PLATINE	SUD LAITON
17			8,322		9,332				10,440		10,145	
	1	11 58	317		324		4	11 3	452		144	
			318	9,923	320	7,935			452	9,123	150	9,665
	2	59		954		938	5	4		128		672
			8,292	943	9,300	943			10,465	126	10,158	675
	3	12 00	308		308		6	5	458		166	
			315		308				450		166	
18				11,907		10,038				9,140		9,699
	4	12		948		042	1	6		130		699
			10,326	895	11,359	049			10,490	160	10,196	694
	5	14	326		361		2	8	473		201	
			330	11,896	356	10,060			478	9,150	205	9,714
	6	16		880		066	3	9		148		710
				886		061				150		711

Th. = + 14°,8 — left: *I. M.* (Nord) / *C. I.* (Sud); right: *I. M.* (Nord) / *C. I.* (Sud)

Comparaisons 19 et 20 — Th. = + 14°,5

COMP.	OBS.	1862 NOV. 14 (h. m.)	NORD PLATINE	NORD LAITON	SUD PLATINE	SUD LAITON	OBS.	1862 NOV. 14 (h. m.)	NORD PLATINE	NORD LAITON	SUD PLATINE	SUD LAITON
19			10,234		11,378				10,535		10,292	
	1	12 20	231		384		4	12 25	540		286	
			225	11,814	375	10,088			544	9,241	295	9,842
	2	21		810		084	5	26		234		802
			10,236	804	11,367	084			10,578	240	10,315	806
	3	22	225		375		6	28	581		314	
			225		372				581		316	
20				9,750		8,028				9,275		9,831
	4	36		744		7,998	1	30		278		864
			8,458	740	9,260	990			10,608	274	10,314	861
	5	38	464		256		2	31	644		329	
			458	9,749	262	7,966			610	9,298	328	9,838
	6	39		745		956	3	32		301		842
				747		958				300		854

Th. = + 14°,5 — left: *C. I.* (Nord) / *I. M.* (Sud); right: *C. I.* (Nord) / *I. M.* (Sud)

OBSERVATIONS.

Comparaison des deux Règles.

COMPARAISONS	OBSERVATIONS	1862 NOVEM. 14	RÈGLE ESPAGNOLE — MICROSC. NORD (sur le PLATINE)	(LAITON)	MICROSC. SUD (sur le PLATINE)	(LAITON)	OBSERVATIONS	1862 NOVEM. 14	RÈGLE ÉGYPTIENNE — MICROSC. NORD (sur le PLATINE)	(LAITON)	MICROSC. SUD (sur le PLATINE)	(LAITON)
21		b. m.	8,165		9,204			h. m.	10,506		10,067	
	1	12 42	160	(t.)	203	(t.)	4	12 48	500	(t.)	080	(t.)
			152	9,755	210	7,919			500	9,224	084	9,590
	2	43		760		917	5	50		215		584
			8,175	760	9,203	915			10,497	232	10,090	587
	3	45	152		200		6	51	500		093	
			142		204				502		093	
22				11,188		9,322				9,225		9,589
	4	1 0		198		328	1	53		236		595
			9,566	200	10,600	330			10,512	240	10,100	594
	5	1	542		600		2	54	510		096	
			550	11,175	602	9,333			512	9,251	097	9,606
	6	3		156		335	3	56		210		600
				168		337				250		600
Th. = + 14°,8			*I. M.*		*C. I.*				*I. M.*		*C. I.*	
23			9,433		10,615				11,143		10,922	
	1	1 22	424		617		4	1 29	150		916	
			430	10,982	613	9,372			157	9,830	942	10,482
	2	24		976		362	5	30		828		480
			9,436	974	10,605	362			11,176	829	10,948	481
	3	25	430		602		6	31	180		942	
			435		610				182		950	
24				9,859		8,442				9,823		10,526
	4	39		854		433	1	33		819		500
			8,370	860	9,620	435			11,182	815	10,966	492
	5	40	364		626		2	35	179		978	
			362	9,836	632	8,433			181	9,830	976	10,530
	6	42		839		431	3	36		824		525
				832		436				830		542
Th. = + 15°,0			*C. I.*		*I. M.*				*C. I.*		*I. M.*	
25			8,365		9,593				10,400		10,210	
	1	1 45	360		594		4	1 51	405		213	
			350	9,846	596	8,440			402	9,012	211	9,824
	2	46		865		442	5	52		022		830
			8,375	856	9,616	438			10,405	022	10,221	832
	3	48	346		615		6	53	404		217	
			344		612				405		216	
			I. M.		*C. I.*				*I. M.*		*C. I.*	

Comparaison des deux Règles.

		RÈGLE ESPAGNOLE						RÈGLE ÉGYPTIENNE						
COMPARAISONS.	OBSERVATIONS	1862 NOVEM. 14 (h.)	(m.)	MICROSC. NORD PLATINE	MICROSC. NORD LAITON	MICROSC. SUD PLATINE	MICROSC. SUD LAITON	OBSERVATIONS	1862 NOVEM. 14 (h.)	(m.)	MICROSC. NORD PLATINE	MICROSC. NORD LAITON	MICROSC. SUD PLATINE	MICROSC. SUD LAITON
					t.		t.					t.		t.
	4	2	1		9,740		8,431	1	1	55		9,016		9,856
				t.	732	t.	431				10,410	017	t.	862
26	5		2	8,220	740	9,568	430	2		57	406	012	10,232	860
				230		569					410		233	
	6		4	218	9,720	562	8,430	3		58		9,010	230	9,876
					722		428					007		880
					726		428					000		882
Th. = + 15°,4		*I. M.*				*C. I.*					*I. M.*		*C. I.*	
	1	2	8	8,183		9,572		4	2	13	10,264		10,497	
				177		572					266		208	
27	2		10	178	9,641	565	8,425	5		15	268	8,820	208	9,838
					641		435					826		836
	3		11	8,180	646	9,564	430	6		16	10,262	821	10,200	850
				179		567					268		204	
				175		573					268		202	
	4		23		10,530		9,452	1		17		8,812		9,876
					536		433					820		865
28	5		25	9,115	539	10,552	442	2		19	10,270	817	10,209	872
				117		555					263		212	
	6		26	120	10,526	550	9,452	3		20	270	8,807	212	9,882
					524		453					809		883
					520		447					806		886
Th. = + 15°,5		*C. I.*				*I. M.*					*C. I.*		*I. M*	
	1	2	33	9,105		10,524		4	2	39	10,608		10,539	
				128		516					610		544	
29	2		34	106	10,570	521	9,429	5		40	612	9,127	549	10,278
					570		427					125		287
	3		36	9,425	566	10,530	430	6		41	10,620	142	10,556	289
				430		523					624		560	
				430		520					624		559	
	4		50		11,205		10,128	1		43		9,128		10,310
					210		122					135		315
30	5		51	9,798	208	11,192	120	2		45	10,635	135	10,580	320
				790		196					646		578	
	6		52	795	11,190	192	10,116	3		46	638	9,440	574	10,330
					205		111					438		336
					200		112					443		330
Th. = + 15°,6		*I. M.*				*C. I.*					*I. M.*		*C. I.*	

OBSERVATIONS.

Comparaison des deux Règles.

			RÈGLE ESPAGNOLE						RÈGLE ÉGYGTIENNE			
COMPARAISONS	OBSERVATIONS	1862 NOVEM. 15 (h. m.)	MICROSC. NORD POINTÉS sur le PLATINE	LAITON	MICROSC. SUD POINTÉS sur le PLATINE	LAITON	OBSERVATIONS	1862 NOVEM 15 (h. m.)	MICROSC. NORD POINTÉS sur le PLATINE	LAITON	MICROSC. SUD POINTÉS sur le PLATINE	LAITON
			t.		t.				t.		t.	
31	1	10 33	10,386		10,388		4	10 33	11,618		10,152	
			412	t.	393	t.			625	t.	149	t.
			426	12,656	414	8,618			626	10,965	143	9,123
	2	34		660		628	5	40		964		129
			10,450	661	10,436	629			11,636	971	10,189	130
	3	36	438		436		6	41	638		184	
			430		434				633		189	
				11,864		8,059				10,953		9,171
	4	50		846		063	1	43		954		178
32			9,680	836	9,780	057			11,642	956	10,211	174
	5	52	673		780		2	44	640		219	
			677	11,838	772	8,062			638	10,946	215	9,192
	6	53		822		068	3	45		955		187
				812		062				944		183

Th. = + 12°,4   *I. M.*   *C. I.*   *I. M.*   *C. I.*

			RÈGLE ESPAGNOLE						RÈGLE ÉGYGTIENNE			
COMPARAISONS	OBSERVATIONS	1862 NOVEM. 15	NORD PLATINE	LAITON	SUD PLATINE	LAITON	OBSERVATIONS	1862 NOVEM 15	NORD PLATINE	LAITON	SUD PLATINE	LAITON
			9,640		9,826				10,540		9,251	
	1	10 57	637		814		4	11 4	513		250	
33			632	11,751	815	8,095			544	9,730	243	8,241
	2	59		748		099	5	6		724		250
			9,638	744	9,816	100			10,499	730	9,235	250
	3	11 00	632		806		6	7	499		230	
			639		812				500		215	
				11,050		7,636				9,701		8,276
	4	14		038		636	1	9		694		294
34			8,989	032	9,342	644			10,488	694	9,225	290
	5	16	989		328		2	10	478		240	
			991	11,008	324	7,646			475	9,679	240	8,306
	6	18		004		643	3	11		670		306
				009		642				666		316

Th. = + 12°,6   *C. I.*   *I. M.*   *C. I.*   *I. M.*

			RÈGLE ESPAGNOLE						RÈGLE ÉGYGTIENNE			
COMPARAISONS	OBSERVATIONS	1862 NOVEM. 15	NORD PLATINE	LAITON	SUD PLATINE	LAITON	OBSERVATIONS	1862 NOVEM 15	NORD PLATINE	LAITON	SUD PLATINE	LAITON
			8,883		9,341				11,532		10,502	
	1	11 37	906		338		4	11 42	544		503	
35			888	10,856	338	7,749			548	10,644	544	9,778
	2	38		845		752	5	44		654		776
			8,874	842	9,338	752			11,580	652	10,561	782
	3	39	868		344		6	45	566		569	
			865		336				570		563	

     I. M.   *C. I.*   *I. M.*   *C. I.*

OBSERVATIONS.

Comparaison des deux Règles.

RÈGLE ESPAGNOLE — 1862 Novem. 15 — MICROSC. NORD (POINTÉS sur le PLATINE, LAITON), MICROSC. SUD (POINTÉS sur le PLATINE, LAITON).
RÈGLE ÉGYPTIENNE — 1862 Novem. 15 — MICROSC. NORD (POINTÉS sur le PLATINE, LAITON), MICROSC. SUD (POINTÉS sur le PLATINE, LAITON).

Comparaison 36

Comp.	Obs.	h	m	Esp. Nord Platine	Esp. Nord Laiton	Esp. Sud Platine	Esp. Sud Laiton	Obs.	h	m	Égy. Nord Platine	Égy. Nord Laiton	Égy. Sud Platine	Égy. Sud Laiton
					12,635		9,741					10,658		9,809
	4	11	54		622		753	1	11	47		666		820
36				10,742	635	11,284	753				11,573	650	10,570	817
	5		56	704		283		2		48	574		571	
				706	12.620	286	9,782				573	10,650	578	9,859
	6		57		620		781	3		49		634		857
					620		788					625		854

Th. = + 13°,6 — Esp.: I. M. | C. I. — Égy.: I. M. | C. I.

Comparaisons 37 et 38

Comp.	Obs.	h	m	Esp. Nord Platine	Esp. Nord Laiton	Esp. Sud Platine	Esp. Sud Laiton	Obs.	h	m	Égy. Nord Platine	Égy. Nord Laiton	Égy. Sud Platine	Égy. Sud Laiton
				10,664		11,312					10,668		9,913	
	1	12	0	664		323		4	12	7	674		916	
37				660	12,510	322	9,830				667	9,597	912	9,292
	2		2		500		836	5		8		588		305
				10,658	505	11,346	842				10,664	589	9,928	300
	3		3	650		315		6		10	662		926	
				652		325					662		924	
					11,011		8,566					9,571		9,324
	4		18		000		536	1		11		571		318
				9,213	10,983	9,970	535				10,648	577	9,948	315
	5		20	213		976		2		12	649		936	
38				214	10,947	965	8,530				651	9,531	950	9,356
	6		21		952		516	3		14		524		358
					954		525					519		368

Th. = + 13°,8 — Esp.: C. I. | I. M. — Égy.: C. I. | I. M.

Comparaisons 39 et 40

Comp.	Obs.	h	m	Esp. Nord Platine	Esp. Nord Laiton	Esp. Sud Platine	Esp. Sud Laiton	Obs.	h	m	Égy. Nord Platine	Égy. Nord Laiton	Égy. Sud Platine	Égy. Sud Laiton
				9,246		9,928					10,087		9,330	
	1	12	25	246		920		4	12	31	094		339	
39				246	11,052	948	8,494				096	9,070	342	8,713
	2		26		012		492	5		33		066		706
				9,236	036	9,919	488				10,148	089	9,346	707
	3		28	236		942		6		35	195		348	
				240		903					184		344	
					11,974		9,285					9,150		8,676
	4		47		978		286	1		40		142		669
				10,122	978	10,678	283				10,180	140	9,330	675
40	5		48	124		672		2		42	180		324	
				126	11,990	672	9,270				186	9,160	324	8,678
	6		30		988		270	3		43		157		676
					996		269					158		677

Th. = + 13°,6 — Esp.: I. M. | C. I. — Égy.: I. M. | C. I.

Comparaison des deux Règles.

RÈGLE ESPAGNOLE.

COMPARAISONS	OBSERVATIONS	1862 NOVEM. 15 (h. m.)	MICROSC. NORD POINTÉS sur le — PLATINE	MICROSC. NORD POINTÉS sur le — LAITON	MICROSC. SUD POINTÉS sur le — PLATINE	MICROSC. SUD POINTÉS sur le — LAITON
41			l. 10,084		t. 10,670	
	1	12 58	090		676	
			087	t. 11,950	682	t. 9,260
	2	59		947		250
			10,090	953	10,672	256
	3	1 1	100		670	
			100		672	
42				11,346		8,695
	4	13		347		692
			9,499	344	10,122	685
	5	15	493		132	
			495	11,311	122	8,682
	6	16		311		686
				314		686
		Th. = + 13°,8	C. I.		I. M.	
43			9,294		9,904	
	1	1 19	312		907	
			295	11,460	908	8,472
	2	21		146		480
			9,295	138	9,901	482
	3	22	302		895	
			284		903	
44				10,797		8,199
	4	39		845		200
			8,970	810	9,580	198
	5	41	960		590	
			966	10,788	585	8,204
	6	42		797		203
				796		200
		Th. = + 13°,8	I. M.		C. I.	
45			8,932		9,602	
	1	1 46	938		601	
			934	10,758	604	8,183
	2	48		754		193
			8,937	760	9,592	193
	3	50	928		596	
			930		592	
			C. I.		I. M.	

RÈGLE ÉGYPTIENNE.

OBSERVATIONS	1862 NOVEM. 15 (h. m.)	MICROSC. NORD POINTÉS sur le — PLATINE	MICROSC. NORD POINTÉS sur le — LAITON	MICROSC. SUD POINTÉS sur le — PLATINE	MICROSC. SUD POINTÉS sur le — LAITON
4	1 3	t. 11,439		t. 10,505	
		444		482	
		447	t. 10,479	498	t. 9,835
5	5		467		818
		11,456	463	10,516	824
6	6	466		516	
		469		514	
1	7		10,469		9,856
			475		885
		11,463	471	10,540	860
2	9	465		528	
		471	10,467	526	9,850
3	10		462		858
			460		860
		C. I.		I. M.	
4	1 25	11,227		10,279	
		250		288	
		226	10,252	294	9,633
5	27		240		633
		11,265	245	10,330	638
6	28	256		326	
		262		334	
1	34		10,261		9,645
			276		638
		11,270	276	10,332	645
2	32	282		335	
		270	10,285	338	9,662
3	34		286		650
			278		645
		I. M.		C. I.	
4	1 53	10,350		9,454	
		351		444	
		356	9,343	454	8,792
5	55		349		770
		10,369	356	9,444	785
6	56	376		442	
		380		444	
		C. I.		I. M.	

OBSERVATIONS.

Comparaison des deux Règles.

RÈGLE ESPAGNOLE.

COMPARAISONS	OBSERVATIONS	1862 NOVEM. 15 (h. m.)	MICROSC. *NORD* POINTÉS sur le — PLATINE	MICROSC. *NORD* POINTÉS sur le — LAITON	MICROSC. *SUD* POINTÉS sur le — PLATINE	MICROSC. *SUD* POINTÉS sur le — LAITON
46	4 5 6	2 5 6 7	t. 8,981 978 982	t. 10,844 812 842 10,795 799 806	t. 9,614 616 624	t. 8,210 215 220 8,213 213 216
				Th. = +13°,7 — *C. I.* (nord) / *I. M.* (sud)		
47	1 2 3	2 20 22 23	9,006 8,990 986 8,988 998 984	10,856 856 853	9,544 554 554 9,550 556 550	8,165 464 470
48	4 5 6	37 38 39	9,486 493 493	11,388 390 386 11,386 385 386	9,994 992 997	8,562 562 559 8,561 560 560
				Th. = +13°,6 — *I. M.* (nord) / *C. I.* (sud)		
49	1 2 3	2 44 46 47	9,479 482 484 9,488 484 488	11,355 354 358	10,006 002 010 10,004 008 000	8,543 547 546
50	4 5 6	3 3 4 5	9,578 572 570	11,459 454 452 11,431 431 431	10,072 075 070	8,635 624 625 8,610 606 604
				Th. = +13°,3 — *C. I.* (nord) / *I. M.* (sud)		

RÈGLE ÉGYPTIENNE.

COMPARAISONS	OBSERVATIONS	1862 NOVEM. 15 (h. m.)	MICROSC. *NORD* POINTÉS sur le — PLATINE	MICROSC. *NORD* POINTÉS sur le — LAITON	MICROSC. *SUD* POINTÉS sur le — PLATINE	MICROSC. *SUD* POINTÉS sur le — LAITON
46	1 2 3	1 58 59 2 1	t. 10,380 388 380	t. 9,378 369 372 9,384 394 390	t. 9,445 446 442	t. 8,765 758 757 8,752 752 750
				C. I. (nord) / *I. M.* (sud)		
47	4 5 6	2 27 28 29	10,800 804 800 10,848 805 840	9,844 850 836	9,793 796 790 9,793 798 800	9,152 150 153
48	1 2 3	31 32 34	10,830 828 832	9,850 840 852 9,876 882 890	9,791 790 792	9,143 154 148 9,429 434 438
				I. M. (nord) / *C. I.* (sud)		
49	4 5 6	2 51 52 54	10,754 762 760 10,759 762 768	9,795 791 798	9,736 743 745 9,750 766 758	9,054 056 045
50	1 2 3	56 57 59	10,770 780 780	9,848 823 820 9,810 819 816	9,755 756 752	9,056 056 046 9,045 050 046
				C. I. (nord) / *I. M.* (sud)		

Comparaison des deux Règles.

Table — left group **RÈGLE ESPAGNOLE** (columns *1862 NOVEM. 16* through *SUD LAITON*), right group **RÈGLE ÉGYPTIENNE** (columns *1862 NOVEM. 16* through *SUD LAITON*). Each *MICROSC. NORD* and *MICROSC. SUD* is *POINTÉS sur le* PLATINE and LAITON.

COMPARAISONS	OBSERVATIONS	1862 NOVEM. 16	NORD PLATINE	NORD LAITON	SUD PLATINE	SUD LAITON	OBSERVATIONS	1862 NOVEM. 16	NORD PLATINE	NORD LAITON	SUD PLATINE	SUD LAITON
		h. m.	t.	t.	t.	t.		h. m.	t.	t.	t.	t.
51	1	10 4	9,540		9,495		4	10 11	10,958		9,443	
			536		492				960		453	
	2	6	538	11,748	.498	7,606	5	12	960	10,373	450	8,364
				747		623				373		363
	3	7	9,521	741	9,484	635	6	13	10,989	376	9,438	355
			549		500				985		453	
			519		490				980		440	
52				11,791		7,820				10,370		8,352
	4	21		782		830	1	15		377		356
			9,597	784	9,630	828			10,979	378	9,456	356
	5	22	599		626		2	16	974		458	
			601	11,774	628	7,832			980	10,361	456	8,374
	6	24		770		832	3	18		362		375
				767		846				360		375
Th. = +11°,8			C. I.		I. M.				C. I.		I. M.	
53	1	10 27	9,592		9,594		4	10 34	11,432		10,048	
			586		600				432		021	
	2	28	578	11,762	607	7,834	5	35	423	10,718	030	9,030
				755		829				710		035
	3	30	9,564	755	9,588	839	6	36	11,420	714	10,053	040
			576		597				422		060	
			582		590				448		057	
54				12,238		8,512				10,704		9,054
	4	43		205		512	1	38		688		051
			10,068	206	10,234	513			11,410	685	10,098	053
	5	45	068		230		2	39	406		088	
			078	12,190	234	8,512			410	10,680	092	9,080
	6	46		480		514	3	40		685		078
				474		513				670		084
Th. = +12°,4			I. M.		C. I.				I. M.		C. I.	
55	1	10 50	10,024		10,256		4	10 56	10,544		9,314	
			019		246				544		306	
	2	52	020	12,098	260	8,540	5	58	552	9,744	305	8,372
				087		542				739		376
	3	53	10,009	082	10,265	536	6	59	10,549	743	9,316	382
			012		266				557		314	
			002		262				550		345	
			C. I.		I. M.				C. I.		I. M.	

OBSERVATIONS.

Comparaison des deux Règles.

RÈGLE ESPAGNOLE.

COMPARAISONS	OBSERVATIONS	1862 NOVEM. 16 — h.	m.	MICROSC. NORD (sur le) PLATINE	LAITON	MICROSC. SUD (sur le) PLATINE	LAITON
56				t.	t.	t.	t
	4	11	40		10,323		6,906
					329		948
				8,279	322	8,582	912
	5		41	275		586	
				274	10,309	575	6,913
	6		42		300		910
					304		923
Th. = + 12°,1				*C. I.*		*I. M.*	
57	1	11	18	8,245		8,549	
				250		556	
				240	10,288	563	6,896
	2		20		285		894
				8,245	276	8,551	893
	3		21	242		554	
				240		559	
58	4		36		12,076		8,789
					075		794
				10,060	070	10,437	797
	5		38	048		434	
				056	12,074	428	8,803
	6		39		075		804
					075		808
Th. = + 12°,8				*I. M.*		*C. I.*	
59	1	12	12	9,985		10,428	
				10,000		432	
				000	11,910	430	8,836
	2		13		901		836
				9.990	902	10,436	827
	3		15	995		436	
				995		438	
60	4		28		11,771		8,734
					772		732
				9,839	766	10,300	736
	5		29	839		310	
				833	11,758	308	8,716
	6		31		766		710
					762		706
Th. = + 12°,8				*C. I.*		*I. M.*	

RÈGLE ÉGYPTIENNE.

OBSERVATIONS	1862 NOVEM. 16 — h.	m.	MICROSC. NORD (sur le) PLATINE	LAITON	MICROSC. SUD (sur le) PLATINE	LAITON
			t.	t.	t.	t.
1	11	1		9,741		8,394
				741		402
			10,548	742	9,323	402
2		2	556		335	
			550	9,729	332	8,412
3		3		738		412
				732		416
			C. I.		*I. M.*	
4	11	26	10,230		9,189	
			256		498	
			266	9,375	200	8,331
5		27		363		330
			10,265	369	9,200	335
6		28	262		206	
			253		201	
1		30		9,370		8,350
				370		356
			10,252	370	9,213	364
2		31	258		216	
			252	9,370	220	8,369
3		32		370		363
				378		370
			I. M.		*C. I.*	
4	12	18	11,339		10,374	
			350		392	
			354	10,388	372	9,632
5		19		392		628
			11,383	404	10,388	628
6		21	387		390	
			386		406	
1		22		10,444		9,624
				435		610
			11,396	437	10,395	605
2		23	396		404	
			390	10,438	400	9,648
3		25		441		620
				446		628
			C. I.		*I. M.*	

Comparaison des deux Règles.

RÈGLE ESPAGNOLE. — 1862, NOVEM. 17.

COMP.	OBS.	h.	m.	MICROSC. NORD — PLATINE	MICROSC. NORD — LAITON	MICROSC. SUD — PLATINE	MICROSC. SUD — LAITON
61	1	10	4	t. 10,708		t. 9,954	
				714		958	
				702	t. 13,296	958	t. 7,739
	2		5		310		739
				10,652	295	9,935	737
	3		7	656		930	
				642		933	
62	4		22		12,461		7,224
					465		224
				9,895	446	9,342	215
	5		23	874		324	
				885	12,404	319	7,213
	6		25		394		243
					410		216

RÈGLE ÉGYPTIENNE. — 1862, NOVEM. 17.

OBS.	h.	m.	MICROSC. NORD — PLATINE	MICROSC. NORD — LAITON	MICROSC. SUD — PLATINE	MICROSC. SUD — LAITON
4	10	10	t. 10,948		t. 8,757	
			956		754	
			953	t. 10,672	757	t. 7,355
5		11		668		358
			10,942	678	8,771	363
6		13	956		781	
			945		781	
1		15		10,652		7,388
				661		389
			10,936	646	8,788	392
2		16	942		783	
			950	10,648	792	7,403
3		17		625		409
				620		413

Th. = + 10°,3　　ESPAGNOLE : *I. M.* | *C. I.*　　ÉGYPTIENNE : *I. M.* | *C. I.*

RÈGLE ESPAGNOLE.

COMP.	OBS.	h.	m.	MICROSC. NORD — PLATINE	MICROSC. NORD — LAITON	MICROSC. SUD — PLATINE	MICROSC. SUD — LAITON
63	1	10	28	9,844		9,350	
				833		346	
				838	12,318	346	7,253
	2		30		321		253
				9,833	317	9,352	262
	3		31	839		352	
				832		354	
64	4		44		12,460		7,368
					450		342
				9,735	440	9,361	352
	5		46	729		360	
				722	12,092	352	7,346
	6		47		087		344
					082		345

RÈGLE ÉGYPTIENNE.

OBS.	h.	m.	MICROSC. NORD — PLATINE	MICROSC. NORD — LAITON	MICROSC. SUD — PLATINE	MICROSC. SUD — LAITON
4	10	34	11,875		9,932	
			870		915	
			876	11,469	922	8,580
5		35		474		596
			11,869	467	9,945	610
6		36	860		936	
			866		955	
1		38		11,453		8,632
				447		638
			11,869	440	9,955	642
2		39	860		955	
			857	11,433	950	8,636
3		40		439		652
				432		644

Th. = + 10°,7　　ESPAGNOLE : *C. I.* | *I. M.*　　ÉGYPTIENNE : *C. l.* | *I. M.*

RÈGLE ESPAGNOLE.

COMP.	OBS.	h.	m.	MICROSC. NORD — PLATINE	MICROSC. NORD — LAITON	MICROSC. SUD — PLATINE	MICROSC. SUD — LAITON
65	1	10	57	9,650		9,343	
				630		346	
				620	11,968	352	7,378
	2		58		994		383
				9,635	999	9,354	388
	3	11	0	622		362	
				610		358	

RÈGLE ÉGYPTIENNE.

OBS.	h.	m.	MICROSC. NORD — PLATINE	MICROSC. NORD — LAITON	MICROSC. SUD — PLATINE	MICROSC. SUD — LAITON
4	11	3	12,158		10,412	
			156		420	
			158	11,592	419	9,281
5		4		587		288
			12,158	592	10,442	288
6		5	155		442	
			150		448	

ESPAGNOLE : *I. M.* | *C. I.*　　ÉGYPTIENNE : *I. M.* | *C. I.*

Comparaison des deux Règles.

RÈGLE ESPAGNOLE (colonnes 2–7) — RÈGLE ÉGYPTIENNE (colonnes 8–13). MICROSC. NORD et MICROSC. SUD, POINTÉS sur le PLATINE et sur le LAITON.

COMPARAISONS	OBSERV.	1862 NOVEM. 17	NORD PLATINE	NORD LAITON	SUD PLATINE	SUD LAITON	OBSERV.	1862 NOVEM. 17	NORD PLATINE	NORD LAITON	SUD PLATINE	SUD LAITON
				t. 13,300		t. 8,931				t. 14,587		t. 9,319
	4	11ʰ 13ᵐ		295		931	1	11ʰ 7ᵐ		580		349
66			t. 10,975	290	t. 10,821	934			t. 12,142	570	t. 10,462	343
	5	15	967			820	2	8	145		470	
			978	13,246	818	8,944			146	11,564	472	9,333
	6	16		258		942	3	9		554		337
				263		945				558		346
Th. = + 11°,5			I. M.		C. I.				I. M.		C. I.	
			10,709		10,868				10,679		9,405	
	1	11 52	712		883		4	11 58	679		412	
67			740	12,742	876	9,132			684	9,848	418	8,523
	2	53		739		140	5	59		860		516
			10,743	743	10,875	126			10,718	870	9,446	516
	3	55	716		872		6	12 1	722		406	
			711		866				726		402	
				10,298		6,672				9,903		8,485
	4	12 9		290		660	1	2		908		482
68			8,219	280	8,368	660			10,723	914	9,448	508
	5	10	222			376	2	4	730		420	
			218	10,253	366	6,636			730	9,914	422	8,502
	6	11		250		640	3	5		900		512
				247		640				898		540
Th. = + 12°,1			C. I.		I. M.				C. I.		I. M	
			8,194		8,346				10,994		9,698	
	1	12 13	199		312		4	12 22	992		701	
69			198	10,227	313	6,643			990	10,150	697	8,791
	2	15		226		620	5	23		126		785
			8,180	228	8,334	649			10,976	138	9,682	788
	3	16	180		320		6	25	980		690	
			182		317				977		688	
				12,410		8,898				10,133		8,825
	4	35		410		894	1	28		130		820
70			10,365	410	10,537	900			10,980	130	9,710	844
	5	36	350			542	2	30	934		706	
			345	12,361	542	8,907			970	10,135	709	8,827
	6	37		382		907	3	34		155		830
				380		913				140		832
Th. = + 12°,8			I. M.		C. I.				I. M.		C. I.	

Comparaison des deux Règles.

COMPARAISONS	OBSERVATIONS	1862 NOVEM. 17	MICROSC. NORD PLATINE	MICROSC. NORD LAITON	MICROSC. SUD PLATINE	MICROSC. SUD LAITON	OBSERVATIONS	1862 NOVEM 17	MICROSC. NORD PLATINE	MICROSC. NORD LAITON	MICROSC. SUD PLATINE	MICROSC. SUD LAITON
			RÈGLE ESPAGNOLE						RÈGLE ÉGYGTIENNE			
			t.		t.				t.		t.	
71			10,228		10,587				9,830		8,800	
	1	12 48	226	t.	587	t.	4	12 53	828	t.	806	t.
			220	12,134	585	8,976			824	8,895	792	8,032
	2	49		133		996	5	54		888		025
			10,202	128	10,592	994			9,818	887	8,843	024
	3	50	208		594		6	56	844		824	
			210		596				844		810	
72				10,482		7,276				8,869		8,044
	4	1 3		489		276				869		043
			8,321	480	8,802	266	1	58	9,843	862	8,834	038
	5	5	326		805		2	59	843		820	
			322	10,159	796	7,252			809	8,850	823	8,046
	6	6		162		244	3	1 0		846		056
				158		240				852		052
	Th. = + 12°,9		C. I.		I. M.				C. I.		I. M.	
73			8,344		8,717				11,036		9,946	
	1	1 11	340		716		4	1 46	027		952	
			342	10,146	720	7,226			027	10,022	951	9,215
	2	12		156		229	5	18		034		243
			8,330	162	8,729	221			11,060	036	9,966	210
	3	13	343		734		6	20	040		970	
			334		727				050		968	
74				10,934		7,694				10,080		9,178
	4	30		922		689				092		470
			9,008	926	9,246	685	4	23	11,105	098	9,943	470
	5	31	8,986		244		2	25	414		943	
			995	10,925	242	7,653			440	10,140	937	9,140
	6	33		948		654	3	27		156		130
				948		649				142		140
	Th. = + 12°,4		I. M.		C. I.				I. M.		C. I.	
75			8,981		9,226				10,644		9,418	
	1	1 38	990		233		4	1 43	652		412	
			992	10,938	235	7,615			657	9,785	412	8,566
	2	39		934		615	5	45		775		564
			8,990	928	9,226	615			10,659	770	9,424	546
	3	44	989		226		6	46	653		425	
			997		215				652		416	
			C. I.		I. M.				C. I.		I. M.	

OBSERVATIONS.

Comparaison des deux Règles.

RÈGLE ESPAGNOLE — RÈGLE ÉGYPTIENNE. Microscopes NORD et SUD pointés sur le PLATINE et sur le LAITON.

COMPARAISONS	OBSERVATIONS	1862 NOVEM. 17 (h. m.)	NORD PLATINE	NORD LAITON	SUD PLATINE	SUD LAITON	OBSERVATIONS	1862 NOVEM. 17 (h. m.)	NORD PLATINE	NORD LAITON	SUD PLATINE	SUD LAITON
			t.	t.	t.	t.			t.	t.	t.	t.
				11,420		7,963				9,802		8,560
	4	1 53		415		955	1	1 47		802		556
			9,429	415	9,556	903			10,674	806	9,418	546
76	5	55	436		565		2	48	674		418	
			430	11,420	552	7,946			681	9,797	426	8,558
	6	56		424		948	3	49		802		556
				447		948				805		553
Th. = +12°,0			C. I.		I. M.				C. I.		I. M.	
			t.	t.	t.	t.			t.	t.	t.	t.
			9,444		9,502				11,064		9,621	
	1	2 1	433		504		4	2 6	064		614	
			453	11,470	498	7,912			070	10,152	618	8,719
77	2	2		494		917	5	8		482		716
			9,460	490	9,501	911			11,035	480	9,613	720
	3	3	448		506		6	10	036		608	
			448		503				055		618	
			t.	t.	t.	t.			t.	t.	t.	t.
				12,528		8,851				10,486		8,723
	4	19		525		844	1	12		470		740
			10,442	512	10,471	840			11,070	450	9,634	704
78	5	20	442		473		2	14	052		634	
			440	12,516	466	8,839			056	10,458	623	8,710
	6	22		515		834	3	15		473		713
				510		839				470		706
Th. = +12°,3			I. M.		C. I.				I. M.		C. I.	
			t.	t.	t.	t.			t.	t.	t.	t.
			10,396		10,506				10,349		9,040	
	1	2 25	404		501		4	2 31	354		052	
			402	12,419	503	8,862			370	9,521	052	8,130
79	2	26		447		863	5	32		510		118
			10,404	420	10,505	862			10,349	506	9,055	128
	3	28	409		506		6	33	360		052	
			405		504				363		052	
			t.	t.	t.	t.			t.	t.	t.	t.
				10,952		7,443				9,503		8,154
	4	41		940		456	1	35		499		146
			8,915	934	9,110	452			10,331	492	9,054	136
80	5	42	910		112		2	36	350		058	
			912	10,907	120	7,452			344	9,509	056	8,124
	6	43		902		460	3	37		512		132
				898		456				508		140
Th. = +12°,2			C. I.		I. M.				C. I.		I. M.	

Comparaison des deux Règles.

Le tableau ci-dessous compare la **RÈGLE ESPAGNOLE** et la **RÈGLE ÉGYPTIENNE**. Pour chaque règle : MICROSC. *NORD* POINTÉS sur le (PLATINE | LAITON) et MICROSC. *SUD* POINTÉS sur le (PLATINE | LAITON). Date : 1862, NOVEM. 18.

COMPARAISONS	OBS.	h.	m.	ESP. NORD PLATINE	ESP. NORD LAITON	ESP. SUD PLATINE	ESP. SUD LAITON	OBS.	h.	m.	ÉGY. NORD PLATINE	ÉGY. NORD LAITON	ÉGY. SUD PLATINE	ÉGY. SUD LAITON
84				9,390		8,926					11,953		10,061	
	1	10	0	391		927		4	10	5	942		085	
				385	11,738	932	6,935				950	11,482	071	8,793
	2		1		732		932	5		7		479		804
				9,355	727	8,936	940				11,952	479	10,093	805
	3		2	352		928		6		8	947		076	
				348		932					944		092	
					12,038		7,438					11,479		8,814
	4		16		029		443	1		10		479		835
				9,729	029	9,382	442				11,948	477	10,112	830
82	5		17	717		384		2		11	955		112	
				715	12,020	378	7,435				954	11,479	106	8,832
	6		19		014		427	3		12		473		846
					017		425					467		839
Th.=+11°,0				*C. I.*		*I. M.*					*C. I.*		*I. M.*	
83				9,703		9,349					11,410		9,569	
	1	10	22	694		353		4	10	27	408		577	
				696	11,972	350	7,424				410	10,838	574	8,431
	2		23		970		422	5		29		833		434
				9,675	971	9,356	428				11,406	834	9,600	440
	3		24	670		352		6		30	410		594	
				674		358					415		596	
					12,692		8,376					10,844		8,472
	4		37		695		372	1		32		845		477
				10,440	686	10,235	375				11,408	815	9,619	478
84	5		38	438		234		2		33	400		619	
				430	12,666	234	8,368				406	10,804	614	8,496
	6		40		658		374	3		34		800		500
					656		374					802		502
Th.=+11°,6				*I. M.*		*C. I.*					*I. M.*		*C. I.*	
85				10,378		10,270					12,084		10,488	
	1	10	45	373		270		4	10	50	084		487	
				370	12,574	270	8,446				089	11,452	485	9,440
	2		46		574		448	5		51		458		424
				10,362	571	10,276	422				12,101	454	10,494	412
	3		47	369		268		6		53	094		496	
				374		262					090		487	
				C. I.		*I. M.*					*C. I.*		*I. M.*	

OBSERVATIONS.

Comparaison des deux Règles.

RÈGLE ESPAGNOLE.

COMPAR.	OBSERV.	h.	m.	MICROSC. *NORD* POINTÉS sur le PLATINE	MICROSC. *NORD* POINTÉS sur le LAITON	MICROSC. *SUD* POINTÉS sur le PLATINE	MICROSC. *SUD* POINTÉS sur le LAITON
					t.		t.
	4	11	0		12,862		8,870
				t.	857	t.	863
				10,706	850	10,634	866
86	5		2	702		656	
				707	12,843	650	8,861
	6		3		843		862
					849		866
	Th. = + 11°,4				C. I.		I. M.
	1	11	8	10,612		10,616	
				656		619	
				648	12,762	622	8,872
87	2		10		752		867
				10,635	758	10,629	871
	3		11	634		629	
				632		629	
	4		24		11,882		8,318
					885		321
				9,836	876	10,004	319
88	5		26	828		002	
				834	11,840	008	8,320
	6		27		830		320
					836		321
	Th. = + 12°,6				I. M.		C. I.
	1	11	33	9,774		10,042	
				774		036	
				768	11,751	045	8,355
89	2		35		753		348
				9,752	751	10,030	360
	3		37	757		030	
				754		036	
	4		49		12,109		8,940
					100		935
				10,163	097	10,522	936
90	5		50	469		516	
				464	12,054	515	8,936
	6		52		054		932
					047		936
	Th. = + 12°,8				C. I.		I. M.

RÈGLE ÉGYPTIENNE.

COMPAR.	OBSERV.	h.	m.	MICROSC. *NORD* POINTÉS sur le PLATINE	MICROSC. *NORD* POINTÉS sur le LAITON	MICROSC. *SUD* POINTÉS sur le PLATINE	MICROSC. *SUD* POINTÉS sur le LAITON
					t.		t.
	1	10	54		11,461		9,426
				t.	459	t.	417
				12,105	455	10,508	426
86	2		55	104		495	
				100	11,443	503	9,448
	3		57		443		448
					452		442
					C. I.		I. M.
	4	11	14	10,942		9,504	
				955		506	
				940	10,200	508	8,529
87	5		15		203		534
				10,948	197	9,520	534
	6		17	948		520	
				950		524	
	1		18		10,498		8,565
					180		568
				10,930	180	9,544	574
88	2		20	930		544	
				926	10,160	550	8,600
	3		21		160		603
					156		606
					I. M.		C. I.
	4	11	39	11,886		10,710	
				882		746	
				894	10,994	740	9,866
89	5		41		996		872
				11,880	990	10,748	878
	6		42	880		746	
				882		722	
	1		44		10,976		9,905
					981		900
				11,870	977	10,740	898
90	2		45	874		738	
				868	10,957	736	9,934
	3		47		959		938
					960		943
					C. I.		I. M.

OBSERVATIONS.

Comparaison des deux Règles.

COMPARAISONS	RÈGLE ESPAGNOLE						RÈGLE ÉGYPTIENNE					
	OBSERVATIONS	1862 NOVEM. 18	MICROSC. NORD — PLATINE	MICROSC. NORD — LAITON	MICROSC. SUD — PLATINE	MICROSC. SUD — LAITON	OBSERVATIONS	1862 NOVEM. 18	MICROSC. NORD — PLATINE	MICROSC. NORD — LAITON	MICROSC. SUD — PLATINE	MICROSC. SUD — LAITON
		h. m.	t. 10,086		t. 10,408			h. m.	t. 10,936		t. 9,840	
	1	12 24	084	t.	404	t.	4	12 27	932	t.	848	t.
			095	11,955	410	8,840			930	9,935	845	9,076
91	2	23		958		841	5	28		948		080
			10,073	972	10,402	840			10,938	950	9,853	080
	3	24	090		408		6	30	950		856	
			092		407				950		857	
				12,726		9,625				9,958		9,089
	4	37		738		630	1	34		956		088
			10,830	730	11,194	627			10,958	954	9,856	092
92	5	38	828		493		2	32	960		860	
			820	12,690	493	9,617			960	9,975	862	9,092
	6	40		690		612	3	33		970		099
				690		613				960		097

Th. = +13°,2   *I. M.*   *C. I.* | *I. M.*   *C. I.*

COMPARAISONS	OBSERVATIONS	1862 NOVEM. 18	NORD PLATINE	NORD LAITON	SUD PLATINE	SUD LAITON	OBSERVATIONS	1862 NOVEM. 18	NORD PLATINE	NORD LAITON	SUD PLATINE	SUD LAITON
			10,789		11,204				10,355		9,346	
	1	12 45	790		212		4	12 50	353		343	
			784	12,628	212	9,653			353	9,347	346	8,544
93	2	46		623		650	5	51		342		558
			10,783	620	11,222	645			10,374	349	9,352	567
	3	47	778		215		6	53	379		348	
			774		210				373		348	
				11,566		8,694				9,353		8,586
	4	59		570		692	1	55		354		576
			9,738	565	10,232	700			10,370	350	9,383	570
94	5	1 1	739		228		2	56	368		380	
			744	11,544	234	8,687			368	9,358	372	8,592
	6	2		530		694	3	57		363		600
				528		690				365		592

Th. = +13°,2   *C. I.*   *I. M.* | *C. I.*   *I. M.*

COMPARAISONS	OBSERVATIONS	1862 NOVEM. 18	NORD PLATINE	NORD LAITON	SUD PLATINE	SUD LAITON	OBSERVATIONS	1862 NOVEM. 18	NORD PLATINE	NORD LAITON	SUD PLATINE	SUD LAITON
			9,696		10,191				9,946		8,939	
	1	1 6	694		202		4	1 11	935		944	
			698	11,470	200	8,680			940	8,868	941	8,224
95	2	7		480		683	5	12		862		222
			9,685	488	10,207	689			9,948	870	8,958	224
	3	9	685		208		6	14	928		963	
			686		199				940		959	

I. M.   *C. I.* | *I. M.*   *C. I.*

OBSERVATIONS.

Comparaison des deux Règles.

COMPARAISONS	OBSERVATIONS	1862 NOVEM. 18	RÈGLE ESPAGNOLE MICROSC. NORD POINTÉS sur le PLATINE	LAITON	MICROSC. SUD POINTÉS sur le PLATINE	LAITON	OBSERVATIONS	1862 NOVEM. 18	RÈGLE ÉGYPTIENNE MICROSC. NORD POINTÉS sur le PLATINE	LAITON	MICROSC. SUD POINTÉS sur le PLATINE	LAITON
96	4 5 6	h. m. 1 21 23 24	t. 10,098 086 070	t. 11,846 856 860 11,832 852 850	t. 10,624 627 623	t. 9,193 186 184 9,183 174 177	1 2 3	h. m. 1 45 17 18	t. 9,955 945 948	t. 8,872 885 877 8,875 875 868	t. 8,960 969 972	t. 8,234 234 240 8,257 253 260
		Th. = + 13°,7	*I. M.*		*C. I.*				*I. M.*		*C. I.*	
97	1 2 3	h. m. 1 54 55 56	9,987 990 986 9,972 979 979	11,700 702 698	10,658 664 658 10,662 660 660	9,276 278 274	4 5 6	h. m. 1 59 2 0 1	11,100 100 108 11,428 126 134	9,985 994 988	10,318 330 335 10,330 328 323	9,646 636 650
98	4 5 6	2 7 9 10	10,571 579 569	12,280 280 274 12,259 254 250	11,255 256 252	9,878 870 870 9,870 865 874	1 2 3	3 4 5	11,140 151 147	10,000 005 012 10,019 020 024	10,316 330 333	9,654 656 642 9,658 662 660
		Th. = + 13°,8	*C. I.*		*I. M.*				*C. I.*		*I. M.*	
99	1 2 3	2 16 17 19	10,523 530 526 10,510 520 515	12,200 198 200	11,230 225 223 11,223 224 220	9,844 843 837	4 5 6	2 21 23 24	11,334 340 348 11,340 346 354	10,190 190 195	10,488 496 489 10,516 514 518	9,911 920 912
100	4 5 6	31 33 34	10,095 086 085	11,780 785 774 11,746 748 750	10,843 844 840	9,488 482 474 9,462 467 459	1 2 3	26 27 29	11,350 370 365	10,186 176 200 10,172 172 184	10,532 532 540	9,923 920 927 9,960 970 970
		Th. = + 14°,0	*I. M.*		*C. I.*				*I. M.*		*C. I.*	

OBSERVATIONS.

Comparaison des deux Règles.

	RÈGLE ESPAGNOLE							RÈGLE ÉGYPTIENNE						
COMPARAISONS	OBSERVATIONS	1862 NOVEM. 19 (h)	(m)	MICROSC. NORD PLATINE	MICROSC. NORD LAITON	MICROSC. SUD PLATINE	MICROSC. SUD LAITON	OBSERVATIONS	1862 NOVEM. 19 (h)	(m)	MICROSC. NORD PLATINE	MICROSC. NORD LAITON	MICROSC. SUD PLATINE	MICROSC. SUD LAITON
101				10,348		10,079					11,956		10,248	
	1	10	5	340		082		4	10	12	976		248	
				312	12,560	078	8,196				980	11,390	248	9,136
	2		6		564		199	5		14		390		140
				10,300	562	10,071	202				11,986	390	10,285	177
	3		8	306		069		6		15	996		287	
				293		072					996		280	
102					12,680		8,514					11,445		9,171
	4		24		665		503	1		17		410		171
				10,452	656	10,329	511				11,976	405	10,340	174
	5		26	450		339		2		18	995		304	
				436	12,626	335	8,513				998	11,395	304	9,193
	6		28		626		516	3		20		395		190
					626		505					396		196

Th. = + 11°,7   *I. M.*   *C. I.*   *I. M.*   *C. I.*

COMPARAISONS	OBSERVATIONS	(h)	(m)	MICROSC. NORD PLATINE	MICROSC. NORD LAITON	MICROSC. SUD PLATINE	MICROSC. SUD LAITON	OBSERVATIONS	(h)	(m)	MICROSC. NORD PLATINE	MICROSC. NORD LAITON	MICROSC. SUD PLATINE	MICROSC. SUD LAITON
103				10,402		10,385					11,331		9,893	
	1	10	37	401		382		4	10	43	331		902	
				408	12,534	382	8,575				329	10,614	886	8,798
	2		38		522		586	5		44		620		808
				10,372	522	10,368	588				11,328	625	9,876	805
	3		40	382		373		6		45	328		870	
				373		278					322		885	
104					12,330		8,616					10,600		8,842
	4		52		322		612	1		47		598		855
				10,277	322	10,356	615				11,321	594	9,896	854
	5		54	270		356		2		48	325		896	
				260	12,310	365	8,616				325	10,584	892	8,868
	6		55		302		615	3		49		577		868
					300		615					574		868

Th. = + 12°,1   *C. I.*   *I. M.*   *C. I.*   *I. M.*

COMPARAISONS	OBSERVATIONS	(h)	(m)	MICROSC. NORD PLATINE	MICROSC. NORD LAITON	MICROSC. SUD PLATINE	MICROSC. SUD LAITON	OBSERVATIONS	(h)	(m)	MICROSC. NORD PLATINE	MICROSC. NORD LAITON	MICROSC. SUD PLATINE	MICROSC. SUD LAITON
105				10,206		10,331					11,920		10,620	
	1	10	59	195		329		4	11	5	935		622	
				202	12,230	329	8,609				935	11,122	630	9,690
	2	1	1		228		615	5		6		112		700
				10,190	224	10,341	646				11,935	112	10,638	702
	3		2	184		347		6		7	935		643	
				188		337					938		643	

   I. M.   *C. I.*   *I. M.*   *C. I.*

OBSERVATIONS.

Comparaison des deux Règles.

RÈGLE ESPAGNOLE.

COMPARAISONS	OBSERVATIONS	1862 NOVEM. 19 (h. m.)	MICROSC. NORD sur le PLATINE	MICROSC. NORD sur le LAITON	MICROSC. SUD sur le PLATINE	MICROSC. SUD sur le LAITON
106				t.		t.
				12,700		9,304
	4	11 45	t.	698	t.	296
			10,694	695	10,940	294
	5	16	702		943	
			705	12,660	937	9,293
	6	18		660		291
				663		293
Th. = + 12°,6				I. M.		C. I.
107			10,644		10,982	
	1	11 30	618		990	
			643	12,539	980	9,372
	2	31		534		374
			10,604	534	10,983	378
	3	33	599		982	
			604		976	
108				11,656		8,676
	4	45		650		675
			9,760	649	10,240	676
	5	47	753		232	
			749	11,611	233	8,675
	6	48		605		682
				604		692
Th. = + 13°,0			C. I.		I. M.	
109			9,726		10,206	
	1	11 50	714		209	
			715	11,550	204	8,654
	2	51		555		654
			9,703	560	10,205	652
	3	52	708		199	
			712		202	
110				11,460		8,605
	4	12 5		460		642
			9,630	456	10,144	643
	5	6	628		137	
			630	11,442	130	8,603
	6	8		446		603
				436		601
Th. = + 13°,4				I. M.		C. I.

RÈGLE ÉGYPTIENNE.

COMPARAISONS	OBSERVATIONS	1862 NOVEM. 19 (h. m.)	MICROSC. NORD sur le PLATINE	MICROSC. NORD sur le LAITON	MICROSC. SUD sur le PLATINE	MICROSC. SUD sur le LAITON
106				t.		t.
				11,123		9,730
	1	11 9	t.	110	t.	723
			11,952	102	10,649	747
	2	10	926		653	
			930	11.096	653	9,750
	3	12		082		752
				086		754
				I. M.		C. I.
107			12,340		11,246	
	4	11 35	310		250	
			343	11,374	252	10,428
	5	36		363		434
			12,322	364	11,272	432
	6	38	324		278	
			330		270	
108				11,366		10,466
	1	40		374		462
			12,303	377	11,305	466
	2	41	318		300	
			325	11,357	308	10,483
	3	43		363		476
				360		483
			C. I.		I. M	
109			10,777		9,779	
	4	11 55	794		788	
			786	9,785	795	9,079
	5	56		785		074
			10,805	782	9,848	082
	6	58	805		822	
			803		828	
110				9,790		9,103
	1	59		785		094
			10,820	792	9,819	099
	2	12 0	822		824	
			822	9,802	825	9,108
	3	2		805		107
				806		107
				I. M.		C. I.

OBSERVATIONS.

Comparaison des deux Règles.

RÈGLE ESPAGNOLE.

COMPARAISONS	OBSERVATIONS	1862 NOVEM. 19 (h. m.)	MICROSC. NORD — PLATINE	MICROSC. NORD — LAITON	MICROSC. SUD — PLATINE	MICROSC. SUD — LAITON
114	1 2 3	12 33 35 36	t. 9,602 599 603 9,597 604 599	t. 11,384 388 384	t. 10,108 108 105 10,102 106 105	t. 8,595 593 592
112	4 5 6	47 48 49	9,571 569 570	11,376 371 363 11,349 350 347	10,085 086 088	8,582 592 592 8,574 572 575

Th. = + 13°,2   *C. I.* (Nord)   *I. M.* (Sud)

COMPARAISONS	OBSERVATIONS	1862 NOVEM. 19 (h. m.)	MICROSC. NORD — PLATINE	MICROSC. NORD — LAITON	MICROSC. SUD — PLATINE	MICROSC. SUD — LAITON
113	1 2 3	12 53 54 55	9,524 527 520 9,516 510 515	11,348 320 310	10,037 046 050 10,040 046 046	8,541 547 550
114	4 5 6	1 7 8 9	9,166 174 170	10,936 948 945 10,930 938 938	9,669 664 666	8,248 239 238 8,233 225 222

Th. = + 13°,4   *I. M.* (Nord)   *C. I.* (Sud)

COMPARAISONS	OBSERVATIONS	1862 NOVEM. 19 (h. m.)	MICROSC. NORD — PLATINE	MICROSC. NORD — LAITON	MICROSC. SUD — PLATINE	MICROSC. SUD — LAITON
115	1 2 3	1 12 14 15	9,155 162 162 9,157 160 158	10,912 920 914	9,678 675 685 9,664 673 675	8,234 233 233

C. I. (Nord)   *I. M.* (Sud)

RÈGLE ÉGYGTIENNE.

OBSERVATIONS	1862 NOVEM 19 (h. m.)	MICROSC. NORD — PLATINE	MICROSC. NORD — LAITON	MICROSC. SUD — PLATINE	MICROSC. SUD — LAITON
4 5 6	12 38 39 40	t. 11,292 306 306 11,331 336 340	t. 10,294 299 305	t. 10,295 340 300 10,333 316 322	t. 9,568 537 552
1 2 3	42 44 45	11,341 350 350	10,344 320 324 10,338 349 350	10,332 325 326	9,562 552 546 9,550 550 552

C. I. (Nord)   *I. M.* (Sud)

OBSERVATIONS	1862 NOVEM 19 (h. m.)	MICROSC. NORD — PLATINE	MICROSC. NORD — LAITON	MICROSC. SUD — PLATINE	MICROSC. SUD — LAITON
4 5 6	12 58 59 1 0	11,336 355 352 11,348 360 360	10,313 320 322	10,345 349 322 10,321 323 319	9,564 569 566
1 2 3	2 3 4	11,366 365 360	10,346 337 345 10,336 328 335	10,338 336 340	9,578 582 586 9,597 606 598

I. M. (Nord)   *C. I.* (Sud)

OBSERVATIONS	1862 NOVEM 19 (h. m.)	MICROSC. NORD — PLATINE	MICROSC. NORD — LAITON	MICROSC. SUD — PLATINE	MICROSC. SUD — LAITON
4 5 6	1 17 19 20	11,877 880 875 11,888 892 885	10,859 866 860	10,892 902 912 10,948 922 936	10,183 186 180

C. I. (Nord)   *I. M.* (Sud)

OBSERVATIONS.

Comparaison des deux Règles.

RÈGLE ESPAGNOLE.

COMPARAISONS	OBSERVATIONS	1862 NOVEM. 19		MICROSC. NORD POINTÉS sur le		MICROSC. SUD POINTÉS sur le	
		h.	m.	PLATINE	LAITON	PLATINE	LAITON
116					10,836		8,223
	4	1	27		834		223
				9,064	838	9,650	225
	5		28	058			652
				053	10,801	643	8,224
	6		29		807		226
					800		225
Th. = +13°,9				*C. I.*		*I. M.*	
117				9,026		9,614	
	1	1	35	038		610	
				020	10,762	610	8,193
	2		37		768		193
				9,028	770	9,603	199
	3		38	025		603	
				024		606	
118					10,705		8,182
	4		51		690		183
				8,935	694	9,574	188
	5		52	935		570	
				935	10,664	569	8,182
	6		53		666		182
					655		177
Th. = +14°,0				*I. M.*		*C. I.*	
119				8,862		9,615	
	1	2	2	862		646	
				862	10,561	608	8,255
	2		4		554		255
				8,850	554	9,626	256
	3		5	853		630	
				850		620	
120					10,500		8,362
	4		19		499		360
				8,852	500	9,666	353
	5		20	842		655	
				851	10,482	655	8,348
	6		22		482		343
					481		342
Th. = +14°,1				*C. I.*		*I. M.*	

RÈGLE ÉGYPTIENNE.

COMPARAISON	OBSERVATIONS	1862 NOVEM 19		MICROSC. NORD POINTÉS sur le		MICROSC. SUD POINTÉS sur le	
		h.	m.	PLATINE	LAITON	PLATINE	LAITON
116					10,871		10,205
	1	1	22		867		225
				11,888	868	10,963	213
	2		23	893		960	
				892	10,870	955	10,222
	3		24		862		230
					858		217
				C. I.		*I. M.*	
117				11,280		10,349	
	4	1	41	285		322	
				296	10,208	321	9,651
	5		43		215		650
				11,300	205	10,347	648
	6		44	305		347	
				302		352	
118					10,212		9,667
	1		46		220		660
				11,300	215	10,353	658
	2		47	308		349	
				305	10,216	350	9,674
	3		48		246		672
					246		670
				I. M.		*C. I.*	
119				11,710		11,000	
	4	2	8	710		000	
				712	10,564	002	10,342
	5		9		564		346
				11,720	567	11,022	356
	6		10	718		016	
				715		020	
120					10,571		10,396
	1		12		571		396
				11,731	565	11,048	396
	2		14	721		058	
				722	10,560	050	10,405
	3		15		544		442
					550		448
				C. I.		*I. M.*	

OBSERVATIONS.

Comparaison des deux Règles.

RÈGLE ESPAGNOLE — RÈGLE ÉGYPTIENNE

Dans chaque règle : MICROSC. NORD et MICROSC. SUD, POINTÉS sur le PLATINE et sur le LAITON. (t. = unité)

Th. = + 12°,2

Comp.	Obs.	1862 Nov. 20 (h. m.)	Esp. N. Platine	Esp. N. Laiton	Esp. S. Platine	Esp. S. Laiton	Obs.	1862 Nov. 20 (h. m.)	Égy. N. Platine	Égy. N. Laiton	Égy. S. Platine	Égy. S. Laiton
121			t. 9,644		t. 9,770				t. 10,092		t. 8,716	
	1	12 5	638		774		4	12 11	088		722	
			638	t. 11,659	766	t. 8,092			080	t. 9,351	726	t. 7,676
	2	6		651		088	5	12		350		684
			9,629	656	9,770	088			10,119	351	8,735	672
	3	8	628		755		6	14	110		727	
			624		762				110		726	
122				10,869		7,356				9,378		7,693
	4	23		862		350	1	16		377		707
			8,842	862	9,033	334			10,137	377	8,744	702
	5	24	832		022		2	18	133		744	
			840	10,842	048	7,320			129	9,385	748	7,725
	6	26		837		326	3	19		382		720
				834		324				382		723

Th. = + 12°,2 — Esp. : *C. I.* (Nord) *I. M.* (Sud) — Égy. : *C. I.* (Nord) *I. M.* (Sud)

Th. = + 12°,7

Comp.	Obs.	1862 Nov. 20 (h. m.)	Esp. N. Platine	Esp. N. Laiton	Esp. S. Platine	Esp. S. Laiton	Obs.	1862 Nov. 20 (h. m.)	Égy. N. Platine	Égy. N. Laiton	Égy. S. Platine	Égy. S. Laiton
123			8,800		8,988				11,850		10,460	
	1	12 34	804		994		4	12 40	845		468	
			796	10,800	991	7,322			840	11,075	467	9,479
	2	35		810		323	5	41		086		494
			8,787	808	8,993	332			11,836	078	10,483	500
	3	36	796		999		6	43	845		476	
			792		9,009				840		477	
124				11,716		8,358				11,087		9,516
	4	50		724		358	1	44		075		514
			9,734	724	10,002	361			11,836	078	10,479	517
	5	51	726		002		2	46	843		490	
			722	11,694	009	8,362			845	11,067	484	9,524
	6	53		688		369	3	47		075		528
				688		374				074		530

Th. = + 12°,7 — Esp. : *I. M.* (Nord) *C. I.* (Sud) — Égy. : *I. M.* (Nord) *C. I.* (Sud)

Comp.	Obs.	1862 Nov. 20 (h. m.)	Esp. N. Platine	Esp. N. Laiton	Esp. S. Platine	Esp. S. Laiton	Obs.	1862 Nov. 20 (h. m.)	Égy. N. Platine	Égy. N. Laiton	Égy. S. Platine	Égy. S. Laiton
125			9,682		10,045				9,310		8,097	
	1	1 3	679		048		4	1 9	317		112	
			677	11,605	050	8,432			328	8,455	112	7,195
	2	5		610		428	5	10		455		185
			9,679	605	10,036	423			9,327	460	8,108	186
	3	6	680		040		6	12	325		115	
			678		046				324		113	

Esp. : *C. I.* (Nord) *I. M.* (Sud) — Égy. : *C. I.* (Nord) *I. M.* (Sud)

OBSERVATIONS.

Comparaison des deux Règles.

COMPARAISON 126 — Th. = + 12°,8

RÈGLE ESPAGNOLE.

OBSERVATIONS	h.	m. (1862 NOVEM. 20)	MICROSC. NORD PLATINE	MICROSC. NORD LAITON	MICROSC. SUD PLATINE	MICROSC. SUD LAITON
				t.		t.
				10,802		7,686
4	1	22		808		686
			t. 8,880	802	t. 9,280	676
5		24	871		282	
			875	10,790	282	7,670
6		25		788		678
				783		676

C. I. (NORD) — I. M. (SUD)

RÈGLE ÉGYPTIENNE.

OBSERVATIONS	h.	m. (1862 NOVEM. 20)	MICROSC. NORD PLATINE	MICROSC. NORD LAITON	MICROSC. SUD PLATINE	MICROSC. SUD LAITON
				t.		t.
				8,475		7,193
1	1	13		479		200
			t. 9,331	480	t. 8,448	205
2		15	340		130	
			340	8,465	124	7,200
3		17		475		245
				478		205

C. I. (NORD) — I. M. (SUD)

COMPARAISON 127 — Th. = + 12°,3

RÈGLE ESPAGNOLE.

OBSERVATIONS	h.	m.	MICROSC. NORD PLATINE	MICROSC. NORD LAITON	MICROSC. SUD PLATINE	MICROSC. SUD LAITON
			8,850		9,230	
1	1	31	856		238	
			850	10,760	243	7,653
2		33		764		648
			8,855	762	9,230	650
3		34	850		226	
			853		230	

RÈGLE ÉGYPTIENNE.

OBSERVATIONS	h.	m.	MICROSC. NORD PLATINE	MICROSC. NORD LAITON	MICROSC. SUD PLATINE	MICROSC. SUD LAITON
			11,105		9,891	
4	1	37	118		894	
			102	10,247	880	8,986
5		38		255		977
			11,116	250	9,884	980
6		40	116		880	
			113		879	

COMPARAISON 128 — Th. = + 12°,3

RÈGLE ESPAGNOLE.

OBSERVATIONS	h.	m.	MICROSC. NORD PLATINE	MICROSC. NORD LAITON	MICROSC. SUD PLATINE	MICROSC. SUD LAITON
				12,020		8,796
4		49		024		788
			10,105	032	10,365	782
5		50	108		374	
			115	12,032	371	8,779
6		51		038		774
				030		773

I. M. (NORD) — C. I. (SUD)

RÈGLE ÉGYPTIENNE.

OBSERVATIONS	h.	m.	MICROSC. NORD PLATINE	MICROSC. NORD LAITON	MICROSC. SUD PLATINE	MICROSC. SUD LAITON
				10,256		9,022
1		41		260		022
			11,140	256	9,889	040
2		42	146		884	
			138	10,286	885	9,004
3		44		282		000
				288		002

I. M. (NORD) — C. I. (SUD)

COMPARAISON 129 — Th. = + 11°,8

RÈGLE ESPAGNOLE.

OBSERVATIONS	h.	m.	MICROSC. NORD PLATINE	MICROSC. NORD LAITON	MICROSC. SUD PLATINE	MICROSC. SUD LAITON
			10,132		10,340	
1	2	11	144		336	
			115	12,094	340	8,705
2		12		100		702
			10,160	102	10,330	704
3		14	160		332	
			165		330	

RÈGLE ÉGYPTIENNE.

OBSERVATIONS	h.	m.	MICROSC. NORD PLATINE	MICROSC. NORD LAITON	MICROSC. SUD PLATINE	MICROSC. SUD LAITON
			9,301		7,920	
4	2	16	300		925	
			304	8,499	944	6,965
5		18		503		970
			9,324	500	7,942	966
6		19	315		958	
			320		948	

COMPARAISON 130 — Th. = + 11°,8

RÈGLE ESPAGNOLE.

OBSERVATIONS	h.	m.	MICROSC. NORD PLATINE	MICROSC. NORD LAITON	MICROSC. SUD PLATINE	MICROSC. SUD LAITON
				12,108		8,567
4		28		097		555
			10,091	106	10,195	552
5		30	098		197	
			101	12,107	202	8,536
6		31		107		525
				108		540

C. I. (NORD) — I. M. (SUD)

RÈGLE ÉGYPTIENNE.

OBSERVATIONS	h.	m.	MICROSC. NORD PLATINE	MICROSC. NORD LAITON	MICROSC. SUD PLATINE	MICROSC. SUD LAITON
				8,499		6,962
1		21		511		980
			9,339	517	7,978	972
2		22	335		974	
			346	8,532	985	6,990
3		24		531		973
				534		976

C. I. (NORD) — I. M. (SUD)

OBSERVATIONS.

Comparaison des deux Règles.

RÈGLE ESPAGNOLE.

Colonnes : COMPARAISONS | OBSERVATIONS | 1862 NOVEM. 21 (h., m.) | MICROSC. *NORD* POINTÉS sur le (PLATINE, LAITON) | MICROSC. *SUD* POINTÉS sur le (PLATINE, LAITON).

COMPAR.	OBS.	h.	m.	NORD PLATINE	NORD LAITON	SUD PLATINE	SUD LAITON
				t.		t.	
131				11,362		10,882	
	1	12	6	370	t.	856	t.
				365	13,765	880	8,884
	2		7		755		876
				11,358	765	10,862	870
	3		9	375		868	
				356		877	
					13,640		8,800
132	4		22		635		804
				11,233	628	10,802	840
	5		24	230		804	
				230	13,608	807	8,846
	6		25		606		818
					606		820
Th. = + 11°,0					*I. M.*		*C. I.*
133				11,219		10,856	
	1	12	30	212		845	
				212	13,554	856	8,873
	2		31		554		877
				11,208	548	10,854	876
	3		33	208		850	
				207		852	
					11,940		7,488
134	4		47		934		492
				9,659	932	9,428	486
	5		49	652		426	
				658	11,940	425	7,488
	6		50		911		496
					913		498
Th. = + 11°,0				*C. I.*		*I. M.*	
135				9,654		9,378	
	1	12	53	660		385	
				652	11,915	380	7,460
	2		55		926		460
				9,658	932	9,365	463
	3		57	663		357	
				663		350	
				I. M.		*C. I.*	

RÈGLE ÉGYPTIENNE.

Colonnes : OBSERVATIONS | 1862 NOVEM. 21 (h., m.) | MICROSC. *NORD* POINTÉS sur le (PLATINE, LAITON) | MICROSC. *SUD* POINTÉS sur le (PLATINE, LAITON).

COMPAR.	OBS.	h.	m.	NORD PLATINE	NORD LAITON	SUD PLATINE	SUD LAITON
				t.		t.	
131				12,975		10,953	
	4	12	12	982	t.	960	t.
				970	12,575	959	9,599
	5		13		575		605
				12,995	570	10,976	605
	6		14	997		983	
				978		990	
					12,588		9,635
132	1		16		592		639
				13,020	600	11,004	640
	2		17	013		000	
				013	12,598	003	9,667
	3		19		590		668
					595		664
					I. M.		*C. I.*
133				12,400		10,572	
	4	12	35	404		575	
				404	11,884	582	9,282
	5		37		882		292
				12,400	882	10,583	295
	6		38	403		590	
				410		594	
					11,889		9,316
134	1		40		880		348
				12,400	879	10,602	322
	2		41	400		616	
				394	11,886	642	9,345
	3		43		881		348
					878		342
				C. I.		*I. M.*	
135				13,045		11,430	
	4	1	0	025		423	
				025	12,518	430	9,873
	5		1		516		870
				13,046	518	11,132	881
	6		2	045		141	
				025		137	
				I. M.		*C. I.*	

OBSERVATIONS.

Comparaison des deux Règles.

RÈGLE ESPAGNOLE.

Colonnes : MICROSC. *NORD* POINTÉS sur le (PLATINE, LAITON) ; MICROSC. *SUD* POINTÉS sur le (PLATINE, LAITON). Dates : 1862 NOVEM. 21 (h. m.).

COMPARAISONS	OBSERVATIONS	1862 NOVEM. 21	PLATINE (NORD)	LAITON (NORD)	PLATINE (SUD)	LAITON (SUD)
136				t. 12,144		t. 7,514
	4	1 12		146		506
			t. 9,796	135	t. 9,422	590
	5	13	796		414	
			798	12,122	412	7,484
	6	15		138		481
				138		474
Th. = + 10°,6				*I. M.*		*C. I.*
137	1	1 29	9,809		9,396	
			809		400	
	2	30	799	12,154	395	7,430
				153		448
	3	31	9,800	150	9,398	446
			802		402	
			803		402	
138	4	43		11,337		6,676
				334		685
	5	46	8,964	329	8,644	676
			962		628	
	6	47	970	11,344	618	6,688
				340		693
				341		685
Th. = + 10°,8				*C. I.*		*I. M.*
139	1	1 51	8,955		8,589	
			945		592	
	2	52	957	11,292	597	6,664
				305		670
	3	53	8,942	290	8,587	670
			945		591	
			938		592	
140	4	2 7		12,750		8,228
				740		228
	5	8	10,425	745	10,150	230
			430		146	
	6	9	416	12,745	149	8,236
				713		244
				712		246
Th. = + 11°,2				*I. M.*		*C. I.*

RÈGLE ÉGYPTIENNE.

COMPARAISONS	OBSERVATIONS	1862 NOVEM. 21	PLATINE (NORD)	LAITON (NORD)	PLATINE (SUD)	LAITON (SUD)
136				t. 12,523		t. 9,898
	1	1 4		536		889
			t. 13,050	530	t. 11,139	883
	2	6	055		141	
			068	12,546	131	9,864
	3	8		540		870
				550		870
Th. = + 10°,6				*I. M.*		*C. I.*
137	4	1 34	10,267		8,350	
			268		358	
	5	35	266	9,767	350	7,093
				774		103
	6	37	10,280	780	8,363	102
			281		366	
			278		368	
138	1	38		9,788		7,416
				781		412
	2	40	10,300	779	8,402	408
			294		410	
	3	41	301	9,798	415	7,420
				795		418
				790		410
Th. = + 10°,8				*C. I.*		*I. M.*
139	4	1 56	11,850		9,990	
			846		994	
	5	57	852	11,318	997	8,754
				320		763
	6	58	11,836	310	10,010	770
			855		014	
			852		014	
140	1	2 1		11,330		8,793
				336		787
	2	2	11,865	324	10,024	791
			862		024	
	3	4	862	11,322	021	8,792
				346		793
				330		792
Th. = + 11°,2				*I. M.*		*C. I.*

Comparaison des Règles.

VALEURS DES TOURS DES VIS MICROMÉTRIQUES.

1862 NOVEMBRE	OBSERVATIONS	HEURE	RÈGLE ESPAGNOLE.				RÈGLE ÉGYPTIENNE.			
			MICROSC. *NORD* TRAITS OBSERVÉS		MICROSC. *SUD* TRAITS OBSERVÉS		MICROSC. *NORD* TRAITS OCSERVÉS		MICROSC. *SUD* TRAITS OBSERVÉS	
			39485	39488	510	513	39485	39488	510	513
♃ 13	1	h. m. 1 0	9,455		10,190		10,438		9,849	
	2			6,386		7,195		7,420		6,868
	3			374		195		426		868
	4		435		183		416		839	
	5		418		182		412		840	
	6			365		190		408		870
	7			360		184		410		877
	8		408		178		406		838	
	9		412		175		395		840	
	10			353		173		400		879
	11			366		170		396		884
	12		412		160		385		841	
Therm. = + 14°,0			*I. M.*		*C. I.*		*I. M.*		*C. I.*	
♀ 14	1	9 40	11,313		11,576		11,700		10,566	
	2			8,262		8,595		8,706		7,546
	3			258		586		712		560
	4		310		570		712		564	
	5		315		571		717		556	
	6			254		594		720		566
	7			256		584		716		573
	8		309		582		712		566	
	9		310		582		718		562	
	10			250		598		721		583
	11			250		576		727		536
	12		304		574		723		543	
Therm. = + 12°,2			*C. I.*		*I. M.*		*C. I.*		*I. M.*	
	1	2 58	10,990		12,371		10,700		10,609	
	2			7,930		9,366		7,692		7,644
	3			910		370		705		650
	4		956		371		705		629	
	5		970		360		718		630	
	6			895		370		704		644
	7			895		377		730		650
	8		945		364		716		621	
	9		960		358		724		619	
	10			886		371		740		643
	11			890		366		745		643
	12		956		359		744		622	
Therm. = + 15°,6			*I. M.*		*C. I.*		*I. M.*		*C. I.*	
♄ 15	1	10 40	12,554		10,899		10,792		10,694	
	2			9,558		7,898		7,742		7,711
	3			565		901		738		705
	4		545		889		775		684	
	5		546		894		762		680	
	6			542		901		728		703
	7			558		900		748		700
	8		546		886		758		682	
	9		536		890		756		690	
	10			538		900		706		702
	11			548		908		702		697
	12		544		900		756		683	
Therm. = + 11°,6			*I. M.*		*C. I.*		*I. M.*		*C. I.*	

OBSERVATIONS.

Comparaison des Règles.

VALEURS DES TOURS DES VIS MICROMÉTRIQUES

1862 NOVEMBRE	OBSERVATIONS	HEURE	RÈGLE ESPAGNOLE MICROSC. *NORD* TRAITS OBSERVÉS 39485	39488	MICROSC. *SUD* TRAITS OBSERVÉS 510	513	RÈGLE ÉGYPTIENNE MICROSC. *NORD* TRAITS OBSERVÉS 39485	39488	MICROSC. *SUD* TRAITS OBSERVÉS 510	513
♄ 15	1	3 13	11,121		11,595		12,509		11,472	
	2			8,058		8,606		9,520		8,483
	3			062		594		527		483
	4		120		585		530		477	
	5		120		592		532		478	
	6			060		604		535		482
	7			068		596		545		476
	8		118		583		541		468	
	9		113		588		536		466	
t..	10			058		596		531		496
	11			062		602		540		485
	12		120		592		536		467	
Therm. = + 13°,3			*C. I.*		*I. M.*		*C. I.*		*I. M.*	
☉ 16	1	9 43	12,278		12,050		12,639		11,010	
	2			9,211		9,072		9,659		8,008
	3			210		073		654		003
	4		262		073		642		000	
	5		268		064		641		002	
	6			200		082		640		8.014
	7			204		082		639		7,993
	8		260		074		626		10,982	
	9		257		072		628		993	
	10			194		074		635		8,006
	11			194		084		640		7,992
	12		244		065		622		984	
Therm. = + 11°,1			*C. I.*		*I. M.*		*C. I.*		*I. M.*	
	1	2 4	9,578		10,308		11,620		10,753	
	2			6,481		7,324		8,596		7,775
	3			496		322		595		770
	4		565		308		640		746	
	5		565		307		618		753	
	6			490		320		610		759
	7			488		318		640		764
	8		570		299		625		748	
	9		570		304		635		750	
	10			698		321		620		770
	11			693		321		622		775
	12		560		294		625		749	
Therm. = + 11°,1			*I. M.*		*C. I.*		*I. M.*		*C. I.*	
☾ 17	1	9 44	11,771		10,794		12,210		9,849	
	2			8,700		7,820		9,218		6,887
	3			695		823		236		892
	4		765		803		246		861	
	5		748		803		225		857	
	6			686		818		246		895
	7			688		825		244		888
	8		746		819		208		859	
	9		750		820		215		866	
	10			686		839		216		900
	11			672		838		240		907
	12		742		819		205		869	
Therm. = + 9°,5			*I. M.*		*C. I.*		*I. M.*		*C. I.*	

Comparaison des Règles.

VALEURS DES TOURS DES VIS MICROMÉTRIQUES.

1862 NOVEMBRE	OBSERVATIONS	HEURE	RÈGLE ESPAGNOLE.				RÈGLE ÉGYGTIENNE.			
			MICROSC. *NORD* TRAITS OBSERVÉS		MICROSC. *SUD* TRAITS OBSERVÉS		MICROSC. *NORD* TRAITS OBSERVÉS		MICROSC. *SUD* TRAITS OBSERVÉS	
			39485	39488	510	513	39485	39488	510	513
☽ 17	1	2 47	11,059		11,308		12,333		11,246	
	2			8,000		8,326		9,351		8,216
	3			005		332		340		216
	4		049		335		326		214	
	5		047		333		327		213	
	6			7,983		342		335		220
	7			994		333		330		232
	8		044		338		300		216	
	9		044		332		301		210	
	10			980		341		328		218
	11			988		342		324		222
	12		050		332		297		228	
Therm. = + 12°, 2			C. I.		I. M.		C. I.		I. M.	
♂ 18	1	9 40	11,352		10,838		12,279		10,228	
	2			8,331		7,868		9,288		7,232
	3			334		858		284		246
	4		349		828		266		255	
	5		350		831		271		260	
	6			311		848		291		264
	7			319		855		300		264
	8		341		824		272		266	
	9		348		832		270		258	
	10			313		850		290		276
	11			309		856		295		282
	12		334		820		280		265	
Therm. = + 10°, 6			C. I.		I. M.		C. I.		I. M.	
	1	2 38	10,054		10,782		12,366		11,535	
	2			7,036		7,781		9,360		8,541
	3			028		781		373		550
	4		075		774		376		545	
	5		070		780		352		547	
	6			026		771		345		552
	7			020		775		352		553
	8		060		769		352		542	
	9		058		765		345		557	
	10			040		776		355		564
	11			020		767		357		560
	12		050		760		352		566	
Therm. = + 14°, 0			I. M.		C. I.		I. M.		C. I.	
☿ 19	1	9 45	11,214		10,786		12,887		11,037	
	2			8,175		7,814		9,940		8,064
	3			478		820		945		070
	4		196		788		895		050	
	5		200		792		895		058	
	6			150		804		905		088
	7			157		807		890		092
	8		182		794		902		062	
	9		185		793		890		070	
	10			145		812		898		088
	11			156		810		940		093
	12		182		798		890		063	
Therm. = + 11°, 2			I. M.		C. I.		I. M.		C. I.	

OBSERVATIONS.

Comparaison des Règles.

VALEURS DES TOURS DES VIS MICROMÉTRIQUES

1862 NOVEMBRE	OBSERVATIONS	HEURE	RÈGLE ESPAGNOLE.				RÈGLE ÉGYPTIENNE.			
			MICROSC. *NORD* TRAITS OBSERVÉS		MICROSC. *SUD* TRAITS OBSERVÉS		MICROSC. *NORD* TRAITS OBSERVÉS		MICROSC. *SUD* TRAITS OBSERVÉS	
			39485	39488	540	513	39485	39588	510	513
		h. m.	t.	t.	t.	t.	t.	t.	t.	t.
☿ 19	1	2 46	10,843		11,772		11,780		11,250	
	2			7,849		8,778		8,783		8,270
	3			818		783		792		278
	4		843		765		792		275	
	5		841		780		789		276	
	6			814		788		798		276
	7			811		882		795		276
	8		842		756		799		274	
	9		838		773		789		282	
	10			810		792		788		272
	11			810		775		795		286
	12		835		770		799		285	
Therm. = + 14°,4			C. I.		I. M.		C. I.		I. M.	
♃ 20	1	11 47	11,490		11,618		10,770		9,418	
	2			8,464		8,638		7,803		6,428
	3			454		632		809		432
	4		488		616		790		418	
	5		484		613		788		422	
	6			457		642		812		440
	7			450		635		812		426
	8		484		615		800		424	
	9		484		612		799		412	
	10			451		608		820		433
	11			418		607		799		424
	12		484		612		821		412	
Therm. = + 12°,2			C. I.		I. M.		C. I.		I. M.	
	1	2 44	11,585		11,491		12,982		11,307	
	2			8,538		8,503		10,015		8,327
	3			545		503		023		325
	4		600		470		13,048		304	
	5		596		474		020		306	
	6			558		504		040		323
	7			540		504		052		330
	8		585		471		050		310	
	9		600		474		055		314	
	10			518		492		065		334
	11			562		485		048		322
	12		603		459		046		310	
Therm. = + 11°,6			I. M.		C. I.		I. M.		C. I.	
♀ 21	1	10 34	11,446		10,969		14,145		12,153	
	2			8,395		8,000		11,156		9,154
	3			396		001		138		154
	4		432		957		138		140	
	5		438		955		136		135	
	6			382		7,990		138		159
	7			386		985		134		154
	8		405		945		128		134	
	9		418		949		126		133	
	10			358		993		130		160
	11			368		990		126		152
	12		418		932		140		138	
Therm. = + 10°,6			I. M.		C. I.		I. M.		C. I.	

Comparaison des Règles.

VALEURS DES TOURS DES VIS MICROMÉTRIQUES

1862 NOVEMBRE	OBSERVATIONS	HEURE	RÈGLE ESPAGNOLE.				RÈGLE ÉGYPTIENNE.			
			MICROSC. *NORD* TRAITS OBSERVÉS		MICROSC. *SUD* TRAITS OBSERVÉS		MICROSC. *NORD* TRAITS OBSERVÉS		MICROSC. *SUD.* TRAITS OBSERVÉS	
			39485	39488	510	513	39485	39488	510	513
♀ 21	1	h. m. 2 24	t. 12,347		t. 12,296		t. 11,150		t. 9,670	
	2			t. 9,300		t. 9,348		t. 8,178		t. 7,666
	3			299		322		180		660
	4		334		292		162		668	
	5		330		302		161		673	
	6			290		322		181		678
	7			285		328		182		684
	8		320		305		160		682	
	9		318		298		154		675	
	10			270		328		175		686
	11			267		326		170		692
	12		310		308		163		680	
Therm. = + 11°,8			*C. I.*		*I. M.*		*C. I.*		*I. M.*	

DÉTERMINATION DE LA VALEUR ANGULAIRE DES PARTIES DES NIVEAUX.

1862 NOVEMB.	HEURE	LECTURE du tambour de l'éprouvette.	NIVEAU DE LA RÈGLE			LECTURE du tambour de l'éprouvette.	NIVEAU DU MICROSC. N°2		
			Lectures.	Moyennes.	Différences.		Lectures.	Moyennes.	Différences.
☿ 26	h. m. 12 0	0 p	0,6 p / 26,3	13,45 p		60 p	6,2 p / 23,0	14,60 p	
					3,00 p				2,15 p
		30	3,7 / 29,2	16,45		90	8,4 / 25,1	16,75	
					2,70				2,35
		60	6,4 / 31,9	19,45		120	10,8 / 27,4	19,10	
					3,05				2,00
		90	9,4 / 35,0	22,20		150	12,8 / 29,4	21,40	
					2,50				
		120	12,0 / 37,4	24,70		90	12,7 / 29,1	20,90	
					2,85				1,85
		150	14,9 / 40,2	27,55		120	10,8 / 27,3	19,05	
					2,40				2,30
		180	17,3 / 42,6	29,95		150	8,5 / 25,0	16,75	
					2,80				2,10
		210	20,1 / 45,4	32,75		180	6,4 / 22,9	14,65	
			I. M.				*C. I.*		
			1 p = 10″,7				1 p = 14″,0		

OBSERVATIONS.

Comparaison des Règles.

NIVELLEMENT DES RÈGLES ET DES MICROSCOPES.

1862 NOVEMB.	HEURE	RÈGLE ESPAGNOLE POSITION DIRECTE	RÈGLE ESPAGNOLE POSITION INVERSE	RÈGLE ÉGYPTIENNE POSITION DIRECTE	RÈGLE ÉGYPTIENNE POSITION INVERSE	MICROSCOPE NORD VIS AU NORD	MICROSCOPE NORD VIS AU SUD	MICROSCOPE SUD VIS AU NORD	MICROSCOPE SUD VIS AU SUD	OBSERVATEUR
♃ 13	11 18	+ 7,5	+ 7,3	5,6	6,5	+ 12,0	− 10,0	+ 10,0	− 12,2	C. I.
		− 6,6	− 6,8	29,1	29,0	28,0	26,0	26,3	28,7	
	4 30	+ 2,4	+ 1,4	7,3	6,5	10,6	10,6	8,8	10,0	I. M.
		− 11,4	− 12,4	30,1	29,1	25,9	25,2	24,0	25,3	
♀ 14	9 13	+ 2,7	+ 1,9	7,6	6,5	10.5	10,9	9,4	10,4	C. I.
		− 12,0	− 12,8	34,5	30,4	26,5	26,9	25,0	26,2	
	3 24	+ 1,7	+ 1,2	8,0	6,8	10,4	10,0	9,9	10,9	I. M.
		− 12,0	− 12,6	30,4	29,3	25,5	25,1	25,0	25,9	
♄ 15	9 36	+ 1,3	+ 2,8	5,8	5,9	9,8	9,5	9,3	11,0	C. I.
		− 12,6	− 12,0	29,8	30,0	26,0	25,6	25,0	26,6	
	3 32	+ 1,7	+ 2,4	6,6	7,2	9,8	10,0	10,0	11,0	I. M.
		− 12,3	− 11,8	29,6	30,2	25,4	25,3	25,2	26,3	
☉ 16	9 20	+ 3,4	+ 3,0	5,7	5,5	9,5	9,4	9,3	10,4	C. I.
		− 11,4	− 12,0	30,0	29,8	25,8	25,7	25,4	26,5	
	2 25	+ 2,0	+ 1,8	7,2	7,0	9,9	10,0	10,0	10,8	I. M.
		− 12,0	− 12,2	30,2	30,0	25,4	25,5	25,4	26,2	
☾ 17	8 46	+ 4,3	+ 4,1	7,1	6,7	9,2	9,2	8,9	9,9	C. I.
		− 11,4	− 11,6	32,6	32,1	26,2	26,1	25,9	26,9	
	3 9	+ 2,7	+ 2,7	6,8	7,3	9,7	9,9	9,4	10,1	I. M.
		− 12,0	− 12,0	30,4	31,0	25,4	25,6	25,0	25,8	
♂ 18	9 18	+ 3,8	+ 3,0	7,2	4,9	9,2	9,5	9,0	9,9	I. M.
		− 11,5	− 12,1	34,6	29,3	25,8	26,0	25,4	26,2	
	2 56	+ 2,8	+ 1,8	8,5	5,6	9,4	10,3	9,9	10,5	C. I.
		− 11,5	− 12,5	34,7	28,8	24,9	25,7	25,3	25,9	
☿ 19	9 27	+ 3,7	+ 3.0	7,2	5,2	9,0	9,5	9,3	9,9	C. I.
		− 11,5	− 12,2	34,8	29,8	25,5	26,0	25,7	26,3	
	3 2	+ 2,6	+ 2,0	8,4	5,9	9,9	10,2	9,9	10,9	I. M.
		− 11,4	− 12,2	34,5	29,0	25,3	25,8	25,2	26,1	
♃ 20	11 27	+ 3,3	+ 2,6	8,9	6,2	9,4	9,9	9,5	10,1	I. M.
		− 11,4	− 12,2	32,5	29,8	25,6	26,1	25,5	26,1	
	3 3	+ 3,2	+ 2,3	7,7	6,0	9,7	10,0	9,5	10,3	C. I.
		− 11,6	− 12,4	34,4	29,9	25,6	26,0	25,4	26,2	
♀ 21	9 38	+ 4,0	+ 2,5	7,4	5,2	8,4	9,2	8,9	9,6	C. I.
		− 11,3	− 12,9	32,0	29,9	25,1	25,7	25,4	26,1	
	2 41	+ 3,5	+ 2,8	7,4	5,6	9,0	10,0	9,3	9,9	I. M.
		− 11,5	− 12,1	31,5	29,8	25,0	26,0	25,4	26,0	

Comparaison des Règles.

NIVELLEMENT PAR PARTIE DES RÈGLES

1862 NOVEMB·	HEURES	Position du Niveau	RÈGLE ESPAGNOLE NIVEAU		RÈGLE ÉGYPTIENNE NIVEAU		Position du Niveau	RÈGLE ESPAGNOLE NIVEAU		RÈGLE ÉGYPTIENNE NIVEAU	
			LECTURES	MOYENNE	LECTURES	MOYENNE		LECTURES	MOYENNE	LECTURES	MOYENNE
					AVANT LA COMPARAISON.						
♃ 13	11h 0m	1	+ 8,8 − 5,2	+ 1,8	+ 15,2 38,4	+ 26,8	8	+ 8,1 − 5,6	+ 1,2	+ 18,8 41,3	+ 30,3
		2	+ 7,5 − 6,4	+ 0,5	15,6 38,8	27,2	9	+ 8,6 − 5,1	+ 1,7	17,9 40,8	29,3
		3	+ 6,5 − 7,4	− 0,4	16,6 39,8	28,2	10	+ 8,4 − 5,4	+ 1,5	16,4 39,4	27,9
		4	+ 8,4 − 5,3	+ 1,5	15,9 39,0	27,4	11	+ 8,1 − 5,6	+ 1,2	16,0 39,0	27,5
		5	+ 7,4 − 6,7	+ 0,2	15,3 38,4	26,8	12	+ 7,0 − 6,8	+ 0,4	16,3 39,3	27,8
		6	+ 6,4 − 7,7	− 0,8	16,0 39,0	27,5	13	+ 7,1 − 6,6	+ 0,2	16,4 39,5	27,9
		7	+ 7,4 − 6,7	+ 0,2	15,9 39,0	27,4		C. I.		I. M.	
					APRÈS LA COMPARAISON.						
♀ 21	3 0	1	+ 10,9 − 3,9	+ 3,5	+ 14,8 38,5	+ 26,6	8	+ 9,7 − 4,9	+ 2,1	+ 18,2 41,8	+ 30,0
		2	+ 9,1 − 5,6	+ 1,7	15,5 39,2	27,3	9	+ 10,0 − 4,6	+ 2,7	17,6 41,0	29,3
		3	+ 8,5 − 6,2	+ 1,1	17,0 40,7	28,8	10	+ 9,7 − 4,9	+ 2,4	15,9 39,3	27,6
		4	+ 10,3 − 4,4	+ 2,9	16,0 39,9	27,9	11	+ 9,7 − 4,8	+ 2,4	15,9 39,3	27,6
		5	+ 9,0 − 5,6	+ 1,7	14,9 38,6	26,7	12	+ 8,4 − 6,2	+ 1,1	16,9 40,3	28,6
		6	+ 8,1 − 6,5	+ 0,8	15,5 39,1	27,3	13	+ 9,0 − 5,5	+ 1,7	16,1 39,6	27,8
		7	+ 8,8 − 5,9	+ 5,4	15,5 39,1	27,3		C. I.		I. M.	

ERRATA

DANS LE TEXTE

Page 444, ligne 46, lisez 7,243 au lieu de 7,543.

— 440, équation 436 et 437, lisez v'_1 et v_1, au lieu de v'_1, v_1.

DANS LES OBSERVATIONS

Page 40, lisez, après la série, XLII au lieu de XXXLII.

— 44, colonne 4, lisez $4^h 51^m$ au lieu de 11, 51.

PARIS. — IMP. DE Vve GOUPY ET Cie, RUE GARANCIÈRE, 5.

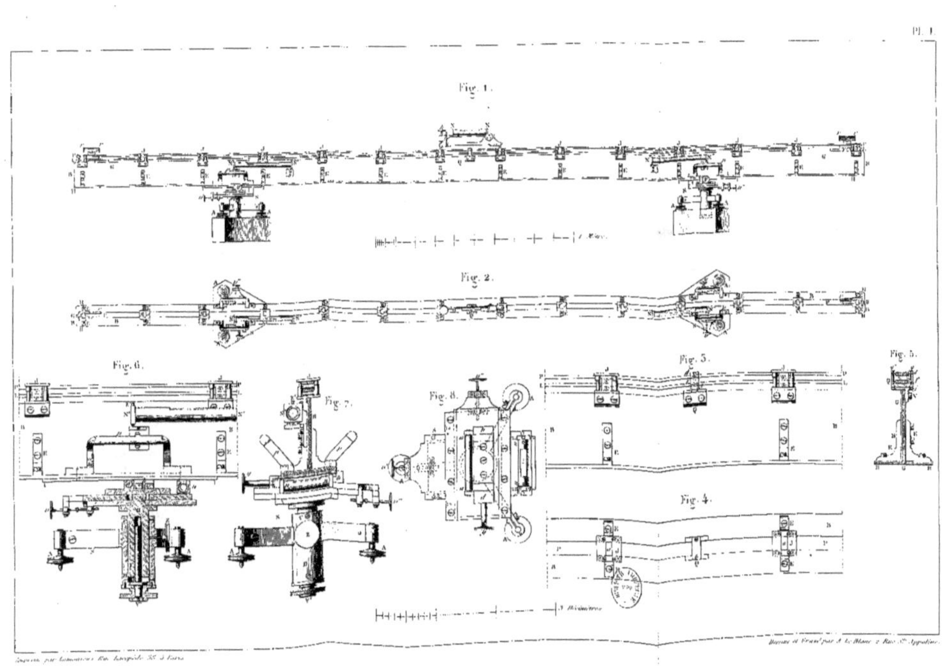

Pl. 1.
Fig. 1.
Fig. 2.
Fig. 3.
Fig. 4.
Fig. 5.
Fig. 6.
Fig. 7.
Fig. 8.

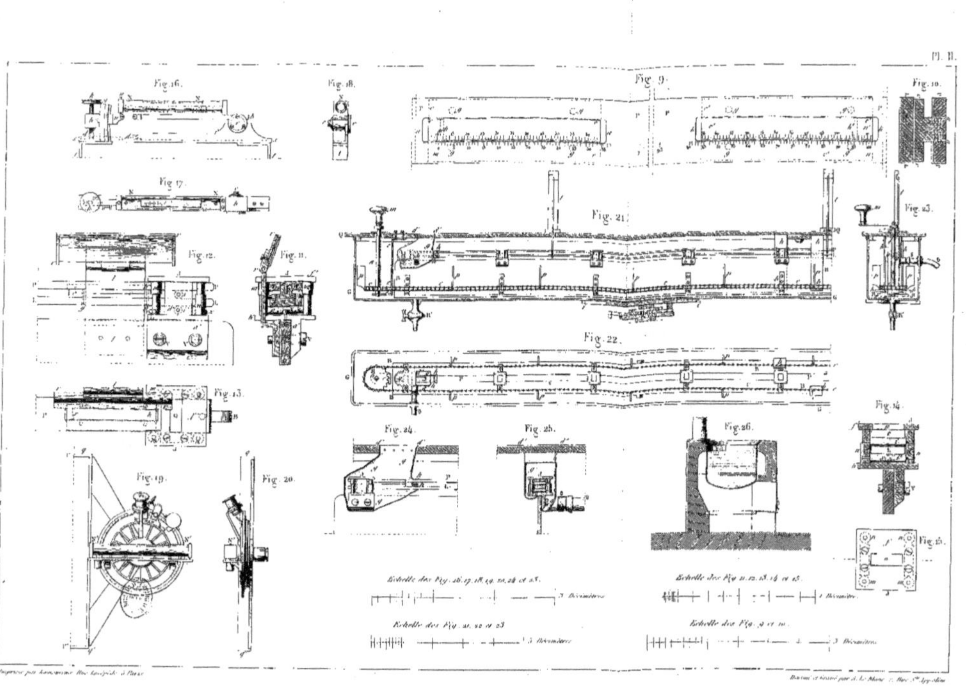

Pl. II.

Fig. 9.
Fig. 10.
Fig. 11.
Fig. 12.
Fig. 13.
Fig. 14.
Fig. 15.
Fig. 16.
Fig. 17.
Fig. 18.
Fig. 19.
Fig. 20.
Fig. 21.
Fig. 22.
Fig. 23.
Fig. 24.
Fig. 25.
Fig. 26.
Echelle des Fig. 16. 17. 18. 19. 20. 24 et 25.
3 Décimètres
Echelle des Fig. 11. 12. 13. 14 et 15.
1 Décimètre
Echelle des Fig. 21. 22 et 23
3 Décimètres
Echelle des Fig. 9 et 10.
3 Décimètres

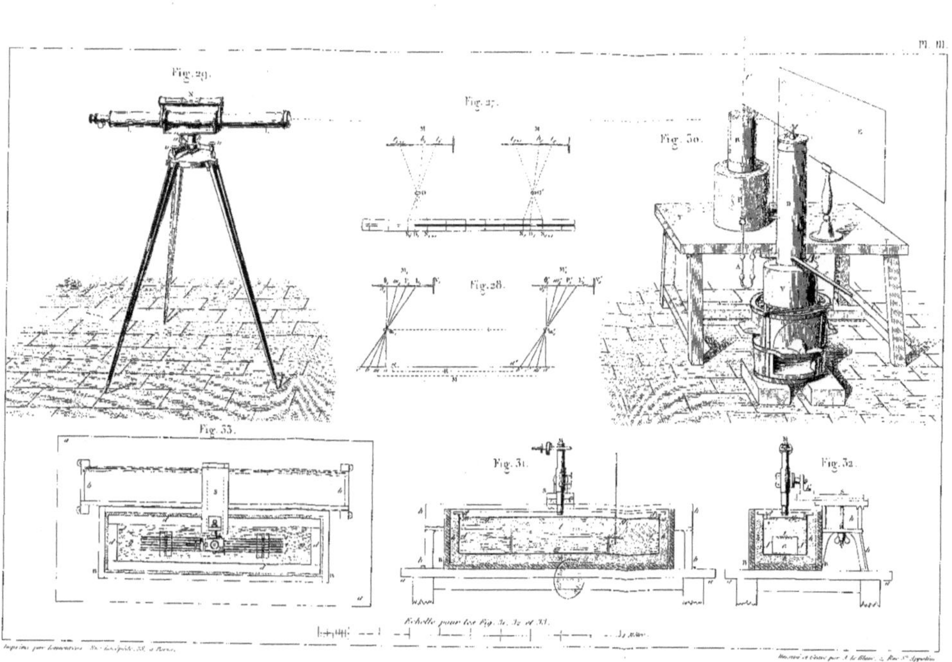

Pl. III.
Fig. 29.
Fig. 27.
Fig. 28.
Fig. 30.
Fig. 33.
Fig. 31.
Fig. 32.
Échelle pour les Fig. 31, 32 et 33.

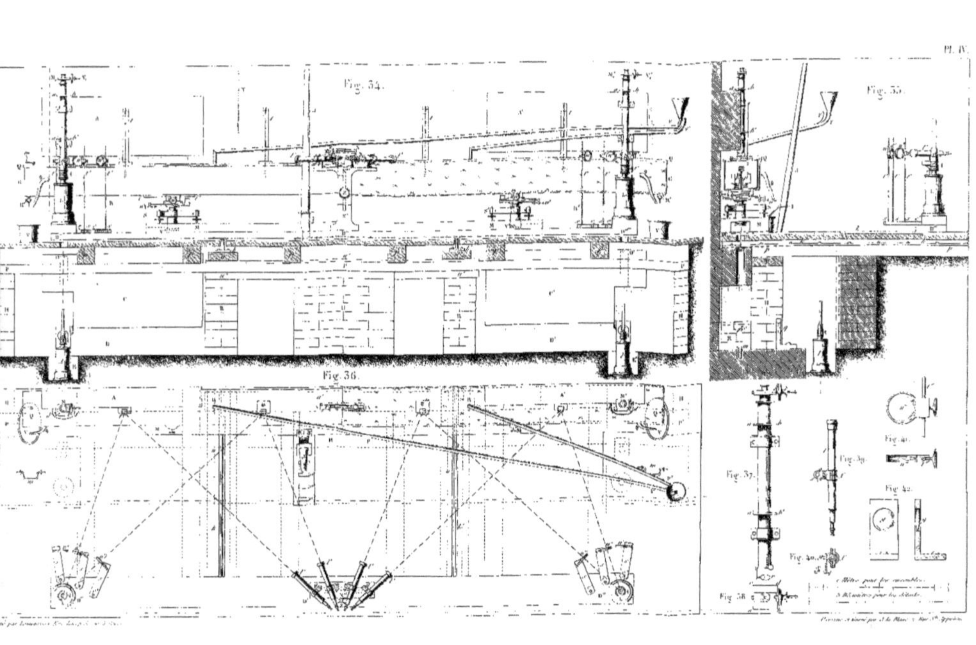
Pl. IV.
Fig. 34.
Fig. 35.
Fig. 36.
Fig. 37.
Fig. 38.
Fig. 39.
Fig. 40.
Fig. 41.
Fig. 42.

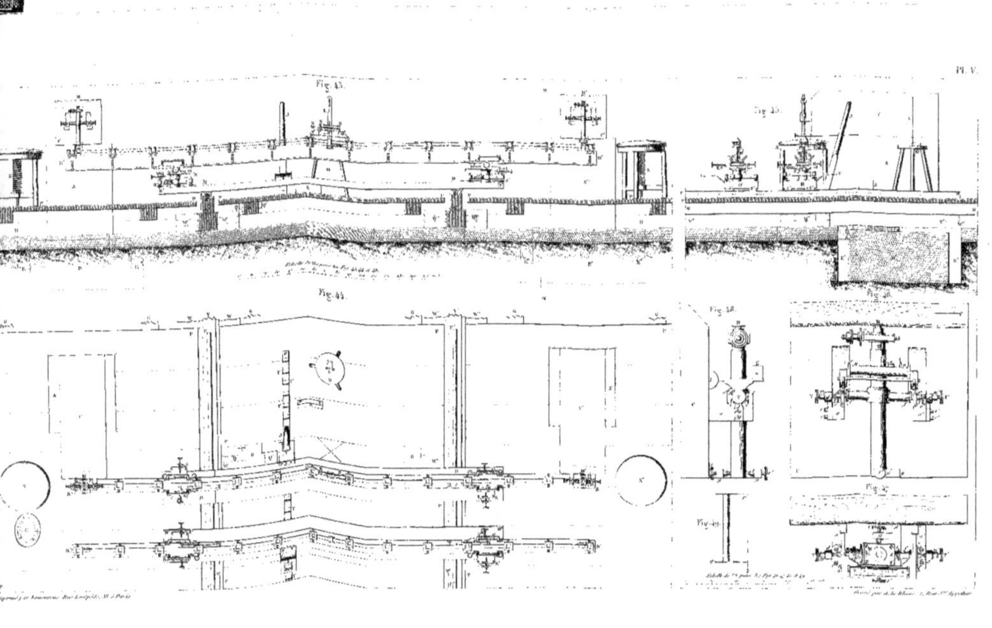
Pl. V.
Fig. 43.
Fig. 44.
Fig. 45.

9 782019 232658